普通高等教育“十三五”规划教材

石油化学基础

（第二版）

戴咏川　赵德智　主编

中国石化出版社

内 容 提 要

本书结合现代最新科研成果，贴近我国石油化工行业的发展实际，适时反映学科的前沿和动态，并针对目前工科学生专业知识的要求，拓展、加深学生专业基础理论知识。本书重点介绍石油和石油馏分以及石油产品的理化性能；通过压缩式发动机以及喷气式发动机的工作原理的差异，介绍发动机燃料（汽油、柴油和喷气燃料）的主要性能指标与其化学组成的关系，并介绍了提高或改善这些性能指标的方法与途径；还介绍了石油热转化过程和催化加工过程的化学反应。

本书不仅可以作为石油化工专业方向学生的重要专业基础课程教材，也可以作为其他非石油化工专业学生掌握石油化学基础知识的参考书。

图书在版编目（CIP）数据

石油化学基础／戴咏川，赵德智主编. —2 版. —北京：中国石化出版社，2016. 11（2025. 8 重印）
ISBN 978-7-5114-4319-9

Ⅰ. 石… Ⅱ. ①戴…②赵… Ⅲ. ①石油化学-基本知识 Ⅳ. TE621

中国版本图书馆 CIP 数据核字（2016）第 255786 号

中国石化出版社出版发行
地址：北京市东城区安定门外大街 58 号
邮编：100011　电话：（010）57512500
发行部电话：（010）57512575
http://www.sinopec-press.com
E-mail：press@sinopec.com
宝蕾元仁浩（天津）印刷有限公司印刷
全国各地新华书店经销
*
787×1092 毫米 16 开本 17.5 印张 443 千字
2017 年 1 月第 2 版　2025 年 8 月第 5 次印刷
定价：45.00 元

序

化学知识能帮助我们更加深入地了解石油的形成、组成和性质，从而更有效地开采、加工和利用石油资源。随着石油工业的发展，《石油化学》课程应运而生，并陆陆续续派生出许多分支(例如石油地球化学、油田化学或油田应用化学、石油化学组成分析、石油加工原理、油品化学及应用、石油产品应用技术基础，等等)。其中，对于从事石油炼制与化工专业科学研究和理论教学人士而言，梁文杰等人编著的《石油化学》学术内容最全面、理论研究最前沿。

随着高等教育改革不断深入，为了适应化学工程与工艺专业应用型人才培养的需要，辽宁石油化工大学戴咏川、赵德智两位教授将《石油炼制工程》内容进行整合，单独开设了《石油化学基础》作为专业基础课。他们为了拓宽专业，巩固专业基础理论知识，利用这次《石油化学基础》重版机会，在他们前几年自编出版的《石油化学基础》和《石油化学(双语课程)》的基础上，参考国内外石油化学最新科研动态，对书中内容进行重新梳理修订。出版之前将书稿内容让我看，并约我为之作序。

我匆匆阅读了一遍书稿，觉得内容丰富翔实，新修订的《石油化学基础》有如下3个特点，可以推荐给国内同类工科院校作为化工专业的教材或相关专业的技术参考书，遂为作序。

1. 石油及石油产品的化学组成的分析方法、石油及石油产品各种理化性质及其相互影响关系、石油炼制过程(热转化及各种催化转化)的化学原理，都离不开石油化学知识。针对目前工科学生应用型人才培养的要求，《石油化学基础》力求从认识规律出发，不单全面阐述石油化学的基本理论，而且详尽介绍石油化学基本理论的应用，这为后续专业课程的学习打下扎实的理论基础。

2. 针对目前工科学生创新型人才培养的要求，《石油化学基础》除了拓展、加深学生石油化学基础理论知识外，还以掌握现代石油化工领域新理论、新标准、新技术的发展趋势为目标。作者努力做到把本领域最新科研的成果引入到教学中，不仅包括国内外知名学者的研究成果，也体现作者的科研成果。通过对石油化学的学习，培养学生的分析问题、逻辑推理能力、自学能力、独立思考能力和创新能力，并培养其将化学基础理论知识与石油加工工程实践相结合的能力。

3. 通过近二十年的教学实践我们都意识到：化学工程与工艺专业石油炼制与化工教材中的石油化学基本理论和基本内容不能削弱，面对日新月异的科技进展，与新理论、新技术、新产品相关的内容还要充实进来，而《石油化学基础》课程教学时数不能突破，教材的篇幅不但不应增加，反而应该压缩。作者在修订《石油化学基础》过程中对这个问题给予特别关注，在内容的取舍和深度的把握上做了大量的工作，较好地满足当前教学改革的需要。

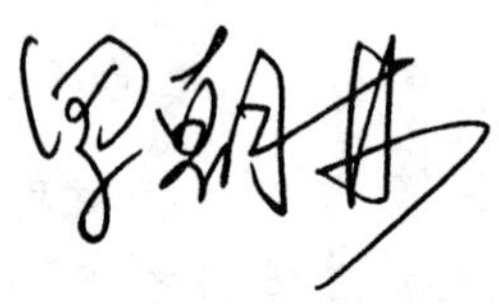

2016 年 5 月 15 日

第二版前言

《石油化学基础》第一版十分成功，是辽宁省“十二五”规划教材，并获得中国石油和化学工业优秀出版物奖(教材奖)二等奖。第二版在保留第一版的优点和特色的基础上，引入了新环境保护要求下对燃料，主要是针对汽油和柴油的化学组成变化与指标新要求之间的关系，石油产品的新质量标准，并根据编者多年的教学经验，改进了部分内容的叙述方式。根据国家《化学工程与工艺专业标准》要求，构建以能力为本位的新型课程体系。以用定学、学以致用，以能力为本位、以应用为主旨和特征构建、更新、优化教学内容体系，结合新环境保护法，以掌握现代石油化工领域新理论、新标准、新技术的发展趋势为目标，并兼顾当今高等学校应用型人才的培养要求。

本书在编写过程中，得到了广东石油化工学院有关领导和教师的支持和帮助，特别是梁朝林教授等。在此，对所有帮助过我们的家人和同事一并表示衷心的感谢！

本书共分八章。第一至第四章、第八章由辽宁石油化工大学戴咏川编写，第五至第七章由辽宁石油化工大学赵德智编写。

限于编者水平，本书在内容取舍、编写方面难免存在不妥之处，恳请读者批评指正。

2016年5月于抚顺

前　言

《石油化学基础》课程是化学工程与工艺专业的主要专业基础课程之一。20世纪80年代以前，化学工程与工艺专业的主要专业课程教材仅是简单的自编《炼油工艺学》，石油化学仅仅是其中的一部分章节。1977年恢复高考后，专业课程教材选用《石油炼制工程》(林世雄主编)，石油化学成为该课程中主要的一个教学环节，但是仍然未单独设课。1997年后，随着专业课程的建设和资金的不断投入，加大了专业课程改革的力度，为了拓宽专业，巩固专业基础理论知识，将《石油炼制工程》内容进行整合，单独开设了《石油化学》作为专业基础课。

《石油化学基础》课程是在无机化学与分析化学、有机化学、物理化学以及仪器分析等课程的基础上进行的，是这些化学基础理论在石油加工领域中的应用。通过本门课程的学习，可以使学生了解石油化学组成的研究方法、石油的烃类和非烃类组成的特点；熟悉主要石油产品的物理性质及化学组成，着重掌握物理性质和化学组成之间的关系，以及发动机燃料(汽油、柴油和喷气燃料)的使用规格和发展趋势；熟悉石油加工过程中的主要过程及其主要化学反应，掌握石油加工(包括天然气化学等)中催化反应及非催化反应的一般规律。为了适应“宽专业、厚基础”，全面培养现代石油化工企业高级专业技术人员的需要，在本书的编写过程中，针对目前工科学生专业知识的要求，拓展、加深了学生专业基础理论知识，以掌握现代石油化工领域新理论、新标准、新技术的发展趋势为目标。通过石油化学的学习，培养学生的分析问题、逻辑推理能力、自学能力、独立思考能力和创新能力，并培养其将化学基础理论知识与石油加工工程实践相结合的能力。

本书共分8章，其中，第一、二、三、四、七、八由戴咏川编写，第五、六章由赵德智编写。

由于水平有限，书中会存在疏漏，敬请读者指正。

编　者

目　录

绪　论

1859 年美国小镇梯特斯维尔钻成了世界上第一口现代油井，现代石油工业就此拉开序幕。今天，石油作为现代工业的“血液”，已经成为一个遍及全世界、对各国政治、经济、军事和人们生活都有重大影响的产业，不仅仅成为决定一个国家命运的关键，也可以“控制世界，特别是控制靠东方提供石油的欧洲”(法国《震旦报》1955 年夏在第四届世界石油大会举行时发表的评论)。

一、世界石油工业的开启

人类认识和使用石油的历史可以追溯到三四千年前。公元前 3500 年古巴比伦人开始利用沥青浇灌水坝；或将其涂于船体防渗、防腐。世界上最早的油井是 2500 多年前古波斯首都苏萨附近的阿尔利卡地区的油井。公元前 5 世纪，波斯帝国开始用原始手工方式掘井采油，并命名为“拉迪那凯”(rhadinace，渗流的意思)，这是自有文字记载以来人类给石油所起的第一个名称。

中国关于石油最早的记录出现在北宋。沈括在他的《梦溪笔谈》中，记述了他在西北发现的一种可燃烧黏稠液体，并命名为“石油”，并称“此物后必大行于世”。14 世纪中期，人们将希腊文中的“Petra”(岩石)+罗马文“Oleum”(油)组成“petroleum”(岩石中的油)一词，并沿用至今。

世界上有关天然气的记载，可以追溯到公元前 10 世纪以前，在伊朗发现了从地表渗出的天然气，崇拜火的古代波斯人对天然气有了“永不熄灭的火炬”的称谓。

“火井”，是古代人对天然气从井中喷出而能够燃烧的形象命名。中国是世界火井之乡，是利用天然气最早的国家，首先开凿天然气井的国家就是中国。

中东首次发现石油是在 1908 年的波斯(今伊朗)。在伊拉克第一口成功的油田是 1928 年由英国、法国和美国的石油公司联合发现的。目前世界上约 80%可以开采的石油储藏于该地区，其中 62.5%位于沙特阿拉伯(12.5%)(1938 年发现石油)、阿拉伯联合大公国、伊拉克、卡达和科威特。

在第二次世界大战之后，对于全球石油市场的拥有权发生了巨大的变化。在很多新独立的中东国家，民族主义的意识驱使他们要求更多地分享他们的石油财富。

二、石油天然气在能源结构中的地位

随着社会经济发展水平的提高，能源的消费持续增长。1850~1950 年间，世界能源消费量从 100Mt 增长至 2500Mt，而人均能源消费量从 115kg 增加到 1000kg。根据《BP 世界能源统计年鉴 2015》统计，到 2014 年，世界一次能源消费总量达到 129.3 亿吨油当量，人均一次能源消费量达到了 1.82 吨油当量。而世界能源署(IEA)于 2015 年 11 月最新出版的《世界能源展望 2015》估计，如今依然有大概 12 亿人(占全球人口的 17%)因用不上电而不能享用现代能源所提供的舒适条件、机动性和高生产效率。有 27 亿人(占全球人口的 38%)是以传统的方式使用固体生物质用于日常餐饮燃料。

从 20 世纪 60 年代到 2014 年，世界一次能源(主要包括石油、煤炭、天然气、核能和水电等)的消费量一直呈上升趋势。从 20 世纪 60 年代到 80 年代，世界石油的消费量经历了一次飞速发展时期，尽管 1973 年和 1979 年两次石油危机几乎使所有的发达国家经济增长速度放缓甚至出现衰退，但是使世界上大多数国家放弃了高能源消费确保经济高速增长的信念，转向走高科技节能之路，因此在 1980 年后石油消费量出现下降。随后到 2014 年 30 年间世界一次能源消费一直在稳步增长，2014 年的世界一次能源消费总量是 1965 年的 3.3 倍，其中石油消费在一次能源消费中所占比例在 1973 年达到了 48.03%，接近总量的一半。而随后的 1985 年到 2000 年其消费比例基本保持在 38.5%左右，但是到 2014 年已经下降到了 32.65%，而天然气产量虽然在近十年间一直在持续增长，由 2004 年的 $2711.3\times10^9m^3$ 增加到 2014 年的 $3460.6\times10^9m^3$，但是天然气在世界一次能源结构中的比例基本保持在 23.5%~23.8%。在全球能源结构中，非化石能源所占比例从 2004 年的 12.7%提高到 2014 年的 19%，而化石能源中天然气的产量和消费量一直是明显增加，市场份额也在增加。

根据 IEA 和 EIA 的预测，到 2020 年全球天然气产量仍保持在以年均 1.7%~2.0%的增速稳步增长。考虑全球非常规气发展及各国对改变能源供应结构需求不断增大，结合 Exxon Mobil、BP 等多家能源石油公司对未来天然气的发展展望，认为到 2020 年全球天然气供应量接近 $4.0\times10^{12}m^3$。

世界石油和天然气的消费量及在一次能源中所占的比例分别见图 0-1 和图 0-2。

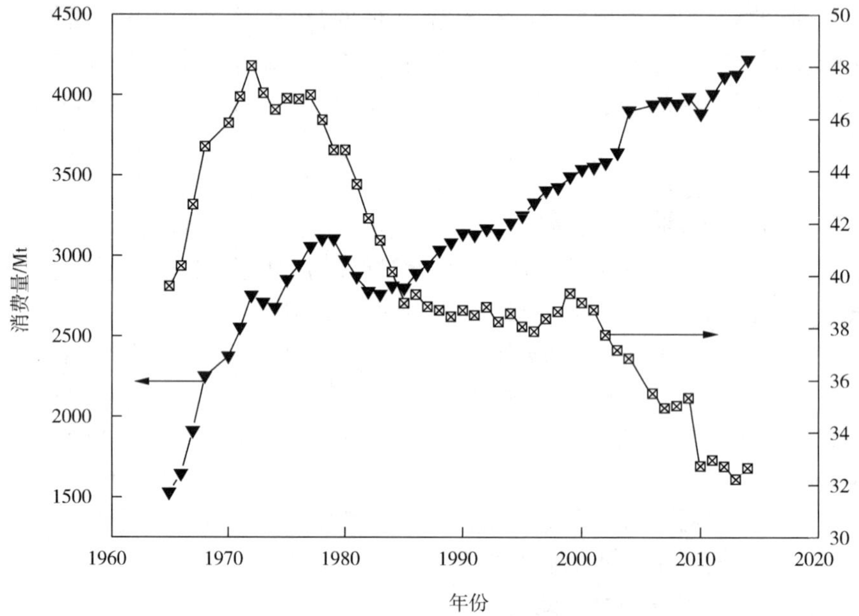

图 0-1 世界石油的消费量以及在一次能源中所占的比例

数据来源：美国《BP 世界能源统计年鉴 2015》

三、世界石油和天然气的生产现状

到 2015 年底世界石油探明储量中中东拥有全球 48.46%的石油储量，另外美洲约占 33.31%，非洲约占 7.60%，东欧和前苏联约占 7.25%，亚太地区约占 2.78%，西欧约占 0.60%。其中 OPEC 国家拥有 72.82%。有资料显示，世界上储量在 10 亿桶以上的重大油田发现有十几个，主要集中在西非几内亚湾一带、中东、中亚、墨西哥、拉丁美洲、俄罗斯远东地区和北非等地区。2014 年俄罗斯在 Exxon Mobil 石油公司的支持下已经在北极地区找到一储量大约10亿桶的大型油田，2014年中国石油新疆油田公司在准噶尔盆地西北缘发现了新的大油区，预计总资源量超过1000Mt。这些油气田的重大发现呈现出分布不均衡的特点，相对集中在中东、西非、北非、中亚、俄罗斯、拉丁美洲和中国西部地区。

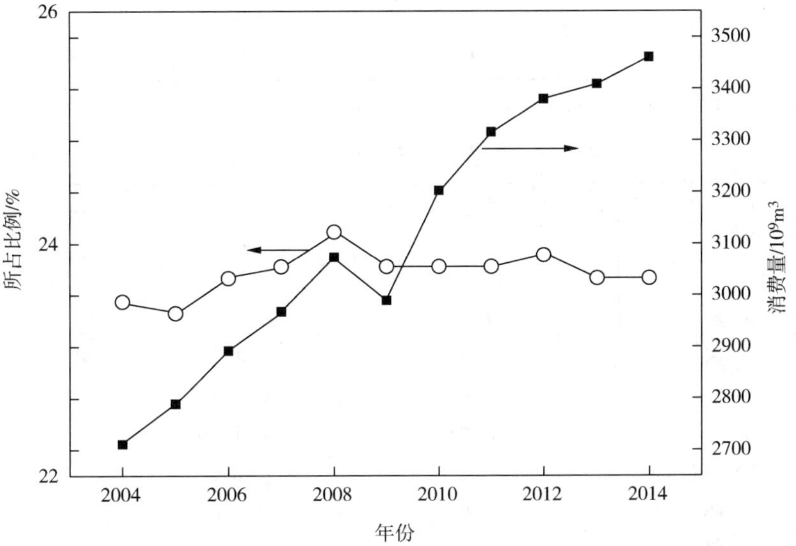

图0-2　世界天然气的消费量以及在一次能源中所占的比例

数据来源：美国《BP世界能源统计年鉴2015》

尽管自2014年7月以来，布伦特原油价格持续走低，尤其是在11月中旬跌至80美元/桶以下，2015年国际原油价格再创新低，全年布伦特均价54.4美元/桶，但是根据美国《油气杂志》2015年12月7日数据，2015年世界石油供需失衡，石油产量(绝对量)78.5百万桶/天，消费量92.8百万桶/日，而且区域性供需严重失衡。

2015世界前十大石油和天然气探明储量国和产量国见表0-1和表0-2。结果表明，世界前三的国家(委内瑞拉、沙特阿拉伯和加拿大)石油探明储量超过世界总探明储量的44%，石油产量为世界总产量的20.73%。天然气探明储量前三位的是俄罗斯、伊朗和卡塔尔，其探明储量超过世界的54%，天然气产量为世界总产量的26.84%。

世界石油产量前三的国家为俄罗斯、沙特阿拉伯和美国，石油产量超过世界石油总产量的38%，石油探明储量为世界总探明储量的23.34%；这三个国家天然气产量为世界总产量的40.9%，探明储量为世界总探明储量的33.90%。

表0-1　世界前十石油和天然气探明储量国

名次	国　家	石油占世界总探明储量/%	国　家	天然气占世界总探明储量/%
1	委内瑞拉	18.11	俄罗斯	24.29
2	沙特阿拉伯	16.10	伊朗	17.29
3	加拿大	10.32	卡塔尔	12.46
4	伊朗	9.51	美国	5.31
5	伊拉克	8.64	沙特阿拉伯	4.31
6	科威特	6.13	土库美斯坦	3.81
7	阿联酋	5.91	阿联酋	3.10

续表

名次	国　家	石油占世界总探明储量/%	国　家	天然气占世界总探明储量/%
8	俄罗斯	4.83	委内瑞拉	2.85
9	利比亚	2.92	尼日利亚	2.60
10	美国	2.41	中国	2.51

数据来源：美国《油气杂志》2015 年 12 月 7 日。

表 0-2　世界前十石油和天然气产量国

名次	国　家	石油占世界总产量/%	国　家	天然气占世界总产量/%
1	俄罗斯	13.57	美国	21.05
2	沙特阿拉伯	12.98	俄罗斯	16.72
3	美国	12.00	卡塔尔	5.12
4	中国	5.51	伊朗	4.99
5	伊拉克	4.94	加拿大	4.68
6	加拿大	4.67	中国大陆	3.89
7	阿联酋	3.67	挪威	3.14
8	伊朗	3.66	沙特阿拉伯	3.13
9	科威特	3.56	阿尔及利亚	2.41
10	巴西	3.13	印度尼西亚	2.12

数据来源：美国《油气杂志》2015 年 12 月 7 日，美国《BP 世界能源统计年鉴 2015》。

据统计，世界上约 48.5%的石油产量和 33.90%的天然气产量来自中东和东欧及前苏联地区，但这部分地区的石油消费量却不足世界消费总量的 15%，天然气消费量约占 30%。相反，世界石油和天然气消费集中在北美、欧洲和亚太地区，亚太、北美和欧盟的石油产量只占世界石油总产量的 30.5%，而消费量却占世界消费总量的 72.3%，天然气消费占世界总消费量的 60%。其中，2015 年亚太地区石油产量为 767.2 万桶/天，占世界总产量的 9.77%，而石油消费量占世界总消费量的 33.9%，供需严重失衡；北美地区 2014 年石油和天然气需求量分别为 2334.7 万桶/天和 $949.4\times10^9m^3$，占世界总需求量的 24.3%和 28.3%，而石油和天然气产量分别占世界总产量的 20.5%和 27.2%，供需失衡，尤其是石油供需失衡较严重，石油产地与消费地明显分离。

到 2015 年底世界天然气探明储量中中东拥有全球 40.54%的储量，美洲约占 10.49%，非洲约占 8.71%，东欧和前苏联约占 31.49%，在世界天然气探明储量中占第二，亚太地区约占 7.22%，西欧约占 1.55%。尽管天然气需求有较强劲回升态势，但是东亚国家缺乏天然气资源，日本、欧洲天然气对外依存度大，中国也不例外。预计 2040 年，化石燃料占一次能源需求结构中的比例下降到四分之三以下。

四、世界石油和天然气的消费现状

近十年来世界石油消费呈现出逐年增长的趋势，尤其是中东和亚太地区的增长尤为明显，中国是其中最典型的一个。发达国家仍然是石油消费的主体，虽然发展中国家的消费量增长较快，但是在短期内还不可能超过发达国家。

石油日消费量最大的当然要数美国，2014 年美国的石油日消耗量接近 2000 万桶，占世界石油总消费量的 19.9%，遥遥领先于其他国家，仍是全球最大石油消耗国。石油日消费排名第二的是中国。据 IEA 报道，由于经济快速增长，中国已超过日本，成为全球第二大石油消耗国，仅次于美国。中国日消耗石油超过 1100 万桶，占世界石油总消费量的 12.4%。由于中国经济的稳步增长，IEA 表示，中国有可能会在 20 年内超越美国，成为全球最大的石油消费国。石油日消费排名第三的是日本，日本每日石油消费达 429.8 万桶，占世界石油总消费量的 4.7%，预计今年中国与日本之间的石油消耗量差距将进一步扩大。石油日消费排名第四的是印度，日消耗原油达到 384.6 万桶，占世界石油总消费量的 4.3%。印度或将在未来几年内超过日本，成为仅次于美国和中国的全球第三大石油消费国。

石油最主要的消费部门是运输部门、工业和民用部门、发电部门。估计 1995~2020 年间，世界运输部门的石油消费将以年平均 2.3%的速度增长，在工业和民用部门的增长率为 2.6%/年，用于发电燃料的石油的增长率为 2.3%/年。

尽管两次能源危机改变了世界能源消费观念和消费结构，但是石油仍然是全球主导性燃料，而其市场份额已经连续出现下滑，在全球一次能源消费中的份额已经不足 33.0%，天然气份额稳定在 24.0%左右。在全球经济疲软、石油需求增长迟缓的背景下，全球石油和天然气产量增长依旧强劲，石油输出国组织占全球产量增长的 3/4。非经合组织经济体石油消费的持续增长超过经合组织消费的减量。

预计到 2040 年，全球天然气的需求将增长 50%以上，是化石燃料中增长最快的。虽然推动全球天然气需求增长的主要地区是中国和中东。但是，面对二氧化碳排放限值等因素，到 2030 年左右天然气也将在经合组织国家的能源结构中成为主要燃料。

五、世界炼油工业生产情况

全球炼油能力的发展并不平衡，北美、欧洲和亚太地区呈现差异化发展态势。近年来全球新增炼油能力绝大部分位于亚洲和中东。美国炼油能力出现明显增长态势，亚太地区中发达国家的炼油能力正在下降。据美国《油气杂志》统计，全球炼油总能力增长已趋缓，2015 年达到 4474Mt/a，其中亚洲、北美、西欧、中东、非洲地区炼油能力小幅上涨，只有东欧、南美地区有所下降。亚太地区仍为全球炼油能力最大的地区，占世界总加工能力的 29.4%。北美地区炼油能力占世界总加工能力 24.2%；西欧地区炼油能力为世界总加工能力 15.1%。预计未来新增炼油能力投产，将主要集中在亚太、中东和北美地区。

2015 年全球共有炼厂 634 座，炼厂平均规模达 7056kt/a。规模在 20Mt/a 以上的炼厂达到 30 家，其中有 20 家位于亚洲和中东。印度信诚工业公司贾姆纳格尔炼油中心总炼油能力达到 62Mt/a，成为世界最大炼油基地。2015 年，中国石化的茂名石化、镇海炼化，中国石油的大连石化的炼油能力均已超过 20Mt/a，成为世界特大型炼厂。为持续降低成本，提高资源的综合利用效率，炼厂大型化、超大型化的趋势仍在持续。

现代炼油技术经过近百年的发展，已能够满足装置大规模生产的要求。受原油质量的变化、市场对产品需求的变化，以及日益严格的环保要求的驱动，技术创新焦点集中在传统的清洁燃料、重油加工技术的更新换代，以及传统技术与各种高新技术的集成应用上，未来的技术将更多地向着多学科集成、综合一体化解决方案发展。未来炼油企业将进一步提升企业数字化、自动化、智能化水平，促进企业生产方式、管理方式和商业模式的创新，为炼化企业持续健康发展注入新动力。

六、中国石油和天然气的生产与消费

中国石油资源集中分布在渤海湾、松辽、塔里木、鄂尔多斯、准噶尔、珠江口、柴达木和东海陆架八大盆地，其可采资源量 17200Mt，占全国的 81.13%；天然气资源集中分布在塔里木、四川、鄂尔多斯、东海陆架、柴达木、松辽、莺歌海、琼东南和渤海湾九大盆地，其可采资源量 $18.4\times10^{12}m^3$，占全国的 83.64%。

从地理环境分布看，中国石油可采资源有 76%分布在平原、浅海、戈壁和沙漠，天然气可采资源有 74%分布在浅海、沙漠、山地、平原和戈壁。自 20 世纪 50 年代初期以来，我国先后在 82 个主要的大中型沉积盆地开展了油气勘探，发现油田 500 多个。

中国的海洋油气资源也十分丰富。中国近海海域发育了一系列沉积盆地，总面积达近百万平方公里，具有丰富的含油气远景。这些沉积盆地自北向南包括：渤海盆地、北黄海盆地、南黄海盆地、东海盆地、冲绳海槽盆地、台西盆地、台西南盆地、台东盆地、珠江口盆地、北部湾盆地、莺歌海——琼东南盆地、南海南部诸盆地等。中国海上油气勘探主要集中于渤海、黄海、东海及南海北部大陆架。

到目前为止，渤海湾地区已发现 7 个亿吨级油田，其中渤海中部的蓬莱 19-3 油田是迄今为止中国最大的海上油田，又是中国目前第二大整装油田，探明储量达 600Mt，仅次于大庆油田，成为中国油气增长的主体。

截至 2015 年底，中国石油探明储量 3430Mt，位于世界石油探明储量第十四位；天然气探明可采储量 $4.94\times10^{12}m^3$，位于世界天然气探明储量第十位。

中国目前是世界第一大石油进口国。近年来，国内石油产量一直稳定在 190~200Mt，但这个产量相比国内巨大需求还差得较多，每年需要进口石油约 200Mt。2015 年对外依存度首次突破 60%，达到 60.6%；成品油净出口量连续三年大幅递增；天然气消费增速减缓。中国石化经济技术研究院报告数据显示，2015 年国内石油表观消费量约为 543Mt，石油净进口量 328Mt。预计到 2030 年，中国将超过美国成为全球最大的石油消费国。

中国天然气需求量近十年间一直在迅猛增长(见图 0-3)，产量在世界天然气总产量中所占比例也在逐年增加。中国天然气进口量达到 $530\times10^8m^3$ 以上，对外依存度超过 30%。根据《中国能源展望 2030》预计，2020 年国内天然气消费量将为 $2900\times10^8m^3$，2030 年达到 $4800\times10^8m^3$，2020 年到 2030 年间年均增长 5.2%，占一次能源消费总量比重升至 12%。

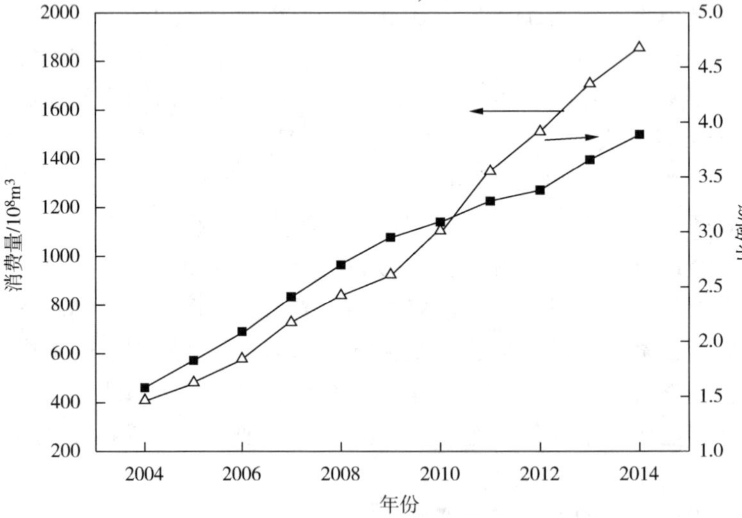

图 0-3 中国天然气产量占世界总产量比例和消费量

数据来源：美国《BP 世界能源统计年鉴 2015》

七、中国的炼油能力

近十几年来，中国炼油企业通过改扩建和新建相结合，规模迅速扩大，原油一次加工能力已从 2005 年的 716.5 万桶/天，2010 年的 1030.2 万桶/天，猛增到 2014 年的 1409.8 万桶/天(见图 0-4)，成为仅次于美国的全球第二大炼油国。中国已经形成了以中国石化、中国石油集团为主导，中国海油、中国化工、中国兵器等央企、陕西延长集团(地方国企)、地方炼厂参与，道达尔、埃克森美孚、沙特阿美等国外公司参股参与的全新多元化市场格局。

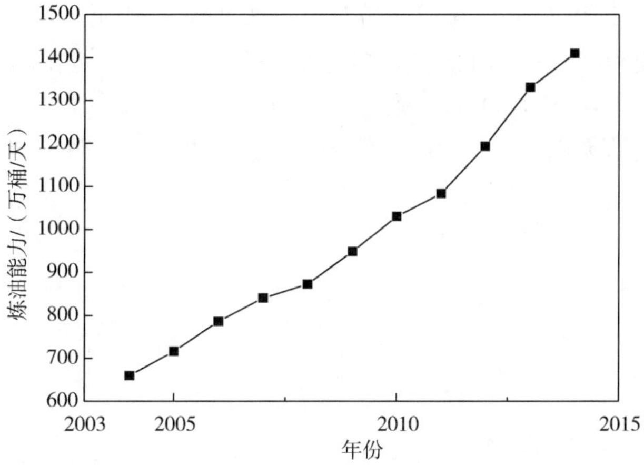

图 0-4　中国的炼油能力变化图

2015 年全年加工原油为 710Mt，原油加工负荷率约为 85%。根据中国石油天然气集团公司年报，中国石油 2015 年加工原油 9.981 亿桶，其中，加工公司自产原油 6.978 亿桶，占加工原油总量的 69.9%；生产成品油 91.933Mt。中国石化作为国内最大的原油加工企业 2015 年原油加工量 236Mt，在成品油产量方面，柴油产量 70.05Mt，汽油产量 53.98Mt。加上中国海油三大石油公司的总原油加工量约占全国总加工量的 70%，更是以中国石化和中国石油为主，两大公司的加工量占国内加工量超过 60%。

目前中国地方炼油厂的产能超过 150Mt，达到全国总炼油能力的 1/5，其炼厂数量多达 147 家，山东地方炼厂(包括被收购的企业)超过 80 家，占据地方炼厂一半的产能，而地方炼厂在成品油市场上约占 10%的份额。延长集团仅有延安炼厂、永坪炼厂和榆林炼厂三家，一次加工能力在 225Mt/a，约占到全国总炼油能力的 3%。

未来中国石油将立足海上、中哈、中俄和中缅原油管道四大战略通道，加快大型炼化项目布局；中国石化将围绕做大做强长三角、珠三角、环渤海湾三大炼化企业集群，做精做优沿江及内地炼化企业；中国海油正在进一步对旗下惠州炼油项目、海化炼厂和河北中捷炼厂进行扩能改造。到 2015 年，外资在我国的权益炼油能力增至 31.5Mt/a，约占我国总炼油能力的 4.2%。中国炼油企业在提高加工能力和加工量的同时，调整优化炼油工业格局，炼油加工能力的区域分布构成也发生明显变化。到 2015 年，华中、西南两个地区合计将存在 20Mt/a 左右的供应缺口；东北、西北两个地区仍将是重要的成品油外输地；华东、华南、华北地区未来几年新建和扩建项目较多，产能增长迅速，将逐步满足当地成品油需求量增长的要求，形成供需大致平衡的局面。未来中国将主要建成环杭州湾(含长三角)、珠三角、环渤海和西北炼化工业区，形成与区域经济协调发展和配套的基本格局。

八、石油化学简介

石油化学是研究石油的组成、性质以及在加工成为燃料、润滑剂和石油化学品过程中的化学问题的一门学科，与有机化学、物理化学及分析化学等课程密切相关。

本课程领域大体包括：石油及其产品的化学组成与性质；石油中烃类和非烃类的反应，尤其是催化转化反应；石油加工过程的化学理论基础；合成燃料、合成润滑油、石油产品添加剂、石油化学品合成的化学原理等。

本课程旨在使学生了解石油化学组成的研究方法、石油的烃类和非烃类组成的特点；熟悉主要石油产品的物理性质及化学组成，着重掌握物理性质和化学组成之间的关系，以及发动机燃料(汽油、柴油和喷气燃料)的使用规格和发展趋势，掌握发动机燃料质量标准中主要指标的意义以及与化学组成之间的关系；熟悉石油加工过程中的主要过程及其主要化学反应，掌握石油加工(包括天然气化学等)中催化反应及非催化反应的一般规律。

第一章　石油及石油馏分的化学组成

第一节　原油的一般性质、元素组成、馏分组成

一、原油的一般性质

从地下深处开采出来的流动或半流动的可燃性黏稠液体，称作天然石油(或原油)，常与天然气并存，主要是烃类和含氧、硫、氮的非烃衍生物所组成的复杂混合物。

天然石油绝大多数是黑褐色，同时带有绿色或蓝色荧光和特殊的气味。此外，石油也有暗黑、暗绿、暗褐色的，更有一些石油呈赤褐、浅黄乃至无色。以我国出产的石油为例：玉门油田产的石油呈黑褐色；大庆油田出产的呈褐色；新疆地区出产的石油更是“五彩缤纷”，不仅有黑褐色的石油，还相继发现了墨绿色、浅黄色、玫瑰红色和无色的石油。

天然石油的相对密度一般小于1，绝大多数的石油相对密度在0.80~0.98之间。但也有个别例外，如伊朗某原油的相对密度高达1.016，而美国加利福尼亚某地原油的相对密度仅为0.707。表1-1-1列出国内外部分油区所产原油的一般性质，由表中可见，我国原油的相对密度大多在0.85~0.95之间，属于偏重的常规原油。

表1-1-1　国内外部分原油一般性质

原油名称	阿根廷埃斯卡兰特	大庆	胜利	孤岛	辽河	华北	中原	新疆	伊朗轻油	哈萨克斯坦
密度(20℃)/(g/cm^3)	0.9077	0.8554	0.9005	0.9495	0.9204	0.8837	0.8466	0.8538	0.8536	0.8095
运动黏度(50℃)/(mm^2/s)	150.8	20.19	83.36	333.7	109.0	57.1	10.32	18.80	4.67	2.05
凝点/℃	-7	30	28	2		36	33	12	-5.0	-24
倾点/℃					17					
蜡含量/%		26.2	14.6	4.9	9.5	22.8	19.7	7.2	4.13	4.5
庚烷沥青质/%	3.92	0	<1	2.9	0	<0.1	0	—	0.55	<0.1
残炭/%	7.9	2.0	6.4	7.4	6.8	6.7	3.8	2.6	3.69	1.13
硫含量/%	0.16	0.10	0.80	2.09	0.24	0.31	0.52	0.05	1.49	0.68
氮含量/%	0.35	0.16	0.41	0.43	0.40	0.38	0.17	0.13	0.12	0.08

近几年来，由于常规原油资源逐渐减少，国内外相继对蕴藏量很丰富的重质原油进行开采。重质原油是指相对密度大于0.922的原油。表1-1-2列出的是国内外几种重质原油的一般性质。我国重质原油的特点是密度、黏度、胶质、残炭量均高，凝点和蜡含量低，沥青质和硫含量(除孤岛原油外)一般不高，但氮含量均高，尤其是辽河高升原油达1.07%。我国将重质原油按其黏度的大小又分为稠油和沥青，见表1-1-3。目前我国中质和重质稠油已有开采，辽河油田及中海36-1油田是重要的稠油开发基地。

表 1-1-2　国内外几种重质原油的一般性质

原油名称	单家寺	孤东	新疆乌尔禾	委内瑞拉博斯坎	加拿大冷湖	加拿大阿萨巴斯卡	羊三木	辽河高升	胜利孤岛	渤海36-1
密度(20℃)/(g/cm^3)	0.9731	0.9496	0.9609	0.9991	1.0013	1.030	0.9492	0.9472	0.9495	0.9589
运动黏度(50℃)/(mm^2/s)	8108	548	1105(110℃)	1832(60℃)	670(100℃)	—	637.9	21.01	333.7	543.0
凝点/℃	5	4	15	—	15.6	10	-2	16	2	-2
蜡含量/%	3.4	4.9	4.7	—	—	—	5.6	5.8	4.9	2.78
庚烷沥青质/%	1.2	0	0	15.2	15.0	16.9	0	0	2.9	1.95
残炭/%	9.7	8.3	8.4	15.0	13.0	18.5	6.7	10.7	7.4	8.89
硫含量/%	0.82	0.42	0.38	5.7	4.4	4.9	0.33	0.56	2.1	0.34
氮含量/%	0.72	0.46	0.65	0.44	0.64	0.40	0.31	1.07	0.43	0.42

表 1-1-3　我国重油分类

分　类	脱气油黏度/mPa·s	密度(20℃)/(g/cm^3)	分　类	脱气油黏度/mPa·s	密度(20℃)/(g/cm^3)
中质稠油	100~1000	0.92	特稠油	1000~50000	>0.95
重质稠油	1000~10000	>0.92	沥　青	>50000	>0.98

此外，还有一类相对密度小于0.80的轻质原油，在世界上储量不多，产量也有限，如我国青海冷湖原油。

二、原油的元素组成

虽然原油的外观和物理性质千差万别，但是它们的元素组成是一致的，基本上都是由碳、氢、硫、氮、氧五种元素所组成。原油中碳和氢两种元素的含量约为95.0%~99.0%，其中碳含量为83.0%~87.0%，氢含量为10.0%~14.0%，其他元素中硫为0.05%~8.00%，氮为0.02%~2.00%，氧为0.05%~2.00%。表1-1-4是国内外一些原油的元素组成。

表 1-1-4　原油中的元素组成

原油名称	元素组成/%				C/H原子比
	C	H	S	N	
大　庆	85.87	13.73	0.10	0.16	0.53
胜　利	86.26	12.20	0.80	0.44	0.60
辽　河	85.86	12.65	0.18	0.31	0.57
孤　岛	85.12	11.61	2.09	0.43	0.61
大　港	85.67	13.40	0.12	0.23	0.53
渤海36-1	87.62	11.62	0.34	0.42	0.63
南海流花	87.17	11.48	0.20	0.18	0.63
伊拉克	84.87	12.77	2.11	0.001	0.55

续表

原油名称	元素组成/%				C/H 原子比
	C	H	S	N	
伊朗轻质	85.14	13.13	1.35	0.17	0.54
澳大利亚	85.13	14.37	0.038	0.007	0.49
印尼米纳斯	86.24	13.61	0.10	0.10	0.53
赤道几内亚	86.62	12.85	0.24	0.25	0.56
俄罗斯萨哈林	87.05	12.43	0.32	0.17	0.58
美国加州	84.00	12.70	0.40	1.70	0.56

由表中1-1-4数据可以看出，在各种原油中，碳和氢的含量相差不大，所以不能作为原油分类和比较的指标。对表中各种原油的碳氢原子比(C/H)进行比较，发现大庆原油的碳氢比为0.53，渤海36-1原油为0.63，存在较为明显的差异。由于在原油的转化过程中，无外加氢条件下，转化前后总的碳氢比是不变的，所以，在转化后，如有部分产物的碳氢比高于原料，则必有一部分产物的碳氢比低于原料。故可用碳氢比作为研究石油的化学组成、结构及评价分析石油加工过程的一个重要参数。

据统计，世界上104种出口原油中，仅有20种原油的硫含量高于或等于2.0%。与世界上大多数原油相比，除孤岛和江汉原油外，我国原油的硫含量均低于1%。从氮含量来看，曾统计过的210种原油中，含氮量高于0.3%的原油只有31个，而我国原油大部分的氮含量在0.3%以上。所以含硫较少，含氮较多，是我国原油元素组成的特点之一(见表1-1-5a)。

表1-1-5a　我国原油中主要非碳氢元素含量

原　油	硫/%	氮/%	钒/(μg/g)	镍/(μg/g)	铁/(μg/g)	铜/(μg/g)	砷/(μg/kg)	镍/钒
大　庆	0.12	0.13	<0.08	2.3	0.7	0.25	2800	>28
胜　利	1.80	0.41	1	26	—	—	—	26
孤　岛	1.8~2.0	0.5	0.8	14~21	1.6	0.4	—	>17
大　港	0.12	0.23	<1	18.5		0.8	—	>18.5
任　丘	0.3	0.38	0.7	15	1.8	—	0.220	21~43
玉　门	0.1	0.3	<0.02	18.8	6.8	0.46	—	>940
克拉玛依	0.18	0.23	<0.4	13.8	8	0.7	—	>34
辽　河	0.05	0.32	0.7	29.2	—	—	—	41.7
江　汉	1.83	0.30	0.4	12.0	<1	0.5		30
霸县混合油	0.1	—	<0.1	1.3	0.4	0.3	—	>13
639种原油最高含量	5.5	0.77	230	138	—	—	1630	—
639种原油最低含量	0.02	0.02	0.1	<1	—	—	<0.01	—

原油中的微量金属元素以钒、镍最为重要。我国原油中钒含量很低，最多只有百万分之几，但镍含量较高，一般为百万分之几十。此外原油中还含有铁、铜、钙等其他元素。值得

一提的是，在大庆原油中砷含量高达 2800×10^{-6}，也可能是世界砷含量最高的原油。

不同产地的原油，其微量元素的含量及种类的差异均较大，加拿大分析的 22 种元素在原油中的含量列于表 1-1-5b。

表 1-1-5b　微量元素在原油中的含量

序　号	元素名称	样品数量/个	单　位	平均值	最高值
1	硫	88	%	0. 83	3. 88
2	钒	84	μg/g	13. 6	177
3	氯	87	μg/g	39. 3	1010
4	钠	85	μg/g	3. 62	64. 7
5	铁	41	μg/g	10. 8	254
6	镍	69	μg/g	9. 38	74. 1
7	锌	79	μg/kg	459	5920
8	钴	84	μg/kg	53. 7	2000
9	碘	51	μg/kg	719	9000
10	锰	78	μg/kg	100	3850
11	硒	62	μg/kg	51. 7	517
12	汞	39	μg/kg	50. 9	399
13	铯	43	μg/kg	4. 21	68. 5
14	溴	82	μg/kg	491	12500
15	砷	71	μg/kg	111	1990
16	金	4	μg/kg	0. 44	1. 32
17	锑	24	μg/kg	6. 22	34. 8
18	铬	42	μg/kg	93. 3	1680
19	铷	9	μg/kg	148	720
20	钪	51	μg/kg	7. 76	199
21	铕	50	μg/kg	0. 94	23. 2
22	镓	—	μg/kg		455

三、原油的馏分组成

原油是由数目众多的烃类和非烃化合物组成，是多组分的复杂混合物，很难将其在单体化合物的水平上完成某种原油的全分离或全分析。因此，在对原油进行研究或加工利用时，都是将原油按其组分的沸点差别分离成几个部分，即采用“分馏”方法，将原油“切割”成几个“馏分”。馏分即馏出的部分，仍是一个复杂的混合物，只是它所包含的组分数目比原油要少。

一般把原油从常压蒸馏起截取从开始馏出的温度(初馏点)到 180℃或 200℃的轻馏分称为汽油馏分或轻油，也称石脑油(naphtha)；常压蒸馏 180℃(或 200℃)到 350℃之间的中间馏分称柴油馏分或常压瓦斯油(atmospheric gas oil，简称 AGO)；>350℃的馏分称为常压渣油或常压重油(atmospheric residue，简称 AR)。由于从 350℃开始，原油有明显的分解现象，所以在减压条件下，蒸馏出相当于常压下 350~500℃的馏分称减压馏分或润滑油馏分，也称减压瓦斯油（vacuum gas oil，简称 VGO），减压蒸馏后残留的部分称减压渣油（vacuum residue，简称 VR）。

从石油直接蒸馏得到的馏分称为直馏馏分，其中基本上保留了石油本来的化学组成，例如，几乎不含不饱和烃。馏分油如汽油馏分、柴油馏分等，不等同于石油产品，只是有可能作为制取汽油、柴油等产品的原料，还需要将馏分进行进一步的加工处理以满足油品规格的要求，才能成为石油产品。

表 1-1-6 是国内外部分原油的直馏馏分组成。由表中数据可以看出，与国外原油相比，我国原油中渣油含量较高，汽油馏分含量较少。

表 1-1-6 原油馏分的组成 %

名 称	汽油馏分（IBP～180℃）	中间馏分（180～350℃）	减压馏分（350～500℃）	渣 油（>500℃）
大 庆	9.8	21.4	26.0	42.8
胜 利	6.1	19.0	27.5	47.4
孤 岛	1.9	14.0	28.9	55.2
任 丘	4.9	21.1	34.9	39.1
大 港	7.8	27.1	36.4	28.7
玉 门	12.3	29.2	25.2	33.2
克拉玛依低凝油	9.1	26.2	27.0	37.7
吉林扶余	7.7	20.6	31.9	39.8
科威特	18.1	25.3	21.1	32.2
哈桑买希	31.0	30.2	27.3	9.6
阿根廷埃斯卡兰特	7.19	20.8	22.7	49.4
卡宾达	11.9	26.2	26.8	35.1
韦杜里	4.6	21.1	34.1	40.2

第二节 石油的化学组成

石油是由烃类和非烃化合物组成的复杂混合物，烃类主要是由烷烃、环烷烃和芳香烃组成，其中环烷烃主要是环戊烷和环已烷的同系物；芳香烃的代表是苯及其同系物，以及环烷-芳香环混合烃，主要是稠合型。即使是同一类的石油，各种烃类的化学结构也并不相同，因此就决定了石油馏分的物理以及化学性质的不同。为了充分、合理地利用石油资源，我们要对石油的化学组成进行深入了解。

一、石油气态烃的化学组成

1. 天然气

广义上的天然气是指埋藏于地层中自然形成的气体的总称，但通常所称的天然气只指储存于地层深部的可燃气体。天然气又包括纯气田气和凝析气田气，但在石油的开采过程中，由于地表面上压力降低，凝析气田气分为气、液两相，液相称为凝析油（或天然汽油、气体汽油）。与石油共生的天然气常称为油田伴生气。

从纯气田气开采的天然气主要是甲烷，还含有少量的乙烷、丙烷、丁烷、戊烷以及氮气、硫化氢和二氧化碳等(见表1-2-1)，这种气体称为干气(贫气)，其中甲烷占90%(体积)以上。凝析气田气和油田伴生气是与凝析油或原油共存的气体，其组成较为接近，属于湿气(富气)，也含有大量的甲烷，但其中乙烷、丙烷和丁烷的含量较高，可达10%～20%(体积)，甚至含有少量的戊烷和己烷。干气和湿气的划分一般以美国标准为准：即气体中戊烷及己烷的含量低于13.37mL/m^3为干气，高于这个含量为湿气。

表1-2-1 天然气的组成 %

类型	气田	CH_4	C_2H_6	C_3H_8	i-C_4H_{10}	n-C_4H_{10}	i-C_5H_{12}	n-C_5H_{12}	C_6^+	N_2	CO_2	H_2S	H_2	He
纯气田气	四川，阳高寺	96.15	1.54	0.43	0.050	0.069	0.151			1.38	0.16		0.005	0.060
	江苏，启东	96.89								2.57①	0.54			
	江苏，阜宁	94.60								3.40①	1.0			
	江苏，淮阴	90.17								8.99①	0.84			
	浙江	95.62								2.31①	2.06			
	前苏联，麦德维热	98.6	0.35	0.02	0.003	0.04				0.017②	0.22			
伴生气	大庆油田	82.76	5.76	5.88	2.6		0.4			1.59	0.5	20×10^{-6}		
	辽河油田	81.5	8.5	8.5	5.0					1.0	1.0			
	前苏联，伊申拜	53.6	14.9	12.7	7.7		2.6			3.7②	0.8		4.0	
凝析气	新疆，轮南③	86.93	1.98	1.00						8.22	1.32			
	新疆，羊塔克③	91.33	5.14	1.10						1.79	0.05			
	新疆，吉拉克③	86.82	2.66	1.36						7.80	0.73			
	伊朗	82.10	5.78	2.87	0.56	1.23	0.52	0.60	3.82	0.08	2.44			
	西南得克萨斯	91.35	4.03	1.53	0.39	0.43	0.15	0.19	1.93					

① N_2+O_2。

② N_2+稀有气体。

③ C_4、C_5含量很少，在此忽略。

2. 液化石油气

液化石油气可以从油气田和炼油厂获得。但从严格意义上来说，从天然气液化制得的产品叫液化石油气(LPG)，而从炼厂气液化得到的产品应叫液化炼厂气(LRG)，但一般将二者通称为液化石油气。然而，并非每个油气田都可回收到大量的液化石油气，所以绝大多数国家都是从炼油厂回收液化石油气。

从组成上看，由油气田和炼油厂得到的液化石油气的主要成分都是C_3、C_4烃类，但二者也有差别，表现为前者主要是丙烷，以及少量异丁烷和正丁烷；而后者的成分因来源于不同的生产装置(如重整、裂化、焦化等)而有所区别，如从重整装置中分出的液化石油气与油气田得到的液化石油气一样，主要含有饱和烃类，其中丁烷成分较多，其他装置(如催化裂化等)正好相反，不饱和成分较多，如含有乙烯等。此外，炼厂液化石油气中还含有硫化物、水、卤素、氨以及其他杂质。

总之，无论液化石油气的来源如何，都主要是在C_3、C_4沸程范围内液化的或可液化的、饱和的和不饱和的烃类混合物(表1-2-2)。

表1-2-2 炼油厂①液化石油气的主要成分 %(摩尔)

液化石油气 丙(丁)烷	A	B	C	G	D	E	F
甲 烷	0.05	—	—	—	—	—	—
乙 烷	2.8	1.0	0.9	0.9	—	—	0.3
乙 烯	—	—	—	—	—	—	—
丙 烷	87.0	98.6	61.1	33.8	2.5	2.1	26.1
丙 烯	9.0	—	36.3	64.0	—	0.1	10.4
正丁烷	0.1	0.1	0.1	0.2	66.8	39.6	52.2
异丁烷	1.0	0.3	0.4	0.9	29.7	37.2	10.2
异丁烯/1-丁烯	—	—	0.1	0.2	0.2	14.4	0.5
反2-丁烯	—	—	—	—	—	5.7	—
顺2-丁烯	—	—	—	—	0.1	0.4	0.2
异戊烷	—	—	—	—	0.5	0.05	0.1
正戊烷	—	—	—	—	0.2	0.25	—
己 烷	—	—	—	—	—	0.2	—

① A—比利时炼油厂；C—法国炼油厂；D—德国炼油厂(丁烷计)；B—德国炼油厂；G—瑞典商业用；E—法国炼油厂(丁烷计)。

二、汽油馏分

1. 烃类的类型及分布规律

在汽油馏分中，主要组成为正构及支链较少(具有一个甲基)的烷烃(C_5~C_{11})及部分环烷烃及芳烃，在同一碳数的烷烃中，正构烷烃多于异构烷烃；在同一碳数的异构烷烃中，分支愈多，含量愈少。有研究表明，仅带一个甲基支链的异构烷烃占整个异构烷烃的一半以上(见表1-2-3)，同时甲基位置中有：2-甲基>3-甲基>4-甲基；带有二个或三个甲基链的异构烷烃在所有的汽油馏分中的含量很少。

表1-2-3 汽油馏分中异构烷烃及环烷烃的分布

原油名称	大 庆	胜 利	大 港
沸程/℃	60~145	60~145	60~153
仅有一个甲基支链的异构烷烃占总异构烷烃的分率	0.56	0.56	0.49
环己烷类/环戊烷类	2.3	1.9	3.1

汽油馏分中所含的环烷烃主要是单环环烷烃，即环戊烷及环己烷系化合物。在环戊烷系化合物中，环戊烷含量极少，而甲基环戊烷和二甲基环戊烷的各种异构体的含量一般较高；在环己烷系化合物中，环己烷及甲基环己烷的含量均较高，且尤以甲基环己烷含量最高。我国石油汽油馏分中，环己烷系烃类含量一般高于环戊烷系。芳香烃中也只含有单环芳香烃，且含量较少，其中甲苯含量一般比苯高。

2. 烃类组成表示法

随着近代物理分析方法的日臻完善，人们对石油组成的研究也日益深入。由于汽油馏分沸点较低，相对分子质量较小，因此对汽油馏分的组成也研究得较详细。通常，以单体烃组成和族组成来表示汽油馏分中的烃类组成。

（1）单体烃组成　按照石油馏分中每一种烃的百分含量来表示其组成的方法，称为单体烃组成，常采用高效毛细管气相色谱法直接测定。由于石油的组成复杂，所含的单体烃数目众多，且性质接近，所以目前还只限于测定<180℃汽油馏分的组成。

经研究证明，在直馏汽油馏分中，大约有二百多个单体烃化合物，但这些单体烃并非均匀分布，含量差别很大，其中为数不很多的单体烃占了汽油馏分的大部分，如美国 Ponca 原油 40~180℃馏分中，15 个单体烃占汽油的 52%，50 个单体烃占汽油的 76%。我国大庆原油 60~145℃直馏汽油馏分中，主要有 20 种单体烃，占该馏分的 77.49%（表 1-2-4），这对我们的研究工作具有十分重要的意义。

表 1-2-4　原油直馏汽油主要单体烃含量　　%

烃　族	大　庆（60~145℃）	大　港（60~153℃）	胜　利（60~145℃）	任　丘（初馏~120℃）
正构烷烃				
正戊烷	0.09	0.39	0.93	5.58
正己烷	6.33	2.04	4.83	8.91
正庚烷	13.93	4.42	7.21	8.34
正辛烷	15.39	8.69	5.98	5.66
正壬烷	2.17	4.78	2.97	1.39
五种正构烷烃总量	37.91	20.32	21.92	29.88
异构烷烃				
2-甲基戊烷	1.32[1]	0.77	2.56	5.08
3-甲基戊烷	0.76	0.67	1.69	3.13
2-甲基己烷	1.40	1.09	2.14	2.57
3-甲基己烷	1.83	1.25	2.57	2.69
2-甲基庚烷	2.75	2.38	3.05	3.58
五种异构烷烃总量	8.06	6.16	12.01	17.05
环烷烃				
甲基环戊烷	2.72[2]	2.08	4.04	4.26
环己烷	4.75	2.57	3.16	2.60
甲基环己烷	11.43[3]	9.18	7.22	5.72
1-顺-3-二甲基环己烷	3.66	4.62	2.80	2.69
1-反-4-二甲基环己烷				—
五种环烷烃总量	22.56	18.45	17.22	15.27
芳香烃				
苯	0.16	0.80	0.66	0.46
甲苯	1.05	4.17[4]	4.54	1.65
对二甲苯	0.28	1.57	0.421	0.22

续表

烃 族	大 庆（60~145℃）	大 港（60~153℃）	胜 利（60~145℃）	任 丘（初馏~120℃）
间二甲苯	0.92⑤	5.21⑤	1.46	
邻二甲苯	0.47⑥	0.86⑥	0.81⑥	
五种芳香烃总量	2.88	12.61	8.89	2.33
单体烃个数	20	20	20	19
占汽油馏分	71.41	57.56	60.04	64.53
已鉴定单体烃个数	132	148	140	122

① 包括2，3-二甲基丁烷。
② 包括2，2-二甲基戊烷。
③ 包括2，2，3，3-四甲基丁烷。
④ 包括3，3-二甲基己烷。
⑤ 包括3，3，4-三甲基己烷。
⑥ 包括2，2，4，5-四甲基己烷。

（2）族组成 当不需要或不可能进行单个化合物组成测定时，常选用族组成表示法。族组成是根据石油馏分中所含各种烃类的百分含量来表示其烃类组成的方法。在石油直馏馏分中，以烷烃、环烷烃和芳香烃的百分含量来表示其族组成。这一表示方法原则上也适用于二次加工或沸程更高的石油馏分，前者需加上烯烃含量一项，后者还可以更详细地划分，即烷烃分为正构烷烃和异构烷烃；环烷烃分为环戊烷系和环己烷系，以及单环环烷烃、双环环烷烃和多环环烷烃等；芳香烃也分为单环芳香烃、双环芳香烃、多环芳香烃等。近年来，应用质谱、色谱和核磁共振等方法可以详细地分析石油馏分的烃族组成。

表1-2-5是汽油馏分烃族组成的典型数据。在汽油馏分中，烷烃含量大约为30%~70%，环烷烃含量大约为20%~60%，芳香烃含量较二者要少，一般在20%以下，其分布规律为：随沸程的升高，芳香烃含量逐渐增加，这对于绝大多数国内外原油的直馏汽油馏分而言，具有普遍意义。

表1-2-5 汽油馏分的烃类族组成

名 称	馏 程/℃	烃族组成/%		
		烷 烃	环烷烃	芳 烃
阿 曼	60~180	65.6	22.4	12.0
科威特	65~180	66.2	19.4	14.4
也 门	65~180	49.0	34.5	16.5
伊 朗	65~180	56.3	30.0	16.4
哈萨克斯坦	65~180	53.4	34.2	12.4
胜 利	60~180	48.4	42.1	9.5
大 庆	IBP~180	57.0	40.0	3.0
辽 河	IBP~180	44.0	42.4	13.6

二次加工油一般都含有烯烃，从表 1-2-6 的结果来看，二次加工汽油的烃族组成与直馏汽油有很大差异，除了大多数均含有烯烃外，因加工工艺的差异，而使各族烃类的含量有所不同，如催化重整汽油中，其芳香烃含量远比直馏汽油高得多；焦化汽油中的烷烃含量也比直馏汽油中的烷烃要少，而烷基化汽油中主要以异构烷烃为主。

表 1-2-6 几种汽油的烃类族组成分析结果 %

名　称	烷　烃	环烷烃	烯　烃	芳香烃
直馏汽油	56	38	1	5
催化裂化汽油	42	11. 3	29. 5	26. 0
焦化汽油	33. 2	6	58	14
热裂化汽油	42	15	36	7
催化重整汽油	34. 6	65. 4	0	53. 1
烷基化汽油	99. 8①	0	0	0. 2

① 其中异构烷烃含量达 99. 8%。

三、中间(煤、柴油)馏分和减压馏分

1. 烃类的类型及分布规律

石油中间馏分(200~350℃)和减压馏分(350~500℃)中亦含有烷烃、环烷烃和芳香烃，并随着沸程的升高，烃类相对分子质量逐渐增大，结构也更加复杂。对于环烷烃而言，它不仅含有单环环烷烃，还含有双环、三环直到六环，甚至高于六环的带有环戊烷环或环己烷环的环烷烃；芳香烃也是如此，其环数从单环可直达四环或多环。此外，还含有环数不等的环烷-芳香环的混合烃，如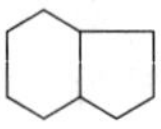、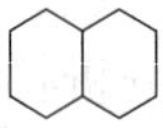、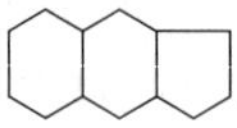、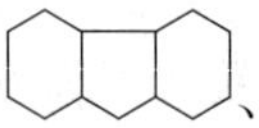、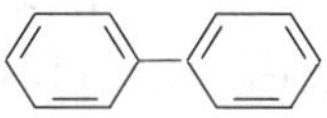、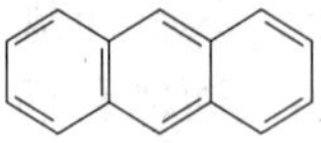、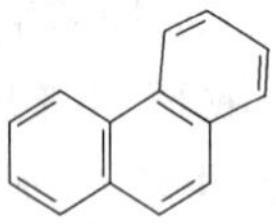、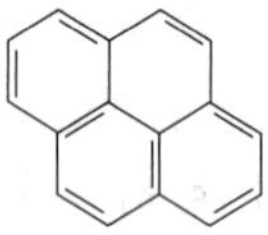、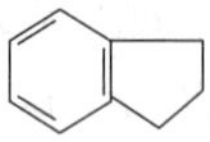、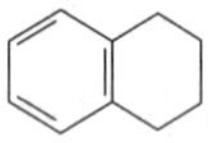、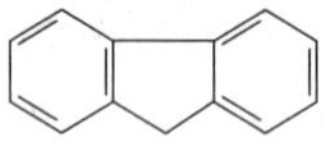、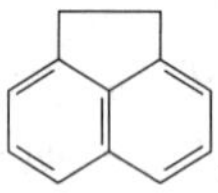、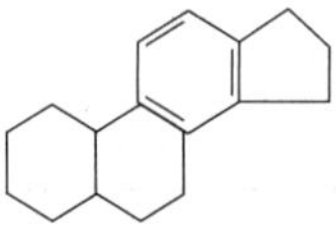等类型。

在石油中间馏分和减压馏分中的正构烷烃为 C_{10}~C_{40}。原油的类型不同，所含的正构烷烃的数量也不同，如大庆原油中正构烷烃的含量较高，胜利原油中的含量相对要低，且在许多石油 200~500℃馏分中，奇数碳原子数的正构烷烃含量相对略占优势(表 1-2-7)。

表 1-2-7 原油中正构烷烃(C_{11}~C_{37})的分布

原　油	馏程/℃	正构烷烃量(占馏分)/%	
		奇数碳原子	偶数碳原子
大　庆	200~350	20. 3	19. 6
	350~500	13. 3	12. 1
胜　利	200~350	11. 7	11. 4
	350~500	6. 4	6. 0

在许多石油的中间馏分和减压馏分中还发现了类异戊二烯烃，它们是一些具有类似于聚异戊二烯碳链结构的异构烷烃，也就是在主链上相隔三个亚甲基即有一个甲基取代基，主要有：

C_{20}　植烷(2，6，10，14−四甲基十六烷) 

C_{18}　降姥鲛烷(2，6，10−三甲基十五烷) 

C_{15}　法呢烷(2，6，10−三甲基十二烷) 

这些单体烃被认为是生物体中某些有机化合物(如叶绿素)的转化产物，是一类与石油的成因有关的生物标志化合物。

2. 烃类组成表示法

对中间馏分和减压馏分进行单体烃组成的全分析是很难实现的，目前常进行的是烃类族组成和结构族组成的测定，以此作为研究和加工这部分馏分的依据。

(1) 族组成　测定石油200~500℃馏分的烃类族组成时，常采用的是液固吸附色谱法。该方法是先用实沸点蒸馏装置把试油切割为每50℃的窄馏分，然后分别通过液固吸附柱，吸附柱是以硅胶为吸附剂，按油中各族烃类对硅胶表面吸附能力的强弱不同分成若干组分，吸附力最弱的组分首先流出。按流出次序依次分为饱和烃(烷烃−环烷烃)、轻芳烃、中芳烃、重芳烃和胶质。

表1−2−8是采用液固吸附色谱法测得的某些原油减压馏分(350~500℃)族组成数据。从表中可以看出，饱和烃含量均较高，在50%以上，特别是大庆原油的减压馏分；但欢喜岭和羊三木原油减压馏分中的芳香烃含量要高于大庆原油的芳香烃含量。值得一提的是，在芳香烃中，轻芳烃含量最高。

表1−2−8　减压馏分的组成(液相色谱法)

原　油	沸程/℃	族　组　成/%				
		饱和烃	轻芳烃	中芳烃	重芳烃	胶　质
大　庆	350~400	86.5	7.5	2.1	2.4	0.7
	400~450	84.0	8.6	2.1	2.7	1.6
	450~500	76.2	9.9	3.8	3.2	3.7
羊三木	350~400	56.0	24.4	8.9	3.2	4.0
	400~450	57.8	19.4	8.9	5.4	4.9
	450~500	61.4	8.6	8.6	6.6	7.2
欢喜岭	350~400	54.2	22.7	10.5	4.9	3.0
	400~450	57.3	17.3	9.4	7.4	5.0
	450~500	59.0	12.4	9.1	8.8	9.0

但是采用液固吸附色谱法还有不尽人意之处，比如，烷烃和环烷烃均归于饱和烃，而轻、中、重芳烃也不是完全对应于单、双和多环芳烃。为取得更精细的分析结果，可将液固吸附色谱法与质谱法相结合，即先用液固吸附色谱法将油样分为芳烃和饱和烃两部分，然后再进行质谱分析，这样就可将烷烃分为正构、异构烷烃；环烷烃、芳香烃分别分成单环、双环、多环……，还可分出非烃化合物(表1−2−9)。表1−2−9结果表明，随着馏分沸程的升高，烷烃尤其是正构烷烃含量减少，芳香烃含量增加，并且环烷烃及芳香烃的环数逐渐增多。

表 1-2-9a 大庆原油 200~500℃馏分的烃族组成(质谱法) %

实沸点范围/℃	200~250	250~300	300~350	350~400	400~450	450~500
烷烃	55.7	62.0	64.5	63.1	52.8	44.7
正构烷烃	32.6	40.2	45.1	41.1	23.7	15.7
异构烷烃	23.1	21.8	19.4	22.0	29.1	29.0
环烷烃	36.6	27.6	25.6	24.8	33.2	39.0
一环环烷	25.6	18.2	17.1	11.8	13.6	17.4
二环环烷	9.7	6.9	5.7	6.8	8.4	10.6
三环环烷	1.3	2.5	2.8	2.6	5.3	7.3
四环环烷	0	0	—	2.9	3.3	3.1
五环环烷	0	0	0	0.7	1.8	0.6
六环环烷	0	0	0	0	0.8	—
芳香烃	7.7	10.4	9.9	11.8	13.8	15.9
单环芳烃	5.2	6.6	6.8	6.5	7.8	9.0
双环芳烃	2.5	3.2	2.5	3.2	3.3	3.8
三环芳烃	0	0.2	0.6	1.5	1.4	1.6
四环芳烃	0	0	0	0.5	0.8	0.8
五环芳烃	0	0	0	0	0.1	0.3
未鉴定芳烃	0	0	0	0.1	0.4	0.4
噻吩类	0	0	0	0.3	0.2	0.4

表 1-2-9b 进口原油 365~560℃馏分烃族组成(质谱法) %

类 型	阿曼原油	也门(马里布)	伊 朗	哈萨克斯坦
烷烃	19.8	24.3	19.0	19.7
环烷烃	38.2	36.6	35.0	47.3
一环环烷	8.9	8.9	8.6	11.2
二环环烷	9.4	7.9	7.9	11.7
三环环烷	7.6	6.8	6.6	9.2
四环环烷	8.0	8.7	7.5	9.3
五环环烷	4.3	4.3	3.1	5.9
六环环烷	0	0	1.3	—
芳烃	39.9	37.2	43.9	31.2
单环芳烃	13.2	14.1	13.0	9.8
双环芳烃	7.5	9.5	8.0	6.8
三环芳烃	4.7	5.0	5.6	4.1
四环芳烃	3.0	2.9	3.9	2.6
五环芳烃	1.6	1.1	1.9	1.2
噻吩类	4.1	1.9	6.3	3.9
未鉴定芳烃	5.8	2.7	5.2	2.8
胶质	2.1	1.9	2.1	1.8

(2) 结构族组成(n-d-M 法) 测定烃类族组成的方法尽管简便，但随着石油馏分沸程的升高，相对分子质量增大，分子结构更加复杂。在一个分子中，往往同时会有芳香环、环

烷环和长的烷基侧链，这就很难将其归属于哪一“族”，如 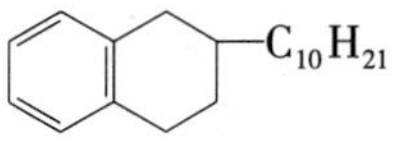 ，于是，提出了结构族组成的概念。

该方法是将整个馏分包括的各种烃类混合物当作一个“平均分子”，该“平均分子”是由芳香环、环烷环和烷基侧链三种“结构单元”构成，这三种结构单元在分子中所占的比例可以用芳香环上的碳原子数占分子总碳原子数的百分数(C_A,%)、环烷环上碳原子数占分子总碳原子数的百分数(C_N,%)和烷基侧链上碳原子数占分子总碳原子数的百分数(C_P,%)来表示。例如，在上例中：

$$C_A=\frac{6}{20}\times100\%=30\%$$

$$C_N=\frac{4}{20}\times100\%=20\%$$

$$C_P=\frac{10}{20}\times100\%=50\%$$

上述三个参数可以表示分子中的碳原子在三种结构中的相对含量，但不能说明环上的碳原子是集中在一个环上还是分布在几个环上，所以还应加上环的数目，用下列结构参数表示：分子中芳香环数(R_A)；分子中环烷环数(R_N)；分子中总环数(R_T)。上例中，$R_A=1$，$R_N=1$，$R_T=R_A+R_N=2$。

由此可用以上六个参数来表征化合物 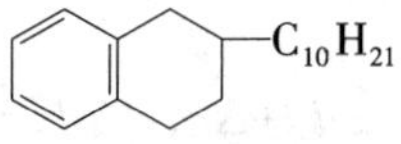 的结构族组成，即用复杂分子中各类结构单元的相对含量和各类环状结构的数量来表示复杂烃类的组成，而不考虑这些结构单元在分子中的结构方式。

直接测定石油馏分的族组成，耗时、耗物太多，需要特殊设备。因此发展了一些用油品的若干物理性质关联其结构组成的方法，有以折射率、密度、平均相对分子质量为基准的 n-d-M法，以折射率、密度、黏度为基础的 n-d-r 法，以及折射率、密度、苯胺点为基础的 n-d-A 法等。其中最常用的是 n-d-M 法。

在研究中发现，当碳数相同时，各族烃类的相对密度及折射率按以下顺序依次减小：苯系(带正烷基侧链)、环己烷系(带正烷基侧链)、环戊烷系(带正烷基侧链)、正构烷烃、异构烷烃。对于异构烷烃和带异构侧链的环状烃之间基本上也是如此变化。在上述各族烃的同系物中，相对密度和折射率一般都随分子中碳原子数的增加而增大，只有芳香烃是随着分子中碳原子数的增加而减小，如图 1-2-1 所示。

由此斯米吞堡提出相对密度(d_4^{20})或折射率(n_D^{20})与化合物碳原子数及相对分子质量相关联的斯米吞堡公式：

$$d_4^{20}=0.8513-\frac{k}{C+Z} \qquad (1-2-1)$$

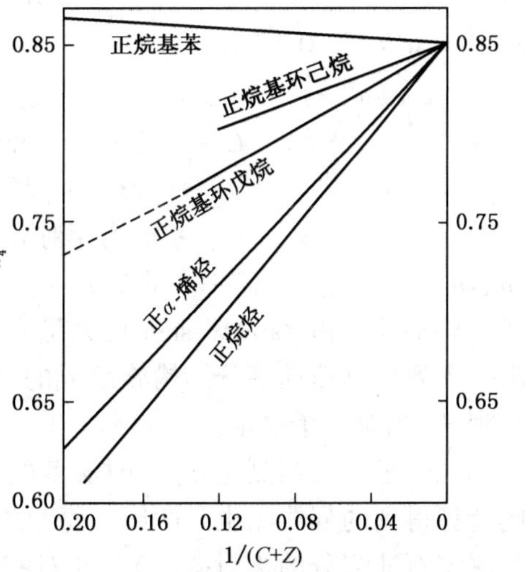

图 1-2-1 烃类碳原子数与相对密度的关系

$$d_4^{20}=0.8513-\frac{h}{M+m} \tag{1-2-2}$$

$$n_D^{20}=1.4750-\frac{k'}{C'+Z'} \tag{1-2-3}$$

$$n_D^{20}=1.4750-\frac{h'}{M'+m'} \tag{1-2-4}$$

式中　k、Z、h、m、k'、Z'、h'、m'——常数。

对于中间馏分而言，其相对分子质量大于 200，且碳原子数值也较大，式中常数 k、z、h、m、k'、z'、h'、m'可忽略，则有：

$$\Delta d=d_4^{20}-0.8513=-\frac{k}{C} \tag{1-2-5}$$

$$\Delta d=d_4^{20}-0.8513=-\frac{h}{M} \tag{1-2-6}$$

$$\Delta n=n_D^{20}-1.4750=-\frac{k'}{C} \tag{1-2-7}$$

$$\Delta n=n_4^{20}-1.4750=-\frac{h'}{m} \tag{1-2-8}$$

就石油馏分的“平均分子”而言，有：

$$\Delta d=\Delta d_A+\Delta d_N+\Delta d_P=-\frac{k_A}{C_A}-\frac{k_N}{C_N}-\frac{k_P}{C_P} \tag{1-2-9}$$

$$\Delta n=\Delta n_A+\Delta n_N+\Delta n_P=-\frac{k'_A}{C_A}-\frac{k'_N}{C_N}-\frac{k'_P}{C_P} \tag{1-2-10}$$

对一些石油馏分进行实际测定，提出以下两个通式：

$$C=a\Delta d+b\Delta n+\frac{d}{M} \tag{1-2-11}$$

$$R=a_1M\Delta d+b_1M\Delta n+d_1 \tag{1-2-12}$$

式中　$\Delta d=d_4^{20}-0.8513$；

$\Delta n=n_D^{20}-1.4750$；

C——芳香环、环烷环或总碳环上碳原子的百分数(C_A、C_N、C_R)，%；

R——芳香环、环烷环或总碳环数(R_A、R_N、R_T)；

M——平均相对分子质量；

a、b、d、a_1、b_1、d_1——常数。

Van-Nes 和 Van-Westen 对大量实验数据进行处理，根据式(1-2-11)和式(1-2-12)导出一系列推算石油馏分结构族组成的经验公式，也就是目前最常用的n-d-M法(折射率-相对密度-相对分子质量法)。

在这里，根据测定 d、n 时温度的不同，将公式分为 20℃和 70℃两组(表 1-2-10)，由此计算得到的列线图也是两组，每组均包括求定 C_A、C_R、R_A、R_T(见图 1-2-2)。所以，只要测定石油馏分的折射率(n)、相对密度(d)和相对分子质量(M)(若是含硫量较高的馏分，也应测定其硫含量)，就可按表中公式或查图求得该馏分的结构族组成。

表 1-2-10　*n-d-M* 法计算公式

20℃公式	70℃公式
$V = 2.51(n - 1.4750) - (d - 0.8510)$ $W = (d - 0.8510) - 1.11(n - 1.4750)$ $V > 0$时， $\%C_A = 430V + 3660/M$ $R_A = 0.44 + 0.055MV$ $V < 0$时， $\%C_A = 670V + 3660/M$ $R_A = 0.44 + 0.080MV$ $W > 0$时， $\%C_R = 820W - 3S + 10000/M$ $R_T = 1.33 + 0.146M(W - 0.005S)$ $W < 0$时， $\%C_R = 1440W - 3S + 10600/M$ $R_T = 1.33 + 0.180M(W - 0.005S)$	$V = 2.42(n - 1.4600) - (d - 0.8280)$ $W = (d - 0.8280) - 1.11(n - 1.4600)$ $V > 0$时， $\%C_A = 410V + 3660/M$ $R_A = 0.41 + 0.055MV$ $V < 0$时， $\%C_A = 720V + 3660/M$ $R_A = 0.41 + 0.080MV$ $W > 0$时， $\%C_R = 775W - 3S + 11500/M$ $R_T = 1.55 + 0.146M(W - 0.005S)$ $W < 0$时， $\%C_R = 1400W - 3S + 12100/M$ $R_T = 1.55 + 0.180M(W - 0.005S)$
$\%C_N = \%C_R - \%C_A$ $\%C_P = 100 - \%C_R$ $R_N = R_T - R_A$	

n-d-M 法应用方便，准确性较高，可适用于不同属类的石油馏分，甚至对于纯烃也能得到与实际相符的结果。但应注意的是，由于该法因所提供原始数据的石油馏分组成的限制，只适用于具有下列条件的石油馏分：

$M>200$，不含不饱和烃；

$R_T \ngtr 4$，$R_A \ngtr 2$ 或 $C_A \ngtr 75\%$；$C_A/C_N \ngtr 1.5$；

硫含量$\ngtr 2\%$，氮含量$\ngtr 0.5\%$，氧含量$\ngtr 0.5\%$。

对于不同的原油而言，其结构族组成是有差别的。表 1-2-11 是部分原油馏分的结构族组成，从表中结构来看，大庆原油中的 C_P 明显较高，达到 70%以上，孤岛原油中 C_P 较低，仅 50%。但是，孤岛原油和新疆原油中 C_N 略高，约 30%；相反大庆原油中 C_N 较少。中东和哈萨克斯坦的原油 365～560℃（或 350～500℃）馏分的 C_P 仅为 60%左右，而 R_N 则高达 1.1～1.4。同时表中结果也说明各种原油的相同馏分中，其 C_A、C_N、C_A、R_A、R_N 也不相同。就同一种原油，随着沸程的增加，相对分子质量增大，在“平均分子”中的环烷环数（R_N）和芳香环数（R_A）均增加，表 1-2-12 是大庆原油 200～500℃馏分结构族组成。

表 1-2-11　馏分油结构族组成

原油类型	结构族组成				
	C_P/%	C_N/%	C_A/%	R_A	R_N
大　庆 （350～500℃）	70.1	20.2	9.7	1.02	0.40
孤　岛 （350～500℃）	50.5	32.0	17.5	2.20	0.80
辽　河 （350～500℃）	62.5	23.5	14.0	1.41	0.62
新　疆 （350～500℃）	64.0	29.4	6.6	1.80	0.32

续表

原油类型	结构族组成				
	C_P/%	C_N/%	C_A/%	R_A	R_N
阿　曼 (365~560℃)	61.9	24.2	13.9	0.7	1.4
也　门 (365~560℃)	61.2	22.6	16.2	0.8	1.4
伊　朗 (365~560℃)	57.5	21.8	20.7	1.1	1.1
哈萨克斯坦 (350~500℃)	60.2	24.6	15.2	0.7	1.3

表 1-2-12　大庆原油 200~500℃馏分结构族组成

结构族组成	200~250℃	250~300℃	300~350℃	350~400℃	400~450℃	450~500℃
C_P/%	69.5	73.0	73.5	79.5	73.0	71.5
C_N/%	24.5	20.0	17.0	10.0	13.5	17.0
C_A/%	6.0	7.0	9.5	10.5	13.5	11.5
R_A	0.1	0.16	0.20	0.30	0.40	0.55
R_N	0.7	0.65	0.80	0.60	1.10	1.35

四、石油中的非烃化合物

石油中的非烃组分主要是指含硫、氮、氧以及微量元素的有机化合物，它们在石油中的含量不多，以元素计仅占 1%~5%，但这些元素均以碳氢化合物的衍生物形态存在于原油中。以含硫化合物为例，若一个含硫化合物的分子中只有一个硫原子，含硫化合物的平均相对分子质量为 240，则含硫量 1%的原油中就相当于含有 7.5%的含硫化合物存在，与硫含量相比，要大得多(增大了 6.5 倍)。这样多的含硫化合物，对炼油工艺、产品性能和环境的影响是很大的。近年来，随着世界石油形势的发展，即重质原油的增加，各国炼厂必须深度加工重质原油和渣油，在这些原料中，不仅非烃化合物的含量增多，且其组成和结构也更加复杂。因此，研究石油中非烃化合物的存在形态及变化规律，具有十分重要的意义。

(一) 石油中的含硫化合物

石油中的硫是石油固定组成元素之一。不同原油中的硫含量是不相同的，波动范围相差也很大，可从万分之几到百分之几；即使是同一油田不同油井的原油，其硫含量也不完全相等，甚至同一油井因采油深度不同，所采原油的硫含量也有差别。如澳大利亚阿尔顿原油的硫含量只有 0.02%，美国犹他州罗塞角原油的硫含量高达 13.95%，是目前世界上含硫量最高的原油。

通常将硫含量低于 0.5%的原油称为低硫原油，硫含量高于 2.0%的称为高硫原油，硫含量在 0.5%~2.0%之间称为含硫原油。目前绝大多数含硫、高硫原油产自中东地区，美国和加拿大、亚州等出产的多为低硫原油。我国原油多数属于低硫原油，个别如胜利原油是含硫原油，孤岛原油是高硫原油。近年来，我国进口原油的比例越来越大，进口原油中，含硫高的原油比例迅速上升，进口原油的加权平均含硫量明显升高。

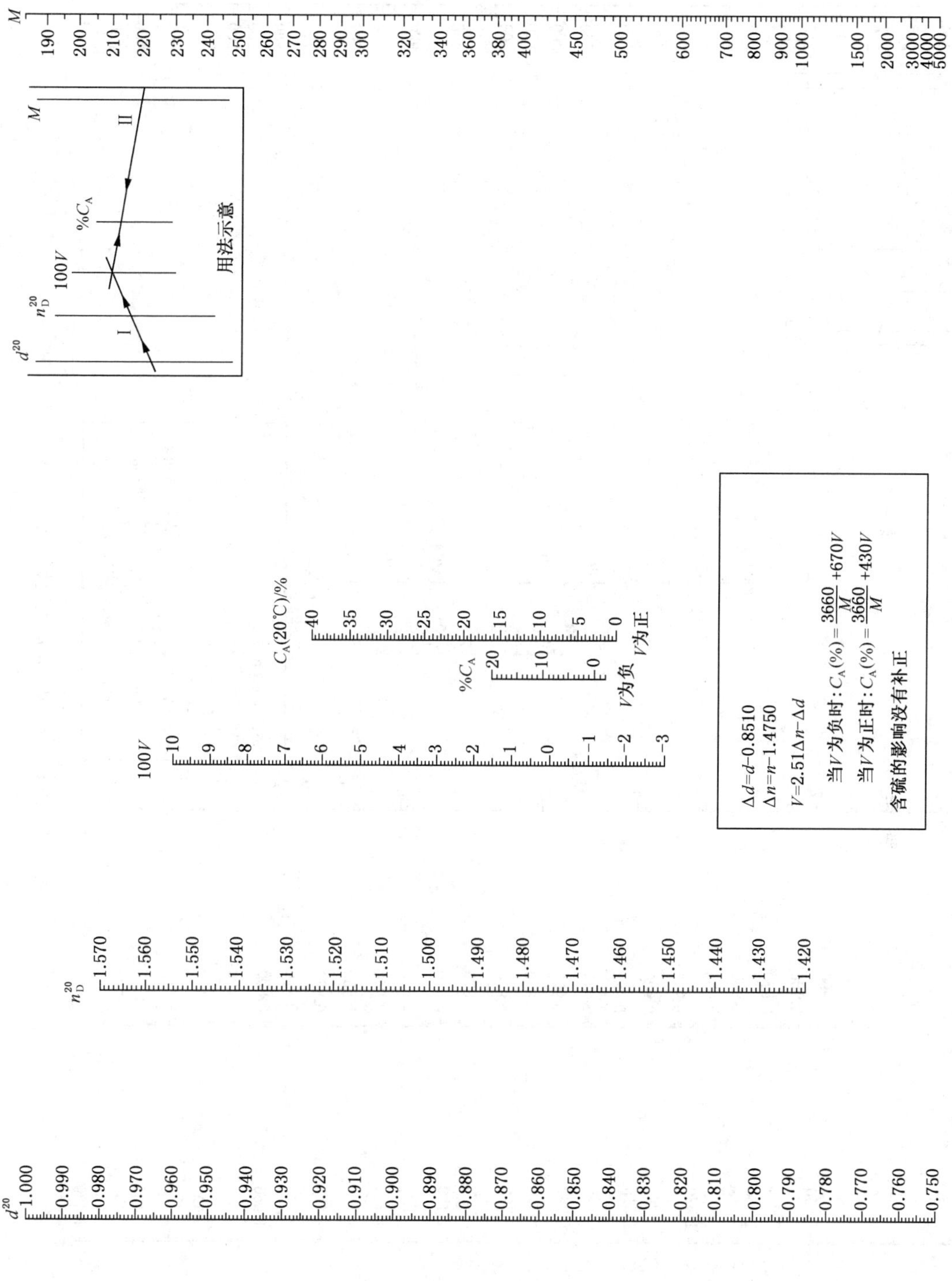

图 1-2-2(a)　n-d-M 法测定碳原子在芳烃环上的百分数

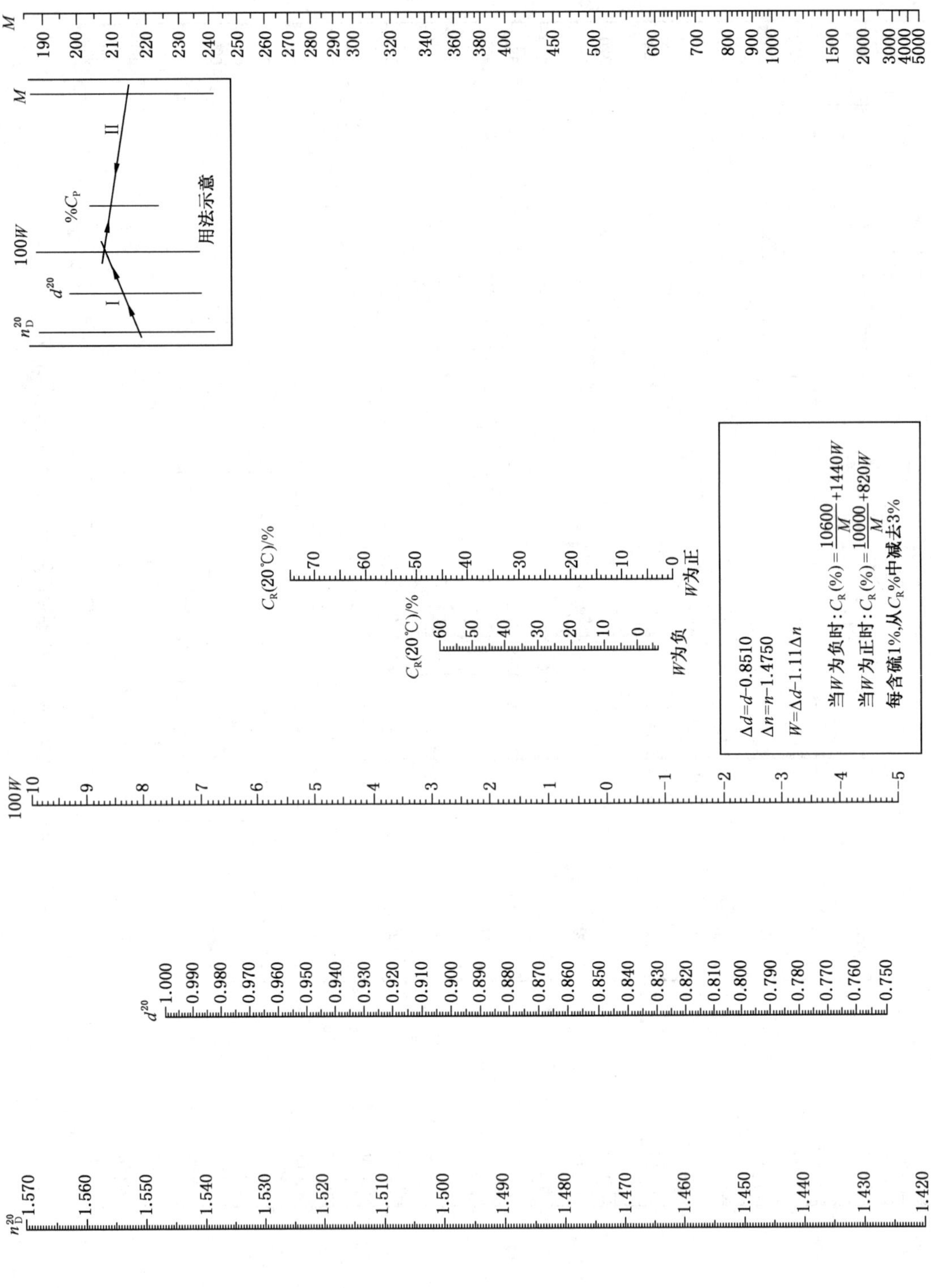

图 1－2－2（b） $n-d-M$ 法测定碳原子在总环上的百分数

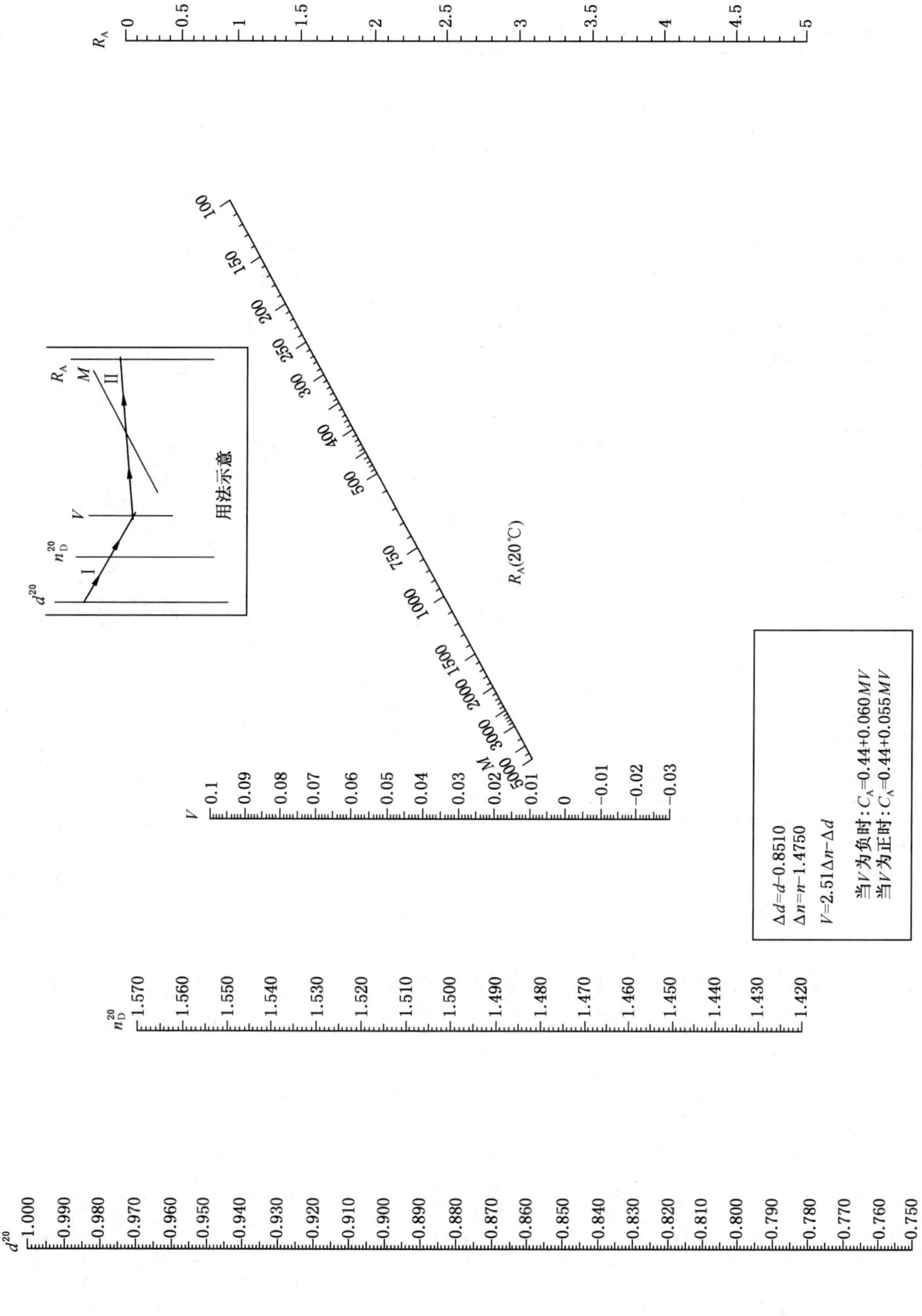

图1－2－2(c)　$n-d-M$法测定平均分子中芳烃环数

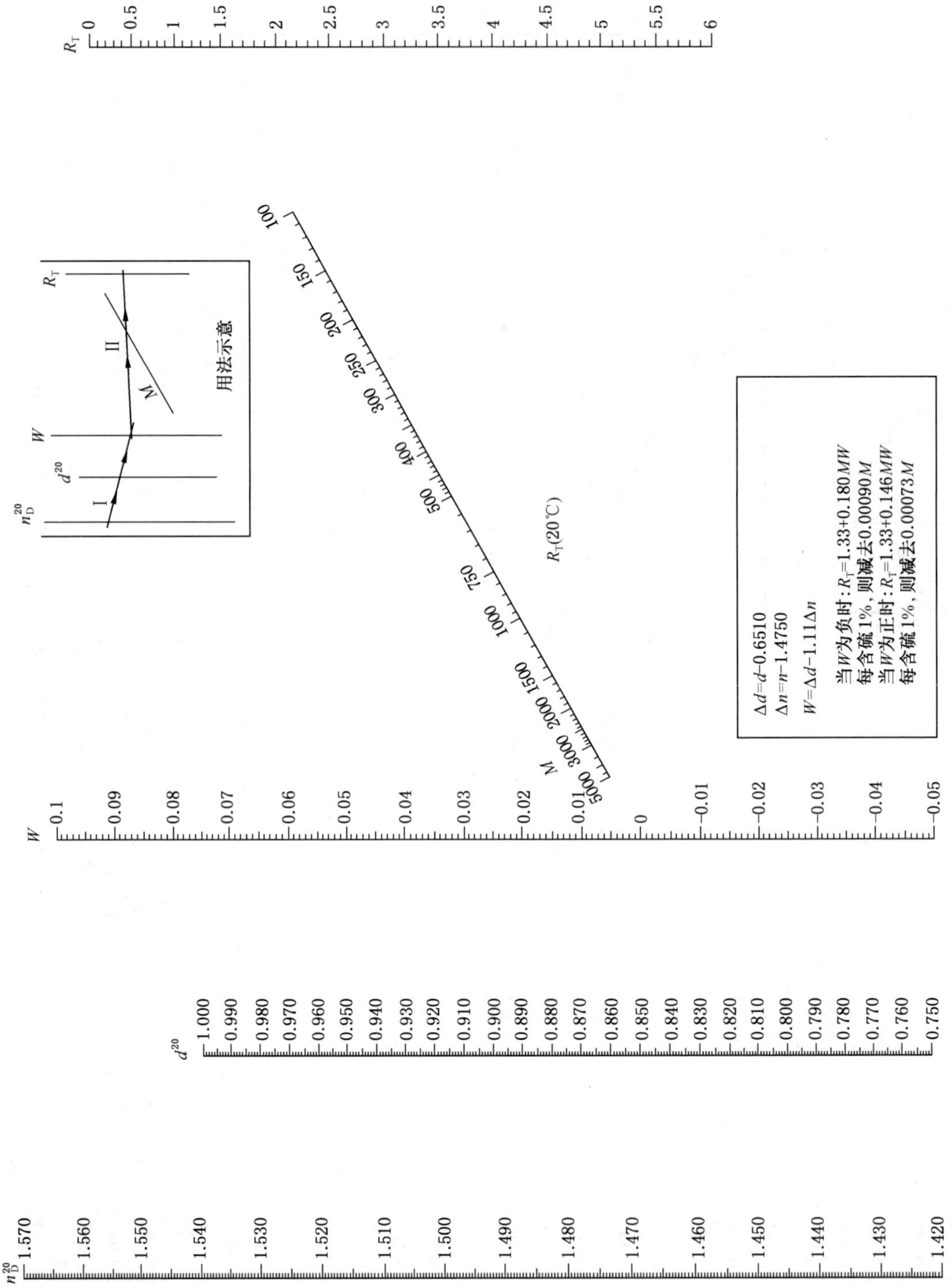

图1-2-2(d) $n-d-M$ 法测定平均分子中的总环数

1. 石油及其馏分中硫的分布

硫在石油中的分布并不是均匀的，而是随着各馏分沸程的升高而急剧地增加（表1-2-13），其中汽油馏分中的硫含量最低，减压渣油中的硫含量最高。在我国原油中，减压渣油中的硫含量约占原油总硫量的70%，而中东原油只占40%左右。

通常测定原油中各馏分的硫含量往往不能正确反映其中硫的原始分布情况，这是因为原油中某些热稳定性较差的硫化合物（如二硫化物）在蒸馏过程中易于分解成低沸点的低分子硫化物，而使轻馏分中硫含量增加，重馏分中硫含量减小。

2. 石油及其馏分中硫的存在形式

硫在石油中以元素硫、硫化氢、硫醇、硫醚、二硫化物、噻吩等类型存在。硫化氢一般存在于石油气中，在一定温度和压力下也部分地溶于石油中，但含量极少。单质硫也溶于石油中，较硫化氢常见，含量一般<0.001%。硫化氢的来源有二，一是动植物组织中含有的硫，二是硫酸盐经微生物作用而产生的硫化氢（也是更主要的）：

$$4H_2+CaSO_4 \longrightarrow H_2S+Ca(OH)_2+2H_2O$$

其中氢来源于有机化合物，单质硫则来自硫化氢与硫酸盐的反应或硫化氢的氧化反应：

$$SO_4^{2-}+3H_2S \longrightarrow 4S+2H_2O+2OH^-$$

$$O_2+2H_2S \longrightarrow 2S+2H_2O$$

但大部分硫化氢是在石油加工过程中由其他含硫化合物分解而产生的，而硫化氢又能被氧化成单质硫，所以石油及其馏分中的单质硫和硫化氢并不一定都是固有的。

石油中除单质硫和硫化氢以外，其余均以有机硫化物的形式存在于原油和石油馏分中。目前，在原油中已经鉴别出有机硫化物主要有以下几类：硫醇类（RSH）、硫醚类（RSR′）、二硫化物类（RSSR′）、环类硫醚、硫杂环烷类（如 、）、噻吩及其同系物、苯并噻吩、二苯并噻吩、苯萘并噻吩以及结构更为复杂的稠环硫化合物、含有硫、氮、氧等杂原子的化合物以及由它们组成的胶质和沥青质等。

石油中的硫化物按性质划分，可分为活性硫化物和非活性硫化物两类。像单质硫、硫化氢以及低分子硫醇，都能与金属作用而引起金属设备的腐蚀，这类化合物统称为活性硫化物；而其他硫化物，如硫醚、二硫化物、噻吩等，对金属设备无腐蚀作用，称为非活性硫化物。

不同产地的原油，其硫化合物类型分布往往是有差别的，表1-2-13列出了11种原油中典型硫化合物的分布情况。可以看出，其硫化物类型分布相差很大。

表1-2-13　原油中硫化物类型分布（占总硫）　　%

原油种类	总硫	单质硫	硫　醇	硫化氢	硫醚[1]（Ⅰ）	硫醚[1]（Ⅱ）	二硫化物	其余硫[2]
美国密州1	0.58	0.0	45.9	0.0	0.0	3.0	22.5	28.6
美国科州	0.76	0.0	0.0	0.0	7.7	20.3	0.0	72.0
美国俄州	1.36	0.4	1.1	0.0	12.4	41.5	0.7	43.9
美国得州1	1.85	0.1	15.3	0.0	11.6	13.0	7.4	52.6
美国得州2	2.01	1.2	10.8	0.0	7.5	22.5	9.2	48.8

续表

原油种类	总硫	单质硫	硫 醇	硫化氢	硫醚[①](Ⅰ)	硫醚[①](Ⅱ)	二硫化物	其余硫[②]
美国得州 3	2.17	42.5	10.6	0.0	9.1	11.6	8.4	17.3
美国密州 2	3.75	0.0	0.0	0.0	7.8	11.7	0.2	80.3
美国怀州	3.25	0.3	1.7	0.0	15.0	13.5	1.3	68.2
美国加州	4.99	0.0	0.2	0.0	6.1	35.5	0.0	58.2
伊 朗	1.36	0.0	8.5	0.0	12.8	9.6	3.4	65.7
伊拉克	1.93	0.0	7.9	0.0	20.9	24.6	3.5	41.0

① 硫醚(Ⅰ)表示烷基或环烷基硫醚，硫醚(Ⅱ)表示噻吩及其硫醚类。

② 其余硫主要是噻吩类硫化物。

同一种原油中，其多个馏分中的硫分布也是不均匀的，随着原油总硫量的增加和馏分沸点的升高，各馏分中硫含量是急剧增加的。不同原油的硫分布示于表 1-2-14。

表 1-2-14 含硫原油的硫分布 %

原油名称	原油含硫量	汽油		煤油		柴油		蜡油		减渣	
		含硫量	分布	含硫量	分布	含硫量	分布	含硫量	分布	含硫量	分布
胜利原油	1.00	0.008	0.02	0.012	0.05	0.343	6.0	0.68	17.9	1.54	76.0
阿曼原油	1.16	0.03	0.3	0.108	1.4	0.48	8.7	1.10	20.1	2.55	69.5
北海混合原油	1.23	0.034	0.7	0.414	5.2	1.14	10.2	1.62	34.4	3.21	49.5
伊朗轻质原油	1.35	0.06	0.6	0.170	2.1	1.18	15.5	1.62	16.9	3.00	65.4
卡塔尔原油	1.42	0.046	0.8	0.310	3.7	1.24	10.3	2.09	33.8	3.09	51.4
沙特轻质原油	1.75	0.036	0.4	0.430	3.9	1.12	7.6	2.48	44.5	4.10	43.6
伊朗重质原油	1.78	0.09	0.7	0.320	3.1	1.44	9.4	1.87	13.5	3.51	73.9
伊拉克轻质原油	1.95	0.018	0.2	0.407	4.4	1.12	7.6	2.42	38.2	4.56	49.6
沙中原油	2.48	0.034	0.3	0.630	3.6	1.51	6.2	3.01	36.6	5.51	53.3
科威特原油	2.52	0.057	0.4	0.810	4.3	1.93	8.1	3.27	41.5	5.24	45.7
沙特重原油	2.83	0.033	0.2	0.540	2.4	1.48	4.9	2.85	32.1	6.00	60.4

(1) 汽油馏分中的含硫化合物　汽油馏分中存在的硫化物以硫醇类为主，且主要是仲硫醇，其碳原子数大多低于 12~13；其次是伯硫醇，碳原子数在 5~6 以下；再次是叔硫醇，比较少见。在汽油馏分中也含有硫醚——主要是二烷基硫醚，此外还含有噻吩、少量二硫化合物和少量硫化氢及单质硫。

在汽油馏分中，硫化物的碳原子数和结构类型与其中烃类的碳原子数和结构类型大致相同，含环烷环和芳香环的硫化物也是如此，即以一元环为主。

沙特中质原油直馏汽油中单体硫化物含量列于表 1-2-15，由表可以看出，由于馏分较轻，主要是硫醇和硫醚。二次加工汽油(如催化裂化汽油)中含硫化合物主要为噻吩类硫化物。国内催化裂化装置生产的汽油中硫化物示于表 1-2-16，其硫化物类型分布见表 1-2-17。

表 1-2-15 沙特中质原油直馏汽油中的硫化物

序号	化合物名称	经验分子式	含量/(mg/L)	序号	化合物名称	经验分子式	含量/(mg/L)
1	硫化氢	H_2S	0.88	25	甲基戊基硫醚	$C_6H_{14}S$	3.07
2	甲硫醇	CH_4S	0.82	26	正戊硫醇	$C_5H_{12}S$	2.58
3	乙硫醇	C_2H_6S	4.90	27	未定性	—	0.88
4	甲硫醚	C_2H_6S	6.71	28	环硫杂戊烷	C_4H_8S	12.71
5	二硫化碳	CS_2	1.54	29	2-甲基环硫杂戊烷	$C_5H_{10}S$	1.39
6	异丙硫醇	C_3H_8S	11.79	30	异己硫醇	$C_6H_{14}S$	8.25
7	未定性	—	0.89	31	2-乙基噻吩	$C_6H_{12}S$	4.31
8	正丙硫醇	C_3H_8S	6.24	32	3-乙基噻吩	$C_6H_{12}S$	2.69
9	甲乙硫醚	C_3H_8S	10.68	33	2.5-二甲基噻吩	$C_6H_{12}S$	1.49
10	噻吩	C_4H_4S	17.20	34	环硫杂己烷	$C_5H_{10}S$	9.11
11	2-丁基硫醇	$C_4H_{10}S$	7.73	35	2，3-二甲基噻吩	$C_6H_{12}S$	7.23
12	乙硫醚	$C_4H_{10}S$	2.41	36	甲基戊基硫醚	$C_6H_{12}S$	5.07
13	甲基丙基硫醚	$C_4H_{10}S$	8.36	37	未定性	—	0.90
14	2-甲基-2-丁基硫醇	$C_5H_{12}S$	1.28	38	二甲基环硫杂戊烷	$C_6H_{12}S$	2.66
15	二甲基二硫	$C_2H_6S_2$	4.6	39	正己硫醇	$C_6H_{14}S$	2.80
16	乙基异丙基硫醚	$C_5H_{12}S$	1.26	40	2-甲基环硫杂己烷	$C_6H_{12}S$	5.23
17	未定性	—	1.19	41	未定性	—	0.59
18	2，2-二甲基丙硫醇	$C_5H_{12}S$	8.89	42	3-甲基环硫杂己烷	$C_6H_{12}S$	3.61
19	3-甲基-2-丁硫醇	$C_5H_{12}S$	5.21	43	4-甲基环硫杂己烷	$C_6H_{12}S$	1.10
20	3-甲基噻吩	C_5H_6S	5.75	44	异丁基硫醚	$C_8H_{16}S$	4.12
21	异戊硫醇	$C_5H_{12}S$	0.18	45	未定性	—	1.75
22	乙基正丙基硫醚	$C_5H_{12}S$	1.19	46	正丁基硫醚	$C_8H_{16}S$	1.85
23	异丙基硫醚	$C_6H_{14}S$	6.21	47	苯硫酚	C_6H_6S	2.86
24	未定性	—	1.21	48	未定性	—	2.20

表 1-2-16 催化裂化汽油中的硫化物

序号	化合物名称	含量/(μg/g)	序号	化合物名称	含量/(μg/g)
1	硫化氢	2.21	15	2，5-二甲基噻吩	16.61
2	甲硫醇	7.25	16	2，4-二甲基噻吩	47.25
3	乙硫醇	30.77	17	环硫杂己烷	—
4	甲硫醚	2.86	18	2，3-二甲基噻吩	34.61
5	二硫化碳	11.85	19	3，4-二甲基噻吩	17.89
6	丙硫醇	11.72	20	异己硫醇	10.09
7	噻吩	56.23	21	正己硫醇	—
8	异丁基硫醇	4.24	22	异庚硫醇	6.30
9	正丁基硫醇	2.59	23	正丙基噻吩	87.13
10	2-甲基噻吩	50.98	24	正庚硫醇	5.36
11	3-甲基噻吩	67.68	25	丁基噻吩	12.31
12	环硫杂戊烷	27.10	26	苯并噻吩	51.61
13	甲基氧硫杂环戊烷	23.79	27	甲基苯并噻吩	29.48
14	2-乙基噻吩	86.74			

表 1-2-17 催化裂化汽油硫化物分布 %

样品号	1	2	3
硫　醇	7.80	2.40	3.27
硫　醚	2.81	4.33	3.99
噻　吩	6.38	8.02	9.04
烷基噻吩	67.99	66.13	73.18
四氢噻吩及烷基四氢噻吩	2.39	4.10	5.65
苯并噻吩	0.29	1.67	0.30
未定性	12.34	13.35	4.57
总　计	100	100	100

（2）中间馏分中的硫化物　石油中间馏分（200～350℃）中，硫醇含量较汽油馏分要少，硫醚和噻吩含量增多，但以硫醚类为主，甚至可达含硫化合物的一半左右，此外，还有一定量二硫化物。

石油中的硫醚可分为链状和环状两大类，链状硫醚包括烷基、环烷基和芳香基硫醚。随着馏分沸程的升高，主要存在于汽油馏分中的二烷基硫醚含量降低，主要以环状硫醚为主，还有苯并噻吩系，二苯并噻吩和萘并噻吩系。

中东原油的中间馏分硫化物类型分布示于表 1-2-18，催化裂化柴油的硫类型分布示于表 1-2-19。可以看出，催化裂化柴油中的硫化合物基本上都是噻吩类化合物。

表 1-2-18 中东原油中间馏分硫化物类型分布（占馏分中硫） %

原油	原油含硫量	馏分范围/℃	馏分中硫含量	硫化氢	硫醇	二硫化物	硫醚①（Ⅰ）	硫醚①（Ⅱ）	残余硫②
伊朗	2.43	200～250	0.37	0	1.26	0.63	51.51	14.24	32.35
		250～300	1.18	0.06	0.40	0.34	25.33	5.34	68.44
		300～350	1.76	0.04	0.06	0.07	19.31	7.24	73.27
沙轻 1	1.17	200～250	0.21	0.19	13.1	1.14	21.37	30.00	34.20
		250～300	0.62	0	3.63	0.25	15.60	11.29	69.20
		300～350	0.84	0	2.62	0	12.40	11.38	73.60
沙轻 2	1.75	200～250	0.25	0	1.91	0.64	18.09	22.71	56.75
		250～300	0.72	0	0.50	0.08	15.70	13.60	70.06
		300～350	0.96	0	0.41	0	14.08	10.52	74.99
沙中	2.48	200～250	0.41	0	0.73	0.12	23.86	24.39	50.90
		250～300	1.06	0	0.28	0	16.50	8.78	74.44
		300～350	1.46	0	0.18	0	14.04	7.19	78.59
沙重	2.83	200～250	0.68	0	0.06	0.01	16.62	20.44	62.89
		250～300	0.95	0	0.11	0	15.03	19.89	64.96
		300～350	1.10	0	0.22	0	17.36	18.09	64.32

① 硫醚（Ⅰ）：烷基或环烷基硫醚，硫醚（Ⅱ）：噻吩及其他硫醚。

② 残余硫：主要是噻吩类。

表 1-2-19　催化裂化柴油硫类型分布　%

原料油	1	2	3
硫　醇	0.19	—	—
烷基噻吩	1.92	0.17	0.22
苯并噻吩	3.36	—	0.60
烷基苯并噻吩	52.85	43.33	41.83
二苯并噻吩	2.19	2.70	—
甲基二苯并噻吩	12.98	15.75	10.77
乙基二苯并噻吩	12.50	19.04	19.94
丙基二苯并噻吩	9.08	1.41	6.50
丁基二苯并噻吩	2.97	—	—
戊基二苯并噻吩	1.96	—	—
未　知	—	17.63	17.13
总　计	100	100	100
柴油中硫含量/(μg/g)	9500	9980	8100

(3) 高沸馏分中的含硫化合物　石油高沸馏分(>350℃)中所含的硫化物与低、中馏分是不同的，大体上只有三类：硫醚(包括烷基、环烷基、芳香基和混合基的硫醚)、噻吩和四氢噻吩的同系物。在更高的馏分中，硫化物多以噻吩硫和四氢噻吩硫的形态与环烷环及芳香环相缩合，形成含有四环或更多环(含噻吩环)的芳香合并噻吩。

研究结果表明，虽然硫在原油中存在的形式多种多样，但在减压渣油中硫主要为硫醚硫和噻吩硫，表 1-2-20 是胜利和孤岛减压渣油这种类型硫化物的分布。

表 1-2-20　减压渣油中硫化物的分布　%

原　油	胜利减压渣油	孤岛减压渣油
硫醚硫	36.6	40.1
噻吩硫	63.4	59.9
总　计	100	100

综上所述，石油馏分中的含硫化合物，在<150℃的轻馏分中主要是硫醇、硫醚以及少量噻吩和二硫化合物；在 150~250℃馏分范围内，硫醚的种类和含量明显增多，且以环状硫醚为主，此外还含有噻茚满系和苯并噻吩系；250℃以上馏分，则主要为二苯并噻吩和萘并噻吩系。随着石油馏分沸程的升高，所含的硫化物结构也更加复杂。石油中约有 90%以上的硫含量都集中在占石油40%~60%的常压渣油内，其中的含硫化合物是结构更加复杂的含硫稠环系。

3. 含硫化合物对石油加工及产品应用的影响

由于一些含硫化合物(如硫醇)热稳定性较差，在石油加工过程中受热易分解，产生硫化氢：

$$2C_3H_7SH \xrightarrow{300℃} C_3H_7SC_3H_7+H_2S$$

$$C_3H_7SH \xrightarrow{400℃} C_3H_6+H_2S$$

这是一种腐蚀性很强的气体，且剧毒，可直接造成中毒死亡事故。当产生的硫化氢与水共存时，会造成金属设备的腐蚀。石油中还含有盐类(如 $MgCl_2$、$CaCl_2$ 等)，盐类水解可产生 HCl，同样也是引起金属设备腐蚀的原因之一。当硫和盐同时存在时，对金属设备的腐蚀更为严重：

$$Fe+H_2S \longrightarrow FeS+H_2$$
$$FeS+2HCl \longrightarrow FeCl_2+H_2S$$

在常压塔底、减压塔底等高温部位，也是极易发生腐蚀的，这主要是由单质硫引起：

$$Fe+S \xrightarrow{350\sim400℃} FeS$$

非活性硫化物如二硫化物，在加工中受热分解，可转变为活性硫，也会造成金属设备的腐蚀。

油品中的硫化物如硫醇、硫醚，会加速油品生胶变质，严重影响油品的安全性。石油燃烧形成的二氧化硫排放到空气中，污染环境，危害人体健康，也是造成空气中硫含量过高的主要原因之一。

此外，硫还是某些金属催化剂的毒物，如铂铼重整催化剂，所以在催化重整原料油中要控制含硫量不大于0.5μg/g。

（二）石油中的含氮化合物

石油中的氮含量一般在0.05%~0.5%范围内，高于0.25%认为是高氮原油。亚太地区原油氮含量都较低，大多数均小于0.05%，中东、非洲、前苏联地区原油的氮含量一般为0.1%~0.2%。我国原油氮含量大都较高，在0.1%~0.5%之间，个别原油达1.07%，含氮量偏高是我国原油的特点之一，因此应对原油中含氮化合物的研究给予足够的重视。

1. 石油及其馏分中含氮化合物的分布及存在形式

石油中氮分布与硫相似，同样是随着馏分沸程的升高而增加，且主要集中在高沸馏分中。表1-2-21数据表明，约有80%的氮集中在400℃以上的渣油中。

表1-2-21　原油中氮含量的分布　　μg/g

沸程/℃ \ 氮含量 \ 产地	大庆	胜利	孤岛	中原	辽河	伊朗轻质油	阿曼
原油	1600	4100	4300	1700	3100	1200	1600
<200	0.1	0.3	0.2	0.3		0.7	0.3
200~250	0.3	0.7	0.5	0.9	1.3	1.0	0.2
250~300	0.9	6.1	2.4	3.4	6.4	7.8	0.9
300~350	5.5	12.1	13.3	9.4	36.0	49.4	7.3
350~400	13.2	25.1	59.3	23.5	77.7	76.1	13.0
400~450	38.1	96.8	112.4	33.4	166.6	90.6	79.2
450~500	65.2	162.4	174.4	47.5	206.7	154.5	94.3
>500	1076.3	3796.5	3970.0	1582	2605	820	1557.9
重油(>400℃)中氮占原油中氮的含量/%	98.7	98.9	98.2	97.8	96.1	88.8	
渣油中氮占原油中氮的含量/%	92.3	92.2	92.5	93.5	84.1	68.3	88.9

石油中的有机氮化物可分为碱性氮和非碱性氮。碱性氮化物是指在1∶1的冰醋酸-苯

溶液中能被高氯酸滴定的氮化物，如吡啶、喹啉、异喹啉及二氢吲哚等。其他不能被滴定的如吡咯、吲哚、咔唑、苯并咔唑等称为非碱性氮化物。大多数原油或直馏馏分油中碱性氮与总氮之间有一定比例。原油中氮的存在形式见表 1-2-22。

表 1-2-22　原油中氮存在形式

类　型	结 构 式	说　　明
甲基吡啶	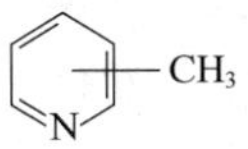	碱性氮化物
喹　啉	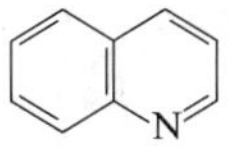	碱性氮化物
异喹啉	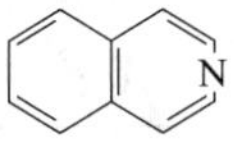	碱性氮化物
吖　啶	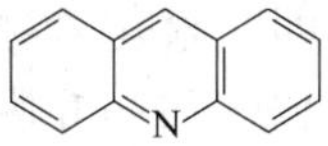	碱性氮化物
吡　咯	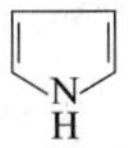	非碱性氮化物
吲　哚	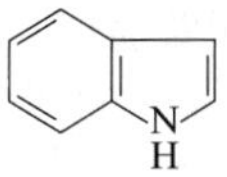	非碱性氮化物
咔　唑 卟　啉	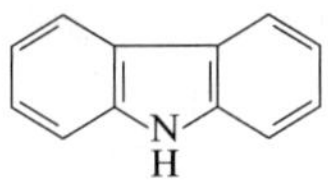	非碱性氮化物 非碱性氮化物

将渣油(>400℃)在氧化铝吸附柱上分离，得到胶质-沥青质和烃类，其氮分布列于表 1-2-23。可以看出，氮化物主要存在于胶质-沥青质中。

表 1-2-23　渣油中氮化物分布　%

种　　类	总　　氮	碱性氮
烃　类	0.066	0.008
胶质-沥青质	0.95	0.34

碱性及非碱性氮化物在石油各个馏分中的含量也是随沸程的升高而变化。200℃以下轻质石油馏分中，几乎全是碱性氮化物，以吡啶类为主，如烷基吡啶、环烷基吡啶；中间馏分中的氮化物为吡啶、喹啉类以及吡咯、吲哚、咔唑系等，还有少量的烷基胺类和芳胺类化合物；在 300℃以上馏分中，还增加了环烷基喹啉、苯并喹啉和苯并咔唑等；在高沸馏分(450~500℃)中，主要的含氮化合物是咔唑和苯并咔唑；在渣油(>500℃)中，主要含有咔唑和吡咯的衍生物(非碱性氮化物)。一般来说，尽管原油产地、性质不同，但原油中碱性氮化物的量占总氮的 30%左右。

世界主要原油的碱氮与总氮的关系示于表 1-2-24，这一规律不仅适合于各种原油，也适合同一原油的不同馏分中碱氮与总氮的关系，就是在渣油或沥青质中，碱氮与总氮之比大体上符合这一规律，虽然这一规律并无理论上的根据，只是一个统计学上现象和前人经验总结，但却可使人们判断、分析数据的可靠性。

表 1-2-24　原油的碱氮与总氮的关系

原油名称	碱氮含量(N_B)/%	总氮含量(N_T)/%	$\frac{N_B}{N_T}$/%
西得克萨斯	0.03	0.11	27
堪萨斯	0.04	0.12	33
萨塔玛利威莱	0.19	0.66	29
威特拉	0.13	0.42	31
科威特	0.03	0.12	25
孤　岛	0.16	0.52	31

此外，石油中还有一类重要的非碱性氮化物即卟啉化合物，它是由四个吡咯环组成的卟吩结构(图 1-2-3)，主要为脱氧叶红初卟啉(DPEP)和初卟啉(ETIO)(见图 1-2-4)。尽管卟啉化合物含量少，但由于它们是重要的生物标志物质，在研究石油的成因中具有极其重要的意义，因而深受关注。石油中的卟啉化合物主要是钒、镍金属卟啉化合物，绝大部分存在于石油重馏分中，尤其是沸点>500℃的渣油中。

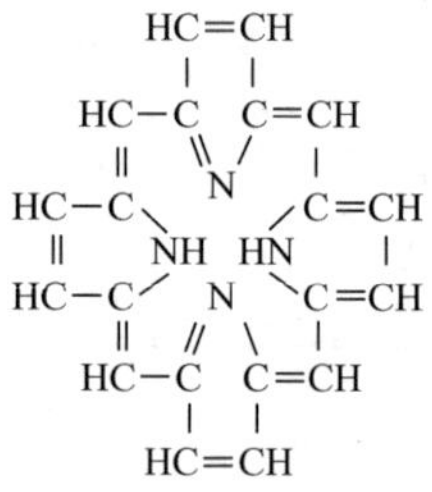

图 1-2-3　卟啉基本结构单元——卟吩核的结构

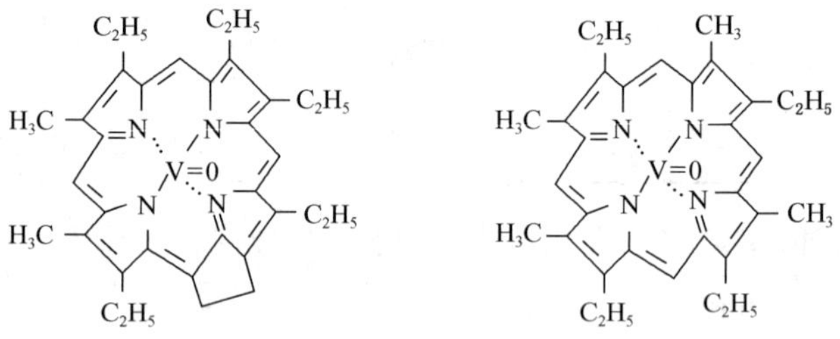

(DPEP)　(ETIO)

图 1-2-4　DPEP 和 ETIO 结构

2. 含氮化合物对石油加工及产品应用的影响

(1) 对石油加工过程的影响　在石油加工过程中广泛使用的催化剂，大多数是具有酸性中心的，石油中的碱性氮化物能中和催化剂的酸性中心，影响催化剂的活性。在高温下，非碱性氮化物会分解，产生氨或生成胶质等，从而使催化剂中毒。例如在铂铼重整过程中，要控制预加氢生成油的氮含量小于 0.5μg/g。

(2) 对油品安定性的影响　研究结果表明，氮化物尤其是非碱性氮化物是影响油品安定性的主要因素。由于二次加工过程中，重质馏分内复杂氮化物裂解，使得二次加工生成的轻质油品中的氮含量较高，这也是二次加工油品安定性差的原因之一。

石油中非碱性氮化物(如吡咯系、吲哚系、咔唑系)一方面可促进油品中的烃发生自动氧化反应；另一方面，这些非碱性氮化物也可自身生成胶质和有色化合物，使油品储存安定性变差。以吡咯为例，吡咯易与羰基(油品中烃类自身氧化产物)发生缩合反应，生成高相对分子质量的缩聚物，这也是油品在储存中生成胶质或沉渣的途径之一：

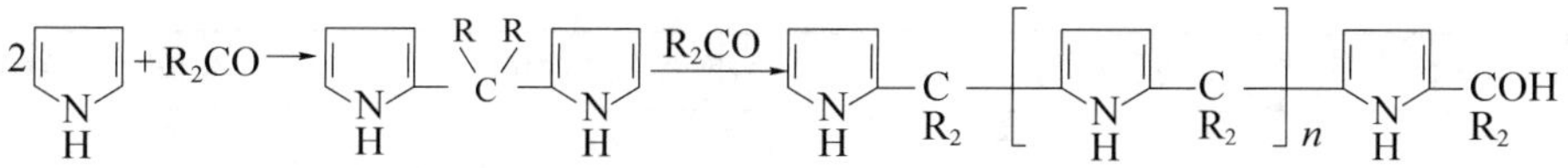

在酸性条件下，吡咯聚合生成吡咯黑：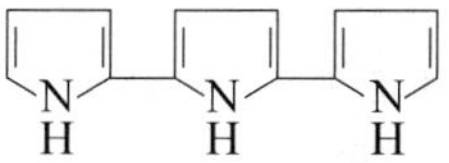

在空气中吡咯会发生自动氧化聚合变黑：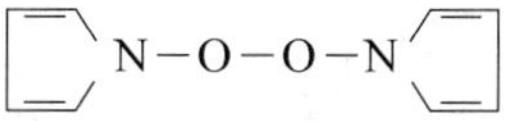

此外，若油品中还含有烯烃或硫化物(如硫醇、硫醚)或三者同时存在，吡咯既能引发烯烃氧化，又能与硫化物发生氧化反应，还可与烯烃及硫醇共氧化生成的氢过氧化物反应，导致油品颜色变深和生成沉渣。

石油中碱性氮化物(如吡啶类)比较稳定，在油品储存条件下不发生自动氧化。但当油品中有酸性硫化物等组分存在时，碱性氮化物可促进这些酸性组分发生反应，从而加速胶质的生成，使油品颜色加深，影响油品储存安定性。

$$RSH+R_3N \longrightarrow RSHNR_3$$

$$4RSHNR_3+O_2 \longrightarrow 2RSSR+4R_3N+2H_2O$$

$$4RSH+2R'OOH \cdot NH_2R'' \longrightarrow 2RSSR+R'OH+2R''NH_2+2H_2O$$

(三) 石油中的含氧化合物

石油中氧含量的分布与硫、氮有所不同，它主要集中在高沸馏分中，尤其是石油的胶质和沥青质中。有研究表明，大多数石油中氧含量为 0.1%～1.0%，个别可达 3.0%。我国多数原油氧含量非常低，只有环烷基原油略高。

石油中氧元素都是以有机含氧化合物形式存在，可分为酸性含氧化合物和中性含氧化合物两类。在石油中最广泛存在的酸性含氧化合物，如羧酸(包括脂肪酸、环烷酸、芳香酸)以及酚类等，一般统称为石油酸；另一类中性含氧化合物，如酮、醛和酯类以及呋喃系等，它们在石油中含量极少。

1. 酸性含氧化合物的分布

我国某海洋含酸原油的石油酸在各馏分中的分布示于表 1-2-25，可以看出酸性含氧化合物在轻质石油馏分中含量较少。从初馏至 200℃的汽油馏分中，只有极少量的脂肪酸类；从煤柴油馏分开始，酸性含氧化合物含量增多，中间馏分中酸的浓度明显升高，其中既有脂肪酸类，又有环烷酸和芳香酸；在减压馏分及渣油中，能用碱萃取的酸量又减少了。

表 1-2-25　国产原油酸性化合物分布

馏分范围/℃	密度(20℃)/(g/cm³)	酸度/(mg KOH/100mL)	酸值/(mg KOH/g)
<80	0.7000	3.36	
80～100	0.7324	1.79	
100～130	0.7569	4.26	
130～150	0.7796	14.34	
150～180	0.8071	34.72	
180～200	0.8288	97.66	
200～230	0.8534	64.96	
230～250	0.8707	131.00	

续表

馏分范围/℃	密度(20℃)/(g/cm³)	酸度/(mg KOH/100mL)	酸值/(mg KOH/g)
250~275	0.8815	201.80	
275~300	0.8805	313.60	
300~320	0.8795	284.50	
320~350	0.8954	302.8	
350~370	0.9024		5.21
370~395	0.9072		5.60
395~425	0.9156		5.13
425~450	0.9239		3.57
450~475	0.9301		3.34
475~500	0.9306		3.94
500~530	0.9311		5.09
530~560	0.9354		4.73

由于原油生成条件等原因的不同，原油中酸性含氧化合物的结构和含量均有明显差别。在某些环烷基原油中，其酸性含氧化合物主要是环烷酸，含量可占酸性含氧化合物的90%，占原油的1%左右。如前苏联巴拉哈内原油，环烷酸含量达1.76%，卡卢加原油环烷酸含量为0.88%，我国克拉玛依原油环烷酸为0.48%。在原油中，环烷酸的分布也并不十分均匀，中间馏分(200~350℃)环烷酸含量最高，而在低沸馏分和高沸馏分中含量都较低。石油中低分子的环烷酸主要是环戊烷的衍生物，高分子环烷酸则是双环(环戊烷或环己烷)、多环以及带有芳环的化合物。

我国孤岛混合原油，在250~400℃馏分范围内，酸性含氧化物以含酯环羧酸、含芳环羧酸和脂环并芳环羧酸为主，还有一定量的脂肪酸(10%以下)。克拉玛依原油石油酸分布及组成列于表1-2-26。

表1-2-26　克拉玛依原油石油酸组成

馏分/℃	脂肪酸/%	环烷酸和芳香酸/%						平均相对分子质量
		单环	双环	三环	四环	五环	六环	
200~250	3.4	34.5	45.7	16.2	0.2	0.0	0.0	221
250~300	3.5	34.0	32.7	25.9	3.9	0.0	0.0	236
300~350	1.3	24.2	35.2	29.5	9.8	0.0	0.0	258
350~400	1.1	15.8	27.2	30.9	21.0	3.9	0.1	302
400~450	8.6	20.0	18.3	21.1	21.8	8.5	1.7	343

酸性含氧化合物中的酚类在石油直馏馏分中含量很少，一般不超过酸性含氧化合物总量的10%，它们主要是含烷基侧链的苯酚同系物。酚类主要存在于热裂化和催化裂化油品中。在低沸点直馏油品中的酚类，主要是重质油中热稳定性较差的高分子酚类热分解的产物，而并非是原油中存在低相对分子质量酚，如裂化油品中的甲酚和二甲酚，均是二次加工产物。

2. 含氧化合物对石油加工及产品应用的影响

石油及其产品中的含氧化合物一部分是石油中原有的或加工过程中形成的，另一部分是油品在储存或使用过程中形成的。

研究表明，常减压蒸馏装置高温部位的腐蚀是化学腐蚀，石油酸是腐蚀介质之一；此外，残存于石油产品中的环烷酸也严重腐蚀铅、锌等有色金属。石油产品中的石油酚也能产生强烈的腐蚀作用，并随油品使用温度的升高而加强。

环烷酸易与碱金属盐类发生中和反应而生成环烷酸盐，如环烷酸钠(可作乳化剂)，因此，含环烷酸较多的石油易产生乳化，对石油加工不利。

酚类是使水源污染的有害成分之一。石油酚能与水中溶解的氧进行氧化，当水中酚含量达 1~3mg/L 时，就会使水中生物因缺氧而死亡。酚类还是生成高分子氧化缩合产物的一个来源，它直接影响到石油产品的安定性。

(四) 石油中的微量元素

石油中除了氢、碳、氮、硫、氧主要元素外，还含有其他元素，它们的含量一般都处在 10^{-9} 至 10^{-6} 级的范围。目前已从石油中检测出 59 种微量元素，其中金属元素为 45 种。

① 过渡金属：如 V、Ni、Fe、Mo、Cr、Mn、Ti、Cu、Pb、Ga、Hg 等；

② 碱金属和碱土金属：如 Na、K、Ba、Ca、Sr、Mg 等；

③ 卤素及其他元素：如 Cl、Br、I、Si、Al、As 等。

石油中含量最多的金属元素是钒，其含量可达 1000μg/g 以上，其次为镍和铁，再次为铜、钙、镁、铝、硅、锰等。

1. 石油中微量元素的分布及其含量

石油中的微量元素如铁、铜、镍、钒的含量不很高，且大多数也是随沸程的升高而增加，主要集中在>500℃的减压渣油中，如镍、钒 95%以上存在于减压渣油中(表 1-2-27)。

表 1-2-27 我国原油及其馏分中主要金属元素分布

产地	馏分(沸程)/℃	主要金属元素含量/(μg/g)				
		Ni	V	Cu	Fe	As
大庆	原油	3.1	0.04	<0.2	0.7	0.900
	IBP~200	<0.1	<0.01	<0.2	<0.4	0.200
	200~350	<0.1	<0.01	<0.2	<0.4	0.500
	350~500	<0.1	0.01	<0.2	<0.4	0.700
	>500	7.2	0.1	<0.2	2.4	1.70
辽河	混合原油	29.2	0.7	0.3	9.3	0.045
	350~500	0.2	0.01	0.1	1.2	
	>350	34.9	0.8	0.2	17.7	
	>500	64.7	2.2	0.3	36.8	
羊三木	原油	25.0	0.92	0.17	7.0	0.140
	350~500	0.05	0.03	0.04	0.63	
	>500	48.5	1.65	0.25	16.5	
大港	原油	18.5	<1.0	0.76		
	350~500	1.86	<0.1	0.38		
	>500	67.5	<1.0	2.6		
中原	原油	3.0	1.8	<0.5	15.2	0.024
	350~500	0.8	0.08	0.4	3.2	0.036
	>500	12.6	5.7	0.5	45.9	0.016

续表

产　地	馏分（沸程）/℃	主要金属元素含量/（μg/g）				
		Ni	V	Cu	Fe	As
胜　利	原油	26.0	1.6	0.1	13.0	
	200~350	0.05	0.03	<0.05	0.5	0.059
	350~500	0.08	0.03	0.08	2.5	0.026
	>500	75.0	4.1	0.4		0.054

2. 微量元素的存在形式

一般认为石油中微量元素可能以下列几种形式存在：

① 以乳化状态悬浮于原油中的盐类，主要是水溶性的碱金属或碱土金属的盐，它们是原油与其他矿质接触并相互作用而形成的；

② 悬浮于原油中的极细的矿物质微粒；

③ 结合在有机化合物或络合物中。

另外，由于原油开采、储运过程中与钢铁的接触，原油受铁的污染而使原油中铁含量增加。

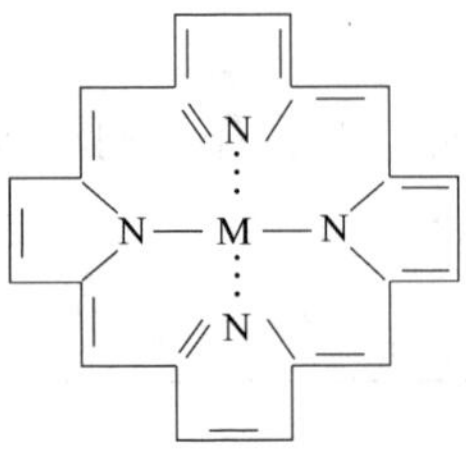

图 1-2-5　金属卟啉骨架

石油中的金属化合物存在形态有以下几种：

① 金属卟啉化合物，沸点 565~650℃，相对分子质量500~800，是一种结晶状固体，结构如图 1-2-5 所示。研究表明，减压渣油中的镍有相当部分是与卟啉化合物以络合物状态结合的。例如胜利减压渣油中卟啉镍约为总镍的 40%；美国加州重油中454~677℃馏分范围内，卟啉镍、钒占总镍钒量的 98%。

② 某些过渡元素（如钒、镍、铁、铜、铬等）可能形成具有四配位基的金属络合物。

③ 形成金属有机化合物，如锑、砷的烷基或芳基化合物，钠、镁的油溶性有机化合物。

④ 形成带有极性的羧酸盐，如胶质中的酸性有机化合物与钼或锌作用，生成油溶性的金属盐类。

⑤ 形成胶状无机盐，如二氧化硅、氯化钠等。

⑥ 形成复杂的油溶性高分子金属有机化合物，这里也包含有氮、硫元素，如图 1-2-6 所示。

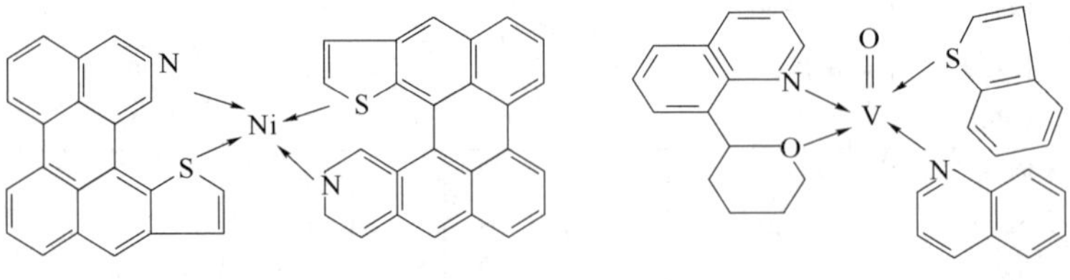

图 1-2-6　石油中复杂金属有机化合物

3. 微量元素对石油加工的影响

尽管这些元素在石油中含量极低，但给石油加工过程带来的危害是不可忽略的，尤其是目前重油加工技术的发展，更需要对这些元素的危害有充分的认识。

碱金属钠虽然在减压馏分中含量很低，但因其本身具有碱性，可使酸性催化剂减活。金属钠的最大危害是它能与沉积在催化剂表面上的钒生成低共熔体，当催化剂再生时，该共熔体在催化剂表面上熔化、流动，从而降低催化剂比表面和活性。例如美道达尔重油催化裂化技术要求原料油中的钠含量小于1μg/g。钙也有与钠相似的危害，所以也要特别注意。

由于我国原油中镍含量较高，所以对镍的影响更不能忽视。镍主要具有脱氢活性，能促进脱氢及缩合反应，使氢气和焦炭产量加大，轻质油收率降低。钒除了有脱氢作用外，还能渗入到催化剂中与氧生成五氧化二钒，可堵塞或掩盖其活性中心，破坏催化剂的结构，影响催化剂活性。因此，若原料油中镍、钒含量过高，需进行脱金属处理。

其他金属如铅和砷，能与贵金属铂形成稳定的化合物或合金，使重整催化剂产生永久性中毒，所以在铂重整原料中要控制砷含量小于1μg/kg，铅含量小于20μg/kg。但要注意的是，砷对生物的毒性很大，在污水排放时应严加控制。

在石油及其产品的加工和储运过程中，微量氯的存在也会使金属设备产生腐蚀，所以在对石油尤其是重油进行加工的过程中，对原料油要特别注意脱盐。

(五) 石油中的胶状-沥青状物质

石油中的胶状-沥青状物质是石油中的非烃化合物，其含量很高，它们在我国主要原油渣油中的含量达百分之十几到四十几。这些胶状-沥青状物质主要存在于石油的减压渣油中。

胶状-沥青状物质成分不十分固定，与分离方法和选择的溶剂有关，它们是石油中结构最复杂、相对分子质量最大的物质。一般还可将其分为胶质(Resin)和沥青质(Asphaltene)两部分。

1. 沥青质的特点及元素组成

目前将石油中不溶于非极性的小分子正构烷烃($C_5 \sim C_7$)而溶于苯的固体无定形物质称为沥青质，它在加热时通常是先膨胀，达300℃以上时分解生成气体和焦炭，密度大于1g/cm^3。沥青质是石油中相对分子质量最大、极性最强的非烃组分。由于所选用的溶剂不同，分离条件的差别，而有正戊烷沥青质和正庚烷沥青质等，并直接影响到沥青质的含量(表1-2-28)。

表1-2-28　不同溶剂沉淀的沥青质

溶　剂	沥青质/%	溶　剂	沥青质/%
正戊烷	33.5	二乙醚	23.0
正庚烷	25.7	甲基环己烷	0
正壬烷	23.6	脱芳烃石油醚(60~80℃)	23.8
环己烷	0	二甲基环戊烷	15.1
甲基-叔-丁基醚	19.0	二正丁基醚	13.3
甲基-叔-异戊醚	7.3		

表1-2-29是国内外部分原油沥青质的元素组成，由表中数据可知，尽管原油产地不同，但沥青质中碳含量一般为(82±3)%，氢含量为(8.2±0.8)%，H/C为(1.1±0.2)%。其中硫含量因产地不同而有很大的差别。

表 1-2-29 沥青质的元素组成

产地	元素组成/%				H/C（原子比）	平均相对分子质量(VOP 法)
	C	H	N	S		
孤岛①	81.0	7.8	1.36	7.37	1.16	5620
单家寺	85.1	9.0	1.53	1.86	1.27	9730
加拿大	82.04	7.90	7.72	1.21	0.87	
前苏联巴夫林	83.5	7.76	1.15	3.78	1.12	
委内瑞拉	85.04	7.68	2.96	1.33	0.92	
中东	82.67	7.64	7.85	1.00	0.90	
前苏联杜马兹	84.40	7.87	1.24	4.45	1.12	
胜利①	81.0	9.0	7.73	2.27	1.28	3410
双喜岭	87.4	8.2	1.90	—	1.11	6660

① 庚烷沥青质。

2. 胶质的特点及元素组成

胶质是石油中相对分子质量及极性均仅次于沥青质的大分子非烃化合物，具有很大的多分散性。胶质由于来源及加工条件的不同，一般为半固体状，有时为固体状的黏稠性物质。颜色从深黑到黑褐色，相对密度接近于 1.00（0.98～1.08）。胶质具有很强的着色能力，在无色透明汽油中，只要加有 0.005%的胶质，就可使汽油变成浅黄色。故石油馏分及产品有或深或浅的颜色，主要是因为胶质存在的缘故。

胶质可溶于各种石油产品及大部分常用的有机溶剂中，但不溶于乙醇或其他醇类。所以胶质的含量也随溶剂及分析方法的不同而不同，我国目前以氧化铝吸附色谱法，从正庚烷可溶质中得到的胶质为准。

胶质在石油产品中能形成真溶液，而沥青质在石油产品中形成的是胶体溶液；胶质可溶于低分子烷烃中，但沥青质不能。从元素组成上看（表 1-2-30），胶质中 H/C 高于沥青质，而杂原子含量是沥青质高于胶质，且胶体中的芳香结构少于沥青质（芳香度：胶质0.2～0.4，沥青质 0.4～0.6）。

表 1-2-30 胶质的元素组成

产地	元素组成/%				H/C（原子比）	平均相对分子质量
	C	H	S	N		
大庆	86.7	10.6	0.31	0.99	1.47	1780①
孤岛	85.8	10.0	3.31	1.49	1.41	1380①
华北	86.3	10.4		1.42	1.45	2260①
前苏联苏维脱	80.8	10.5	1.24	1.41	1.56	1055
前苏联巴夫林	84.5	9.48	2.60	0.69	1.33	594
前苏联萨莫特洛尔	83.5	9.68	2.02	1.60	1.39	1367
加拿大	86.1	11.9	0.50	0.40	1.67	786

① VOP 法。

3. 胶质和沥青质的平均相对分子质量及结构特征

（1）平均相对分子质量　胶质和沥青质的相对分子质量与其化学结构密切相关。测定平均相对分子质量的方法很多，如冰点下降、沸点上升、蒸气压渗透（VOP）法等。由于胶质、沥青质的结构极其复杂，并含有为数众多的杂原子，因此对于同一种胶质或沥青质而言，即使同样的测定方法，仅测定条件的不同，测出的相对分子质量也可相差3~4倍。一般地，胶质的平均相对分子质量为1000~3000，沥青质为3000~10000。

（2）结构特征　胶质与沥青质之间没有明显的界限，两者在组成结构上是连续的，它们都是由众多的复杂非烃化合物组成，所以无法由单体化合物的角度来分析，只能从平均分子结构方面入手。

一般认为，石油中的胶质和沥青质是以稠环芳香环系为核心，周围连接若干环烷环，并带有若干个长短不一的烷基侧链，芳香环还与硫、氧、氮等杂环结合在一起，同时还与镍、钒、铁等金属络合成复杂化合物。

胶质或沥青质分子就是由这类稠合芳香环系的结构单元所组成，这种由稠环芳香系组成的平面结构也称为单元薄片［图1-2-7(a)］，直径约为1~1.5nm，相对分子质量为600~1000。正庚烷沥青质的单元结构数约为5，即是由4~5个单元薄片堆积重叠或缔合成晶胞(胶粒)组成的［图1-2-7(b)］。许多胶粒或晶胞缔合在一起就形成胶束，也称为胶团［图1-2-7(c)］，其直径大约为10~30nm，相当于相对分子质量为37000~1000000。这样，沥青质结构就由三个层次构成，即单元结构、胶粒(或晶胞)和胶束。

胶质的单元结构数为2，目前的研究认为胶质是以多环稠合体系为主，可能的结构见图1-2-8。

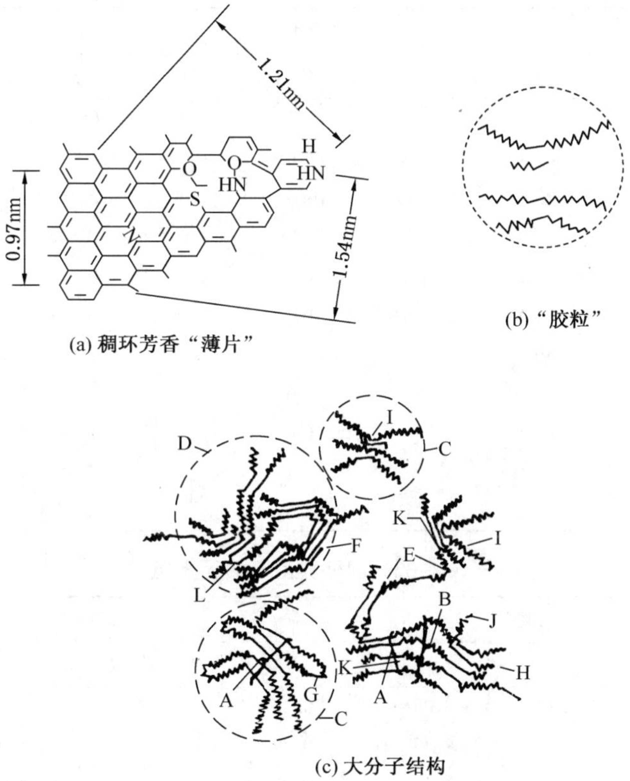

(a) 稠环芳香“薄片”

(b)“胶粒”

(c) 大分子结构

图1-2-7　沥青质分子结构示意图

A—晶体；B—链束；C—粒子；D—胶团；E—弱联结链；F—缝或洞；G—外部堆积；H—内部堆积；I—胶质；J—单层；K—石油卟啉；L—金属

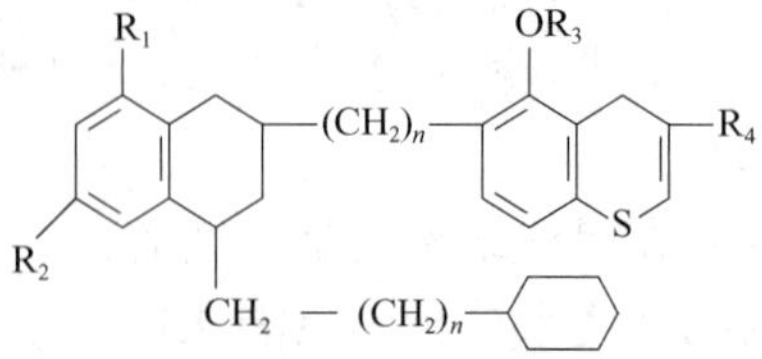

图 1-2-8 可能的胶质结构

五、渣油

随着石油工业的发展，重质油的开发，渣油加工和应用在石油工业中的地位愈来愈重要。我国的原油多数为重质原油，渣油(>500℃)的含量为40%～50%或更多。近年来陆续开采的稠油中，减压渣油含量达到60%以上，例如单家寺稠油中减压渣油含量高达65.6%，因此，深入研究渣油的组成及结构具有十分重要的意义。

1. 渣油的元素组成

渣油(>500℃)是原油中沸点最高、相对分子质量最大、含杂原子最多、结构最为复杂的部分。渣油中碳和氢的含量约在95%左右，其中氢含量只有12%或更少，所以其C/H原子比较轻质油的C/H原子比要大。此数值越大，则说明渣油中的环状结构，尤其是芳香环结构越多(如正己烷C/H=0.43，环己烷C/H=0.5，苯C/H=1.0，萘C/H=1.25)。除了碳和氢元素外，渣油中的其他元素以硫含量最多，氮和氧的含量较低。

从我国主要原油减压渣油的元素组成(表1-2-31)上看，碳含量在85%以上，氢含量在12%左右，与国外渣油(表1-2-32)相比，我国渣油的C/H比值较低，硫含量一般不高，氮含量相对较高，这也是我国减压渣油元素组成的特点之一。

表 1-2-31 我国减压渣油元素组成

产地	元素组成/%			平均分子式
	C	H	S	
大庆	87.0	12.7	0.41	$C_{81}H_{141}S_{0.14}N_{0.42}$
胜利	84.4	11.6	1.95	$C_{78}H_{124}S_{0.66}N_{0.71}$
孤岛	86.5	10.8	2.86	$C_{74}H_{110}S_{0.92}N_{0.87}$
单家寺	86.5	10.8	0.87	$C_{69}H_{103}S_{0.26}N_{0.97}$
临盘	87.2	11.8	0.60	$C_{73}H_{117}S_{0.19}N_{0.57}$
高升	85.8	11.4	0.77	$C_{73}H_{115}S_{0.24}N_{0.87}$
欢喜岭	86.3	10.7	0.57	$C_{74}H_{106}S_{0.18}N_{0.65}$
任丘	86.2	11.6	0.76	$C_{88}H_{144}S_{0.27}N_{0.88}$
中原	85.6	11.6	1.18	$C_{70}H_{156}S_{0.40}N_{0.47}$
新疆九区	86.9	11.7	0.45	$C_{87}H_{160}S_{0.19}N_{0.76}$
井楼	86.5	11.6	0.65	$C_{84}H_{135}S_{0.24}N_{0.94}$

表 1-2-32 国外典型渣油元素组成

顺序	元素组成/%				C/H(原子比)	相对分子质量	最简分子式
	C	H	S	N			
1	84.98	10.59	3.05	0.48	0.67	763	$C_{54}H_{80.8}S_{0.7}N_{0.3}$
2	83.40	10.40	4.75	0.49	0.67	793	$C_{55}H_{82.5}S_{1.2}N_{0.3}$
3	83.23	10.26	5.17	0.60	0.69	834	$C_{58}H_{86}S_{1.3}N_{0.4}$
4	84.48	10.60	4.15	0.50	0.66	706	$C_{49.8}H_{74.8}S_{0.9}N_{0.25}$
5	83.44	10.83	5.02	0.55	0.66	750	$C_{52}H_{77.8}S_{1.2}N_{0.3}$

2. 渣油组成表示法

渣油的组成极其复杂，既含有烃类，又含有非烃化合物，无法逐一分离，通常是先将其分离成化学特性相近的大组分，再对分离后的组分用一般分析方法进行进一步的物理及化学特性的分析。

(1)渣油的族组成　由于渣油组成极其复杂，对其组成的研究只能根据渣油的某些选择性溶剂中的溶解能力或其他物化性质的不同，分成几种不同的组分。这样，若分离条件发生改变，则所得各组分的性质和数量均不同。我国目前使用得最多的是四组分分离法，流程图见图1-2-9。

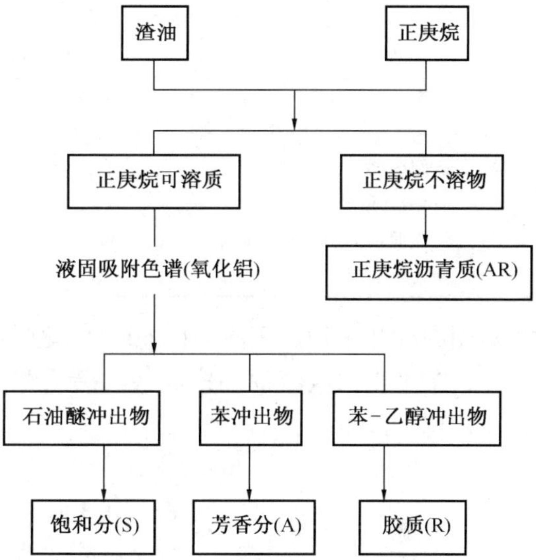

图1-2-9　渣油四组分分离流程图

四组分法(液固吸附色谱法)是将减压渣油用正庚烷(30mL/g油样)沉淀出正庚烷沥青质(Asphaltenes)，然后将脱沥青质部分用含水1%的中性γ-Al_2O_3吸附色谱分离，再分别以石油醚、苯和苯-乙醇为洗脱剂，依次分离为饱和烃(Saturates)组分，芳香烃(Aromatus)组分、胶质(Resins)组分。习惯上将该方法称为SARA分离法。

近年来，随着高效液相色谱技术迅速发展，也开始应用于渣油四组分的分离中。此外，按渣油分离后组分的数目不同，还有三组分法、六组分法及八组分法等(见表1-2-33)。

我国原油减压渣油组分的组成中，饱和分含量差别较大；芳香分含量接近，均在30%左右；沥青质含量较少(孤岛、单家寺除外)；胶质含量一般较高，多在40%~50%左右。中东原油的减压渣油组分的组成中，饱和分含量较低，多小于30%；芳香分含量较高，为40%~50%；胶质含量较低，为20%~30%。

将渣油分离成四组分、六组分和八组分时的化学组成列于表1-2-33。

表1-2-33　渣油分离成不同组分的化学组成

原　料	大　庆	胜　利	孤　岛
四组分组成/%			
饱和分	40.8	18.8	14.5
芳香分	32.2	33.7	34.8
胶　质	26.9	45.7	47.2
庚烷沥青质	<0.1	1.8	3.5
六组分组成/%			
饱和分、轻芳烃	63.8	41.3	34.9
重芳烃	9.8	11.9	14.2
轻胶质	11.1	15.9	15.6
中胶质	6.1	7.5	7.9

续表

原　料	大　庆	胜　利	孤　岛
重胶质	8.8	10.9	8.8
戊烷沥青质	0.4	12.5	15.9
八组分组成/%			
饱和分	40.8	19.0	14.5
轻芳烃	8.9	7.6	5.0
中芳烃	6.5	7.0	5.1
重芳烃	17.4	19.7	24.5
轻胶质	11.1	15.9	15.6
中胶质	6.1	7.5	7.9
重胶质	9.1	21.5	23.9
庚烷沥青质	<0.1	1.8	3.5

对国内外几十种减压渣油(>500℃)化学组成与其物化性质关系的研究认为，可以密度、碳氢比、黏度来关联渣油的饱和烃、芳香烃和胶质等组分，对沥青质的关联还加入康氏残炭，得到以下关系式：

$$S = 309.7 \times \rho^{8.5625-1.8012\ln(V_{100})} \times (\ln V_{100})^{-0.1595(m_C/m_H)}$$

$$A = 10.330 \times (\ln V_{100})^{0.0891(m_C/m_H)}$$

$$R = 4.3273 \times (\ln V_{100})^{0.6861}$$

$$A_s = 0.2505 \times (C)^{0.1454\ln V_{100}}$$

其中　S——饱和烃含量,%；

A——芳香烃含量,%；

R——胶质含量,%；

A_s——沥青质含量,%；

m_C/m_H——碳氢质量比；

C——康氏残炭；

V_{100}——100℃运动黏度，mm^2/s；

ρ——20℃时密度，g/cm^3。

公式的平均绝对误差分别为6.2%、6.8%、4.0%、1.4%。

(2) 渣油的结构族组成　前面已提到过，表示石油中、高沸馏分结构族组成的 $n-d-M$ 法，仅限于 $R_T \ngtr 4$，$R_A \ngtr 2$ 的情况。渣油主要由硫、氮、氧原子等缩合系芳香环化合物组成，结构过于复杂，以 $n-d-M$ 法计算其结构族组成已不适用。

Van Krevelen 和 William 于三四十年代发展了一种计算烃结构族组成的方法，称为密度法，也称为 $E-d-M$ 法。该方法是将渣油作为一个平均分子，通过测定样品的碳、氢和平均相对分子质量及密度，计算出不含沥青质或脱去沥青质的直馏渣油或沥青的结构参数。

① 单位碳原子的摩尔体积(M_C/d)　烃类的密度与其结构密切相关。在相对分子质量相近情况下，密度大小为：芳香烃>环烷烃>烷烃。所以单位碳原子的摩尔体积大小顺序为：芳香烃<环烷烃<烷烃。

$$\text{单位碳原子的平均相对分子质量}(M_C) = \frac{\text{平均相对分子质量}(M)}{\text{每个平均分子中碳原子数}(C)} \quad (1-2-13)$$

单位碳原子的摩尔体积(M_C/d)为：

$$\frac{M_C}{d}=\frac{1201}{d_4^{20}\times W_C} \tag{1-2-14}$$

式中相对密度(d_4^{20})可依据渣油元素分析结果由下列经验公式求得：

$$d_4^{20}=1.4673-0.0431W_H \tag{1-2-15}$$

渣油中含有硫、氮等非烃化合物，需校正 M_C/d：

$$\left(\frac{M_C}{d}\right)_C=\frac{M_C}{d}-6.0\left(\frac{100-W_C-W_H}{W_C}\right) \tag{1-2-16}$$

式中　W_C——碳含量,%；

W_H——氢含量,%。

② 芳香率(f_A)　芳香环上碳原子数占总碳原子数的分率称芳香率或芳碳比、芳香度、芳香碳百分率。

$$f_A=0.09\left(\frac{M_C}{d}\right)-1.15(n_H/n_C)+0.77 \tag{1-2-17}$$

式中　n_H/n_C(原子比)= $11.92(W_H/W_C)$

$$f_A=C_A/C$$

式中　C_A——平均芳香环碳原子数；

C——平均总碳原子数。

若已知渣油 n_H/n_C(原子比)，可由下列经验公式求得 f_A，该公式相对偏差一般在 5%以内：

$$f_A=1.132-0.560(n_H/n_C) \tag{1-2-18}$$

③ 缩合指数(CI)　缩合指数是指多环化合物的缩合程度，表示平均分子中环结构的状况，定义为：

$$CI=\frac{2(R_T-1)}{C_T}$$

式中　R_T——平均分子中的总环数；

C_T——平均分子中总碳数。

对烷烃而言，有 $n_H=2n_C+2$(式中 n_H、n_C 为原子数)　(1-2-19)

若分子中无不饱和烃，则分子中每形成一个环减少两个氢原子，每组成一个芳碳原子，则少一个氢原子，那么：

$$n_H=2C_T+2-2R_T-C_A \tag{1-2-20}$$

式中　C_A——平均分子中芳碳原子数。

又因为

$$f_A=\frac{C_A}{n_C}$$

则有

$$CI=2-(n_H/n_C)-f_A \tag{1-2-21}$$

当 $R_T=0$ 即分子中均为烷烃结构时，$CI<0$；当 $R_T=1$，分子中平均为单环结构，$CI=0$；当分子中平均环数 $R_T>1$ 时，$CI>0$。

④ 平均分子中芳香碳数(C_A)　$C_A=C_T\times f_A$　(1-2-22)

⑤ 平均分子中芳香环数(R_A)　　$R_A=\frac{C_A-2}{4}$　　(1-2-23)

⑥ 平均分子中总环数(R_T)　　$R_T=\left(\frac{CI\times C_T}{2}\right)+1$　　(1-2-24)

⑦ 平均分子中环烷环数(R_N)　　$R_N=R_T-R_A$　　(1-2-25)

⑧ 平均分子中环烷碳数(C_N)　　$C_N=4R_N$　　(1-2-26)

⑨ 平均分子中烷基碳数(C_P)　　$C_P=C_T-C_A-C_N$　　(1-2-27)

密度法的基础是f_A、n_H/n_C和M_C/d的关系，最初是建立在纯烃的数据上的，后来应用于烃类混合物和渣油的胶质、芳香分，但不适用于沥青质。

表1-2-34是进口原油>560℃馏分渣油组成分析。表1-2-35中所列国内主要原油的渣油中，大庆、青海及辽河原油渣油的芳碳率(f_A)最小，而羊三木、二连渣油f_A最大。渣油中胶质，其芳碳率在0.3~0.4之间，高于芳香分的芳碳率(f_A为0.15左右)，胶质的总环数、环烷环数和芳香环数也同样分别高于芳香分的总环数、环烷环数和芳香环数。与进口原油渣油的结构参数相比，我国渣油的芳碳率、芳环数及总环数小于进口原油，但环烷环数接近或略高于进口原油。

表1-2-34　进口原油>560℃馏分渣油组成分析

原油种类	阿　曼	也　门	伊　朗	哈萨克斯坦
收率/%	24.5	5.82	16.7	9.7
黏度(100℃)/(mm^2/s)	689.1	1066.0	4667.0	412.0
残炭/%	14.16	15.65	22.70	12.71
元素分析/%				
C	85.98	86.79	86.24	86.66
H	11.42	10.89	9.78	11.49
S	2.33	0.92	3.48	1.56
N	0.27	0.42	0.50	0.29
金属含量/(μg/g)				
Ni	22.98	25.90	95.78	18.31
V	26.36	12.60	310.10	50.97
族组成/%				
饱和分	23.4	17.6	12.5	34.3
芳香分	50.0	41.5	46.5	44.0
胶　质	25.5	36.7	35.8	21.2
沥青质	1.1	0.5	5.2	0.5
结构参数				
f_A	0.22	0.29	0.39	0.22
CI	0.19	0.22	0.26	0.20
C_T	63.3	73.3	71.8	58.8
C_A	14.3	21.2	28.0	13.1
R_T	7.1	9.1	10.3	6.8
R_A	3.0	4.8	6.5	2.8
R_N	4.1	4.3	3.8	4.0
平均相对分子质量	886	1001	1000	815

表 1-2-35　渣油及其组成的结构参数(密度法)

项　目	f_A	CI	C_T	C_A	R_T	R_A	R_N	R_A/R_N
大庆渣油	0.13	0.15	64.5	8.4	5.8	1.6	4.2	0.38
芳　烃	0.13	0.14	72	9.4	6.0	1.9	4.1	0.46
胶　质	0.27	0.23	109	29.4	13.5	6.9	6.6	1.05
任丘渣油	0.18	0.18	66.7	12.0	7.0	2.5	4.5	0.55
芳　烃	0.15	0.16	554.3	8.7	5.3	1.6	3.7	0.43
胶　质	0.33	0.23	112.7	37.2	14.0	8.8	5.2	1.69
孤岛渣油	0.22	0.18	71	15.7	7.4	3.4	4.0	0.85
芳　烃	0.18	0.18	65	11.7	5.9	2.4	3.5	0.69
胶　质	0.36	0.25	100	36	13.5	8.5	5.0	1.70
胜利渣油	0.20	0.18	67	13.4	7.0	2.9	4.1	0.76
芳　烃	0.13	0.16	59	7.6	5.9	1.4	4.3	0.33
胶　质	0.29	0.23	103	29.9	12.9	7.0	5.9	1.19
中原渣油	0.18	0.18	74.6	13.4	7.5	2.9	4.6	0.63
辽河渣油	0.12	0.14	71.6	8.5	6.1	1.7	4.4	0.39
大港渣油	0.20	0.18	62.7	12.5	6.6	2.6	4.0	0.65
羊三木渣油	0.28	0.22	71.3	19.7	8.8	4.4	4.4	1.0
二连渣油	0.27	0.21	66.9	18.0	8.0	4.0	4.0	1.0
青海渣油	0.136	0.143	57.4	7.81	5.1	1.45	3.65	0.40

随着各种仪器分析方法的发展，极大地推动了渣油化学组成的研究工作。目前在研究渣油各组分的结构族组成时，以核磁共振波谱(NMR)为基础，即借助^{1}H-NMR 及^{13}C-NMR 谱图，得到化合物中有关氢原子和碳原子结合情况的直接信息，与红外光谱、相对分子质量、元素分析相结合，用 B-L 或改进 B-L 法或其他简化关联式进行数据处理，推算出描述渣油结构的各种参数，从而为渣油的深加工及利用提供可靠的信息。

(3)渣油分类　目前世界上渣油加工工艺至少有 30 种以上，大体可以分为两类：一类是脱碳工艺，主要包括催化裂化、焦化、溶剂脱沥青；另一类是加氢工艺。不同的渣油加工技术对不同渣油的适应性也不相同，由于渣油加工技术的不断改进，其对多种渣油的适应性也在变化。

按目前的技术水平，可以归纳为：

① 当渣油的(V+Ni)含量小于 10~20μg/g，残炭小于 5%~7%时，适宜采用重油催化裂化加工；

② 当渣油的(Ni+V)含量为 20~150μg/g，残炭为 12%~15%时，适宜采用固定床加氢工艺加工；

③ 当渣油的(Ni+V)含量大于 150μg/g，残炭大于 15%时，适宜采用热加工或溶剂脱沥青工艺加工。

因此，可将渣油分为表 1-2-36 所示三类。

表 1-2-36 渣油分类

分类	Ⅰ	Ⅱ	Ⅲ
残炭/%	<5	5~15	>15
金属含量(Ni+V)/(μg/g)	<10	10~50	>50
胶质和沥青质/%	<20	20~50	>50

其中，Ⅰ类渣油可直接作重油催化裂化原料；Ⅱ类渣油可部分掺入蜡油作催化裂化原料或直接作为焦化原料；Ⅲ类渣油有的可直接生产优质沥青，如用以生产轻质石油产品需脱金属和沥青质。

第三节　石油的成因❶

石油是一种可燃性的、以烃类为主的复杂混合物。那么石油中数以千计的烃类和非烃化合物是从哪里来的？石油是怎样形成的呢？这一直是石油科技领域中一个引人关注的问题。同时，通过对石油成因的研究，还可以指导石油勘探、预测石油储量，并能更好地了解石油化学组成上某些特点与石油成因的关系。

长期以来，关于石油的成因国内外许多学者发表过种种假设，争论激烈。把各种观点归纳起来，可分为无机生油说和有机生油说。现在有机生油说占统治地位，但目前的地质勘探成果同时也给无机生油说提供了佐证。

一、无机生油说

早在 18 世纪到 19 世纪中叶，由俄国科学家门捷列夫创立了石油无机生成说，该学说在当时得到许多人的拥护，曾盛行一时。

无机成油学说认为，由于地球上存在着雄厚的无机合成烃类的物质基，在地幔高温高压以及富含金属多价低氧化物条件下，多种烃类的无机合成是完全可能的。近年来，一些学者对我国新疆准噶尔盆地和塔里木盆地的沥青以及沙特阿拉伯某种原油的研究后推断，它们是由无机物(一氧化碳和氢)经费托合成而生成的，与生物化石有机质的热解无关。

二、有机生油说

赞成有机生油说的学者认为，石油是由地质时期中的生物有机质形成的，而在石油中发现了一系列带有生物有机物所特有的某些特征结构的标记化合物(如聚异戊间二烯型烷烃和卟啉化合物)就是有力的证明。生物圈中大量存在于叶绿素中的植醇链就是异戊间二烯型化合物的丰富来源，卟啉化合物来源于叶绿素和血红素中的卟吩核。

1. 石油的生油环境

石油的生成还必须具有一定的生油环境，一是要有使有机物遗体得以保存而免遭分解的缺氧、还原的环境；二是使沉积盆地保持相对长期稳定下沉，使富含有机体的沉积物不断堆积，以形成巨厚的沉积层。在具备上述条件后，有机物还需经物理、生物、化学等一系列复杂反应过程，才能产生石油烃。

---

❶ 自学内容。

2. 有机物的演化

死亡的动植物遗体在沉积盆地保持相对稳定下沉，且不断堆积，形成了巨厚的沉积层。随着地质历史的推移，沉积作用的不断进行，沉积物被埋藏在盆地的深部。这段时期，以生物化学降解为主，即由细菌引起的发酵作用，使有机物中的纤维素、蛋白质和多糖大分子得以降解在沉积岩中，不溶于有机溶剂的有机质叫做“腐殖组分”，也就是石油地质学家所称的“干酪根”。

干酪根是由沉积物中的有机残体演化而来，是死亡的有机体在一定条件下被微生物降解后残留的不溶部分。在模拟实验条件下，可使干酪根转化为石油烃。于是，干酪根生油说成为有机生油说的核心。

不同来源的干酪根，其组成元素的相对含量是有差别的。研究发现，H/C 原子比较高(大于 1.0)，O/C 原子比较低(小于 0.2)的干酪根是良好的生油母质；其中 H/C 原子比大于 1.5，O/C 比小于 0.1 的干酪根被认为是高产石油的干酪根，如我国大庆油田主要生油岩即属该型。而 H/C 原子比较低(小于 1.0)，O/C 原子比为 0.2~0.3 的干酪根，其生油能力差，但若埋藏得足够深，可成为天然气的主要来源。

3. 石油的生成

石油的大部分来源于干酪根的分解，而温度是使干酷根演变的主要因素。

第一阶段是未成熟阶段，即干酪根形成生物甲烷气阶段。在这个阶段，温度不高(地层温度不超过 60℃)，干酪根中含有杂原子的部分破碎，干酪根中氧元素和硫元素含量下降，但烃的形成量很少。

第二阶段是成熟阶段，即干酪根裂解成油阶段。该阶段是石油生成的主要阶段，此时地温超过 60℃，干酪根分子断裂，大分子化学键进一步断裂，从而形成了更小的碎片，由于含氧键快速消失，使干酪根中的碳氢化合物开始产生。

第三阶段是过成熟阶段，也是干酪根裂解成气阶段。此时地温达到 120℃以上，热裂解成为主要反应，留在干酪根中的烷基几乎全部消失，产生大量的低分子甲烷气，也叫干气生成阶段。

实际上，由于各地区干酪根类型的不同，温度界限也有波动，另外，时间和压力同样会对干酪根转化成石油的过程产生影响。

4. 石油的富集

初生成的油气分散在生油层的孔隙中，经过漫长的运移，分散状的油、气由生油层进入储油层，又继续运转，到达阻碍油、气继续运转的地方——圈闭，聚集起来，成为矿藏——油、气藏。石油在运移过程中，在相应的环境下，如热催化作用、氧化作用、生物降解作用、硫化作用和脱沥青作用等的影响，使其组成和性质发生变化。

第二章　石油及其产品的物理化学性质

石油及其产品的物理化学性质，是其组成的各种化合物性质的宏观表观，是评定产品质量、生产过程控制以及产品使用的重要指标，同时也是设计和计算炼油工艺装置的重要数据。

油品各种理化性质，有些具有可加性，但多数不具有可加性，所以常采用条件性的试验方法来测定油品的理化性质，并根据实验数据归纳总结，得到一系列经验图表或经验、半经验的公式，具有一定局限性，在学习和使用中应予以注意。

第一节　基本理化性质

一、密度和相对密度

1. 密度和相对密度的定义

单位体积的质量叫做密度(ρ)，单位为 g/cm^3 或 kg/m^3。由于油品的体积随温度的升高而膨胀，相应密度变小，所以密度还应标出温度(ρ_t)。各国都规定了标准密度，如我国标准规定 20℃时石油及其产品的密度为标准密度，即 ρ_{20}，其他温度下测定的密度称为视密度。

把某温度下油品的密度与规定温度的水密度之比称为相对密度，为无量纲。我国与前苏联及东欧等国习惯上用 20℃时油品密度与 4℃时纯水的密度之比(d_4^{20})来表示油品的相对密度。d_4^{20} 在数值上与 ρ_{20} 相等，但二者的物理意义不同。欧美各国常用 $d_{15.6}^{15.6}$($d_{60℉}^{60℉}$)表示相对密度，d_4^{20} 与 $d_{15.6}^{15.6}$ 可参照表 2-1-1 进行换算。

表 2-1-1　$d_{15.6}^{15.6}$ 与 d_4^{20} 换算关系①

$d_{15.6}^{15.6}$ 或 d_4^{20}	Δd	$d_{15.6}^{15.6}$ 或 d_4^{20}	Δd
0.7000~0.7100	0.0051	0.8400~0.8500	0.0043
0.7100~0.7300	0.0050	0.8500~0.8700	0.0042
0.7300~0.7500	0.0049	0.8700~0.8900	0.0041
0.7500~0.7700	0.0048	0.8900~0.8100	0.0040
0.7700~0.7800	0.0047	0.9100~0.9200	0.0039
0.7800~0.8000	0.0046	0.9200~0.9400	0.0038
0.8000~0.8200	0.0045	0.9400~0.9500	0.0037
0.8200~0.8400	0.0044		

① $d_{15.6}^{15.6}=d_4^{20}+\Delta d$。

这样，密度和相对密度之间的关系可用图 2-1-1 表示。

美国石油学会用相对密度指数(°API)(习惯上称为比重指数)来表示油品的相对密度，°API 与 $d_{15.6}^{15.6}$ 的关系为：

$$°API=\frac{141.5}{d_{15.6}^{15.6}}-131.5 \qquad (2-1-1)$$

我国国标规定密度的测定方法有密度计法(GB/T 1884)和比重瓶法(GB 2540)。

2. 影响油品密度和相对密度的因素

(1) 温度　温度升高，油品体积膨胀，密度减小，相对密度也减小。未注明温度时，一般指标准密度(ρ_{20})。温度在(20±5)℃范围内，可认为密度与温度呈线性关系，此时不同温度下的密度可按下式计算：

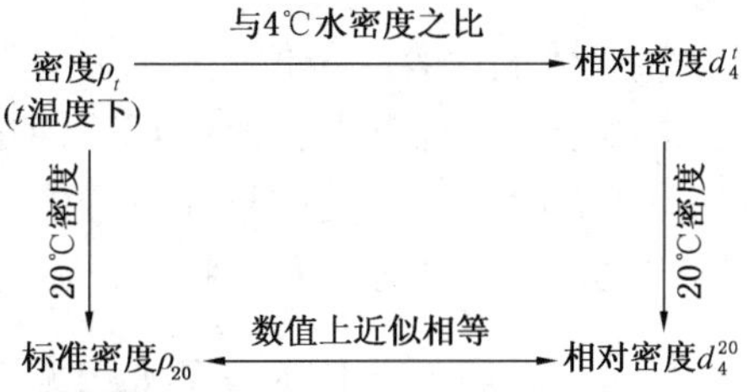

图 2-1-1　密度、相对密度关系图

$$\rho_t = \rho_{20} - \gamma(t-20) \quad (2-1-2)$$

式中　ρ_t——某温度下密度，g/cm³；

ρ_{20}——20℃时密度，g/cm³；

γ——油品密度的平均温度系数，g/(cm³·℃)，见表 2-1-2；

t——温度，℃。

表 2-1-2　温度校正值

相对密度 d_4^{20}	1℃的温度校正值 γ	相对密度 d_4^{20}	1℃的温度校正值 γ
0. 700~0. 710	0. 000897	0. 850~0. 860	0. 000699
0. 710~0. 720	0. 000884	0. 860~0. 870	0. 000686
0. 720~0. 730	0. 000870	0. 870~0. 880	0. 000673
0. 730~0. 740	0. 000857	0. 880~0. 890	0. 000660
0. 740~0. 750	0. 000844	0. 890~0. 800	0. 000647
0. 750~0. 760	0. 000831	0. 900~0. 910	0. 000633
0. 760~0. 770	0. 000813	0. 910~0. 920	0. 000620
0. 770~0. 780	0. 000805	0. 920~0. 930	0. 000607
0. 780~0. 790	0. 000792	0. 930~0. 940	0. 000594
0. 790~0. 800	0. 000778	0. 940~0. 950	0. 000581
0. 800~0. 810	0. 000765	0. 950~0. 960	0. 000568
0. 810~0. 820	0. 000752	0. 960~0. 970	0. 000555
0. 820~0. 830	0. 000738	0. 970~0. 980	0. 000542
0. 830~0. 840	0. 000725	0. 980~0. 990	0. 000529
0. 840~0. 850	0. 000712	0. 990~1. 000	0. 000518

当温度变化范围较大时，可查阅专门的图表(GB 1885—1998)。

(2) 压力　压力对液体密度的影响不大，一般可忽略不计，但在极高压力下(几十兆帕)则应予以考虑。压力对气体密度的影响较大。

① 气体的密度和相对密度　气体的密度不仅与温度有关，而且还与气体本身所受的压力密切相关。在较低压力(小于 303. 9kPa)情况下，可通过理想气体的状态方程求得：

$$PV = \frac{W}{M}RT \quad (2-1-3)$$

即

$$\rho = \frac{W}{V} = \frac{PM}{RT}$$

气体的相对密度是指在标准状态(0℃，101. 3kPa)下气体密度与空气密度(1. 293kg/m³)

之比。

② 气体的比容　单位质量气体的体积称为比容，单位为 m^3/kg，其数值为密度的倒数。比容常用于工艺计算中，如计算蒸馏塔内蒸气负荷，需求其饱和蒸气的比容(图 2-1-2)。当压力较高时，气体性质与理想气体差别较大，需用其他方法(如压缩因数法)来计算真实气体的比容，这种方法我们将在以后讨论。

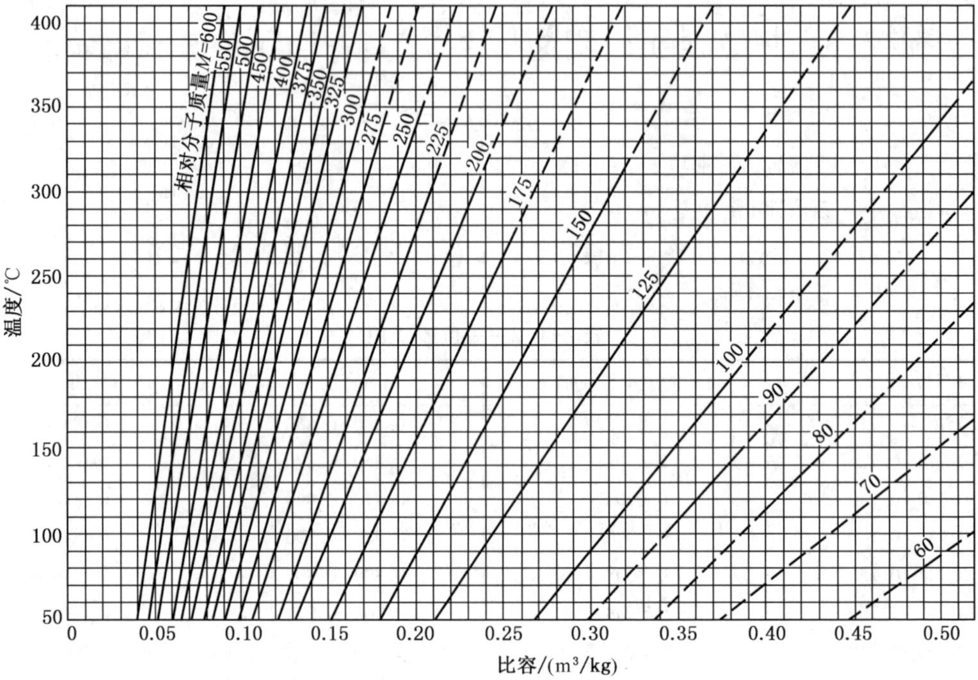

图 2-1-2　油品在 101.3kPa 时饱和蒸气的比容

(3) 化学组成及馏分组成　石油及其产品的密度与其组成关系密切。在碳原子数相同的情况下，芳香烃的密度最大，其次是环烷烃和烯烃，最小的是烷烃(表 2-1-3)。其中正构烷烃、亚构烯烃和正烷基环己烷的相对密度随相对分子质量增大而增大，而正烷基苯的相对密度则随其相对分子质量增大而减小。例如某厂直馏柴油密度为 0.83g/cm^3，而同样馏分催化柴油密度可达 0.89g/cm^3 以上，这是因为催化柴油中含有较多的烯烃和芳烃的缘故。所以石油及其产品的密度是由组成其烃类分子的大小及化学结构所决定的。

表 2-1-3　各族烃类的相对密度和特性因数

名　　称	d_4^{20}	K	名　　称	d_4^{20}	K
正己烷	0.6572	12.81	环己烷	0.7785	10.99
正庚烷	0.6837	12.71	甲基环己烷	0.7694	11.36
正辛烷	0.7037	12.67	乙基环己烷	0.7879	11.37
正壬烷	0.7219	12.66	正丙基环己烷	0.7936	11.51
1-己烯	0.6740	12.49	苯	0.8789	9.73
1-庚烯	0.6970	12.42	甲苯	0.8670	10.15
1-辛烯	0.7193	—	乙苯	0.8670	10.37
1-壬烯	0.7292	—	正丙苯	0.8620	10.62

同一种原油各馏分随着沸程的升高、相对分子质量的增大，密度也增大（表 2-1-4）。在减压馏分中含有的芳香烃，特别是多环芳香烃较多，而减压渣油中还含有密度更大的沥青质和胶质，所以减压馏分的密度较大，减压渣油的密度更大，在同一种原油中，减压渣油的密度大于减压馏分油。国产原油馏程与密度、平均相对分子质量关系见表 2-1-4，进口原油见表 2-1-5。

表 2-1-4　国产原油各馏分的密度及平均相对分子质量

馏分/℃	大庆原油		胜利原油		辽河原油		渤海原油	
	密度/（g/cm³）	平均相对分子质量	密度/（g/cm³）	平均相对分子质量	密度/（g/cm³）	平均相对分子质量	密度/（g/cm³）	平均相对分子质量
<200	0. 7432	—	0. 7446	—	—	—	0. 7885	—
200～250	0. 8039	193	0. 8204	180	0. 8474	—	0. 8641	—
250～300	0. 8167	240	0. 8270	205	0. 8644	—	0. 8924	—
300～350	0. 8283	270	0. 8350	244	0. 8876	—	0. 9089	—
350～400	0. 8368	323	0. 8606	298	0. 9015	265	0. 9245	
400～450	0. 8574	392	0. 8874	374	0. 9342	357	0. 9359	365（400～500）
450～500	0. 8723	461	0. 9067	414	0. 9917	—	0. 9426	
>500	0. 9221	1120	0. 9698	1080	0. 9191	—	0. 9723	809
原油	0. 8554	—	0. 9005	—	—	—	0. 9389	—
原油基属	低硫石蜡基		含硫中间基		低硫环烷-中间基		低硫环烷基	

表 2-1-5　进口原油馏分的密度及平均相对分子质量

馏分/℃	印尼原油		沙轻原油		阿曼原油		越南原油	
	密度/（g/cm³）	平均相对分子质量	密度/（g/cm³）	平均相对分子质量	密度/（g/cm³）	平均相对分子质量	密度/（g/cm³）	平均相对分子质量
65～180	0. 7400	—	0. 7344	—	0. 7296	—	0. 7600	—
185～230	0. 7761	—	0. 7779	—	0. 7895	—	0. 8220①	—
230～365	0. 8194	—	0. 8451	—	0. 8358②	—	0. 8711②	—
365～560	0. 8595	378	0. 9213	398	0. 8975	438	0. 9110	446
>560	0. 9577	872	1. 0245	843	0. 9259	886	1. 0135	1018
原油	0. 8450	—	0. 8565	—	0. 8518	—	0. 8868	—
原油基属	低硫石蜡基		高硫中间基		含硫石蜡-中间基		低硫环烷-中间基	

① 180～240℃馏分。

② 240～365℃馏分。

3. 混合油品的密度

（1）液体油品混合物的密度　当属性相近的两种或多种液体油品混合时，体积变化不大，混合油品的密度可近似地按可加性计算，即：

$$\rho_m = \sum_{i=1}^{n} V_i \rho_i = \frac{1}{\sum_{i=1}^{n} \frac{W_i}{\rho_i}} \tag{2-1-4}$$

式中　V_i，W_i——组分 i 的体积分数、质量分数；

ρ_m，ρ_i——混合油品、组分 i 的密度，g/cm^3。

但当属性相差很大的两类组分(如烷烃和芳香烃)混合时，体积可能增大；密度相差很大的两个组分(如重油和轻烃)混合时，体积可能收缩。须引入一个过剩分子体积的概念来加以校正，如需要可参考有关文献或图表。

$$V^E = V_m - \sum_{i=1}^{n} X_i V_i \tag{2-1-5}$$

式中　V^E——过剩分子体积，cm^3/mol；

V_m——混合物的真实分子体积，cm^3/mol；

X_i，V_i——组分 i 的摩尔分数和分子体积，cm^3/mol。

(2) 气、液混合物的密度　石油加工工艺过程中，在常压炉的辐射炉管和转油线、加氢精制反应器等处，油品处于气、液相混合状态。若已知气相和液相的质量流率及密度或油品汽化率及气、液相油品的密度，则可计算出气、液混合物的密度。

$$\rho_m = \frac{G_m}{V_g + V_l} = \frac{G_m}{\dfrac{G_g}{V_g} + \dfrac{G_l}{V_l}} \tag{2-1-6}$$

式中　ρ_m——气、液混合物的密度，kg/m^3；

G_m、G_g、G_l——气、液混合物及气相和液相的质量流率，kg/h；

V_g、V_l——气相和液相的体积流率，m^3/h。

二、特性因数

特性因数是表征烃类和石油及其馏分的化学性质的一个重要参数。

经研究发现，石油中各族烃类的相对密度与其沸点(T,°R)是存在一定关系的，可由下式表示：

$$\ln d_{15.6}^{15.6} = n\ln T + \ln\frac{1}{K} \tag{2-1-7}$$

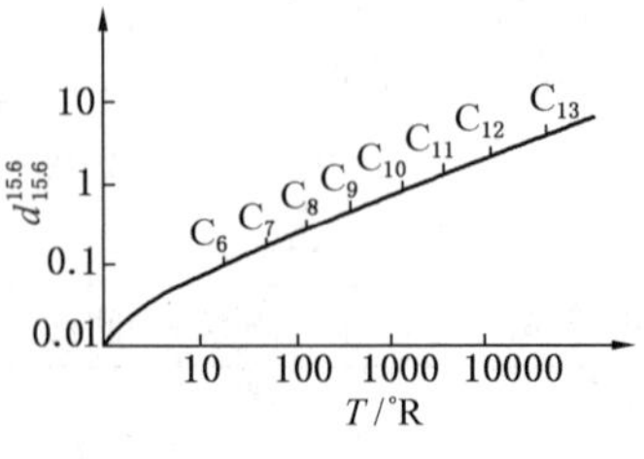

图 2-1-3　烷烃沸与相对密度关系图

即烃类相对密度的对数与其沸点(°R)的对数是呈线性关系的，如图 2-1-3 所示，该图是烷烃沸点与相对密度关系图，其他烃类也有同样的关系，且各类烃直线的斜率相同，近似为 1/3，故有：$K = \dfrac{(T)^{1/3}}{d_{15.6}^{15.6}}$(式中 T 单位以°R 表示)。将式中 K 定义为特性因数，也称之为 Watson K 值或 UOP K 值。若沸点以开尔文温标(K)表示，则：

$$K = \frac{(T)^{1/3}}{d_{15.6}^{15.6}} = 1.216\frac{(T')^{1/3}}{d_{15.6}^{15.6}} \tag{2-1-8}$$

烃类不同，截距不同，则 K 值不同。从表 2-1-3 数据可知，烷烃的 K 值最大，其次是环烷烃，芳香烃 K 值最小。虽然上式是由纯烃类得出，但许多研究表明，若石油馏分中富含烷烃，K 值较高，为 12.5~13.0；若富含环烷烃和芳香烃，则 K 值略低，为 10~11。所以，可用上式来计算石油馏分的特性因数。近年来常使用中平均沸点计算。但对于高相对分子质量的石油馏分而言，由于常压蒸馏时裂化反应的干扰，中平均沸点不易测准，通常是利用50℃或100℃运动黏度与相对密度指数(*API*度)来查图求得(图2-1-4)。

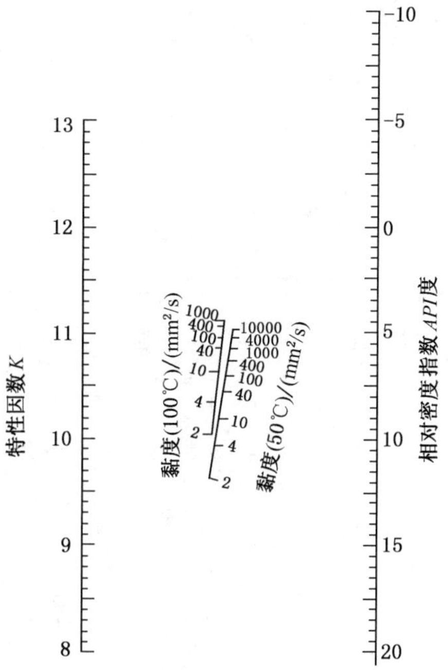

图2-1-4　特性因数列线图(重质石油)

手工计算时，为运算方便，特性因数K不用式(2-1-8)计算而是根据该式制成图2-1-5列线圈，可由图中任意两个数据连线查得。

特性因数是了解石油及其馏分的化学性质、分类、确定原油加工方案等的主要参数。由特性因数可关联直馏馏分油的物理性质和热性质，如相对分子质量、汽化热、热焓等，一般能得到满意的结果，对于含有大量烯烃、二烯烃或芳香烃的二次加工馏分，如催化裂化循环油、催化重整生成油等，特性因数并不能准确地表征其特性。

以上我们所说的特性因数为Watson K值(UOP K值)，它主要用于表征原油及其轻馏分的性质，如表2-1-6所列是国内主要原油的特性因数。

表2-1-6　各原油的特性因数

原　油	UOP K值	原　油	UOP K值
大　庆	12.0~12.6	胜　利	11.2~12.2
华　北	11.9~12.5	辽　河	11.4~11.9
中　原	11.7~12.6	孤　岛	11.1~11.7
新　疆	11.8~12.4	羊三木	11.1~11.7

通过对石油馏分UOP特性因数的剖析，表明这一因数和石油馏分的密度、沸程(或相对分子质量)有关；然而从石油馏分的转化来看，它还与馏分的氢碳比密切相关。对于重质油或渣油来说，尽管某些原料的UOP K值很接近，但其物性、组成和结构却相差甚远，因此用UOP特性因数K作为重质油或渣油的特性因数已不太合适，因此有人建议用以下形式的UPC特性因数K_H作为渣油的特征因数：

$$K_H = 10\frac{H/C}{M_r^{0.1236}\rho_{20}} \tag{2-1-9}$$

式中　H/C——氢碳比；

M_r——相对分子质量；

ρ_{20}——20℃时密度，g/cm³。

试验表明，K_H与渣油的组成及转化性能，如热转化产品产率、高温热解时C_6^-馏分产率、高温裂解乙烯产率、催化裂化产品产率、加氢裂化时脱硫率、脱氮率、焦炭产率均有良好的相关性。

至于是否还有更适合表征重质油性质的参数，还有待于人们进一步的研究。

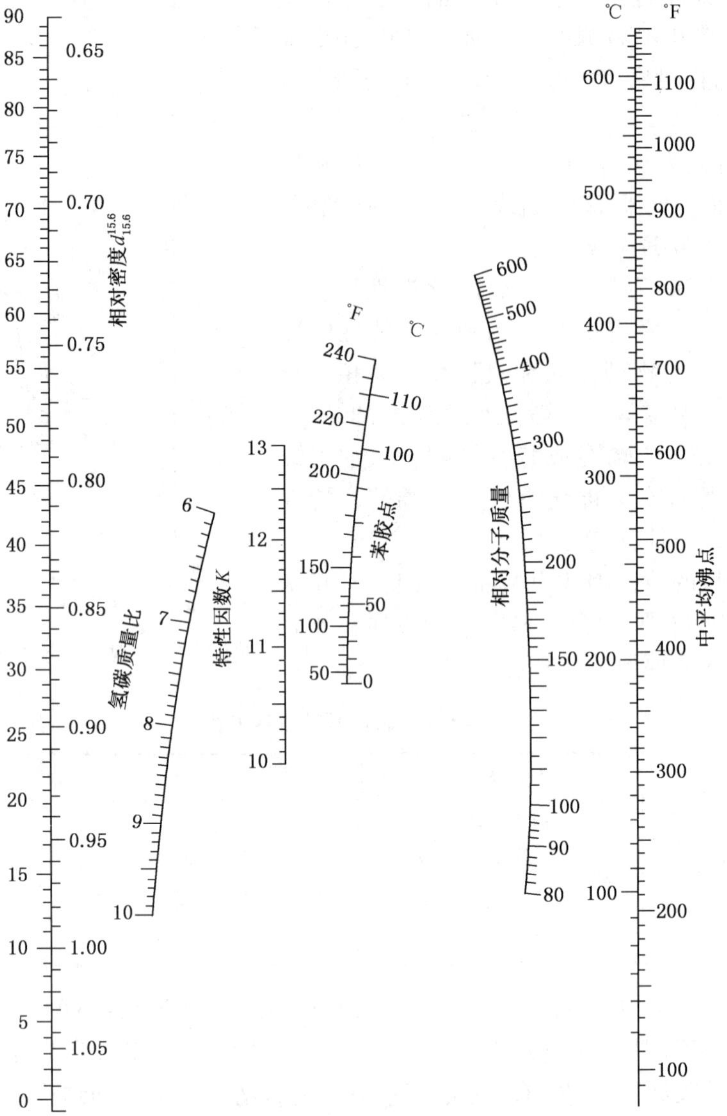

图 2-1-5 石油馏分特性因数和相对分子质量图(左侧座标线 0~90 为 *API* 度值)

混合物的特性因数认为具有可加和性，等于各个组分的质量分数与其特性因数乘积之和：

$$K_m = \sum_{i=1}^{n} W_i K_i \qquad (2-1-10)$$

式中 K_i、K_m——组分 i 和混合物的特性因数；

W_i——组分 i 的质量分数。

三、平均相对分子质量

石油及其产品是各种烃类的复杂混合物，因此其相对分子质量是其各组分相对分子质量的平均值，称为平均相对分子质量。根据相对分子质量的计算方法不同，分为数均相对分子质量和重均相对分子质量，常用于表示石油馏分的平均相对分子质量是数均相对分子质量。

数均相对分子质量又称为摩尔平均相对分子质量，是体系中具有各种相对分子质量的分子的摩尔分数与其相应的相对分子质量的乘积之总和，即体系的质量除以其中所含各类分子的摩尔数总和的商。重均相对分子质量的定义为，体系中具有多种相对分子质量的分子的质量分数与其相应的相对分子质量的乘积的总和。

$$M_n = \sum_{i=1}^{n} n_i M_i = \frac{\sum_{i=1}^{n} N_i M_i}{\sum_{i=1}^{n} N_i} = \frac{\sum_{i=1}^{n} W_i}{\sum_{i=1}^{n} N_i} \tag{2-1-11}$$

式中 M_n——样品的数均相对分子质量；

n_i、N_i——组分 i 的摩尔分数和摩尔数；

W_i、M_i——组分 i 的质量和相对分子质量。

石油馏分的相对分子质量随馏分沸程的升高而增大，从几十到上千。即使是相同沸程的馏分，因其化学组成的不同，平均相对分子质量也有所不同。一般石油馏分平均相对分子质量的大致范围见表 2-1-4 及表 2-1-5。

平均相对分子质量是石油馏分重要特性之一，常用于求定石油馏分的汽化热、石油蒸气的体积分压以及其他化学性质，可由下列图表求得：

图 2-1-5　已知图中各物性参数中两个，即可由此图查出油品的平均相对分子质量，或利用下式计算：

$$M = 219.05\exp(0.003924T)\exp(-3.07d)T^{0.118}d^{1.88} \tag{2-1-12}$$

式中 T——石油馏分中平均沸点，K；

d——在 101.3kPa，15℃下的相对密度。

本式适用于相对分子质量 70~724，最好在 115 以上；正常沸点 309~830K，可扩大到 1088K；密度 0.63~0.97kg/dm^3(101.3kPa，15℃)。本式由图 2-1-5 拟合，与实验值平均误差在 6.8%以内。

图 2-1-6　已知油品中平均沸点、密度、特性因数和蒸发潜热中任意两个性质数据，可求得平均相对分子质量。

也可由下列经验式进行计算：

$$M_n = 184.5 + 2.295T - 0.2332KT + 1.329\times10^{-5}(KT)^2 - 0.6222\rho T \tag{2-1-13}$$

式中 T——馏分的中平均沸点，K；

K——馏分的特性因数；

ρ——馏分 20℃下的密度。

对于重质石油馏分，由于中平均沸点不易得到，可利用 100℃和 50℃运动黏度计算平均相对分子质量：

$$M = 316.0467\nu_{100℃}^{1.5271}\nu_{50℃}^{-0.7817} \tag{2-1-14}$$

该公式适用于国产胜利、大庆、辽河、大港、孤岛、任丘、羊三木七种原油以及胜利焦化、催化裂化两种二次加工油>350℃的重馏分油，其相对偏差为 4.74%。

当两种以上油品混合时，由加和法计算：

$$M_{m} = \frac{\sum_{i=1}^{n} W_i}{\sum_{i=1}^{n} \frac{W_i}{M_i}} \tag{2-1-15}$$

式中　M_m、M_i——混合油和组分 i 的相对分子质量；

　　　W_i——组分 i 质量，kg。

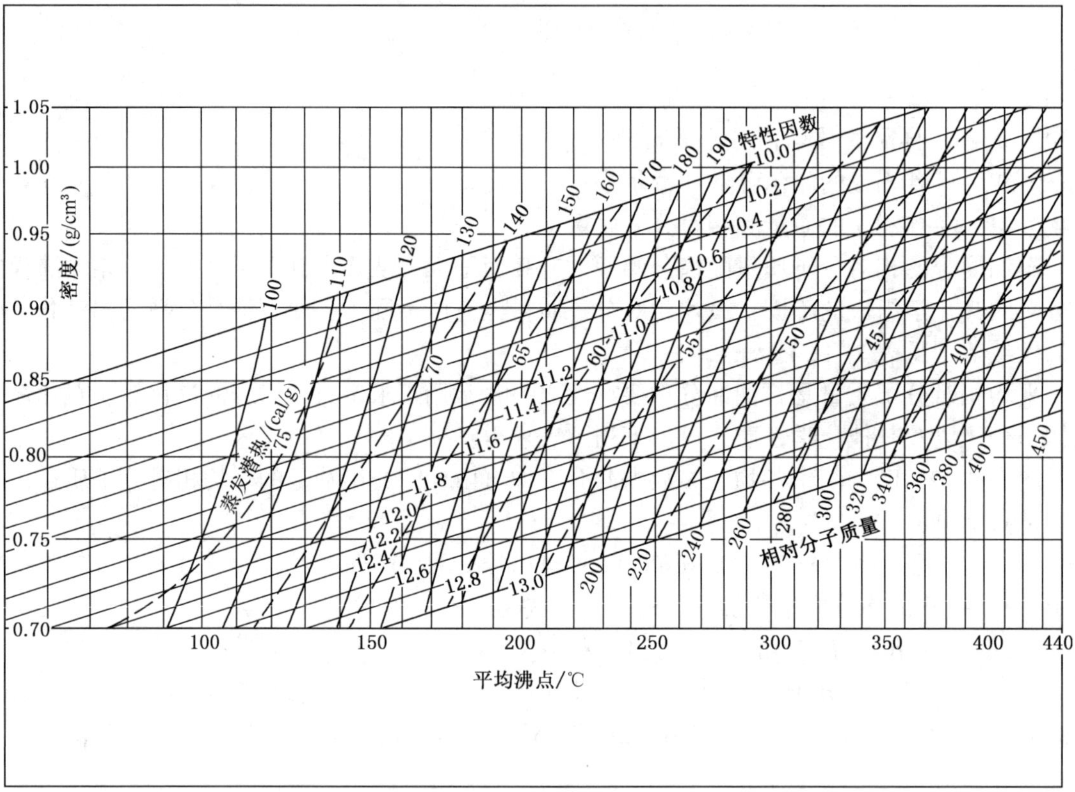

图 2-1-6　相对分子质量、中平均沸点、特性因数、密度与蒸发潜热关系(1kcal/kg=4187J/kg)

平均相对分子质量是根据溶液的依数性来测定的，有冰点降低法、沸点升高法、蒸气压渗透法等。

四、苯胺点

溶解度也是有机化合物的特性常数之一。油品是烃类的混合物，不同烃类在溶剂中的溶解度也不尽相同。根据相似相溶原理，烃类与溶剂的分子结构越相似，则溶解度越大。此外，体系温度的升高也会增大烃类在溶剂中的溶解度。

在较低温度下，烃类与溶剂混合时，二者不完全互溶，而是分成两相。当温度升高时，溶解度逐渐增大，至完全互溶。当温度升至两相界面恰好消失时的温度称为该混合物的临界溶解温度。以苯胺为溶剂时，此温度称苯胺点。

油品的临界溶解温度随溶剂比变化(图 2-1-7)。图中曲线的最高点是试样在苯胺中的真正临界溶解温度，称为最大苯胺点 t_{max}。但此时的溶剂比是未知数，要改变苯胺与试样的比例，多次试测才能得到。为了方便，标准方法中常采用等体积苯胺点，即油品与苯胺体积比为 1∶1 混合时所测得的临界溶解温度。

苯胺点也是石油馏分的特性数据之一，它反映了油品的化学组成和特性。由于苯胺是极性溶剂，故极性较大的烃类在苯胺中溶解度较大，其苯胺点也较低。当碳原子数相等时，苯胺点最低的是芳烃，烯烃次之，再次是环烷烃，烷烃最高(见表 2-1-7)。同族烃类，苯胺点随相对分子质量的增大而升高，但增长幅度不大，故可与其他物性参数相关联。

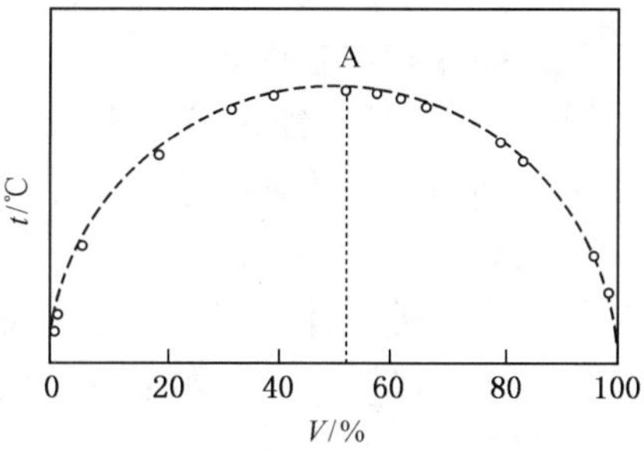

图 2-1-7　临界溶解度曲线

表 2-1-7　烃类苯胺点

烷　烃	苯胺点/℃	环烷烃	苯胺点/℃	烯　烃	苯胺点/℃	芳香烃	苯胺点/℃
n-C_5H_{12}	71.7	C_5H_{10}	16.6	1-C_5H_{10}	19.6		
n-C_6H_{14}	59.1	$CH_3C_5H_9$	34.0	1-C_6H_{12}	22.7	C_6H_6	<-30
n-C_7H_{16}	70.0	C_6H_{12}	31.0	1-C_7H_{14}	27.0	$CH_3C_6H_5$	<-30
n-C_8H_{18}	72.0	1，2-$(CH_3)_2C_5H_8$	47.8	1-C_8H_{16}	32.4	p-/o-$(CH_3)_2C_6H_4$	<-30
n-C_9H_{20}	74.9	$CH_3C_6H_{11}$	41.0	1-C_9H_{18}	38.6	m-$(CH_3)_2C_6H_4$	<-20
n-$C_{14}H_{30}$	89.5	1，2，3-$(CH_3)_3C_5H_7$	57.8	1-$C_{14}H_{28}$	59.8	i-$C_3H_7C_6H_5$	<-15
n-$C_{26}H_{54}$	116	1，3-$(CH_3)_2C_6H_{10}$	51.7			n-$C_3H_7C_6H_5$	<-30
		$C_4H_9C_5H_9$	50.5			$C_8H_{17}C_6H_5$	<-20
		$C_3H_7C_6H_{11}$	50.0				
		1，2，4-$(CH_3)_3C_6H_9$	59.0			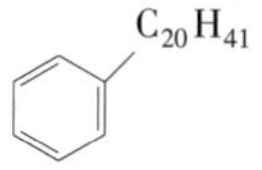	61.0
		$C_8H_{17}C_6H_{11}$	74.7				
		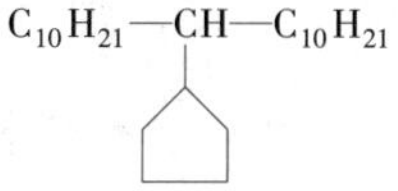	106.0				
		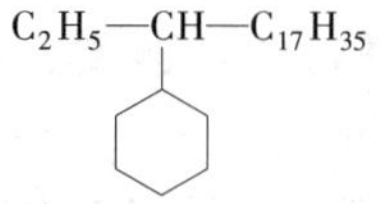	107.7				

由苯胺点数据可求定油品的特性因数或相对分子质量等物性(图 2-1-5)，也可利用苯胺点和密度计算油品柴油指数以及油品中芳烃含量等：

$$芳烃\%=K(A_2-A_1) \tag{2-1-16}$$

式中　K——相当于苯胺点每降低 1℃的芳烃质量分数，其数值因油品沸程不同和芳烃总量不同而变化；

A_2——待测试样的苯胺点，℃；

A_1——待测试样脱除芳烃后的苯胺点，℃。

$$柴油指数=2.367(A+17.8)\left(\frac{1.076}{d_4^{20}+0.004}-1\right) \tag{2-1-17}$$

式中 A——油品苯胺点,℃

五、黏度和黏温性质

黏度可用于评定油品流动性能，尤其是润滑油的黏度及黏温性质是评定润滑油质量的重要指标，同时也是炼油工艺计算中不可缺少的物性参数。

1. 黏度的定义和单位

任何真实的流体，当内部各部分之间因受外力而产生相对运动时，相邻两层流体的交界面上存在着内摩擦力，而黏度就是流体运动时分子之间摩擦阻力大小的指标，与油品的化学组成相关。

(1) 动力黏度(绝对黏度) 动力黏度是指在单位接触面积上相对运动梯度为1时，流体所产生的内摩擦力，以μ表示。故动力黏度可以定义为：

$$F=\mu S\frac{\mathrm{d}V}{\mathrm{d}L}$$

或

$$\tau=\frac{F}{S}=\mu\frac{\mathrm{d}V}{\mathrm{d}L} \tag{2-1-18}$$

式中 F——两液层之间的内摩擦力(剪力)，N；

S——两液层之间的接触面积，m^2；

τ——两液层单位接触面积之间的内摩擦力(剪应力)，N/m^2；

$\mathrm{d}V$——两液层间相对运动速度，m/s；

$\mathrm{d}L$——两液层之间的距离，m；

μ——内摩擦系数，即该液体的动力黏度，$N\cdot s/m^2$ 或 Pa·s。

动力黏度过去所用cgs制，单位为泊(P，Poise)及厘泊(cP，centipoise)，它们与SI制单位的关系是：

$$1\mathrm{Pa\cdot s}=10\mathrm{P}=1000\mathrm{cP}$$

液体油品的动力黏度不随剪切速度梯度$\left(\frac{\mathrm{d}V}{\mathrm{d}L}\right)$的变化而变化，则该油品称为牛顿体系，即其动力黏度在一定温度下(浊点温度以上)是恒定的。当油品中有蜡析出或在润滑油中加入高分子聚合物添加剂制成稠化油、含沥青较多的重质燃料油(沥青以悬浮胶粒状存在于油品中)时，属于非牛顿体系，此时油品的黏度非定值，是随剪切速度梯度的变化而变化，不符合式(2-1-18)。

(2) 运动黏度 运动黏度是动力黏度与相同温度、压力下该液体密度的比值，是石油产品质量标准中常用的黏度，以ν表示：

$$\nu=\frac{\mu}{\rho} \tag{2-1-19}$$

运动黏度SI制单位为mm^2/s，cgs制单位为斯(或称沲，stoke)及厘斯(或厘沲，cSt)：

$$1\mathrm{mm^2/s}=1\mathrm{cSt}=10^{-2}\mathrm{St}=10^{-6}\mathrm{m^2/s}$$

动力黏度和运动黏度可用旋转黏度计、毛细管黏度计或落球黏度计等测定。最常用的是毛细管黏度计，用于测定牛顿型体系的油品黏度，对于非牛顿体系的流体，可用旋转黏度计来测定。

(3) 条件黏度 在石油产品规格中，还有各种在特定仪器和规定条件下测定的黏度，称为条件黏度(表 2-1-8)。

由各种不同仪器测定的黏度单位和表示方法各不相同，其换算关系见图 2-1-8。

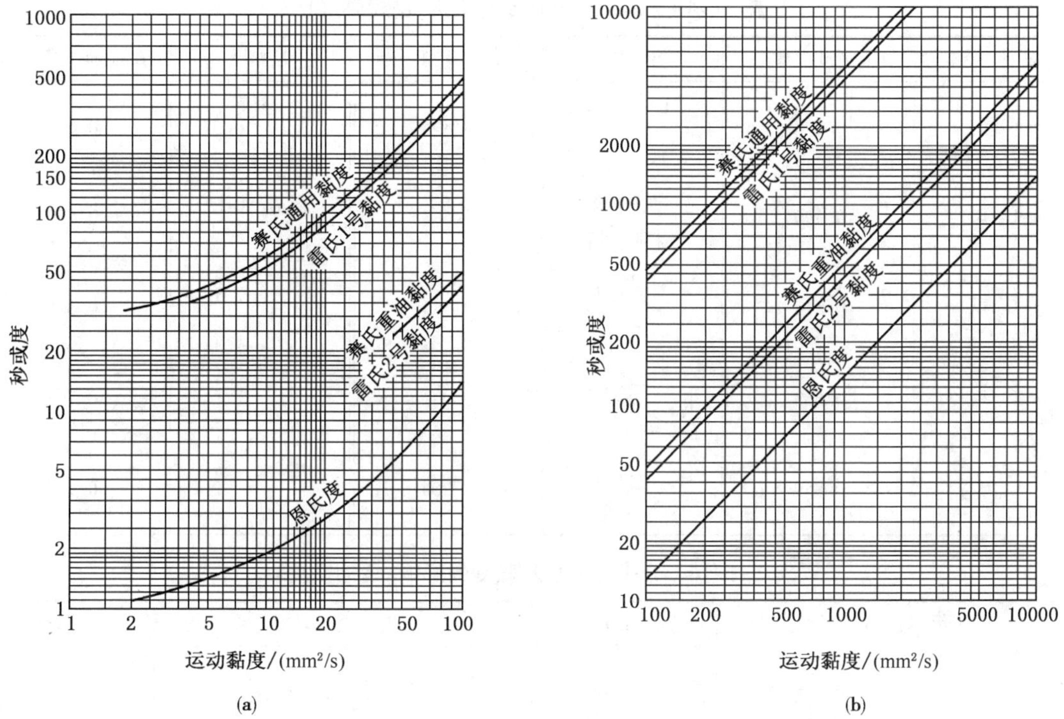

图 2-1-8 黏度单位换算图

表 2-1-8 条件黏度

名称	定义	单位	测定仪器
恩氏黏度	油品从恩氏黏度计中流出 200mL 的时间与同样体积水在 20℃时流出时间之比	恩氏度(E)	恩氏黏度计
赛氏黏度	60mL 油品从赛氏黏度计中流出时间	赛氏秒(s)	赛氏黏度计
雷氏黏度	50mL 油品从雷氏黏度计中流出时间	雷氏秒(s)	雷氏黏度计

这几种黏度之间的近似比值为：运动黏度(mm^2/s)：恩氏黏度(E)：赛氏通用黏度：雷氏黏度=1：0.132：4.62：4.05

2. 黏度与化学组成和馏分组成的关系

黏度反映了油品内部分子作相对运动时的内摩擦力，故黏度与分子的大小和结构相关。同时，黏度也反映了油品的烃类组成特性。表 2-1-9～表 2-1-11 是烃类与黏度的关系，对表中数据进行比较，可知黏度与化学组成及馏分组成(表 2-1-12)有如下关系：

① 同一系列的烃类，除个别情况外，化合物相对分子质量越大，则黏度越大；

② 不同烃类中相对分子质量相近时，具有环状结构的分子的黏度大于链状结构，且分子中的环数越多，则黏度也就越大；

③ 当烃类分子中的环数相同时，其侧链越长则其黏度越大；

④ 在石油馏分中，随馏分沸程升高，馏分中相对分子质量和环状烃增加，黏度也增大；

⑤ 通常，馏分沸程相近时，不同基属的石油黏度大小顺序为：石蜡基<中间基<环烷基。

表 2-1-9 各族烃与黏度的关系(绝对黏度)

烷 烃	$\mu_{25℃}/10^{-3}Pa\cdot s$	环烷烃	$\mu_{25℃}/10^{-3}Pa\cdot s$	芳香烃	$\mu_{25℃}/10^{-3}Pa\cdot s$
n-C_6H_{14}	0.298		0.895		0.601
n-C_7H_{16}	0.396	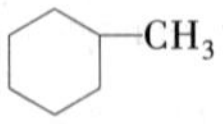	0.683	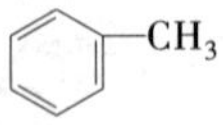	0.550
n-C_8H_{18}	0.514	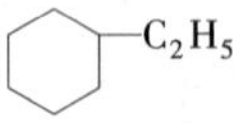	0.785	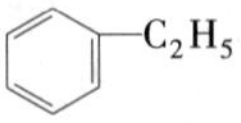	0.635
n-C_9H_{20}	0.668	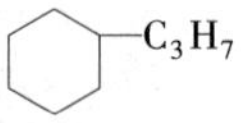	0.931	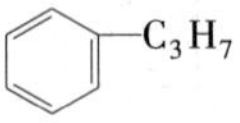	0.796
n-$C_{10}H_{22}$	0.859	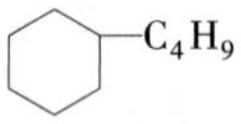	1.204	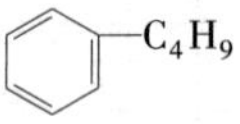	0.937

表 2-1-10 分子中环数对黏度的影响(运动黏度)

环 烷 环	$\nu_{98℃}/(mm^2/s)$	芳 香 环	$\nu_{98℃}/(mm^2/s)$
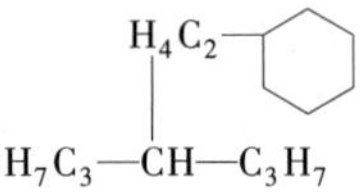	3.29	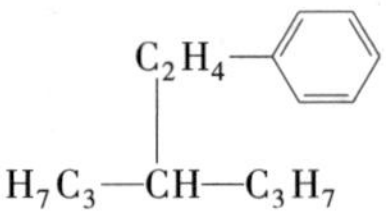	2.53
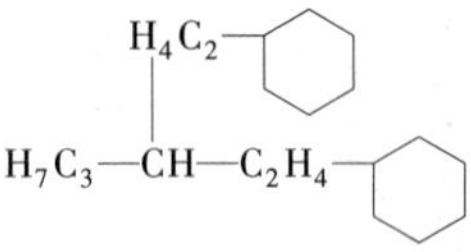	4.98	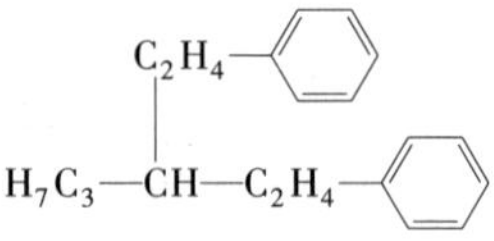	2.74
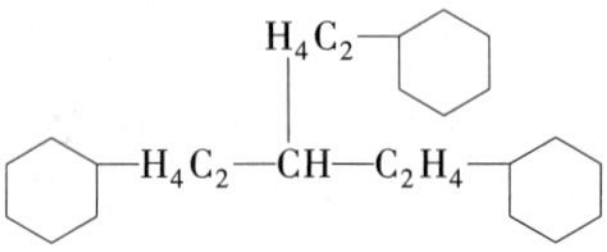	10.10	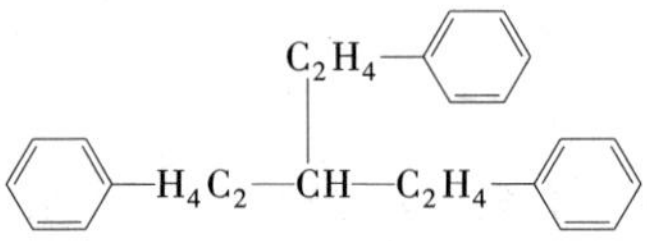	3.82

表 2-1-11 环状烃分子侧链长度对黏度的影响(赛氏黏度)

环 烷 环	SUS(100℃)	芳 香 环	SUS(100℃)
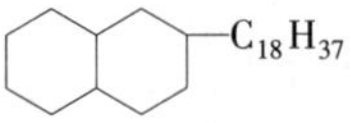	148.0	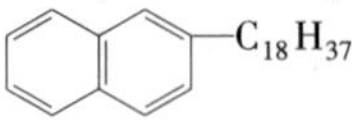	113.5
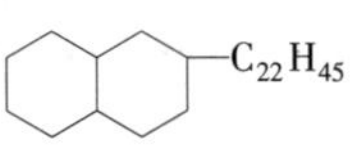	208.0	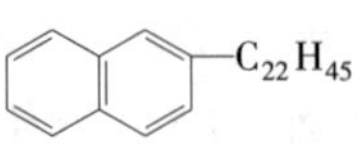	168.0

表 2-1-12 石油类型及其馏分与黏度的关系

原 油	沸程/℃	V_{100}/(mm^2/s)	黏度指数 *VI*
大庆（石蜡油）	350~400	2.66	200
	400~450	4.65	140
	450~500	8.09	—
新疆（中间基）	350~400	3.70	80
	400~450	7.45	70
	450~500	16.20	60
孤岛（环烷-中间基）	350~400	3.99	40
	400~450	12.15	12
	450~500	19.22	0
羊三木（环烷基）	350~400	4.72	0
	400~450	13.66	-35
	450~500	23.37	<-100

3. 油品黏度与温度的关系

（1）黏温性质　各种油品的黏度都随温度的升高而下降，这种油品黏度随温度而变化的性质称为油品的黏温性质。在润滑油的使用中，要求油品具有良好的黏温性质。所谓良好的黏温性质是指当温度升高时，黏度值下降得少，故对于黏度应注明其温度，如 $\nu_{50℃}$ 表示油品50℃时运动黏度。

表示油品黏度-温度关系的经验公式和图表很多，其中最有代表性的是 ASTM-Walter 公式：

$$\lg\lg(\nu_t + k) = b + m\lg T \tag{2-1-20}$$

式中 ν_t——油品在体系温度下的运动黏度，mm^2/s；

b、m——经验常数（$b>0$，$m<0$），与油品性质有关；

T——体系温度，K；

k——常数，我国油品取 0.65，国外油品 0.8。

已知两个温度下的油品黏度，就可利用该式计算出任意温度的黏度。该式只适用于液体石油产品及液态纯烃。

（2）黏温性质的表示方法　最常用的表示黏温性质的方法有两种，黏度比和黏度指数。

① 黏度比　采用两个不同温度下的黏度之比来表示油品的黏温性质，即黏度比：

$$黏度比 = \frac{\nu_{50℃}}{\nu_{100℃}} \tag{2-1-21}$$

黏度比越大，黏温性质越差。以黏度比来表示油品的黏度性质，方法简便、直观。但该方法只能表示 50~100℃之间的黏温性质关系，且只适用于黏度较为相近的油品；若两种油品的黏度相差较大，那么黏度比就不适用于判断油品的黏温性质了。

② 黏度指数（*VI*）　黏度指数是表示润滑油黏温性质的国际通用指标，也是衡量润滑油黏度受温度影响变化程度的一个经验比较值。黏度指数越高，表示油品的黏温性质越好。

油品黏度指数的确定是选用两种标准油，一种是黏温性质很好的美国宾夕法尼亚石油（H），规定其黏度指数为 100；另一种是黏温性质极差的美国得克萨斯州海湾沿岸的石油

(L)，规定其黏度指数为 0。再将这两种油分离为若干窄馏分，分别测定其在 210℉(98.9℃)及 100℉(37.8℃)的运动黏度，然后将试油与之比较，从而求得试油的黏度指数。我国GB 1995—1998标准规定，用 40℃及 100℃时的运动黏度来计算黏度指数。

a. 当试样的黏度指数小于 100 时：

$$VI = \frac{L - U}{L - H} \times 100 \tag{2-1-22}$$

式中 L——与试样 100℃运动黏度相同，黏度指数为 0 的油品在 40℃时的运动黏度，mm^2/s；

H——与试样 100℃运动黏度相同，黏度指数为 100 的油品在 40℃时的运动黏度，mm^2/s；

U——试油在 40℃时运动黏度，mm^2/s。

若试油运动黏度(100℃)在 2~70mm^2/s 范围内，部分 L、H 的数值可由表 2-1-13 查出。若试油 100℃运动黏度大于 70mm^2/s，则 L 和 H 值可由下式计算得出：

$$L = 0.8353Y^2 + 14.67Y - 216 \tag{2-1-23}$$

$$H = 0.1684Y^2 + 11.85Y - 97 \tag{2-1-24}$$

式中 L、H——同上式；

Y——试油在 100℃时运动黏度，mm^2/s。

表 2-1-13 运动黏度按 100℃分级的 L 和 H 的基准值

100℃运动黏度/(mm^2/s)	L	H	100℃运动黏度/(mm^2/s)	L	H
6.00	57.97	38.19	8.00	100.0	59.60
6.10	59.74	39.17	8.10	102.3	60.74
6.20	61.52	40.15	8.20	104.6	61.89
6.30	63.32	41.13	8.30	106.9	63.05
6.40	65.18	42.14	8.40	109.2	64.18
6.50	67.12	43.18	8.50	111.5	65.32
6.60	69.16	44.24	8.60	113.9	66.48
6.70	71.29	45.23	8.70	116.2	67.64
6.80	73.48	46.44	8.80	118.5	68.79
6.90	75.72	47.51	8.90	120.9	69.94
7.00	78.00	48.57	9.00	123.3	71.40
7.10	80.25	49.61	9.10	125.7	72.27
7.20	82.39	50.69	9.20	128.0	73.42
7.30	84.53	51.78	9.30	130.4	74.57
7.40	86.66	52.88	9.40	132.8	75.73
7.50	88.85	53.98	9.50	135.3	76.91
7.60	91.04	55.09	9.60	137.7	78.08
7.70	93.20	56.20	9.70	140.1	79.27
7.80	95.43	57.31	9.80	142.7	80.46
7.90	97.72	58.45	9.90	145.2	81.67

b. 当试油的黏度指数等于和大于 100 时：

$$VI = \frac{10^N - 1}{0.00715} + 100 \tag{2-1-25}$$

$$N = \frac{\lg H - \lg U}{\lg Y} \tag{2-1-26}$$

试油 H 和 L 值的计算方法同上。

例 1　某试油 40℃时运动黏度为 73.30mm²/s，100℃运动黏度为 8.80mm²/s，求其黏度指数。

解：查表 2-1-13，得到 $L=118.50$，$H=68.79$

代入式(2-1-20)：

$$VI = \frac{118.50 - 73.30}{118.50 - 68.79} \times 100 = 90.9$$

修约到整数，$VI=91$

例 2　试油 40℃运动黏度为 53.47mm²/s，100℃运动黏度为 7.80mm²/s，求其黏度指数。

解：查表得：$H=57.31$

代入式(2-1-26)　$N=(\lg 57.31-\lg 53.47)/\lg 7.80=0.03376$

代入式(2-1-25)　$VI=\frac{10^{0.03376}-1}{0.00715}+100=111$

另外，还可以根据试油的 50℃及 100℃的运动黏度，由图 2-1-9 直接查出黏度指数。

(3) 黏温性质与化学组成和馏分组成的关系　对于不同的烃类而言，烷烃的黏温性质最好，尤其是正构烷烃，某些黏度指数可高达 180 以上。异构烷烃的黏度指数略低，且随分支程度的增加而减小(表 2-1-14)。

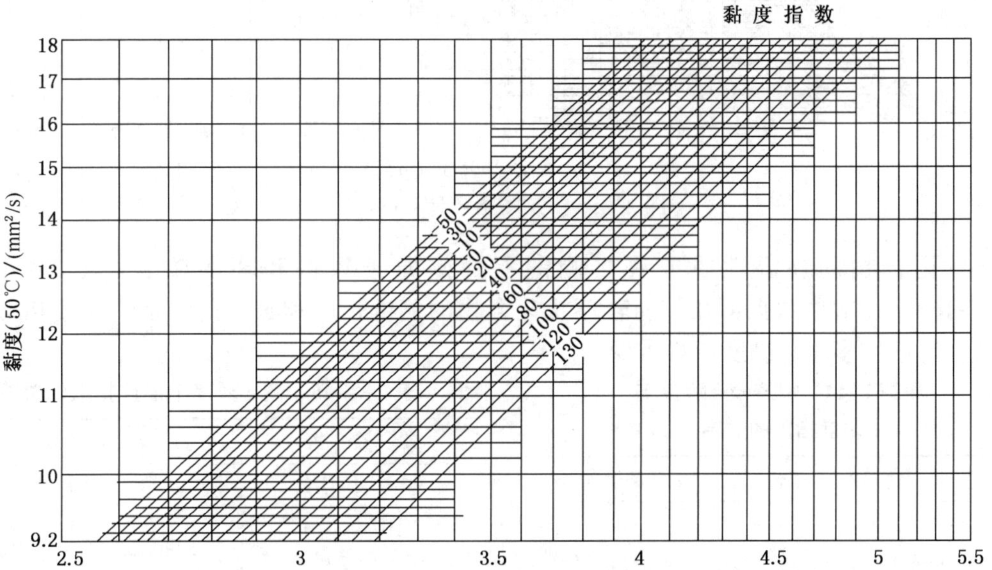

图 2-1-9　黏度指数计算图(一)

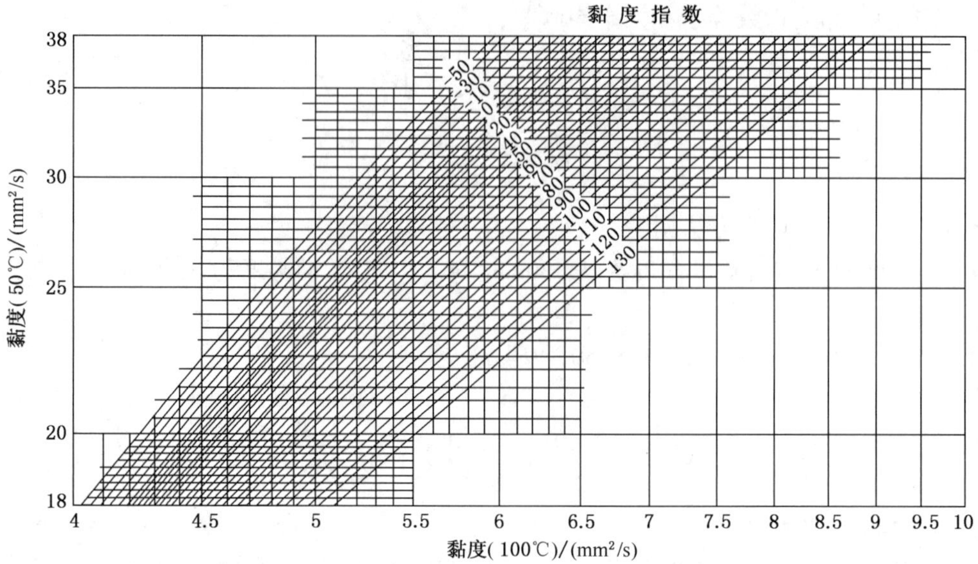

图 2-1-9 黏度指数计算图(二)

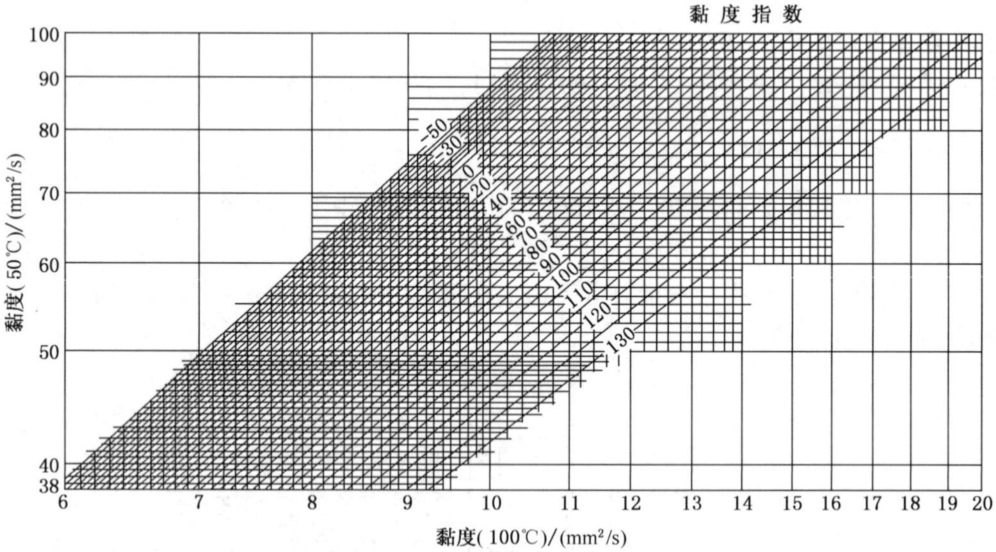

图 2-1-9 黏度指数计算图(三)

环状化合物的黏温性质取决于侧链上的碳原子数目和环的数目(表 2-1-15、表 2-1-16)。由表中数据可知，随着环状化合物的侧链长度和数目的增加，黏度指数也在增大；但环数增多时，黏度指数减少。

表 2-1-14 烷烃分支程度与黏度指数的关系

化 合 物	黏度指数
n-$C_{26}H_{54}$	177
11-(n-C_4H_9)$C_{22}H_{45}$	124
5，15-(n-C_4H_9)$_2C_{18}H_{36}$	84

表 2-1-15 侧链长度与黏度指数的关系

化 合 物	黏度指数
$C_{10}H_9C_6H_{13}$	-66
$C_{10}H_9C_{18}H_{37}$	140
$C_{10}H_9C_{22}H_{45}$	141
$C_{10}H_8(C_6H_{13})_2$	53

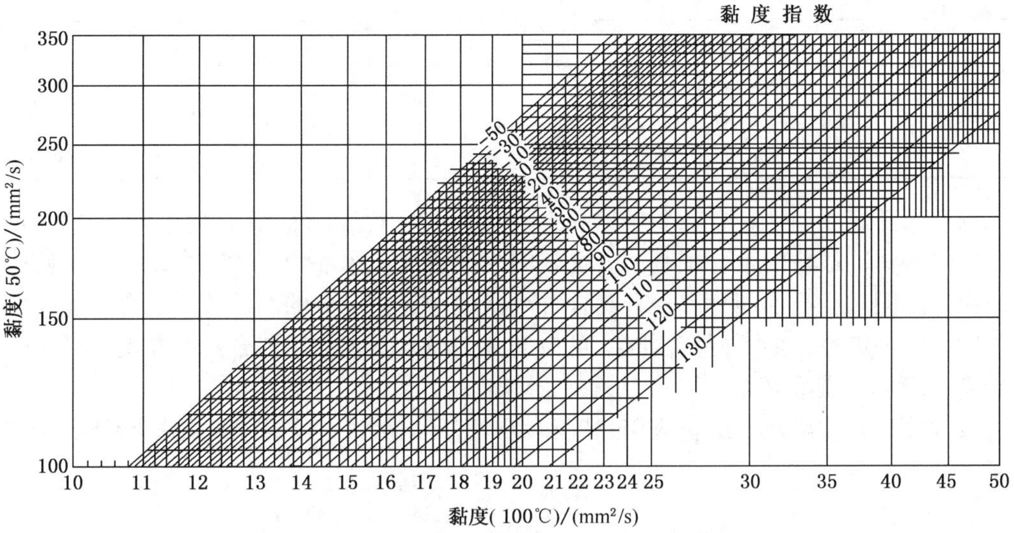

图 2-1-9　黏度指数计算图(四)

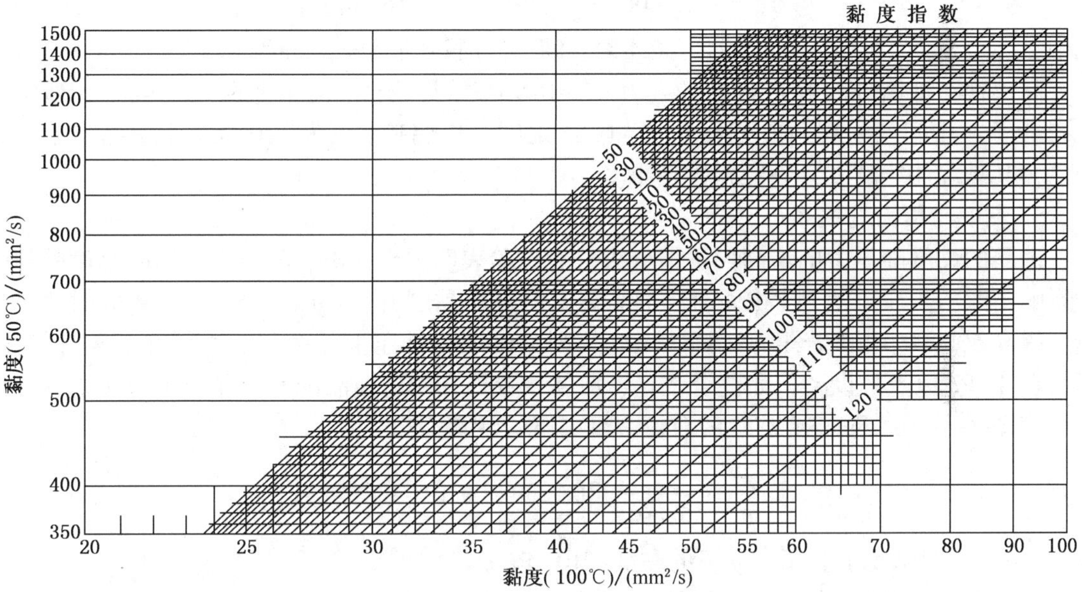

图 2-1-9　黏度指数计算图(五)

表 2-1-16　环数和侧链长度与黏度指数的关系

烃　类	分子式	环　数	侧链上碳数	黏度指数
环烷烃	$C_{24}H_{48}$	1	18	160
	$C_{28}H_{54}$	2	18	144
	$C_{28}H_{52}$	3	14	40
	$C_{25}H_{44}$	4	7	-150
	$C_{23}H_{40}$	4	5	-300

续表

烃类	分子式	环数	侧链上碳数	黏度指数
芳香烃	$C_{24}H_{42}$	1	18	196
	$C_{28}H_{44}$	2	18	140
	$C_{32}H_{46}$	3	18	93

比较不同基属原油，含有较多烷烃和少环长侧链环状烃的石蜡基油，其黏温性质最好，其次是中间基油，最差的是环烷基油。这是因为在该类型原油中，含有大量多环短侧链的环状烃的缘故。同时，石油馏分沸程升高，含环状烃增加，馏分的黏温性质也会变差。实验证明，黏度并无可加性，如不便实测时，可借助有关经验图表估计混合物的黏度。

4. 黏重常数和黏重函数

黏重常数和黏重函数是综合应用黏度和相对密度来表征烃类化合物结构特征的函数。分别定义为：

$$\text{黏重常数}(VGC)=\frac{d_{15.6}^{15.6}-0.24-0.038\lg\nu_{100}}{0.775-0.011\lg\nu_{100}} \tag{2-1-27}$$

$$\text{黏重函数}(VGF)=-1.816+3.484d_{15.6}^{15.6}-0.1156\ln\nu_{37.8} \tag{2-1-28}$$

$$VGF=-1.948+3.535d_{15.6}^{15.6}-0.1613\ln\nu_{98.9} \tag{2-1-29}$$

式中 ν_{100}、$\nu_{37.8}$、$\nu_{98.9}$——100℃、37.8℃、98.9℃时运动黏度，mm^2/s。

高沸程石油馏分的黏重常数约在0.75~0.90之间，石蜡基石油的 *VGC* 较小，通常在0.82以下，中间基油的 *VGC* 约在0.82~0.85之间，环烷基油则大于0.85。黏重常数越大的油品，其黏温曲线越陡，黏度指数越小。

5. 黏度与压力的关系

油品的黏度随压力的增高而逐渐变大。有试验表明，在4MPa压力下，油品黏度受压力的影响不大。当压力达到7MPa时，油品黏度比常压黏度升高20%~25%，20MPa时比常压黏度提高50%~60%。若压力达到35MPa，则其黏度为常压下的两倍。所以在工艺计算中，压力在4MPa以上的设备，如叠合装置、加氢装置等，应对油品的黏度作压力校正。一般估算可用图2-1-10，如需更准确的数值，可由下式计算而得：

$$\lg\frac{\mu}{\mu_0}=\frac{p}{6.8948}(0.0239+0.01638\mu_0^{0.278}) \tag{2-1-30}$$

式中 μ——在温度 T 和压力 p 下的黏度，10^{-3}Pa·s；

μ_0——在温度 T 和常压下黏度，10^{-3}Pa·s；

p——压力，10^6Pa。

油品的常压液体黏度，可根据油品的相对密度指数和特性因数，由图2-1-11求得。

6. 油品的混合黏度

炼油厂生产的润滑油成品油常是两种或两种以上的馏分调和的产品，这就需要了解油品调和后的黏度。由于油品混合黏度没有可加性，若混合的两组分其组成及性质相差越大或黏度差别越悬殊，则混合黏度与加和法计算的结果相差就越远。在工艺计算中，可采用图表求得。图2-1-12是最常用的图，此图适用于已知两种油品的黏度及调和后的混合黏度，以求其混合比；或已知两种油品的黏度及调和比，求油品的混合黏度。

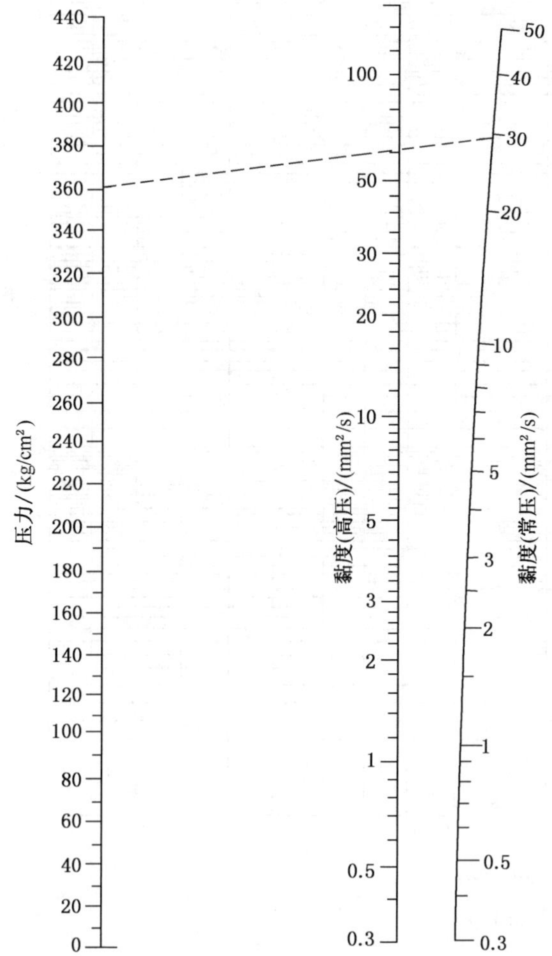

图 2-1-10　石油馏分在高压下黏度图

$1kg/cm^2 = 9.81 \times 10^4 Pa$

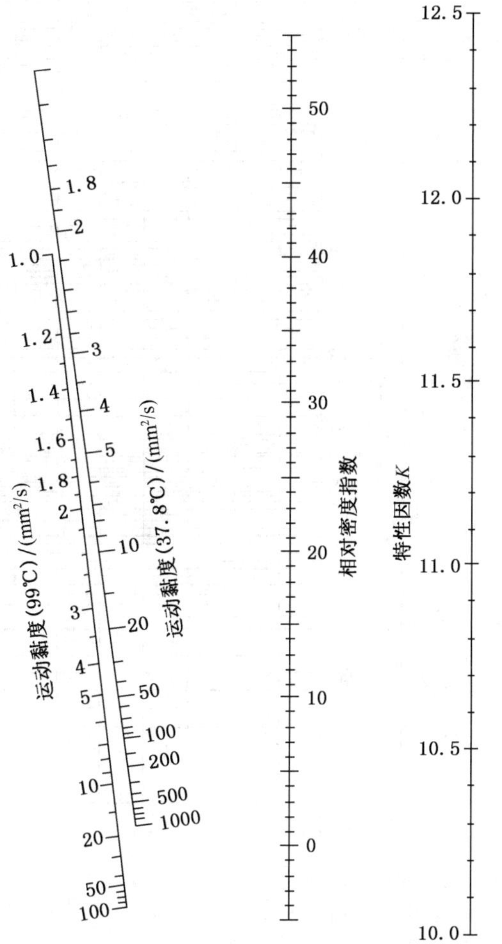

图 2-1-11　石油馏分常压液体黏度图

例 3　现有两种油品黏度分别为 A $\nu_{100} = 16.50mm^2/s$ 及 B $\nu_{100} = 3.58mm^2/s$，按油品 A 75%(体积)和 B 25%(体积)的比例调和后，求混合油品黏度。

解：在图 2-1-12 上分别于两纵坐标轴上找出油品的黏度，以直线连接两点，再从油品 A 为 75%处作垂线与上述直线相交，交点的黏度即为混合油品的黏度，为 $\nu_{100} = 10.3mm^2/s$。

7. 气体黏度

气体在流动时，同样存在分子间的内摩擦力，但由于气体分子间距离大，相互引力小，使气体具有很大的流动性和扩散性，这样气体分子在两层间作相对运动时，除了存在分子间的平移运动外，还具有扩散运动。同时，随着温度的升高，气体分子的热运动也增加，分子间的相互扩散加剧，则使气体的黏度增大。在低压力下，气体的黏度随温度和压力的上升而增加，如图 2-1-13 所示。在极高压力下，气体聚集状态接近液体，该规律不再适用。压力对气体烃类黏度的影响，可由有关图表或公式计算。石油馏分蒸气的黏度由图 2-1-14 求得。

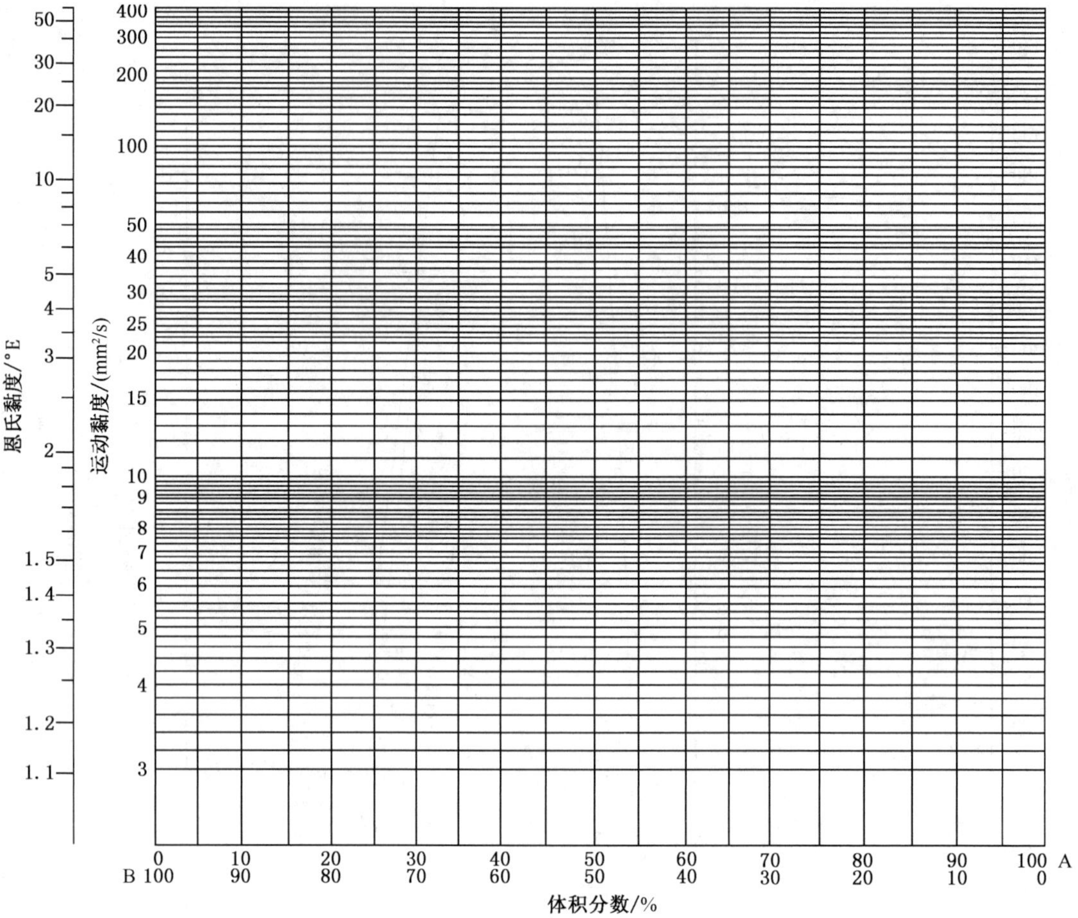

图 2-1-12　油品混合黏度图

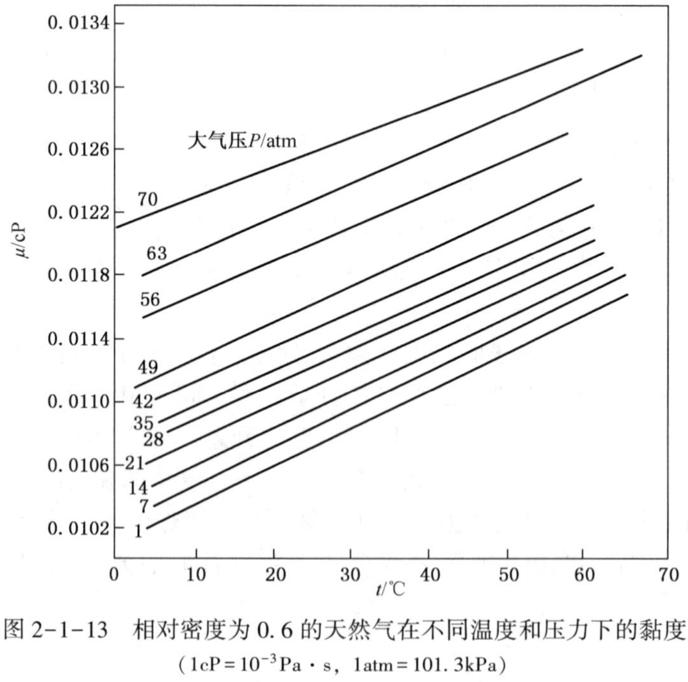

图 2-1-13　相对密度为 0.6 的天然气在不同温度和压力下的黏度

（$1cP=10^{-3}Pa\cdot s$，$1atm=101.3kPa$）

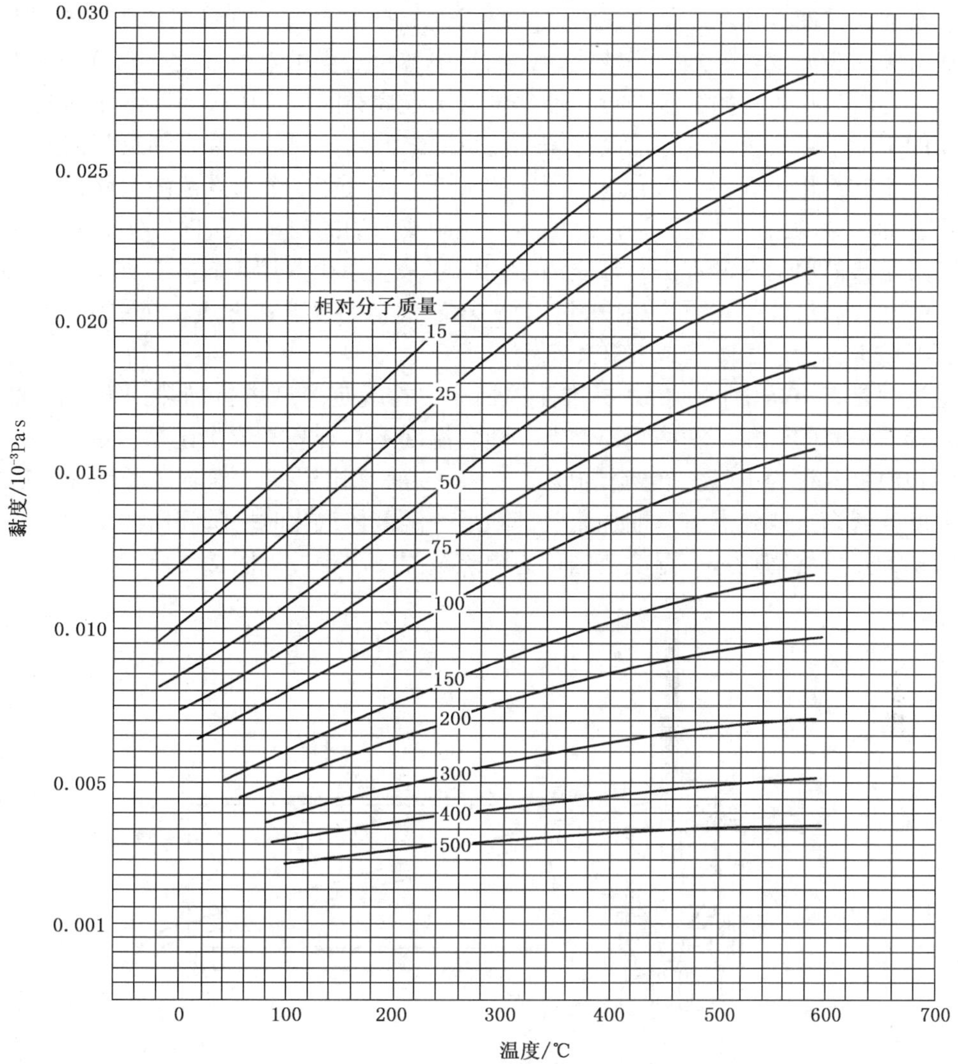

图 2-1-14　石油馏分蒸气黏度图

第二节　蒸　发　性　能

蒸发性能是液体燃料重要的特性之一，与液体燃料的储存、运输以及在发动机中的燃烧完全程度密切相关。液体燃料的蒸发性能，也称为汽化性能，主要是由馏程、蒸气压和气液比来衡量的。

一、馏程和平均沸点

1. 沸点、沸程、馏程

在一定温度下，当液体的饱和蒸气压与外界压力相等时，液体表面和内部同时汽化，即沸腾。对于纯化合物来说，在一定温度下，其饱和蒸气压是恒定的，那么纯化合物沸腾时的温度叫做在该压力下的沸点。纯化合物的沸点只与压力有关。而通常所指的沸点是物质在常压下的沸点，为定值，如 101.3kPa 下水的沸点 100℃，苯的沸点 80.1℃。

由于石油及其馏分和产品是由多种烃类组成的复杂混合物，其蒸气压不仅与温度有关，也与组成有关。当温度升高到某一数值时，油品中各个烃类的蒸气压之和等于外界压力时，油品沸腾。随着汽化过程的继续进行，油品中低沸点烃类因蒸气压较高而汽化得较快，使得剩余液相的组成不断变重，这样油品沸腾温度也随之升高。因此，像石油及其馏分和产品这种烃类混合物在汽化过程中，没有一个固定的沸点，而只有一个沸点范围，称为沸程。

馏程也称馏分的组成，在石油产品的质量控制或原油的初步评价时，实验室中常用的比较粗略而又是最简单的蒸馏方法，轻质油品的馏程采用恩氏蒸馏装置，按照 GB/T 255 的规定测定，蜡油、润滑油等重质油品按照 GB/T 9163 规定的仪器和方法，在减压下进行测定。这类方法习惯上称为恩氏蒸馏或 ASTM 蒸馏。

测定过程是将 100mL 试油倒入标准蒸馏瓶中，按规定速度进行加热，第一滴馏出物从冷凝管末端落下时的气相温度称为初馏点。随着温度不断升高，依次记录每馏出 10mL 馏出物时的气相温度，称为 10%、20%、30%、……、90%馏出温度。蒸馏到最后阶段达到的最高气相温度叫终馏点或终点；蒸馏烧瓶底部最后一滴液体汽化时一瞬间所测得的气相温度叫干点。从初馏点到终馏点这一温度范围称为沸点范围或沸程。见图 2-2-1。

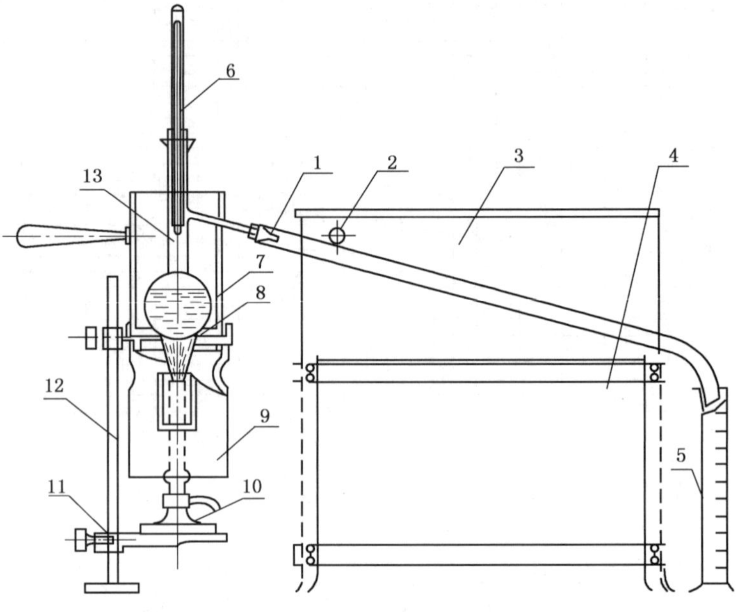

图 2-2-1　石油产品馏程测定装置图

1—冷凝管；2—排水支管；3—冷凝器；4—进水支管；5—量筒；6—温度计；7—上罩；8—石棉垫；9—下罩；10—喷灯；11—托架；12—支架；13—蒸馏烧瓶

新近制定的轻质石油产品标准中的馏程是采用 GB/T 6536—1997 石油产品蒸馏测定法测定的。在该标准中对石油产品馏程的要求相应放宽，将馏出温度改为蒸发温度，原来馏出的体积分数，改为蒸出体积分数，即汽化离开蒸馏瓶的油品体积分数。油气在离开烧瓶，经冷凝变为馏出液的过程中，难免要有一部分轻组分跑损，故实际回收的馏出液量小于蒸出量，即蒸出体积分数=馏出体积分数+损失体积分数，显然蒸出温度比对应的馏出温度要低，其差值约为 0.5~3.0℃。

因此馏程是表示油品在专门蒸馏仪器中，在规定条件下蒸馏时，体积汽化率与对应汽化温度的关系。它属于渐次汽化，几乎没有精馏作用，只能给出近似的油品馏分组成的概念，可用于判断油品组分的轻重，是衡量石油产品蒸发性能大小的指标之一。

蒸馏曲线10%到90%之间的斜率，可以表示油品馏程的宽窄，此斜率越小，说明油品馏程越窄。

$$\text{斜率} = \frac{90\%\text{ 馏出温度} - 10\%\text{ 馏出温度}}{90 - 10}$$

2. 平均沸点

恩氏蒸馏馏程尽管在原油评价和油品规格上有很大用处，但却不能直接用于工艺计算中，通常用平均沸点来表征油品的汽化性能，用于设计计算及求定其他物理常数。油品的平均沸点有多种表示法，用途也不相同，兹介绍如下：

（1）体积平均沸点(t_v)　由恩氏馏程的10%、30%、50%、70%和90%五个馏出温度计算得到：

$$t_v = \frac{t_{10} + t_{30} + t_{50} + t_{70} + t_{90}}{5} \tag{2-2-1}$$

体积平均沸点是加权平均值，每一个馏出温度代表的是每馏出20%(体积)时馏出温度的平均值，即t_{10}表示馏出0~20%(体积)时馏出温度的平均值，t_{50}表示馏出40%~60%(体积)这段馏出温度的平均值。

t_v主要用于求定其他难以直接测定的平均沸点。

（2）质量平均沸点(t_w)　主要用于求定油品真临界温度。

$$t_w = \sum_{i=1}^{n} W_i t_i \tag{2-2-2}$$

（3）立方平均沸点(T_{cu})　用于由图表求定油品的特性因数及运动黏度。

$$T_{cu} = \left(\sum_{i=1}^{n} V_i T_i^{1/3}\right)^3 \tag{2-2-3}$$

（4）实分子平均沸点(t_m)　用于由图表求定油品的假临界温度和偏心因数时使用，也简称分子平均沸点。

$$t_m = \sum_{i=1}^{n} X_i t_i \tag{2-2-4}$$

（5）中平均沸点(t_{me})　可求定油品氢含量、特性因数、假临界压力、燃烧热和平均相对分子质量等物理性质。

$$t_{me} = \frac{t_m + t_{cu}}{2} \tag{2-2-5}$$

式中　t_i、T_i——组分i的常压沸点，℃及K；

W_i、V_i、X_i——组分i的质量分数、体积分数、摩尔分数。

在这五个平均沸点中，体积平均沸点可由恩氏蒸馏数据直接计算，其他可通过经验图由体积平均沸点查出(图2-2-2)。一般情况下，该图只适用于恩氏蒸馏斜率小于5的情况。

为便于计算机计算，图2-2-2已被拟合成以下关联式：

$$t_w = t_v + \Delta_w \tag{2-2-6}$$

$$t_m = t_v - \Delta_m \tag{2-2-7}$$

$$t_{cu} = t_v - \Delta_{cu} \tag{2-2-8}$$

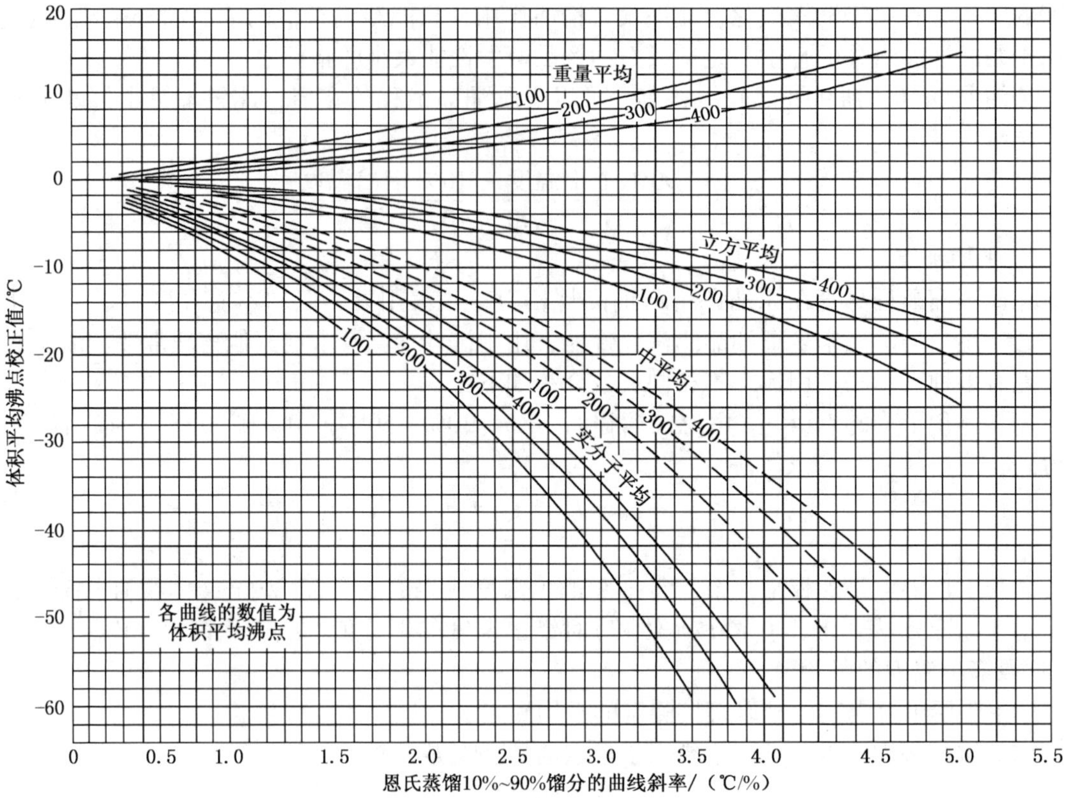

图 2-2-2　平均沸点温度校正图

$$t_{me} = t_v - \Delta_{me} \quad (2-2-9)$$

$$\ln\Delta_w = -3.64991 - 0.027060 t_v^{0.6667} + 5.16388 S^{0.25} \quad (2-2-10)$$

$$\ln\Delta_m = -1.15158 - 0.011810 t_v^{0.6667} + 3.70684 S^{0.3333} \quad (2-2-11)$$

$$\ln\Delta_{cu} = -0.82368 - 0.089970 t_v^{0.45} + 2.45679 S^{0.45} \quad (2-2-12)$$

$$\ln\Delta_{me} = -1.53181 - 0.012800 t_v^{0.6667} + 3.64678 S^{0.3333} \quad (2-2-13)$$

式中　t_v、t_w、t_{cu}、t_{me}——单位为℃；

S——恩氏蒸馏曲线斜率，℃/%。

上述各式计算值与查图值误差为 0.15%。

例 4　已知某油品的恩氏蒸馏数据如下：

馏出体积分数/%	10	30	50	70	90
馏出温度/℃	54	84	108	135	182

求油品的各种平均沸点。

解：油品的体积平均沸点：

$$t_w = \frac{54 + 84 + 108 + 135 + 182}{5} = 112.6(℃)$$

恩氏蒸馏 10%~90%曲线斜率：

$$斜率 = \frac{t_{90} - t_{10}}{90 - 10} = \frac{182 - 54}{80} = 1.6(℃/\%)$$

由图 2-2-2 查得：

$$t_{w} = 112.6 + 4.5 = 117.1(℃)$$

$$t_{m} = 112.6 - 18 = 94.6(℃)$$

$$t_{cu} = 112.6 - 4.1 = 108.5(℃)$$

$$t_{me} = 112.6 - 11 = 101.6(℃)$$

或
$$t_{me} = \frac{1}{2}(t_{m} + t_{cu}) = \frac{1}{2}(94.6 + 108.5) = 101.6(℃)$$

3. 不同压力下的沸点计算

液体的沸点是随外压的变化而变化的。有时因需要，要将不同压力下的沸点进行换算。例如，在原油评价或测定蜡油、润滑油等重质石油产品的馏程时，为了避免重组分在高温分解，采用减压蒸馏的方法，然后再将减压下的沸点温度换算为常压下的沸点温度即可。对于不同压力下沸点的换算，可采用图 2-2-3，但该图未考虑油品组分的影响，误差较大。比较精确的方法是用图 2-2-4，该图在用于纯烃和石油窄馏时，平均误差为 4%。

二、蒸气压

处于一定温度下的液体会自行蒸发产生蒸气。在某一温度下，液体与其蒸发的气体处于平衡状态时的蒸气压力，称为该温度下此液体的饱和蒸气压。它表示液体汽化或蒸发的能力，蒸气压愈高，液体愈易蒸发或汽化。

蒸气压是石油加工和化工计算中经常用到的数据之一。在计算平衡状态下烃类的气相和液相组成、不同压力下烃类及其混合物的沸点换算或烃类的分离、冷却、液化时，均以烃类蒸气压数据为依据。

纯烃化合物的蒸气压是随温度升高而增大的。当温度一定时，纯烃化合物的饱和蒸气压为定值。石油及其馏分是各种烃类的复杂混合物，其蒸气压不仅与温度有关，也与组成有关。像天然气或液化气等组成简单的烃类混合物，当体系压力不高时，近似地认为是理想状态(气体近似理想气体，平衡液相近似理想溶液)，那么烃类混合物的总蒸气压可由道尔顿–拉乌尔定律求得：

$$p = \sum_{i=1}^{n} p_i x_i \tag{2-2-14}$$

式中 p、p_i——混合物、纯组分 i 的蒸气压，Pa；

x_i——平衡液相中组分 i 的摩尔分数,%。

但是烃类混合物的平衡液相组成并非固定不变。当混合物汽化时，由于液体中轻质组分优先蒸发而使液相组成逐渐变重，蒸气压也随之降低，因此上式只是某个平衡条件和组成下的蒸气压。

图 2-2-5 是几种烃类及石油产品的蒸气压图，对于纯烃误差在 2%以内。

通常表征石油馏分的蒸气压有二，一是在工艺计算中常用到的真实蒸气压，是汽化率为零时的蒸气压，也称为泡点蒸气压；二是在油品规格中用标准方法测得的雷德蒸气压(RVP)。

雷德法蒸气压的测定是按照 GB/T 257 标准方法，该方法规定油品蒸气与油品的体积比为 4 : 1，测定温度 38℃(10℉)时，用雷德法饱和蒸气压测定装置，所测定的油品蒸气的最大压力称为雷德饱和蒸气压。它是在规定条件下测定的，所以不能代表油品的真正饱和蒸气压，一般较真正饱和蒸气压略低。

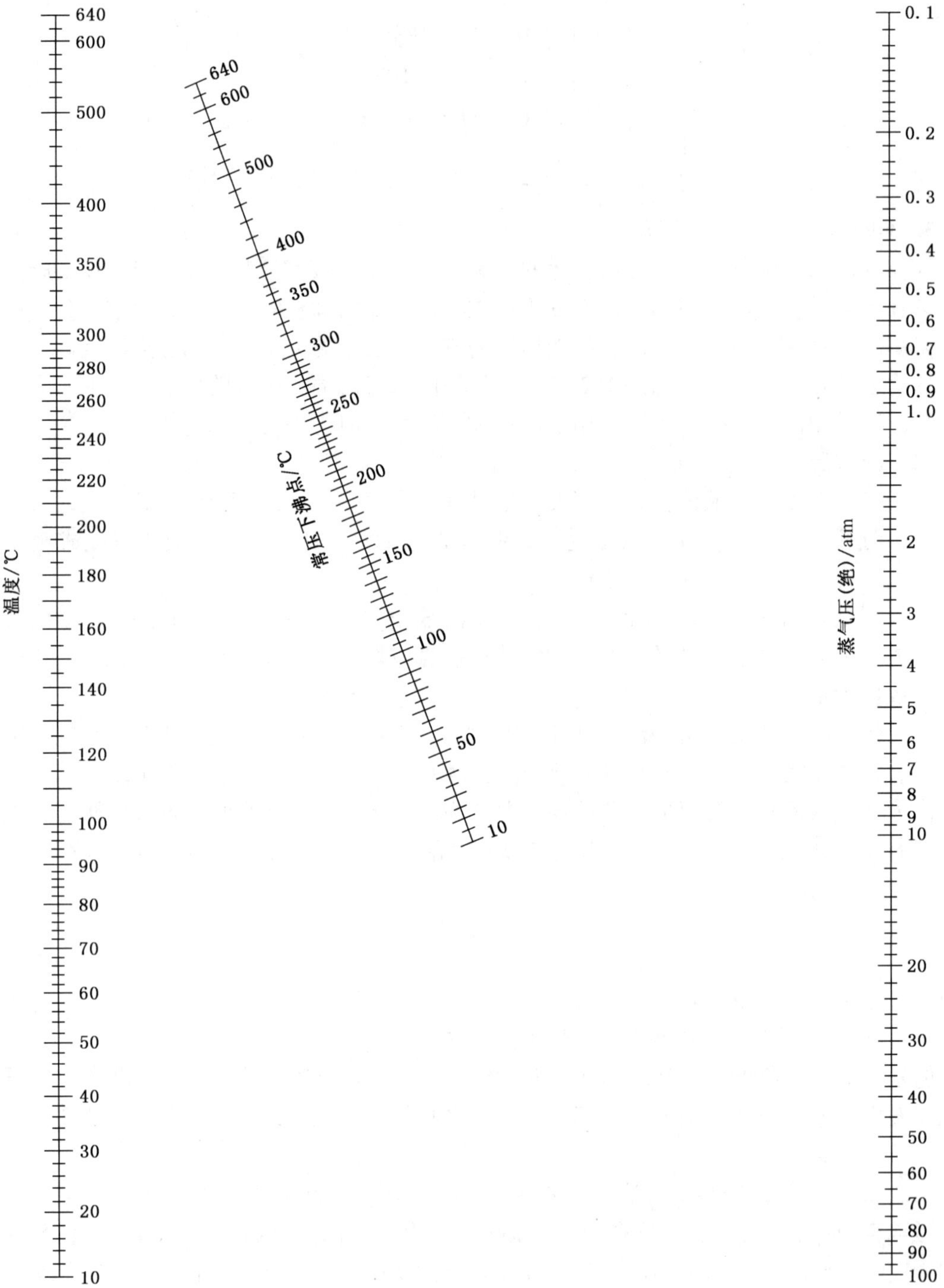

图 2-2-3　烃类蒸气压与常压下沸点关系图

（10~10000kPa，1atm=101.3kPa）

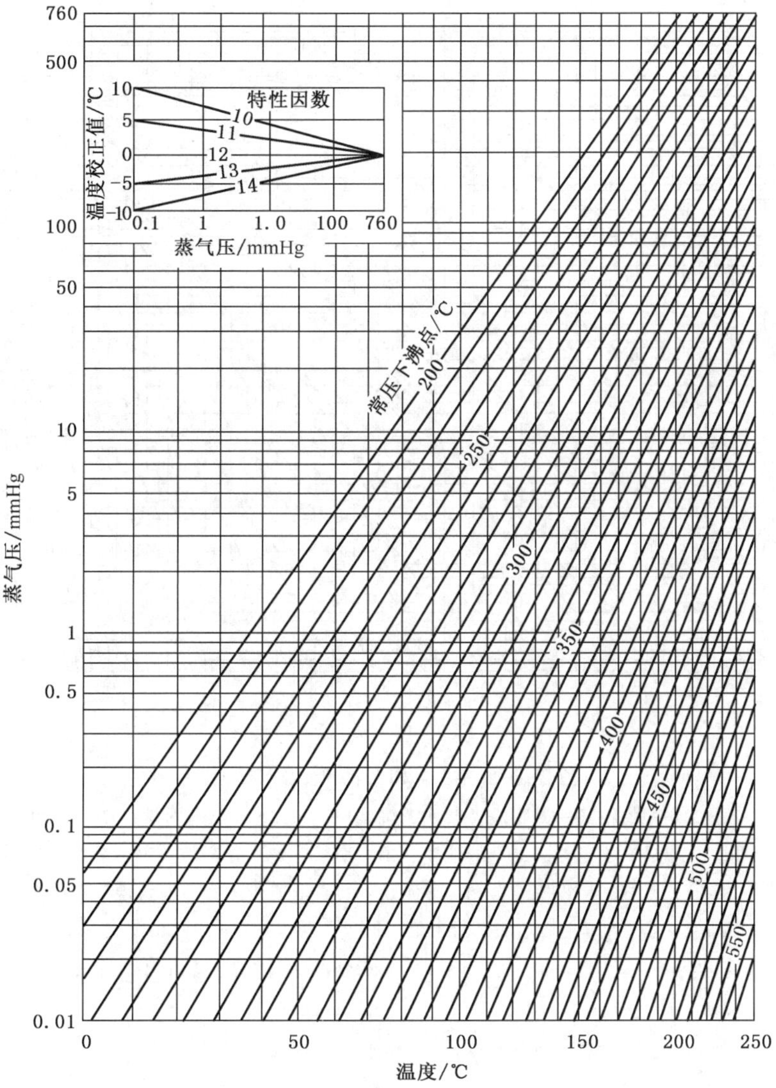

图 2-2-4　烃类减压沸点、蒸气压与常压沸点换算图
（0~250℃，1mmHg=133.3Pa）

为适应对外贸易的需要，近年来参照美国 ASTM 标准，我国制订了 GB/T 8017 石油产品蒸气压测定法(雷德法)。该方法的原理与 GB/T 257 相同，区别见表 2-2-1。

表 2-2-1　两种蒸气压测定方法的区别

项　　目	GB/T 257	GB/T 8017
测定温度/℃	38±0.3	37.8±0.1
测定前空气室温度/℃	室温	37.8±0.1
测压器	U 型水银压差计	波顿型压力表

纯烃和石油窄馏分的蒸气压，可通过沸点由图 2-2-4 查出。为便于计算，已将有关图拟合成以下关联式：

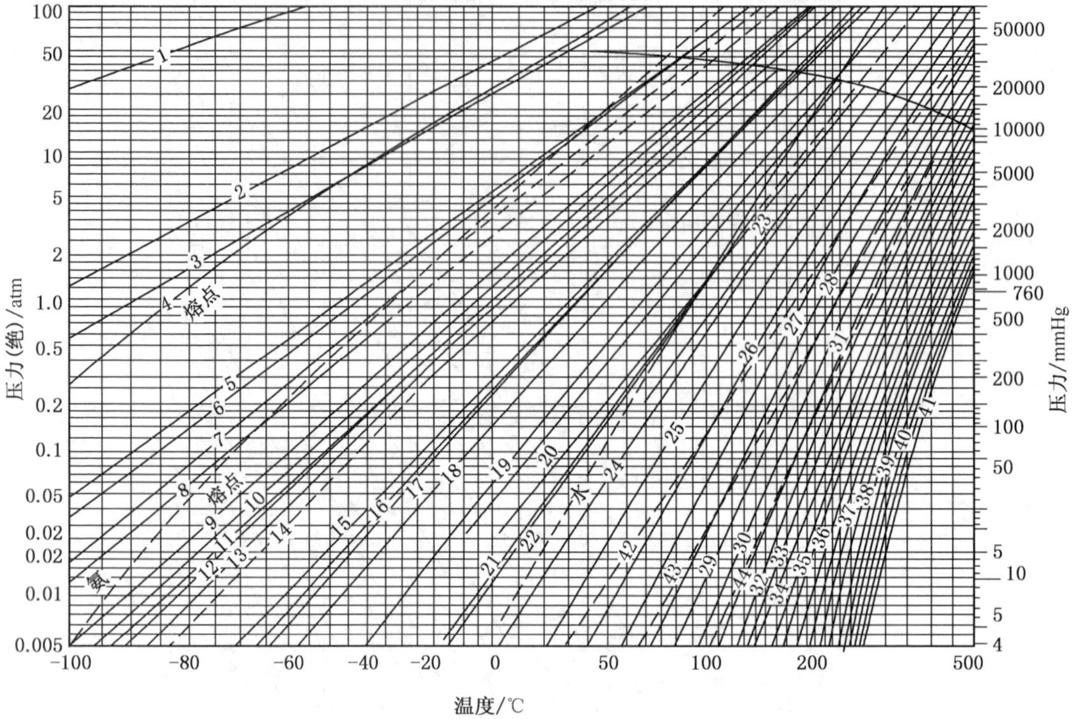

图 2-2-5　烃类和石油产品蒸气压图

烷烃：1—甲烷；3—乙烷；6—丙烷；9—异丁烷；12—丁烷；14—2，2-二甲基丙烷；15—2-甲基丁烷；17—戊烷；18—2，2-二甲基丁烷；19—己烷；20—异庚烷；21—庚烷；23—异辛烷；24—辛烷；25—壬烷；26—癸烷；27—十一烷；28—十二烷；29—十三烷；30—十四烷；31—十五烷；32—十六烷；33—十七烷；34—十八烷；35—十九烷；36—二十烷；37—二十二烷；38—二十四烷；39—二十六烷；40—二十八烷；41—三十烷

烯烃：2—乙烯；5—丙烯；10—异丁烯、1-丁烯；13—2-顺丁烯；22—二异丁烯(C_8H_{16})

炔烃：4—乙炔；8—丙炔

二烯烃：7—丙二烯；11—1，3-丁二烯；16—2-甲基 1，3-丁二烯

石油产品：42—煤油；43—瓦斯油；44—轻残渣油；45—重残渣油

当 $X>0.0022$($p^*<0.27$kPa)时，

$$\lg p^* = (3000.538X-6.761560)/(43X-0.987672)-0.8752041 \tag{2-2-15}$$

当 $0.0013 \leqslant X \leqslant 0.0022$($0.27\text{kPa} \leqslant p^* \leqslant 101.3$kPa)时，

$$\lg p^* = (2663.129X-5.994296)/(95.76X-0.972546)-0.8752041 \tag{2-2-16}$$

当 $X<0.0013$($p^*>101.3$kPa)时，

$$\lg p^* = (2770.085X-6.412631)/(36X-0.989679)-0.875204 \tag{2-2-17}$$

式中　p^*——蒸气压，kPa；

X——为温度和沸点的函数：

$$X = (T'_b/T-0.00051606T'_b)/748.1-0.3681T'_b \tag{2-2-18}$$

T'_b——校正到特性因数 $K=12$ 时的正常沸点，K；

T——绝对温度，K。

$$T'_b=T_b-1.39f(K-12)\lg(p^*/101.3) \tag{2-2-19}$$

式中 T_b——正常沸点，K；

K——特性因数；

f——校正因子，当蒸气压小于1和正常沸点大于200℃时，$f=1$；当正常沸点小于95℃时，$f=0$；当蒸气压大于1，同时正常沸点为95~200℃时，$f=(T_b-366.5)/111.1$。

该式限于纯烃和石油窄馏分(即实沸点蒸馏温度差小于30℃的馏分)，适用于25~550℃范围。对于纯烃，计算值与实验值相比，当$p>0.13$kPa，平均误差在8%以内，若10^{-7}kPa≤p≤0.13kPa，则平均误差达30%。该式对预测接近于常压的蒸气压是很可靠的。

例5 计算四氢萘在70℃时的蒸气压。已知其常压沸点$t_b=207.6$℃，特性因数$K=9.78$。

解：设$t'_b=t_b=207.6$℃。查图2-2-4，70℃时蒸气压为667Pa(5mmHg)，再由左上角小图，根据667Pa和$K=9.78$查得沸点校正值为6.4℃，故校正$K=12$时常压沸点为：

$$t'_b=t_b-\Delta t=207.6-6.4=201.2(℃)$$

由$t'_b=201.2$℃从图2-2-4查得70℃时蒸气压为867Pa(6.5mmHg)，再由左上角小图根据867Pa和$K=9.78$查得$\Delta t=5.8$℃。

$$t'_b=t_b-\Delta t=207.6-5.8=201.8(℃)$$

由$t'_b=201.8$℃，重复上述方法查得70℃时蒸气压为840Pa(6.3mmHg)，$\Delta t=5.9$℃，则$t'_b=207.6-5.9=201.7$(℃)，该值与前一步步骤所得201.8℃只差0.1℃，故认为所求蒸气压840Pa正确。

三、气-液比

目前大多数国家采用馏程和蒸气压来评定汽油的蒸发性能，为了合理地利用低沸点、具有高辛烷值的组分，提高汽油产量，我国制定了气-液比(GB/T 6534)的测定方法，作为评定汽油在汽化器式发动机的供油系统内是否易于形成气阻的指标之一。

气-液比是指在任一规定的温度和压力下，一定量的汽油试样达到气、液平衡时，汽油蒸气与装入油样在0℃时的体积之比，以V/L表示。研究表明，大多数汽车发生气阻时气-液比为15~25。所以在产品规格中，要求控制在101.3kPa大气压力下，气-液比为20时的温度。该温度越低，则油品中所含的轻组分越多，其饱和蒸气压越高，在使用中越易发生气阻。

第三节 热 性 质

在石油加工中，石油及其馏分的相状态和化学属性均可能发生变化，同时还有热效应产生。所以在石油工艺设计及计算中，应将油品的热性质考虑在内。油品的热性质可由实验确定，但较为复杂。在工艺计算中，热性质一般由经验公式或图表求得。

一、焓

1. 焓的定义

根据热力学定义 $H=U+pV$

$$\Delta H=H_2-H_1=\Delta H+\Delta(pV) \tag{2-3-1}$$

式中 U——内能；

H——热焓；

p——压力；

V——体积。

对于密闭系统或在不作轴功的条件下，系统的焓变等于热量的变化。由于焓的绝对值无法测定，人为规定某个状态下的焓值为零，该状态为基准状态。1kg 物质从基准状态变化到指定状态时所需要的热量，称为物质的热焓(kJ/kg)。

焓基准状态的压力一般规定为常压(101.3kPa)，但基准温度有所不同。常用气体焓的基准温度为0℃，烃类一般为-129℃(200℉)，油品为-17.8℃(0℉)。实际上各种物质(如烃类)在同一基准温度时的绝对焓值也并不相等。对于物理变化过程，在相同基准温度下，可由焓值来计算过程的热效应，因在计算中，基准条件已被相互抵消。可见焓是相对值。

2. 影响油品焓值的因素

油品的焓值是油品性质、温度和压力的函数。

① 在同一温度下，相对密度及特性因数较小的油品焓值较高，如烷烃的焓值高于芳香烃。

② 压力对液相油品的焓值影响不大，可忽略不计。但压力对气相油品焓值影响很大，在压力较高时，应考虑压力对油品焓值的影响。

3. 焓值的计算

焓值符合可加性法则。石油馏分的焓值可利用有关图表由纯烃焓值求得，最常用的方法是利用经验图 2-3-1，基准条件为-17.8℃、常压、特性因数 $K=11.8$。油品特性因数 $K\neq 11.8$或压力高于常压时，由左上方小图进行校正。图中有两组主要曲线，上方为气相油品焓值，下方为液相油品焓值。

如果油品处于气相，压力高于 7MPa，则图 2-3-1 不再适用。可根据假临界温度、假临界压力、偏心因数和平均相对分子质量求定压力下焓的校正值。若油品处于气、液混合状态，可先分别求出气、液相的性质，在已知汽化率的情况下按可加性计算。

图 2-3-1 特点是形式简单，便于手工计算。在高压和接近临界区域可采用Kesler-Lee石油馏分热焓图或一些文献推荐的公式或图表计算。

例 6　石油馏分相对密度 $d_4^{20}=0.7796$，特性因数 $K=11.0$。从常压 100℃液体状态下加热至 316℃、2.72MPa，此时油品已完全汽化。试求加热该石油馏分所需热量。

解：由图 2-3-1 在液体焓曲线部分查得 $K=11.8$，$d_4^{20}=0.7796$，100℃时热焓为 243kJ/kg。由右边特性因数校正图中查得 $K=11.0$ 时校正值为 0.96，则校正后焓值为：

$$243\times 0.96=233(\text{kJ/kg})$$

然后从气体曲线部分查得 $K=11.8$，$d_4^{20}=0.7796$，$t=316$℃时常压下气相焓值为 1051kJ/kg。再进行压力校正(2.72MPa)时，校正值为 50kJ/kg；K 值校正值为 25kJ/kg，则气相焓为：1051-50-35=976(kJ/kg)

故加热 1kg 该石油馏分所需热量为：

$$976-233=743(\text{kJ/kg})$$

例 7　某减压塔进料流量为 23100kg/h，汽化率为 38.0%，液相油品密度 $\rho_{20}=0.971\text{g/cm}^3$，气相油品密度 $\rho_{20}=0.877\text{g/cm}^3$，油品特性因数均为 11.8，进料温度为 405℃，进料段压力为 13.73kPa，求进料总热量。

解：由图 2-3-1 查得有关焓值，并计算如下：

项 目	注量/(kg/h)	密度 ρ_{20}/(g/cm^3)	特性因数 K	压力/kPa	温度/℃	焓/(kJ/kg)	热量/(kJ/h)
进料油气	8778	0.877	11.8	13.73	405	1254	1.10×10^7
进料液体	14322	0.971	11.8	13.73	405	1024	1.47×10^7
总 计							2.57×10^7

即进料总热量为 2.57×10^7kJ/h。

二、比热容、汽化潜热、熔化热、燃烧热

1. 比热容

单位质量物质温度升高 1℃或 1K 所需要的热量，称为比热容或热容，单位为 kJ/kg・℃或 kJ/kg・K。常用的比热容有三种：恒压比热容 C_p、恒容比热容 C_V 及饱和状态比热容。饱和状态比热容是物质温度变化时，压力随之按蒸气压变化规律变化，物质始终处于饱和状态时的比热容。在工艺计算时，主要使用恒压比热容和饱和状态比热容。当温度低于或接近常压沸点时，恒压比热容与饱和状态比热容几乎相等；接近临界点时，二者相差较大。

液体油品的比热容小于水的比热容；油气的比热容也小于蒸汽的比热容。液体油品或油气的比热容随温度升高而升高，压力对液体油品比热容的影响可忽略，但油气比热容随压力增高而明显增大，当压力高于 0.35MPa 时，比热容应作压力校正。

（1）真比热容和平均比热容　油品比热容在极小的温度 dT 范围内升温所需要的热量为 dQ，那么该温度的比热容称为真比热容：

$$C_{真} = \frac{\mathrm{d}Q}{\mathrm{d}T} \tag{2-3-2}$$

当温度由 T_1 升到 T_2 时，所需热量为 Q，那么得到平均比热容：

$$C_{平均} = \frac{Q}{T_2 - T_1} \tag{2-3-3}$$

在温度变化不大的范围内，假设比热容不变，$\Delta T(\Delta T=T_2-T_1)$越小，则平均比热容与真比热容在数值上越接近。

（2）恒压比热容和恒容比热容

根据热力学定义，$C_P = \dfrac{\mathrm{d}Q_P}{\mathrm{d}T} = \left(\dfrac{\partial H}{\partial T}\right)_P$

恒压下：$\Delta H = Q_P = \int_{T_1}^{T_2} C_P \mathrm{d}T$

$$C_V = \frac{\mathrm{d}Q_V}{\mathrm{d}T} = \left(\frac{\partial U}{\partial T}\right)_V$$

恒容下：$\Delta U = Q_V = \int_{T_1}^{T_2} C_V \mathrm{d}T$

对于理想气体：$C_P - C_V = R$

式中 R 为气体常数，8.314kJ/mol・K。

（3）比热容与化学组成的关系　烃类分子比热容随温度和相对分子质量的增加而增加。碳原子数相同的烃类中，比热容大小顺序如下：烷烃>环烷烃>芳香烃(见表 2-3-1)。

表 2-3-1 烃类的部分热性质

烃 类	比热容(25℃)/[kJ/(kg·℃)]	汽化潜热/(kJ/kg)	熔化热/(kJ/kg)
烷烃			
n-C_6H_{14}	237	332.4	152.0
n-C_7H_{16}	2.25	309.8	140.3
n-C_8H_{18}	2.22	301.3	181.8
n-C_9H_{20}	2.22	287.8	121.0
环烷烃			
C_6H_{12}	1.86	365.5	32.5
$CH_3C_6H_{11}$	1.88	316.9	60.2
$C_2H_5C_6H_{11}$	1.89	305.7	74.4
n-$C_3H_7C_6H_{11}$	1.92	285.7	82.2
芳香烃			
C_6H_6	1.74	397.3	73.6
$CH_3C_6H_5$	1.71	360.1	49.5
$C_2H_5C_6H_5$	1.75	335.0	68.5
n-$C_3H_7C_6H_5$	1.79	318.0	77.1

（4）油品比热容的计算　油品比热容可由图表或公式计算而得，如Lee-Kesler模型，适用于液体石油馏分和石油蒸气恒压比热容的计算，如需要可参考有关文献。下面介绍适用于一般手工计算及计算机计算的公式及图表。

液体油品的比热容范围为1.6~3.0kJ/(kg·℃)，具体数值取决于油品的密度，可由下列经验公式计算：

$$C_P = [0.7072 - 0.318d_{15.6}^{15.6} + (0.00147 - 0.000551d_{15.6}^{15.6})t](0.23K + 1.47) \tag{2-3-4}$$

式中　C_P——恒压比热容，kJ/kg·℃；

t——温度,℃；

K——特性因数。

液体油品比热容与温度、相对密度以及油品的性质相关，可根据图2-3-2查得，该图适用于油品的特性因数K=11.8；K≠11.8时，将图中查得的结果与图右下方图查出的校正值相乘即得。

石油馏分蒸气比热容也可由公式计算，如Bahlke-Kay公式、Watson-Nelson公式、Carli公式以及Kesler-Lee公式和API公式等。研究表明，对我国国产原油馏分蒸气而言，API公式、Kesler-Lee公式和Carli公式更适合。对胜利原油馏分，这三个公式的平均偏差为1.47%、1.16%和1.05%；辽河原油馏分的平均偏差为1.62%、1.79%、2.41%。

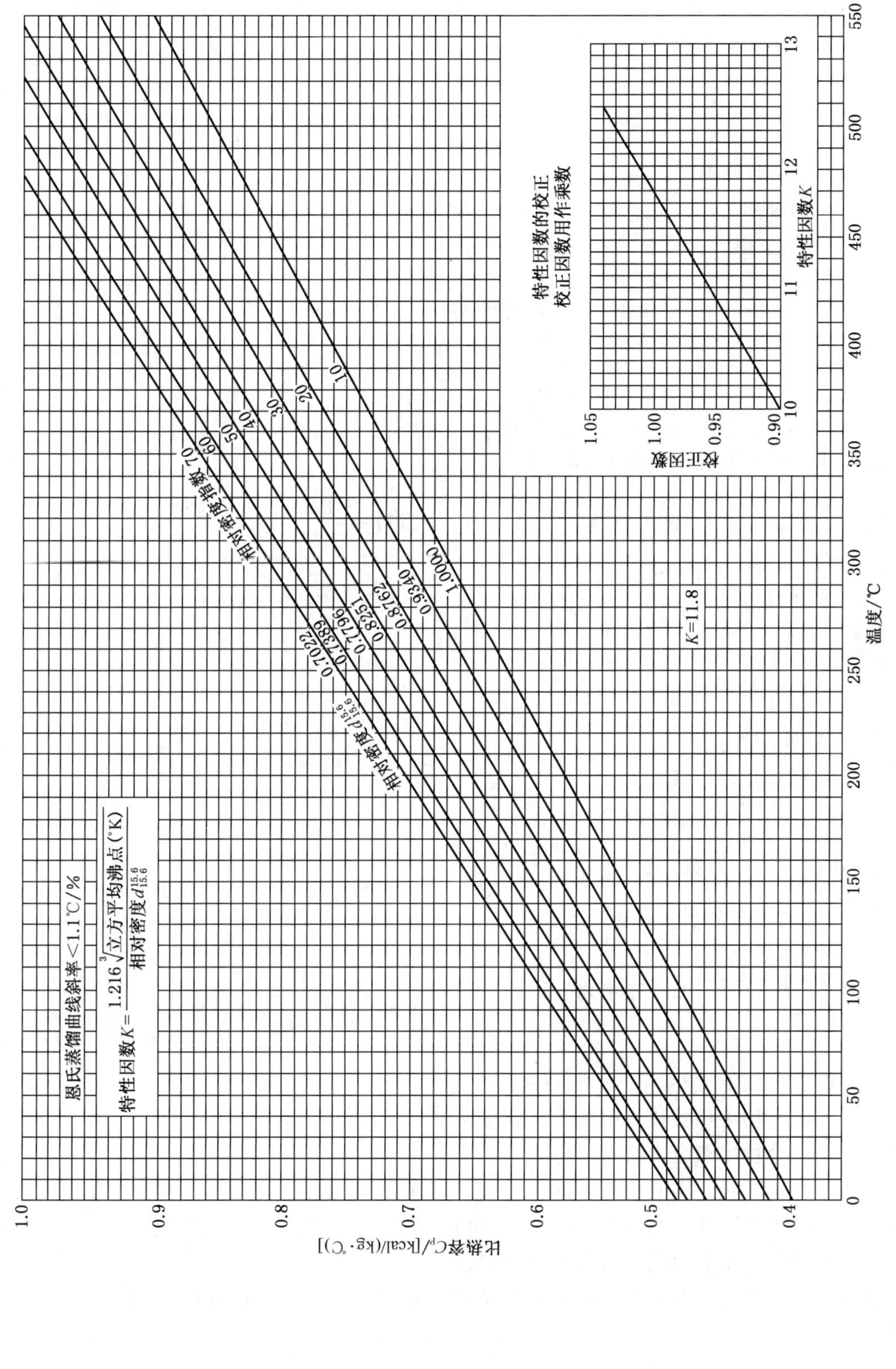

图2-3-2　石油馏分液体比热图[1kcal/(kg·℃)=4.1868kJ/(kg·℃)]

Kesler-Lee 公式：

$$C_p = 4.1867\{-0.3265 + 0.02678K - (2.5006 - 2.1820K + 0.06845K^2) \times 10^{-4}T - 4.9873 \times 10^{-7}T^2 - F[0.08477 - 0.08081S - (3.9191 - 3.7487S) \times 10^{-4}T + 2.5482 - 2.2817S) \times 10^{-7}T^2]\} \tag{2-3-5}$$

式中 $F=\left[\left(\frac{12.8}{K}-1\right)\left(\frac{10}{K}-1\right)\times 100\right]^2$

$S=\frac{\rho_{15.6}-1.1613\times 10^{-3}}{0.9982}$

T——开尔文温度，K。

Carli 公式：

$$C_p = 0.2217 + 0.4170\,^{\circ}\mathrm{API} + 3.8770 \times 10^{-3}T \tag{2-3-6}$$

$^{\circ}API$ 公式：

$$C_P = D_1 + D_2T + D_3T^2\ \frac{R}{M}\left(\frac{C^{\circ}_{\mathrm{P}} - C_{\mathrm{P}}}{R}\right) \tag{2-3-7}$$

式中 $D_1=-1.4923+0.1244K+D_4\left(1.2352-\frac{1.0402}{S}\right)$

$D_2=-\left[2.2041-(1.1699-0.04177K)K+D_4\left(4.5431-\frac{3.8204}{S}\right)\right]\times 10^{-3}$

$D_3=-(2.2988+0.1149D_4)\times 10^{-6}$

$D_4=F[(S-0.885)(S-0.70)\times 10^2]^2(10<K<12.8$ 且 $0.7<S<0.885)$

其他 $D_4=0$

$\left(\frac{C^{\circ}_{\mathrm{P}} - C_{\mathrm{P}}}{R}\right)$ 用 Lee-Kesler 方法计算。

式中 K——特性因数；

T——中平均沸点，K；

$\rho_{15.6}$——15.6℃密度，kg/dm^3；

$^{\circ}API$——相对密度指数，$^{\circ}API=\frac{141.5}{S}-131.5$；

M——平均相对分子质量；

R——气体常数。

混合物的比热容可由加和法求得：

$$C_{\mathrm{m}} = \sum_{i=1}^{n} C_i W_i \tag{2-3-8}$$

式中 C_{m}——混合物的比热容，kJ/kg · K；

C_i——混合物中组分 i 的比热容，kJ/kg · K；

W_i——混合物中组分 i 的质量分数。

计算高压下气体混合物的比热容时，先求出其常压下的混合比热容，再由假临界参数进行校正。若已知高压下各组分的比热容，可由式(2-3-8)直接计算，注意此时 C_i 为组分 i 在系统分压和系统温度下的比热容，而非系统总压下的比热容。

由于油品的比热容较难求定，而焓的数值又比较可靠，所以一般在计算时，常用焓来替代比热容。

2. 汽化潜热

单位物质在一定温度下由液态转化为气态所需要的热量称为汽化潜热或蒸发潜热，以 Δh 表示，单位为 kJ/kg。

根据汽化时条件的不同，烃类混合物的汽化潜热分为以下三种：

恒压汽化潜热=气相热焓(露点温度)-液相热焓(泡点温度)

恒温汽化潜热=气相热焓(露点压力)-液相热焓(泡点压力)

$$微分汽化潜热=\frac{M_f}{M_{Vi}y_i}\left(\frac{M_{ei}h_{ei}x_i+M_{Vi}h_{Vi}y_i}{M_f}-h_f\right)$$

式中　M_f、M_{Vi}、M_{ei}——进料及平衡气、液相中组分 i 的相对分子质量；

h_f、h_{Vi}、h_{ei}——进料及平衡气、液相中组分 i 的焓，kJ/kg；

y_i、x_i——平衡气、液相的摩尔分数。

前两种表示恒压或恒温条件下，液体完全汽化为同样组成的气体时的热效应。第三种表示在压力和温度都恒定时，进料部分汽化、形成组成各不相同的气、液两相时的热效应，计算时需有相应的气-液平衡数据。

若未特别注明，通常所指的汽化潜热是指常压下的汽化潜热。当温度和压力升高时，汽化潜热逐渐减小，到达临界点时，汽化潜热等于零。

烃类汽化潜热比水小得多，一般为 300~400kJ/kg。汽化潜热随着相对分子质量的增大而减小。在碳数相同的烃中，烷烃和环烷烃的汽化潜热略小于芳香烃(表 2-3-1)。

石油馏分常压汽化潜热可根据中平均沸点、相对密度指数和相对分子质量这三个数据中的两个来求得(见图 2-3-3)。其他条件下的汽化潜热由图 2-3-4 查得校正因数 P，计算求得。

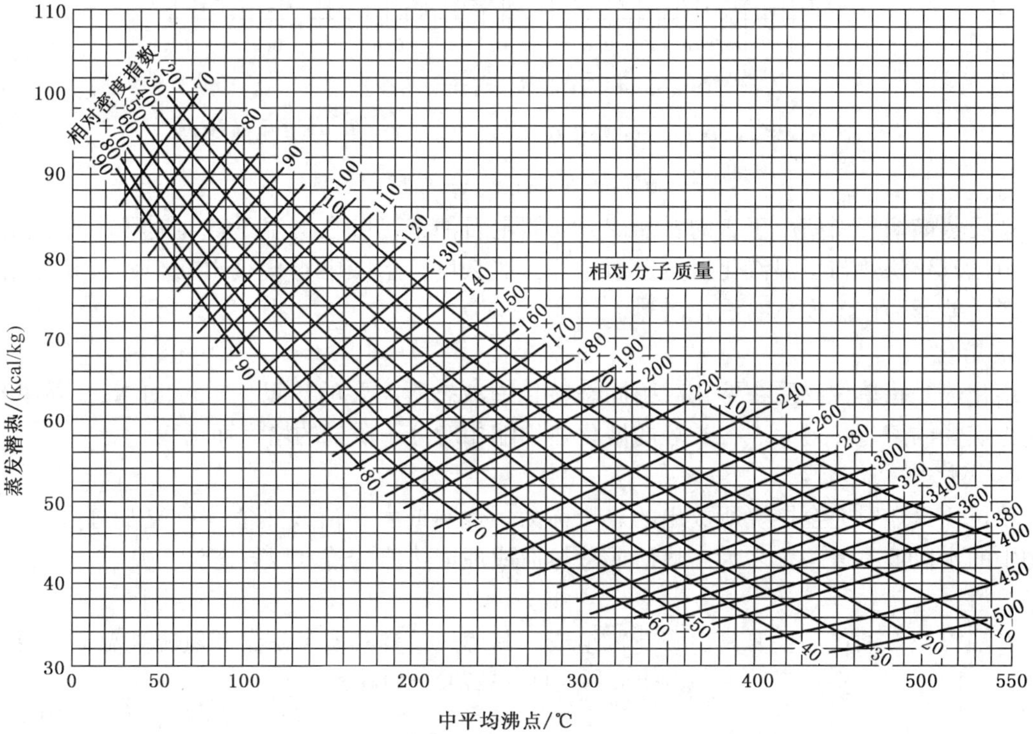

图 2-3-3　石油馏分常压汽化潜热图(1kcal/kg=4.18kJ/kg)

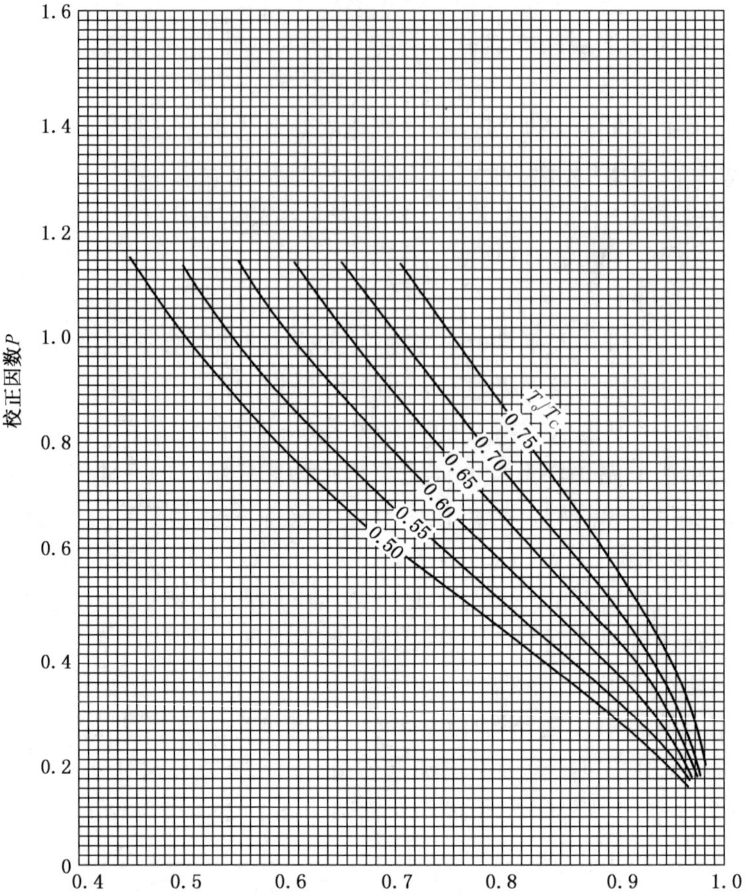

图 2-3-4　石油馏分汽化潜热校正图

对比温度 $T_r=T-T_c$；汽化潜热 $Q=P\cdot\gamma_b\cdot\frac{T}{T_b}$；$T_b$——中平均沸点，℃K；

T_c——假临界温度，℃K；γ_b——常压汽化潜热

恩氏蒸馏馏程斜率小于 2 的石油馏分，假定石油窄馏分在恒温下汽化时压力变化很小，这时恒压汽化潜热与恒温汽化潜热近似相等，那么可从焓图中直接查出气相和液相的焓值，其二者之差即为该温度下的汽化潜热。

3. 熔化热

熔化热是指单位物质在熔化时由固态转化为液态所需要的热量，单位 kJ/kg。同碳数烃类中，烷烃的熔化热最大。各类烃的熔化热均随相对分子质量的增大而增大。

4. 燃烧热

单位质量燃料完全燃烧所放出的热量称为燃烧热或发热值或热值，单位 kJ/kg。若燃烧产物中的水以液态计，称之为高热值或总热值或理论热值；若水以气态计，则称之为低热值或净热值。

石油以及石油产品主要是由碳、氢组成，其燃烧过程实质上是碳和氢的高温氧化反应：

$$C+O_2 \longrightarrow CO_2+32792.5kJ/kg$$

$$C+\frac{1}{2}O_2 \longrightarrow CO+9211.8kJ/kg$$

$$H_2+\frac{1}{2}O_2 \longrightarrow H_2O(g)+120917.6kJ/kg$$

由此可见，氢的燃烧热高于碳，所以在碳数相同的情况下，燃烧热的大小顺序为：烷烃>环烷烃>芳香烃。

对于轻质油品而言，由于其中杂原子含量一般不多，可根据氢含量(W_H)估算高热值：

$$高热值 = 837W_H + 34668kJ/kg \tag{2-3-9}$$

重质油品中因含杂原子量较大，故将硫(W_S)和氧(W_O)含量考虑在内：

$$高热值 = 339W_C + 1256W_H - 109(W_O - W_S) \quad kJ/kg \tag{2-3-10}$$

式中，W_C、W_H、W_O、W_S 为碳、氢、氧、硫的质量分数，%。

三、闪点、燃点和自燃点

石油产品是易燃易爆品，且绝大部分油品用作燃料，因此油品的使用安全尤为重要。闪点、燃点和自燃点就是表示油品的爆炸、着火、燃烧性能的参数，研究这些参数对油品的储存、生产安全和使用具有重要的意义。

1. 闪点

闪点是油气与空气的混合气发生最微小爆炸的最低温度。闪点是瞬间着火，是着火燃烧的前奏。

当可燃油上方的蒸气与空气混合达到一定浓度时，遇火即发生爆炸，燃烧。如果浓度过高或过低，这个现象都不会发生。这一浓度范围称为爆炸范围。在该范围内，可燃气在空气中的最低体积分数称为爆炸下限，最高体积分数称为爆炸上限。像汽油等极易挥发的液态石油产品，闪点是其与爆炸上限相对应的温度；柴油馏分、减压馏分等较重的馏分，闪点相应于其爆炸下限的温度(见表2-3-2)。

表2-3-2　烃类及液体燃料与空气混合时爆炸极限、闪点、燃点和自燃点

燃料	爆炸极限/%(体积)		闪点/℃	燃点/℃	自燃点/℃
	下限	上限			
甲烷	5.3	14.0	<-66.7	650~750	645
乙烷	3.0	12.5	<-66.7	472~630	530
丙烷	2.2	9.5	<-66.7	481~580	510
正丁烷	1.9	8.5	<-66(闭)	441~550	490
正戊烷	1.5	7.8	<-40(闭)	275~330	292
正己烷	1.2	7.5	-22(闭)		247
乙烯	3.1	36.0	<-66.7	490~550	540
乙炔	2.5	80.0	<0	305~440	335
环己烷	1.3	8.0			200
苯	1.4	7.1			580
甲苯	1.4	5.6			550
二甲苯	1.0	5.0			528(m)
甲醇	7.3	35.0			
乙醇	4.3	19.0			
汽油	1.0	6.0	<28		510~530
灯用煤油	1.4	7.5	28~45		380~425
轻柴油			45~120		
重柴油			>120		300~330
润滑油			>120		300~380
减压渣油			>120		230~240

闪点的测定是在规定条件下进行的。按目前世界上通行的、认可的试验条件进行测试，闪点可分为开口杯法和闭口杯法。

闪点是石油精制、油品储运和使用过程的一个安全指标，可燃液体的等级根据闪点划分为：

一级可燃品(闪点小于 28℃)；

二级可燃品(闪点 28~45℃)；

三级可燃品(闪点 46~120℃)；

四级可燃品(闪点大于 120℃)。

所以从防火角度上说，油品应在低于闪点 17℃以下使用为宜。

闪点也可表示油品的均匀性和挥发性。如果在重质油品中混入极少量的轻组分，也会使油品的闪点大大降低。不同油品混合时，其混合物闪点不服从可加性规律。例如，某润滑油中掺入 1%的汽油，其闪点即从 200℃降至 170℃。所以在油品的储运和使用中，可用闪点来检查是否有轻组分生成或混入。

2. 燃点和自燃点

在用开口杯法测定闪点时，将可燃液体加热到闪点温度后，继续提高油温，当升到某一温度时，引火后所生成的火焰燃烧 5s 以上的最低温度，称为油品的燃点或着火点。显然，油品燃点比闪点的温度值略高些。

油品在接触空气的条件下，加热升温到不必引火点燃即可自行燃着的最低温度，称为油品的自燃点。自燃点是油品的一个重要性质，柴油能在柴油机中燃烧，就是油品能在一定条件下发生自燃的结果。

汽化器式发动机燃料、喷气燃料以及锅炉燃料等的燃烧性能与燃料的燃点有关；炼油装置高温管线接头、法兰或炉管等地方漏出热油，遇空气往往会燃烧引起火灾，这种现象与油品的自燃点有关。

3. 影响油品闪点、燃点和自燃点的因素

测定油品的闪点、燃点和自燃点三者都是条件性试验，它们与油品的燃烧爆炸相关，也与油品的化学组成有关。

如表 2-3-2 所示，对于碳原子数相同的烃类，自燃点高低的顺序为：芳香烃>环烷烃和烯烃>烷烃；闪点和燃点的高低顺序恰好与烃类的自燃点相反。在同一族烃中，随相对分子质量增大，沸点升高，燃点和闪点也增高，但自燃点降低。对于不同的油品而言，闪点越高，燃点也越高，但自燃点反而越低。

此外，油品的闪点还与外界压力有关。气压低，油品易挥发，故闪点较低。有实验表明，压力每变化 0.133kPa，闪点平均变化 0.033~0.036℃。因此规定以 101.3kPa 压力下测定的闪点为标准。

第四节 石油馏分的临界性质、压缩因数和偏心因数

一、纯物质的临界性质

当纯物质的温度低于某一温度时加大压力，气体可变为液体。但当温度高于该温度时，不论加多大的压力，也不能使之液化，该温度称为临界温度，即是该物质能处于液体状态的

最高温度。相应于临界温度的饱和蒸气压称为临界压力，物质在临界温度和临界压力时的比容和压缩因数称为临界比容和临界压缩因数。

当纯物质共存的气、液两相逐渐趋近临界点时，气、液两相的性质逐渐接近，到达临界点时，气、液两相的性质完全相同，变为单一的均匀相，此时，气、液两相具有相同的密度。

纯物质和烃类的临界常数可从有关图表集或手册中查到。

二、石油馏分的临界性质

石油馏分是各种烃类的混合物，其临界性质要较纯物质复杂得多，首先从二元系统在不同温度和压力下的相变化入手。

乙烷-正庚烷二组分混合物 $p-T$ 图见图 2-4-1。曲线 EC_2 和 HC_7 分别是纯乙烷和正庚烷的 $p-T$ 线，C_2 和 C_7 点分别为乙烷和乙庚烷的临界点。曲线 $B_aC_aD_a$、$B_bC_bD_b$ 和 $B_cC_cD_c$ 分别为乙烷含量 90.22%、50.25% 和 9.78%的二元混合物 $p-T$ 线。

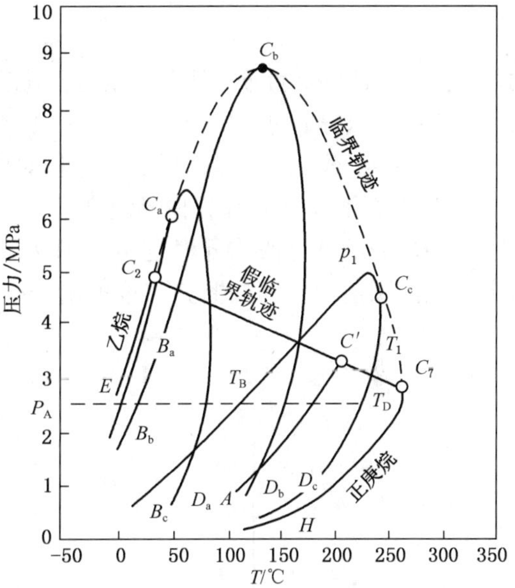

图 2-4-1　乙烷-正庚烷的 $p-T$ 图

以 $B_cC_cD_c$ 线为例。B_cC_c 线是液体刚开始沸腾的温度，即泡点线，D_cC_c 是气体开始冷凝的温度，即露点线，两条曲线之间为两相区。混合液体在压力为 p_A 时被加热，当温度升至 T_B 时，位于泡点线上，液体开始汽化，此时液相中乙烷的含量相对减少。若使压力不变，保持液体沸腾，那么必须继续升温，直至露点线上 T_D，混合物全部汽化。泡点线与露点线的交点 C_c 称为临界点。临界点与二元混合物的组成有关，如图中的 C_a、C_b、C_c 点即不同组成和乙烷-正庚烷二元混合物的临界点。

但混合物的临界点与纯物质的临界点是不相同的。例如 C_c 点，它既非气、液相所能共存的最高压力 p_1 点，又非气、液相所能共存的最高温度点 T_1。在高于其临界点 C_c 的温度 T_c 时，仍可能有液体存在，直到最高温度 T_1 为止，则 T_1 点的温度称为临界冷凝温度；同样高于临界点的压力 p_c 时，仍可能有气体存在，一直到最高压力 p_1 为止，p_1 点的压力称为临界冷凝压力。而对于纯化合物而言，临界点、最高压力点及最高温度三点是重合的。

混合物的临界点是由实验测定的，其相应温度和压力分别称为真临界温度和真临界压力。

现若有一纯化合物，其挥发性能与上图中所示的乙烷和正庚烷所组成的混合物 C_c 相当，其 $p-T$ 曲线是 AC'线，线上 C'点即为该纯化合物的临界点，那么 C'点即称为该二元混合物的假临界点或虚拟临界点。实际上，AC'线是两个纯化合物蒸气压的分子平均值，C'点即为两个纯化合物临界点 C_2 和 C_7 的分子平均值。假临界常数主要是为了关联各种关系而假设的一个特征值，用于求解其他一些理化性质。

表 2-4-1 是几种油品的临界常数。从表中数据可知，油品越重，其临界温度越高，而临界压力越低。

表 2-4-1 油品的临界性质

油　品	密度(20℃)/(g/cm³)	沸程/℃	临界温度/℃	临界压力/MPa
汽油Ⅰ	0.759	54~220	316	3.47
汽油Ⅱ	0.755	96~120	297	3.14
煤油Ⅰ	0.823	224~315	432	2.21
煤油Ⅱ	0.836	188~315	436	2.11
粗柴油	0.835~0.887	—	453~478	1.03
润滑油	0.834	—	455	—

石油馏分的临界常数可由各种图表或公式来确定。

1. 已知组成的混合物计算假临界性质

$$J_c = \sum_{i=1}^{n} X_i J_{ci} \qquad (2-4-1)$$

式中 J_c——假临界性质(温度、压力、比容,单位同纯烃);

X_i——组分 i 的摩尔分数;

J_{ci}——组分 i 的临界性质(与 J_c 相对应)。

2. 计算石油馏分的真假临界温度

石油馏分的真、假临界温度可由图 2-4-2、图 2-4-3 通过相对密度 $d_{15.6}^{15.6}$和平均沸点来求定,该两图适用于石油馏分,也可用于已知组成的烃类和石油馏分的混合物。

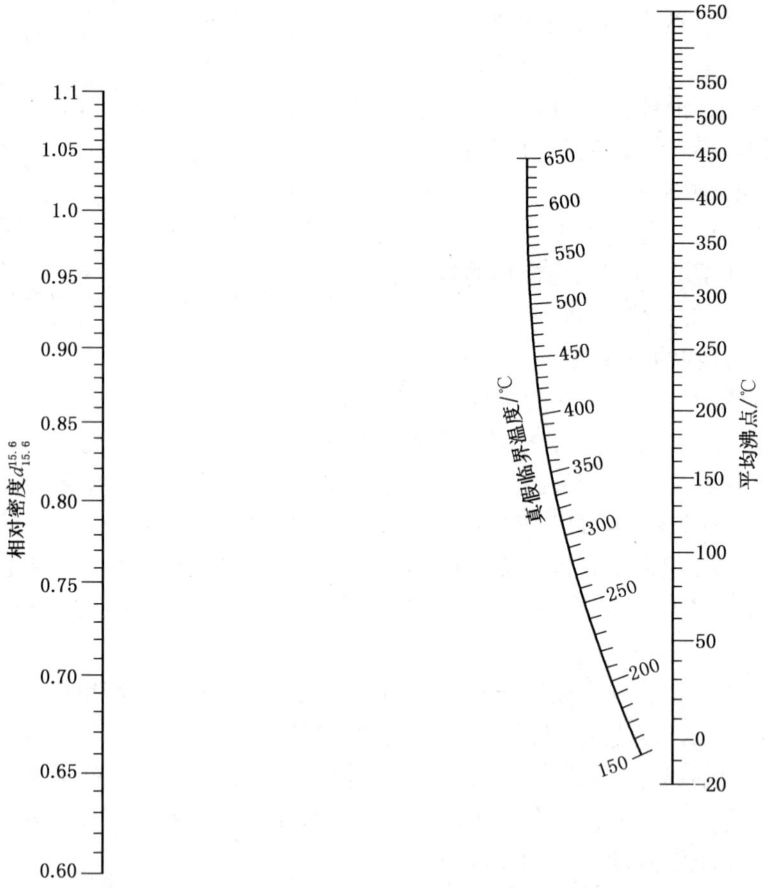

图 2-4-2 烃类混合物和石油馏分的真、假临界温度图(一)

注:求真临界温度时用质量平均沸点;求假临界温度时用分子平均沸点,相对密度小于 0.6 时用图(二)。

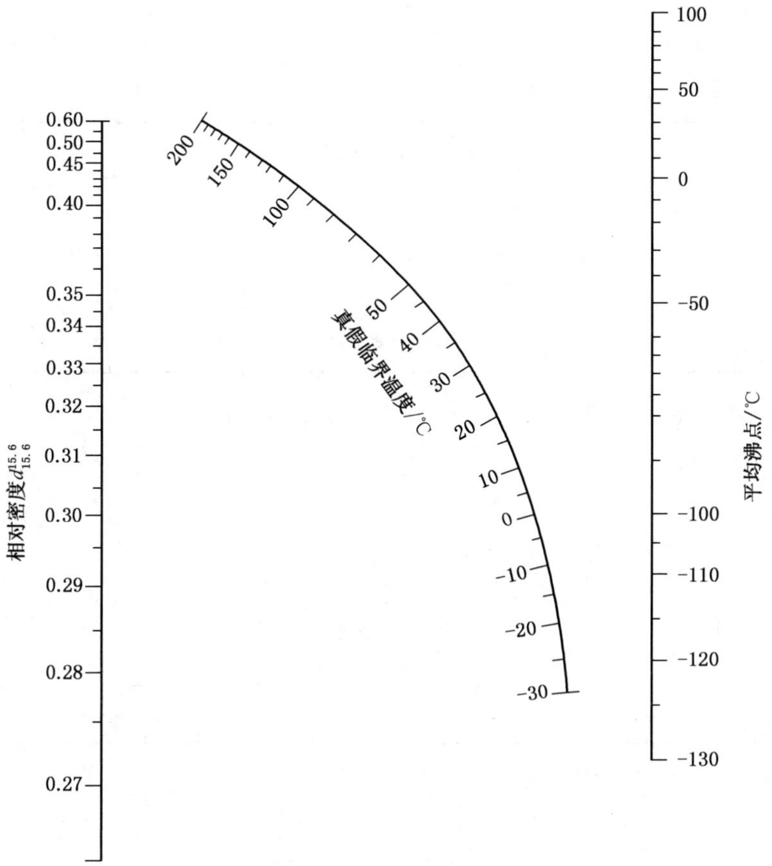

图 2-4-3　烃类混合物和石油馏分的真、假临界温度图(二)

注：求真临界温度时用质量平均沸点；求假临界温度时用分子平均沸点。

也可利用 Roess 公式计算临界温度：

$$t_c = 85.66 + 0.9259\Delta t - 0.000395\Delta t^2$$

$$\Delta t = d_{15.6}^{15.6} \times (1.8t_b + 132) \quad (2-4-2)$$

式中　t_c——临界温度，℃；

t_b——体积平均沸点，℃。

3. 计算石油馏分的真、假临界压力

假临界压力由相对密度和平均沸点(图 2-4-4)求得。真临界压力通过真、假临界温度的比值和假临界压力由图 2-4-5 求得。

Lee-Kesler 提出了计算临界压力的公式：

$$\ln p_c = 5.678 - \frac{0.0566}{d_{15.6}^{15.6}} - \left(0.43639 + \frac{4.1216}{d_{15.6}^{15.6}} + \frac{0.21343}{(d_{15.6}^{15.6})^2}\right) \times 10^3 T_b + \left(4.7579 + \frac{11.819}{d_{15.6}^{15.6}} + \frac{1.5302}{(d_{15.6}^{15.6})^2}\right) \times 10^{-7} T_b^2 - \left(2.4505 + \frac{9.9010}{(d_{15.6}^{15.6})^2}\right) \times 10^{-10} T_b^2 \quad (2-4-3)$$

式中　p_c——临界压力，atm；

T_b——平均沸点，K。

Sim 和 Daulert 提出计算临界温度和监界压力的公式：

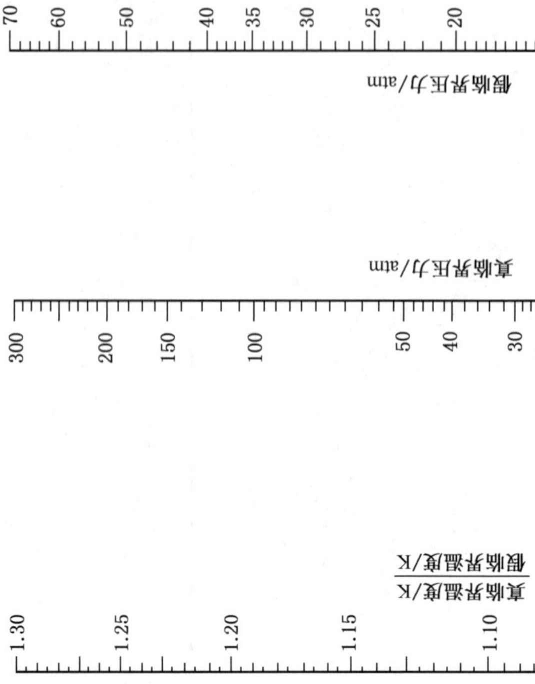

图2-4-5 烃类混合物和石油馏分的真临界压力图

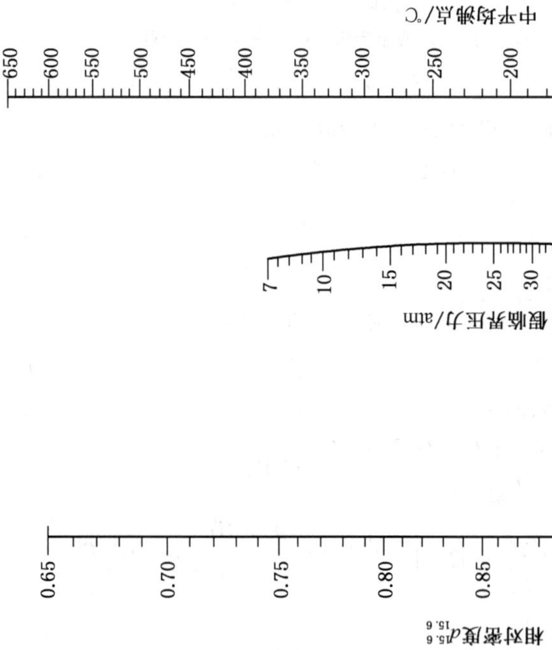

图2-4-4 烃类混合物和石油馏分的假临界压力图

1atm=101kPa

$$p_c = 6.1483 \times 10^{12} \times T_b^{-2.3177} \times (d_{15.6}^{15.6})^{2.4853}/1.013 \times 10^5 \tag{2-4-4}$$

$$T_c = \exp(4.2009 \times T_b^{0.08615} \times (d_{15.6}^{15.6})^{0.04614})/1.8 \tag{2-4-5}$$

式中 p_c、T_b——同式(2-4-3)；

T_c——临界温度，K。

值得注意的是，在计算平均沸点时，恩氏蒸馏各点温度大于246℃时，应进行裂化校正：

$$\lg\Delta t = -1.691 + 0.00853t \tag{2-4-6}$$

式中 Δt——加在原温度上的校正值,℃；

t——恩氏蒸馏温度,℃。

例8 某石油馏分相对密度 $d_{15.6}^{15.6}=0.7437$，质量平均沸点 $t_w=117$℃，分子平均沸点 $t_m=95$℃，中平均沸点 $t_{me}=102$℃，求其真、假临界温度及压力。

解：由图2-4-2根据 $d_{15.6}^{15.6}$和 t_w 查得真临界温度 $T_c=567$K，再由 $d_{15.6}^{15.6}$及 t_m 查得假临界温度 $T'_c=546$K。

从图2-4-4根据 $d_{15.6}^{15.6}$和 t_{me}查得假临界压力 $p'_c=3.25$MPa。

图2-4-5，由 $p'_c=3.25$MPa，$T_c/T'_c=1.038$，查得 $p_c=4.46$MPa。

三、对比状态

对比状态是用于表示物质状态与临界状态的接近程度。

研究发现，各种不同的物质在其对比温度 T_r 和对比压力 p_r 相同时，对比体积 V_r 也接近相等，压缩因数 Z 值相似，这个规律称为对比状态定律，处于上述状态的物质称为处于对比状态或对应状态。

各种物质的对比温度、压力及体积是各自的温度、压力和体积分别与临界温度、压力及体积之比，即：

$$J_r = \frac{J}{J_c} \tag{2-4-7}$$

式中 J——物质各自的状态(温度K、压力Pa、体积m^3)；

J_c——物质的临界状态(温度K、压力Pa、体积m^3)。

四、压缩因数

压缩因数表示真实气体与理想气体性质的偏离程度。

压缩因数定义为 $Z=\dfrac{pV}{RT}$

根据对比状态定律 $Z=\dfrac{p_rV_r}{T_r}\times\dfrac{p_cV_c}{RT_c}$

临界状态下 $Z=Z_c\times\dfrac{p_rV_r}{T_r}$

当气体温度远远高于临界温度，或气体温度稍低于监界温度而其压力比饱和蒸气压低很多时，气体接近于理想气体(图2-4-1露点线下方)。实验测定各种气体在临界状态时，其压缩因数相近，$Z_c=0.25\sim0.29$。

图2-4-6是气体 Z_c 为0.27时，各种气体的通用压缩因数图。图中横坐标为对比压力 P_r，纵坐标为压缩因数 Z_c，图中曲线是等对比温度线 T_r，该图为双对数坐标图。当 $T_r<2$，

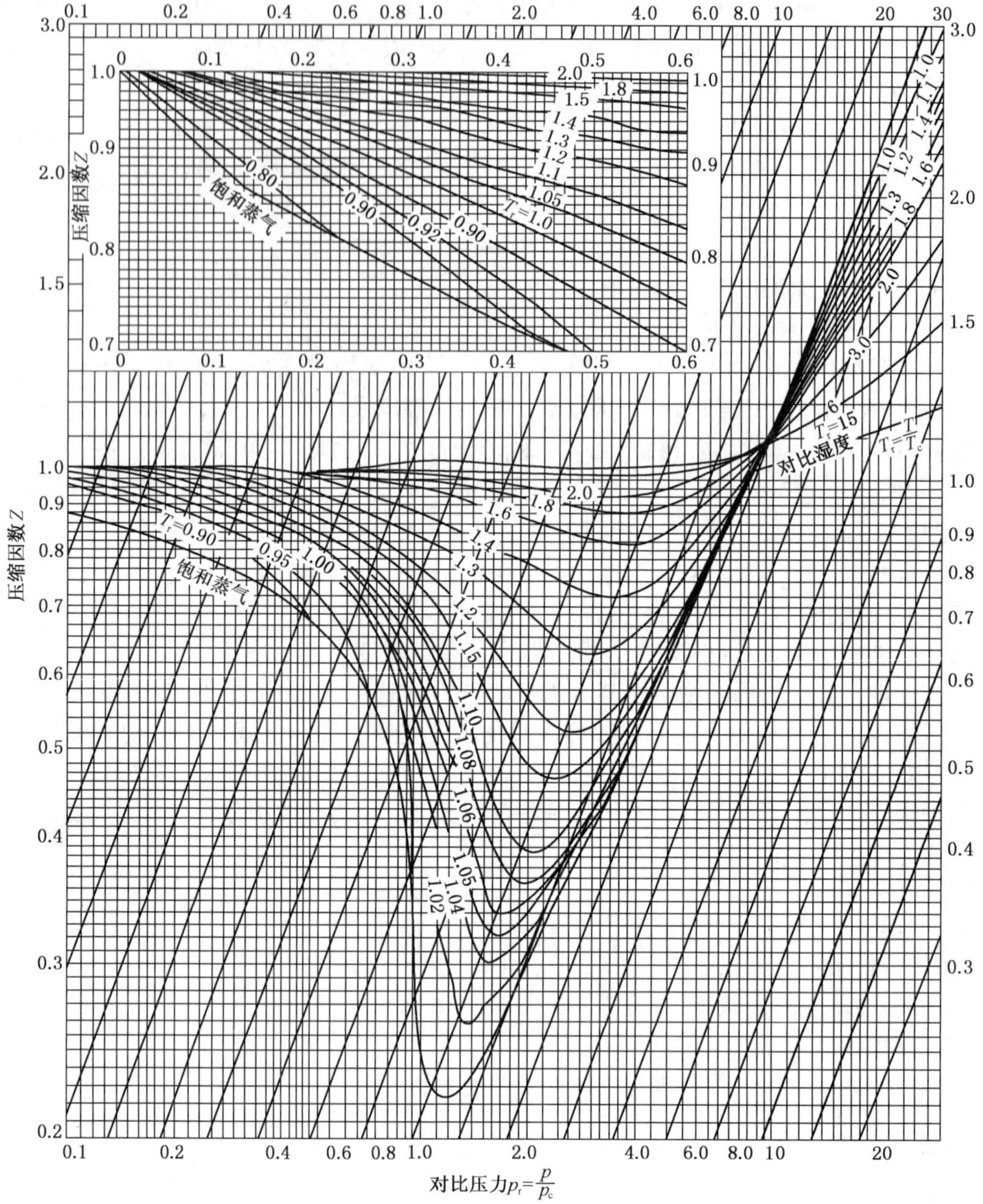

图 2-4-6　气体通用压缩因数图

$p_r>8$ 时，$Z<1$，此时实际气体比理想气体更易压缩；当 $p_r>8$ 时，$Z>1$，此时实际气体比理想气体更难压缩；当 T_r 和 p_r 接近于 1 时，实际气体距离理想气体最远；$Z\approx0.25$ 时，真实气体体积仅为理想气体的 1/4；当 $T_r<1$ 且压力大于该温度下饱和蒸气压时，气体开始液化，不再服从真实气体方程。该图误差在 5%以内。

混合物的压缩因数可按加和原则计算：

$$Z_m = \sum_{i=1}^{n} n_i Z_i \tag{2-4-8}$$

式中　Z_m、Z_i——分别为混合物和组分 i 的压缩因数；

n_i——组分 i 的摩尔分数。

例 9　4kmol 甲烷与 1kmol 氮气混合，在压力 40MPa，500℃下，求混合气每 1kmol 的体积。

解：从手册中查到：

甲烷　$T_c=190.65\text{K}$，$p_c=4.46\text{MPa}$

氮气　$T_c=126.2\text{K}$，$p_c=3.35\text{MPa}$

方法一：N_2　$T_r=\dfrac{500+273}{126.2}=6.13$

$$p_r=\frac{400\times\frac{1}{5}\times10^5}{33.5\times10^5}=2.39$$

由图 2-4-6 查得 $Z_{N_2}=1.01$

$$CH_4\quad T_r=\frac{500+273}{790.65}=4.05\quad p_r=\frac{400\times\frac{4}{5}\times10^5}{46.4\times10^5}=6.90$$

查图 2-4-6 得 $Z_{CH_4}=1.04$

由式(2-4-8)得 $Z_m=1.01\times\dfrac{1}{5}+1.04\times\dfrac{4}{5}=1.04$

$$V=\frac{ZRT}{p}=\frac{1.04\times0.08206\times(273+500)}{10^5\times400/1.013\times10^5}=0.167(\text{m}^3/\text{kmol})$$

方法二：先计算混合气体的假临界常数为：

$$T'_c=\frac{1}{5}\times126.2+\frac{4}{5}\times190.65=177.76(\text{K})$$

$$p'_c=\frac{1}{5}\times3.35+\frac{4}{5}\times0.64=4.38(\text{MPa})$$

$$T_r=\frac{273+500}{177.76}=4.35\quad P_r=\frac{40}{4.38}=9.13$$

查图 2-4-6 得 $Z=1.02$

$$V=\frac{ZRT}{p}=\frac{1.02\times0.08206\times(273+500)}{400\times10^5/1.013\times10^5}=0.164(\text{m}^3/\text{kmol})$$

五、偏心因数

1. 偏心因数的定义

任何气体的压缩因数都可由其对比温度和对比压力来确定。如图 2-4-6 是在气体 $Z_c=0.27$的基础上绘制的，在该图中，假设压缩因数为 p_r 和 T_r 的函数。但在实际中常见物质 Z_c 相差是较大的，如水 $Z_c=0.235$、1-戊烯 $Z_c=0.321$、正十二烷 $Z_c=0.198$。为了精确反映物质的 p-V-T 的真实关系，又保留普遍化的特点，克服对比状态原理的一些限制，人们提出种种改进。现已被大家所公认的方法是引入一个第三参数——Pitzer 的偏心因素 ω。

偏心因数是量度分子几何形状和极性的参数，定义为：

$$\omega=-\lg p^{\bullet}_{r(T_r=0.7)}-1.0\qquad(2-4-9)$$

式中　ω——偏心因数；

$p^{\bullet}_{r(T_r=0.7)}$——$T_r=0.7$ 时的对比饱和蒸气压，$p^{\bullet}_r=p^{\bullet}/p_c$。

像氢、氩等球形对称分子，在升高压力时，分子间的引力恰好在分子中心的这类简单流体，其偏心因数 $\omega=0$。而压力升高时，分子间引力不在分子中心的非简单流体，如乙烷、丙烷、一氧化碳等，其偏心因数为 $\omega=0\sim0.4$。CH_4 的偏心因数很小，$\omega=0.0104$。偏心因数是随物质及其组成不同而变化的，并随分子结构的复杂程度和极性的增加而增大。

就非简单流体来说，压缩因数是对比温度 T_r、对比压力 p_r 和偏心因数 ω 的函数：

$$Z = Z^{(0)} + \omega Z^{(1)} \quad (2-4-10)$$

式中 Z——非简单流体的压缩因数；

$Z^{(0)}$——简单流体的压缩因数，$\omega=0$；

$Z^{(1)}$——非简单流体的压缩因数校正值，$\omega\neq0$。

2. 偏心因数的求定

（1）烃类混合物的偏心因数符合可加性法则：

$$\omega_m = \sum_{i=1}^{n} \omega_i x_i \quad (2-4-11)$$

式中 ω_m、ω_i——混合物、组分 i 的偏心因数；

x_i——组分 i 的摩尔分数。

（2）没有可靠的蒸气压数据时，可由 Edmister 公式计算：

$$\omega = \frac{3}{7}\left(\frac{\lg p_c}{\frac{T_c}{T_b} - 1.0}\right) - 1.0 \quad (2-4-12)$$

式中 p_c——临界压力，atm；

T_c——临界温度，K；

T_b——平均沸点，K。

（3）由 Lee-keslet 公式计算：

$$\omega = \frac{\ln p_c - 5.92714 + 6.09648\theta^{-1} + 1.28862\ln\theta - 0.169347\theta^6}{15.2518 - 15.6875\theta^{-1} - 13.4721\ln\theta + 0.43577\theta^6}$$

$$\theta = T_b/T_c \quad (2-4-13a)$$

（4）石油馏分的偏心因数可利用假临界温度、假临界压力、常压下分子平均沸点，由图 2-4-7 查得。

3. 偏心因数的应用

由偏心因数可计算压缩因数[式(2-4-10)]，式中简单流体和非简单流体的压缩因数可由图 2-4-8、图 2-4-9 根据对比温度和对比压力求得，使用这两张图时，氢临界常数为 $T_c=41.7K$，$p_c=2100kPa$。

目前已将图 2-4-8、图 2-4-9 采用程序化计算，其数学模型如下：

$$Z = Z^{(0)} + \frac{\omega}{\omega^{(h)}}(Z^{(h)} - Z^{(0)}) \quad (2-4-13b)$$

式中 Z——压缩因子；

$Z^{(0)}$——简单流体压缩因子；

$Z^{(h)}$——参比流体（正辛烷）压缩因子；

ω——偏心因数；

$\omega^{(h)}$——参比流体（正辛烷）压缩因数（$\omega^{(h)}=0.3978$）。

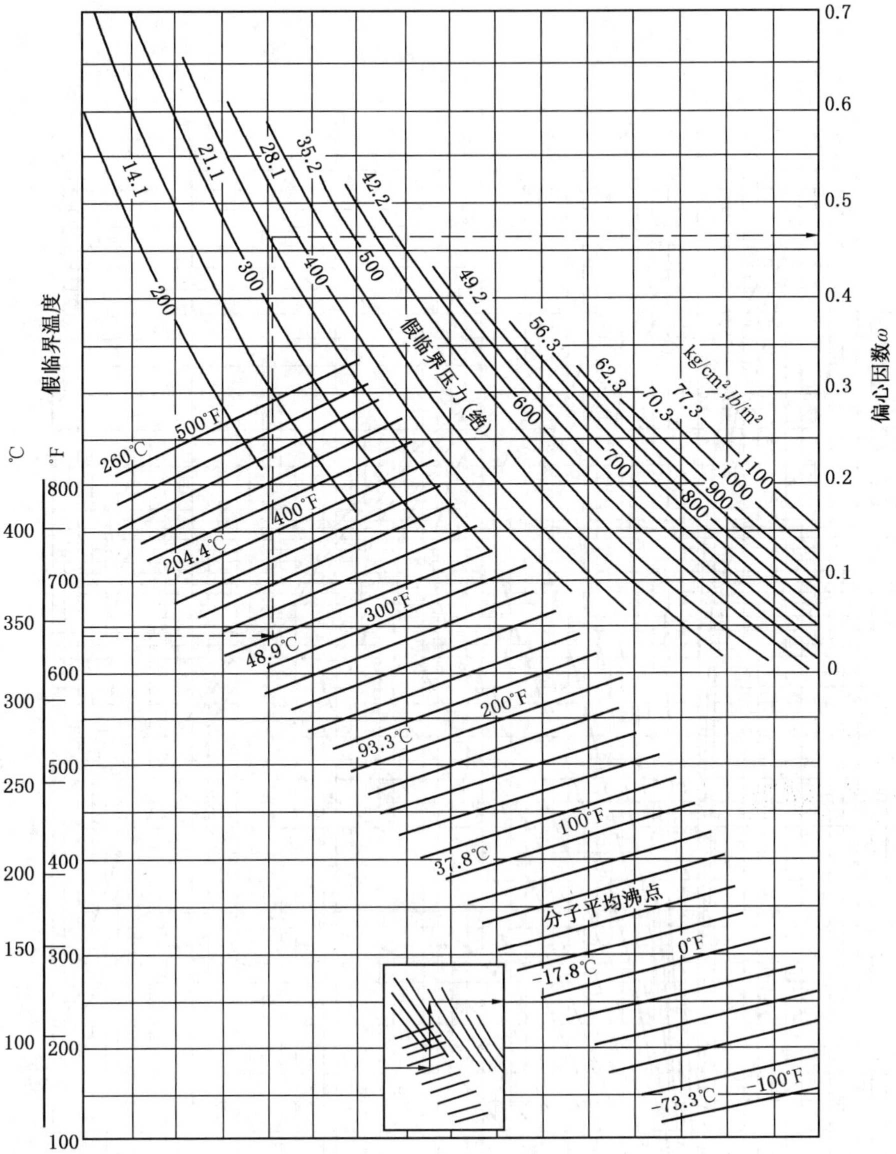

图 2-4-7 石油馏分偏心因数图（$1\text{kg/cm}^2=9.807\times10^4\text{Pa}$）

这里 $$Z^{(i)}=\frac{p_r V_r}{T_r}=1+\frac{B}{V_r}+\frac{C}{V_r^2}+\frac{D}{V_r^5}+\frac{C_4}{T_r^3 V_r^2}\left(\beta+\frac{\gamma}{V_r^3}\right)\exp\left(\frac{\gamma}{V_r^2}\right) \tag{2-4-14}$$

$$B=b_1+b_2/T_r-b_3/T_r^2-b_4/T_r^3$$

$$C=c_1-c_2/T_r-c_3/T_r^3$$

$$D=d_1+d_2/T_r$$

式中 $Z^{(i)}$——$Z^{(0)}$或$Z^{(h)}$；

p_r——对比压力；

T_r——对比温度；

V_r——对比体积；

$b_1\cdots b_4$；$c_1\cdots c_4$；d_1，d_2；β，γ——常数，见表 2-4-2。

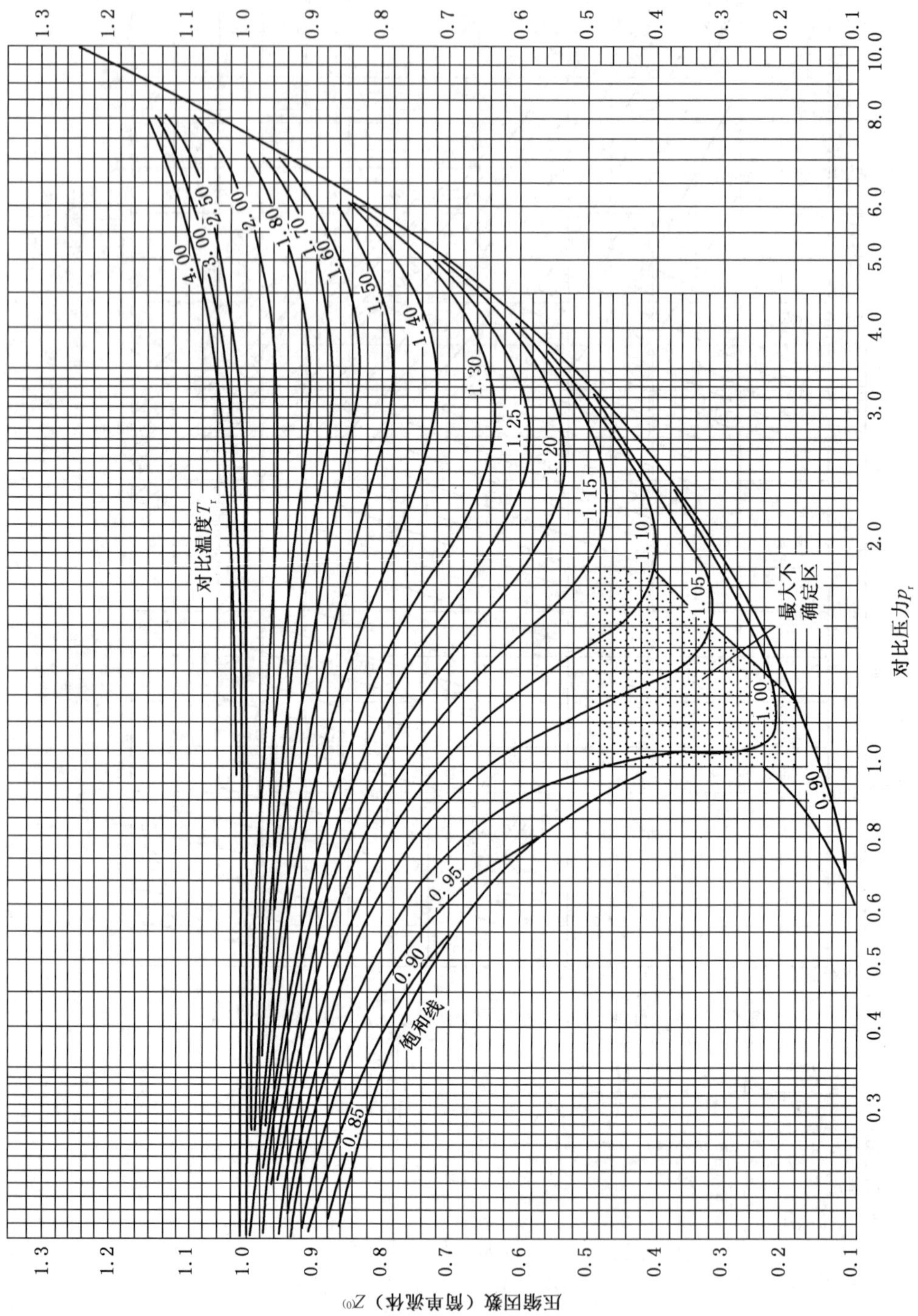

图2-4-8 简单流体通用压缩因数图

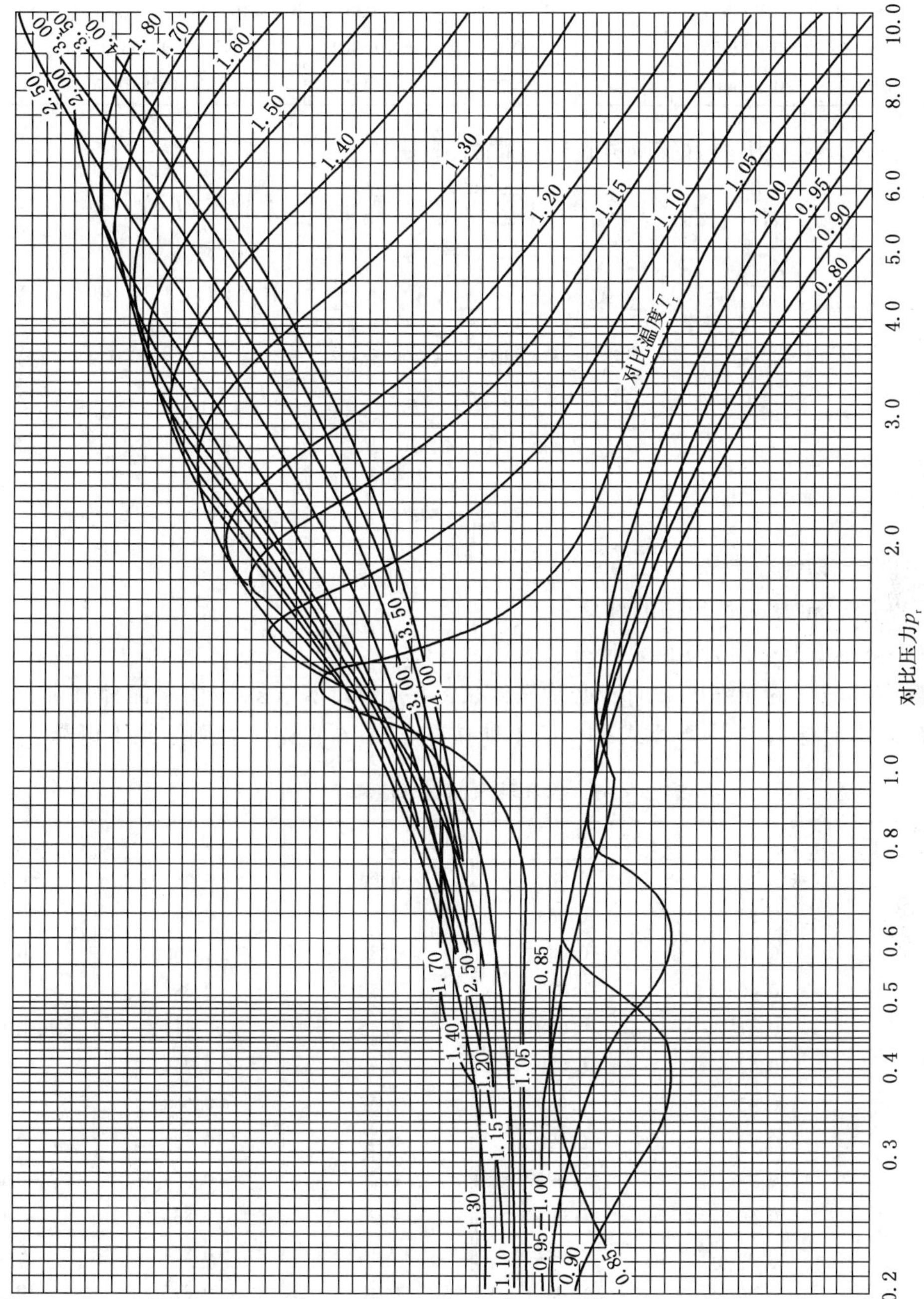

图2-4-9 非简单流体通用压缩因数校正图

表 2-4-2　式 2-4-12 中常数值

常数	简单流体	参比流体	常数	简单流体	参比流体	常数	简单流体	参比流体
b_1	0. 1181193	0. 2026579	c_1	0. 0236744	0. 0313385	$d_1\times10^4$	0. 155488	0. 48736
b_2	0. 265728	0. 331511	c_2	0. 0186984	0. 0503618	$d_2\times10^4$	0. 623589	0. 0740336
b_3	0. 154790	0. 027655	c_3	0. 0	0. 016901	β	0. 65392	1. 226
b_4	0. 030323	0. 203488	c_4	0. 042724	0. 041577	γ	0. 060167	0. 03754

对于混合物，应使用混合物临界性质。混合规则为：

$$T_{mc}=\frac{1}{4V_{mc}}\left[\sum_{i=1}^{n}X_iV_{ci}T_{ci}+3\left(\sum_{i=1}^{n}X_iV_{ci}^{2/3}\sqrt{T_{ci}}\right)\left(\sum_{i=1}^{n}X_iV_{ci}^{1/3}\sqrt{T_{ci}}\right)\right] \tag{2-4-15}$$

$$V_{cm}=\frac{1}{4}\left[\sum_{i=1}^{n}X_iV_{ci}+3\left(\sum_{i=1}^{n}X_iV_{ci}^{2/3}\right)\left(\sum_{i=1}^{n}X_iV_{ci}^{1/3}\right)\right] \tag{2-4-16}$$

$$Z_{ci}=0.2905-0.085\omega_i \tag{2-4-17}$$

$$V_{ci}=Z_{ci}RT_{ci}/p_{ci} \tag{2-4-18}$$

$$p_{mc}=(0.2905-0.085\omega_i)RT_{mc}/V_{mc} \tag{2-4-19}$$

$$\omega=\sum_{i=1}^{n}X_i\omega_i \tag{2-4-20}$$

式中　n——混合物组分数；

m——下标 m 表示混合物的性质；

i——下标 i 表示组分 i 的性质。

在计算饱和蒸气的压缩因数时，必须按式(2-4-10)计算，式中简单流体和非简单流体的压缩因数要由表 2-4-3 中数据求得，而不能按图 2-4-6 查得，否则结果不可靠。

表 2-4-3　饱和蒸气的 $Z^{(0)}$ 值和 $Z^{(1)}$ 值

p_c	$Z^{(0)}$	$Z^{(1)}$	p_c	$Z^{(0)}$	$Z^{(1)}$
1. 00	0. 291	-0. 080	0. 65	0. 615	-0. 059
0. 99	0. 35	-0. 083	0. 60	0. 640	-0. 053
0. 98	0. 38	-0. 085	0. 88	0. 665	-0. 056
0. 97	0. 40	-0. 087	0. 50	0. 688	-0. 049
0. 96	0. 41	-0. 088	0. 45	0. 711	-0. 041
0. 95	0. 42	-0. 089	0. 40	0. 734	0. 033
0. 94	0. 43	-0. 089	0. 35	0. 658	-0. 035
0. 92	0. 45	-0. 090	0. 30	0. 783	-0. 018
0. 90	0. 47	-0. 091	0. 25	0. 809	-0. 012
0. 85	0. 50	-0. 090	0. 20	0. 835	-0. 008
0. 80	0. 53	-0. 087	0. 15	0. 864	-0. 005
0. 75	0. 56	-0. 081	0. 10	0. 895	-0. 002
0. 70	0. 59	-0. 075	0. 05	0. 935	0. 000

在工程计算中，当对比压力 p_r=0~0. 2 时，取 $Z^{(0)}=1$，$Z^{(1)}=0$。

偏心因数除了用于计算非简单流体的压缩因数外，还可用于计算纯烃或石油馏分的蒸气压以及压力下气体焓的校正。注意，对于石油馏分，应采用假临界性质进行计算。

第五节 低 温 性 能

在我国北方冬季，气温可达-40℃以下，飞机在高空飞行时，高空温度达-70℃以下，这就要求发动机燃料和润滑油具有良好的低温性能。油品的低温性能是指油品在低温下能否顺利地泵送或维持正常流动的能力。这也是评价柴油、喷气燃料及润滑油等油品的重要质量指标之一。

一、油品凝固的实质

在一定压力下，纯化合物由液态变为固态或由固态变为液态的温度是一个固定值，称为凝固点或熔点，是物质的物理常数之一。油品是烃类的混合物，在遇冷时，是逐渐失去流动性的，没有一个固定的凝固温度，只有一定的温度范围。

油品在低温下失去流动性的原因有二：一是对于含蜡很少或几乎不含蜡的油品而言，温度降低，油品黏度增加。当黏度增大到使油品变成无定形的黏稠玻璃状物质而失去流动性时，这种现象称为黏温凝固。二是受油中所含蜡的影响。当含蜡较多的油品冷却时，随着温度的下降，油品中所含的蜡逐渐结晶析出，最初出现少量极微细的结晶，使原来透明的油品中出现云雾状的浑浊现象，此时温度称为云点或浊点；油品继续降温，蜡结晶逐渐长大，至其结晶明显可辨时，该温度称为结晶点。继续冷却油品，则蜡结晶大量生成，连接成网状结构，形成结晶骨架，把尚处于液态的油包裹在其中，从而使整个油品失去流动性，这种现象称为构造凝固。由此可见，所谓油品的凝固只是油品失去流动性的状态，实际上并未凝成坚硬的固体，仅仅是一种黏稠的膏状物而已。

二、浊点、结晶点和冰点

油品在规定条件下冷却，开始出现浑浊时的最高温度称为浊点，它是判定燃料吸湿性能或燃料本身能够溶解水分性能的指标。在油品到达浊点后继续冷却，出现眼肉可观察到的结晶时的最高温度，称为结晶点，此时油品中虽出现可见晶粒，但仍可流动。

油品在测定条件下达到结晶点后，将油品升温，使原来形成的结晶消失时的最低温度，称为冰点。试验要求结晶点和冰点之差不超过3℃。

石油中烃类的熔点随烃类类型和相对分子质量的不同而不同(表2-5-1)。由表中可知，一般正构烷烃与结构对称的短侧链单环芳烃和双环芳烃的熔点较高，环烷烃、异构烷烃、烯烃的熔点较低。同族烃中，随相对分子质量的增大，熔点升高。

水分在油品中有一定的溶解度。当燃料中有微量溶解水存在时，低温下水分不仅会结晶出来形成真正的冰粒，而且还可作为烃类结晶的晶核，使熔点较高的烃类迅速长成大的结晶，使油品的浊点和结晶点升高。

浊点主要用于评定灯油的低温性能。浊点高的灯油在冬季使用时，会出现堵塞灯芯的现象。结晶点和冰点主要用于评定喷气燃料的低温性能。我国及前苏联国家习惯上使用结晶点，欧美各国习惯上用冰点。喷气燃料在低温使用时，若出现结晶，则堵塞输油管路和滤清器，使供油不足，严重时会造成供油中断。这对高空飞行是非常危险的。

三、凝点和倾点

油品的凝固是个渐变过程，它与测定条件有关。油品在规定试验条件下，冷却到油品的液面不移动时的最高温度，称为凝点。试验按GB/T 510标准进行，当油品冷却到某一温度时，将试管倾斜 45°，经过 1min，直到找到能使油样液面倾斜 45° 时不移动，提高 2℃时液面又移动的温度，则取液面不动时的温度，为油品的凝点或凝固点。

表 2-5-1 烃类的熔点

烃类	熔点/℃	烃类	熔点/℃
烷烃		环烷烃	
正己烷	-95.32	环己烷	+6.5
2-甲基戊烷	-154.0	甲基环戊烷	-142.45
正庚烷	-90.6	甲基环己烷	-126.6
2-甲基己烷	-118.3	乙基环己烷	-111.3
正辛烷	-56.8	丙基环己烷	-94.95
2-甲基庚烷	-109.0	丁基环己烷	-74.93
4-甲基庚烷	-121.0	正十四烷基环己烷	+24.0
2，2-二甲基己烷	-121.2	芳香烃	
正壬烷	-53.65	苯	+5.5
正癸烷	-29.67	甲苯	-94.9
正十二烷	-9.6	对二甲苯	-25.2
正十四烷	+5.5	间二甲苯	-47.8
正十六烷	+16.7	邻二甲苯	+13.26
正二十烷	+36.4	1，2，3，4-四甲苯	-6.3
烯烃		1，2，3，5-四甲苯	-23.7
1-己烯	-139.9	1，2，3，4-四乙苯	+13.0
1-辛烯	-101.1	1-乙基苯	+15.0
1-壬烯	-81.37	1-丙基苯	-12.0
1-二十烯	+28.6		

倾点是油品在试验规定的条件冷却时，能够继续流动的最低温度，又称流动极限。倾点的测定是按照 GB/T 3535 在规定条件下冷却，直到试管保持水平位置(倾斜 90°)5s 而油品无流动显示时，则取试验温度计上显示的温度加 3℃，即为试样的倾点。

凝点和倾点都是评定原油、柴油、润滑油和重油等油品的输送、储存及低温条件下使用时的重要质量指标之一。我国和前苏联国家采用凝点，欧美各国采用倾点。在油品的使用中应按不同的环境温度选择不同凝点的油品。例如，一般户外工作的发动机应选用凝点低于周围气温 7℃以上的燃料，才能保证发动机的正常工作。

影响油品凝点和倾点的主要因素有化学组成、馏分组成以及测定条件等。油品沸程越高，特性因数越大，则凝点和倾点越高。油品中若含高熔点烃类较多，则凝点也较高。其次还与胶质及其他表面活性物质的含量有关。因为这些物质能吸附在石蜡结晶中心的表面上，阻止石蜡结晶生成，从而降低凝点。另外，测定时热处理速度、冷却速度等，会使石蜡的结晶过程和晶体形成的网状骨架均不相同，从而影响到凝点的高低。

四、冷滤点

在评定柴油低温流动性能时，可以用浊点、倾点或凝点。但实验证明，柴油在浊点时仍能保持流动性，以浊点为柴油最低使用温度的控制指标过于严格，不利于节约；倾点是柴油的流动极限，凝点时柴油已失去流动性，若以倾点或凝点作为控制指标又偏低，不能保证油品的低温使用性能。实际上，许多油品在尚未达到凝点时就已有晶体析出，使正常使用受到影响，而倾点只能判定油品储运作业预先不加热即可进行的最低温度，而无法知道尚处于流动状态下的油中蜡晶体已生成为什么状态，是否堵塞供油过滤器。所以，经过大量行车试验和冷启动试验表明，柴油的最低使用温度是在浊点和倾点之间，这一温度称为冷滤点。

冷滤点是指在规定条件下，试油开始通过过滤器不足每分钟 20mL 时的最高温度，是专用于评定柴油在低温下能否顺利地通过过滤器的性能指标。我国于 1985 年已将冷滤点作为柴油质量指标之一，测定标准试验方法为 SH/T 0248。我国车用柴油按凝点分为 7 个牌号，其对应的冷滤点指标见表 2-5-2。

表 2-5-2　车用柴油低温性能指标

车用柴油牌号	10	5	0	-10	-20	-35	-50
凝点/℃　不高于	10	5	0	-10	-20	-35	-50
冷滤点/℃　不高于	12	8	4	-5	-14	-29	-44

第六节　光　学　性　质

光学性质也是反映油品性质和组成的重要特性数据。

一、折射率

1. 折射率的定义

折射率又称折光率，是光在真空中的速度与光在介质中速度之比，以 n 表示，即：

$$n=\frac{C_{真空}}{C_{物质}};$$

$$C_{真空}=2.9986\times10^{8}\text{m/s}$$

通常报道的折射率数据是光在空气中的速度与被空气饱和的介质中速度之比。

2. 影响折射率的因素

折射率的大小决定于光的波长，被光通过介质的化学组成以及温度和压力等。光的波长愈短，物质愈致密，光线通过的速度愈慢，折射率就愈高。

（1）光的波长　同一物质的折射率随光的波长增加而略有减小（见表 2-6-1）。因为光的波长越长，它通过介质的速度越快，其折射率就越小，有 $n_F>n_D>n_C$。

常用测定折射率的仪器是阿贝折光仪，该仪器是以阳光或电灯为光源，但由于其中装有消除色散的补偿器，故测得的是钠黄光的 D 线折射率；还有一种是普费列赫折光仪，它不仅可测定 n_D，还可用氢灯为光源测定 n_F 和 n_C。

（2）温度　温度升高，折射率变小。一般温度每升高 1℃，折射率约减小 0.0004。可用式（2-6-1）计算不同温度下的折射率。通常以 20℃时钠黄光来测定 n_D^{20}。对于含蜡较多、熔点较高的油品，则测定 70℃时的折射率（n_D^{70}）。

$$n_D^t=n_D^{t_0}-0.0004(t-t_0) \tag{2-6-1}$$

式中　$n_D^{t_0}$——规定温度下的折射率；

n_D^t——测定温度下的折射率。

表 2-6-1　不同温度和不同波长下部分烃类的折射率

类　别	名　称	温度/℃	不同波长下的折射率		
			H	Na	H
			C(红光)	D(黄光)	F(蓝光)
			6562.8 埃	5892.6 埃	4861.3 埃
正构烷烃	正庚烷	20	1.38572	1.38764	1.39240
		30	1.38068	1.38258	1.37827
	正壬烷	20	1.40342	1.40542	1.41041
		30	1.39882	1.40080	1.40571
异构烷烃	异庚烷	20	1.38746	1.38944	1.39428
		30	1.38246	1.38440	1.38914
	2，3，3，4-四甲基戊烷	20	1.42016	1.42222	1.42737
		30	1.41580	1.41784	1.42293
烯　烃	1-庚烯	20	1.39744	1.39980	1.40569
		30	1.39214	1.39446	1.40025
	环乙烯	20	1.44383	1.44654	1.45333
		30	1.43833	1.44100	1.44771
环烷烃	甲基环己烷	20	—	1.4231	—
	正丙基环戊烷	20	1.42412	1.42626	1.43156
		30	1.41942	1.42152	1.42674
	正丙基环己烷	20	1.43481	1.43705	1.44254
		30	1.43029	1.43251	1.43794
芳香烃	苯	20	1.49643	1.50112	1.51313
		30	1.49015	1.49478	1.50662
	甲苯	20	—	1.4969	—
	丙基苯	20	—	1.4920	—

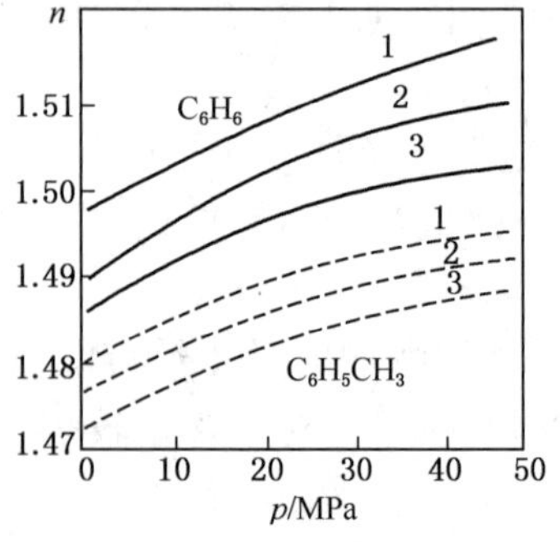

图 2-6-1　压力对折射率的影响

1—293.15K；2—303.15K；3—313.15K

——C_6H_6；┈┈ $C_6H_5CH_3$

(3) 压力　压力对折射率的影响很明显。温度一定时，折射率随压力增加而呈抛物线状增大(见图 2-6-1)。

(4) 化学组成和馏分组成　相同碳数的不同烃类，折射率的大小顺序为：芳香烃>环烷烃>烯烃>异构烷烃>正构烷烃。在同一族烃中，烷烃和环烷烃的折射率随相对分子质量的增大而增大，而芳香烃相反，是随着相对分子质量的增大而减小。同系物的折射率与相对分子质量的倒数有大致的线性关系，见图2-6-2。不同基属的原油 n_D^{20}(或 n_D^{70})随馏程的变化示于表2-6-2。可以看出，对于同一种原油，其馏分的折射率是随沸程的升高而增大，说明在较重的馏分中所含的芳香烃较多。对于沸程范围相同的馏分，石蜡基的折射率最小，而环烷-中间基的折射率最大。因此折射率也能反映油品在化学组成上的差别。

3. 折射率的计算及应用

烃类和石油馏分的折射率可由经验公式计算或由实验测定。

烃类的折射率可由下列经验公式得到：

正构烷烃　$n_D^{20}=1.4752-9.591(M+9.5)$　(2-6-2)

1-正构烯烃　$n_D^{20}=1.4752-7.568/(M+6.2)$　(2-6-3)

正烷基环戊烷　$n_D^{20}=1.4752-5.498/M$　(2-6-4)

正烷基环己烷　$n_D^{20}=1.4752-4.822/M$　(2-6-5)

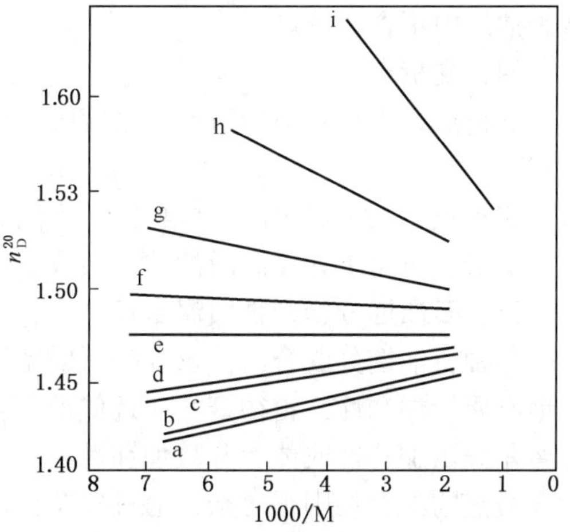

图 2-6-2　一些烃类同系物的折射率

a—正构烷烃；b—1-正构烯烃；c—正烷基环戊烷；d—正烷基环己烷；e—正烷基十氢萘；f—正烷基苯；g—正烷基四氢萘；h—正烷基萘；i—三环稠环芳烃

正烷基苯　$n_D^{20}=1.4752+1.578/(M-26.2)$　(2-6-6)

国产石油的直馏油、催化裂化和焦化馏分油的折射率，可测其相对密度，按下列经验公式计算：

$$n_D^{20}=0.520545+0.85475\rho+0.193995/\rho \quad (2-6-7)$$

或

$$\Delta n_D^{20}=0.547715\times\Delta\rho \quad (2-6-8)$$

式中　ρ——馏分油 20℃的密度，g/cm³；

Δn_D^{20}——两馏分油的折射率之差；

$\Delta\rho$——相应两馏分油的密度差值，g/cm³。

假设烃类或石油馏分混合时不发生体积变化，则混合物折射率可按组分的体积分数进行加和计算。

油品的折射率常用于测定油品的族组成，也用于测定柴油、润滑油的结构族组成，如 n-d-M法和 n-d-v 法等。折射率还可用于计算柴油的十六烷值。

二、色散率

色散率是指不同波长的光线在介质中折射率的差别，该值与分子结构有关。一般色散率是指一定温度下氢 F 线和氢 C 线的折射率之差值。

$$色散率 = n_F - n_C \quad (2-6-9)$$

三、比色散率

色散率与介质密度的比值称为比色散率，以 S 表示。

$$S=\frac{n_F-n_C}{\rho}\times 10^4 \quad (2-6-10)$$

比色散率与物质的相对分子质量无关，仅与物质结构相关。正构烷径和环烷烃具有几乎相等的比色散率，平均为 98.4。当分子中含有双键时，比色散率增大，如苯的比色散率为 189.3。所以比色散率可作为石油组成的分析方法之一。当油品的比色散率小于 100 时，可认为油品中不含芳香烃。

四、交折点

交折点是表示烃类折射率与密度关系的又一种形式，以 RI 表示。

$$RI = n_D^{20} - 0.5\rho_{20} \tag{2-6-11}$$

交折点反映了烃类的结构特征。不同烃类，其交折点也是有显著差异的。

交折点可用于计算润滑油的族组成，以及计算多元混合物的折射率与组成关系。

五、石油馏分物理性质混合规则

各种石油馏分混合后，密度和折射率近似地有体积加和性，而比热容、热焓和苯胺点近似地有质量加和性，雷德蒸气压近似地符合摩尔分数加和性，黏度的立方根或对数值近似符合摩尔分数加和性或体积分数加和性。

凝点的混合规则很复杂，通过经验借助于某些函数作换算因子可具有某些加和性。

表 2-6-2　进口原油石油馏分的折射率

原油种类	印度尼西亚韦杜里		阿曼		澳大利亚科萨卡		沙特阿拉伯轻质		越南大熊	
原油基属	低硫石蜡基		含硫石蜡-中间基		低硫中间-石蜡基		高硫中间基		低硫环烷-中间基	
馏分范围℃	n_D^{20}	n_D^{70}	n_D^{20}	n_D^{70}	n_D^{20}	n_D^{70}	n_D^{20}	n_D^{70}	n_D^{20}	n_D^{70}
<65			1.3662		1.3626		1.3660		1.3714	
65~80			1.3845		1.3880		1.3820		1.3962	
80~100			1.3968		1.4091		1.3935		1.4135	
100~130	1.4058		1.4070		1.4139		1.4072		1.4230	
130~160	1.4165		1.4191		1.4253		1.4221		1.4340	
160~180	1.4250		1.4280		1.4334		1.4327		1.4406	
180~200	1.4325		1.4335		1.4385		1.4389		1.4459	
200~230	1.4410		1.4425		1.4500		1.4462		1.4575	
230~250	1.4470		1.4502		1.4590		1.4530		1.4679	
250~275	1.4540		1.4575		1.4670		1.4629		1.4759	
275~300	1.4575		1.4626		1.4707		1.4696		1.4819	
300~320	1.4570		1.4672		1.4721		1.4769		1.4860	
320~350	1.4651		1.4758		1.4800		1.4865		1.4953	
350~365		1.4425		1.4635		1.4640	1.4945			1.4791
365~395		1.4445		1.4675		1.4652		1.4810		1.4801
395~425		1.4455		1.4756		1.4682		1.4885		1.4839
425~460		1.4555		1.4829		1.4770		1.4970		1.4915
460~475		1.4585		1.4839		1.4840		1.4995		1.4936
475~500		1.4625		1.4870		1.4881		1.5060		1.4953
500~530		1.4670		1.4911		1.4955		1.5107		1.5000
530~560		1.4720		1.4950		1.5045		1.5170		1.5060

第三章　发动机燃料

用作发动机燃料的石油产品，是以石油（原油）为原料，经过物理或化学方法加工所得的产品，在石油产品中产量大，应用广。随着我国国民经济及交通运输业的迅速发展，国内市场对发动机燃料的需求将大幅度增长。2015 年中国全年原油加工量至创记录的 522Mt，成品油产量 300.3Mt，成品油表观消费量 276.16Mt，其中汽油产量为 120.0522Mt，柴油产量为 180.079Mt。据公安部交管局统计，截至 2015 年年底，全国机动车保有量达 2.79×10^8 辆，其中汽车 1.72×10^8 辆；全国有 40 个城市的汽车保有量超过百万辆，私家车总量超过 1.24×10^8 辆，每百户家庭拥有 31 辆。工信部预测到 2020 年，中国汽车保有量将达到 2.5×10^8 辆，消耗成品油约 400Mt，也就是说汽车的平均年耗油量为 1.6t/辆。根据上面汽车保有量的数据及目前我国汽车保有量的增长速度，至 2018 年，我国汽车成品油消耗量将超过 330Mt。根据使用设备的机械工作原理，发动机燃料可分为以下几类：

① 点燃活塞式发动机燃料，即车用汽油和航空汽油，其中以车用汽油为主。

② 压燃活塞式发动机燃料，即柴油。由于柴油具有热效率高、耗油量低、负荷范围宽等优点，各国对柴油的需求量迅速增长。

③ 喷气式发动机燃料，主要为喷气燃料即航空煤油。由于近十几年我国航空事业的飞跃发展，喷气燃料需求量正以每年 20%的速度递增。

这些发动机燃料具有热值高、运输方便、使用便利等优点，使其在国民经济、军事等领域占有极其重要的地位。

各种不同结构的发动机，在不同工作条件下使用，对各种发动机燃料也提出了不同的要求，并制定了不同的产品质量标准。由于石油产品的使用性能与其化学组成密切相关，所以在制定石油产品质量标准时，既要考虑到尽可能地满足各种使用要求，又要考虑到石油及其产品的化学组成及性能，使其达到最大的经济效益。

随着经济的发展以及人们对环境保护意识的日益增强，目前各国按照可持续发展的新要求，考虑到有关环境准则，引入环境友好的概念，从而制定了新的产品质量标准。这些必然对产品的生产产生巨大的影响，同时也影响到生产工艺、生产规模、经营策略等各个方面。

第一节　汽　　油

一、汽油机（点燃活塞式发动机）的工作过程及其对燃料的使用要求

汽油是产量最大的石油产品之一，是点燃式发动机的燃料，主要用于汽车、摩托车以及活塞式航空发动机的燃料。

1. 点燃式发动机的工作原理

点燃活塞式发动机也称为汽化器式发动机或汽油机。有二冲程和四冲程之分。下面以四冲程的汽油机为例说明汽油机的工作原理。

四冲程是指汽油机在工作中曲轴回转两次完成进气、压缩、燃烧、膨胀和排气四个过

程。图 3-1-1 所示，活塞在汽缸中下行能到达的最低位置称为下止点，汽缸的总容积为 V_1，活塞上行能达到的最高位置称为上止点，此时燃烧室的体积为 V_2，那么 V_1 与 V_2 之比(V_1/V_2)称为压缩比，它是与发动机性能相关的一个重要指标。从上止点到下止点之间的直线距离就称为冲程。图 3-1-2 是点燃活塞式发动机的原理构造图。

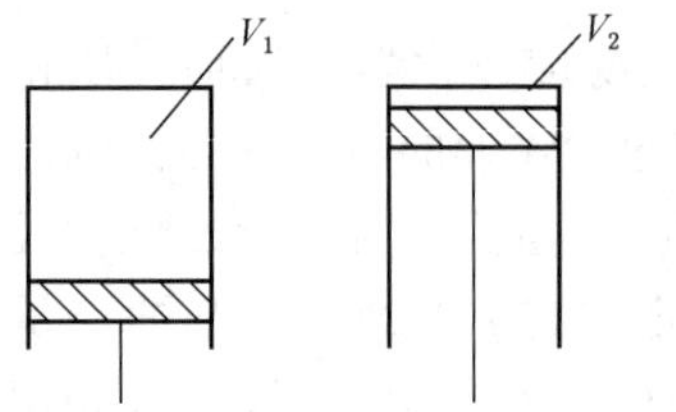

活塞至下止点　活塞至上止点

图 3-1-1　进气和压缩时汽缸的容积

化油器发动机　电控汽油喷射发动机　直喷式汽油发动机

图 3-1-2　点燃活塞式发动机原理构造图

(1) 进气　活塞下行，汽缸内容积增大，压力降低，进气阀开启，空气经喉管进入混合室，同时在喉管处形成一定的真空度，使汽油经导管由喷嘴喷出，在喉管处与空气混合，一起进入混合室，在混合室中的汽油汽化，与空气形成可燃混合气。可燃混合气进入汽缸后，因受到汽缸和活塞等高温机件及残留废气的加热，使混合气温度为 80~130℃。进气终了时，进气阀关闭。

(2) 压缩　活塞由下止点上行，混合气被压缩，其温度和压力逐渐升高。当活塞运动到上止点，压缩过程终了，混合气的温度可达 300~450℃，压力达 0.7~1.5MPa。这时的温度和压力取决于发动机的压缩比。

(3) 作功(点火燃烧)　在压缩过程中，活塞运动接近上止点时，由火花塞点燃混合气，燃烧火焰以 20~30m/s 的速度向四周传播，在约 0.002~0.01s 期间燃烧完毕，其最高燃烧温度达 2000~2500℃，压力达 3.0~4.0MPa。混合气燃烧产生高温高压气体的膨胀，推动活塞下行，并带动连杆使曲轴旋转而对外作功，活塞到达下止点时，作功过程结束。此时燃气温度降至 900~1200℃，压力降至 0.4~0.5MPa。

(4) 排气　作功冲程结束后，排气阀开启，活塞上行，将废气排出汽缸。废气的温度为 700~800℃。

完成上述四个冲程后，汽油机又开始一个新的循环过程，即不断重复这四个冲程。一般汽油机是由四个或六个汽缸按一定顺序组合连续进行工作的。

2. 点燃活塞式发动机对燃料的使用要求

汽油机是靠火花塞点燃油气混合气燃烧作功的，因此它要求易挥发、易燃烧的石油轻质馏分。对汽油的使用要求主要有：

① 具有良好的蒸发性能；

② 具有良好的燃烧性能，抗爆震；

③ 具有良好的安定性能，储存时间长，不易氧化、生胶；

④ 无腐蚀性。

二、汽油的蒸发性能

蒸发性能是汽油最重要的特性之一。在进入发动机汽缸之前，汽油先在汽化器中汽化，同空气混合形成混合气。汽油在汽化器中的蒸发情况以及与空气混合的均匀程度都与汽油的蒸发性能密切相关。所以汽油的蒸发性表示发动机进气系统内混合气形成的条件和可燃混合气的组成，汽油在汽车燃油系统中产生气阻的倾向以及汽油的燃烧完全度和发动机润滑油被汽油馏分稀释的程度。夏季气温高，汽油易蒸发，为避免过多蒸发和高温时在输油管中因汽化而形成气阻，要求汽油的蒸发性能应足够地低。但蒸发性能过低，会导致燃料燃烧不完全，耗油量增加，发动机功率下降，从汽车尾气中排出大量黑烟(不完全燃烧产物如炭粒、气态烃等)而污染环境。冬季气温低，为保证发动机易启动和正常运行，则要求汽油的蒸发性能足够高。由于汽油是各种烃类组成的混合物，一些蒸发性高的烃类扩散到空气中后，在太阳光的照射下会发生复杂的光化学反应，对环境造成污染，影响人体健康；同时也造成汽油在储运、使用中蒸发损失过大。因此，要控制汽油的蒸发性能。

评价汽油蒸发性能的指标有馏程、饱和蒸气压和气-液比。

1. 馏程

根据燃料的馏程，可了解汽油的沸点范围和蒸发性能，从而判断油品在使用时的适用程度。馏程是以 10%、50%、90%馏出体积的温度和干点来表示。

(1) 10%馏出温度　表示汽油中所含轻馏分的数量以及保证汽油发动机具有良好的启动性和形成气阻倾向的指标。10%馏出温度越低、汽油中所含的低沸点馏分就越多，汽油的蒸发性也就越强，这样，汽油机在低温下就越易于启动，尤其是在冬季。汽车的最低启动温度与 10%馏出温度有如下经验关系：

$$t_A = 0.7t_{10} - 59.1$$

式中　t_A——最低启动温度,℃；

t_{10}——汽油 10%馏出温度,℃。

所以我国车用汽油质量标准规定 10%馏出温度不高于 70℃。但该温度过低，在炎热的气候条件下，特别是在南方和高原地区，易产生气阻，如图 3-1-3 所示。

(2) 50%馏出温度　50%馏出温度用于判断汽油组成分布的均匀程度及其平均蒸发性能，确保发动机具有良好的加速性和平稳性以及爬坡能力。若 50%馏出温度低，说明汽油中轻组分含量多，在正常温度下，能较多地蒸发，有足够浓的混合气进入汽缸，可缩短发动机的暖机时间，还可使发动机加速灵敏，运转柔和，降低油耗。若 50%馏出温度过高，在发动机需要由低速转为高速而增大进油量时，汽油因不能及时完全汽化而燃烧不完全，严重时甚至导致发动机熄火。在我国车用汽油质量标准中规定 50%馏出温度不高于 120℃。

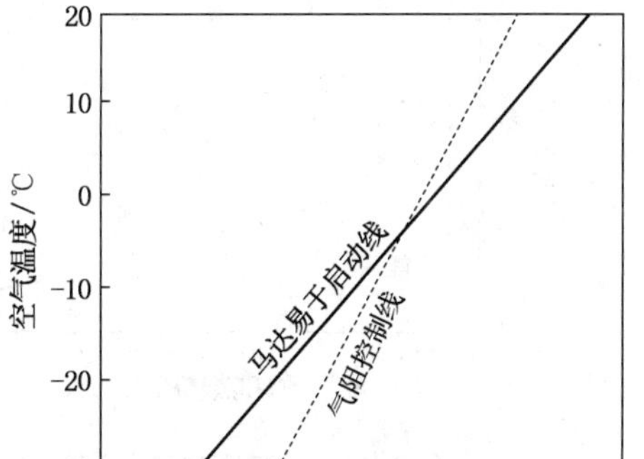

图 3-1-3　汽油 10%馏出温度与马达启动温度的关系

(3) 90%馏出温度和终馏点(或干点)　若 90%馏出温度和终馏点(或干点)过高，则汽油中含有的重质馏分过多，在使用过程中不能完全蒸发和燃烧，导致发动机功率下降，油耗量增加。未汽化的油滴流入曲轴箱，稀释润滑油而使发动机磨损加大，故本指标与发动机的耗油率和磨损率有关(见表3-1-1)。在车用汽油质量标准中规定了90%馏出温度和终馏点，我国车用汽油质量标准中规定这两个温度分别不高于190℃和205℃。

终馏点的降低会导致CO和碳氢化合物排放的减少，以及进气口沉积物的降低(大量沸点高于200℃的组分会沉积在进气阀上)，因此终馏点要求逐渐降低，从环保出发，终馏点不应超过195℃。

表3-1-1 汽油干点与发动机活塞磨损及汽油消耗量的关系

汽油干点/℃	175	200	225	250
发动机活塞相对磨损/%	97	100	200	500
汽油相对消耗量/%	98	100	107	140

2. 饱和蒸气压

汽油饱和蒸气压较高，对发动机的冷启动有利，如图3-1-4所示。还可提高车用汽油产量，改善车用汽油的辛烷值，并保证机动车辆正常行驶和加速性能。若饱和蒸气压太高，储运时蒸发损失大，不仅造成经济损失和环境污染，并且在使用时极易形成气阻，使供油不足或中断，发动机功率下降，甚至停止运转。

由于汽油蒸发性能与环境温度有关，为了使车用汽油具有良好的蒸发性能，在冬季和夏季，规定了不同的饱和蒸气压。我国车用汽油质量标准规定：夏季(3月16日~9月15日)饱和蒸气压不高于74kPa；冬季(9月16日~3月15日)不高于88kPa。

3. 气-液比

各种牌号汽油的气-液比同温度的关系测定结果见图3-1-5。从图中曲线可以看出，饱和蒸气压差别小的汽油(如1#、5#)，在同样温度下，其气-液比却有很大的差别。国外的许多研究证明了用气-液比来评定汽油形成气阻的倾向更可靠。

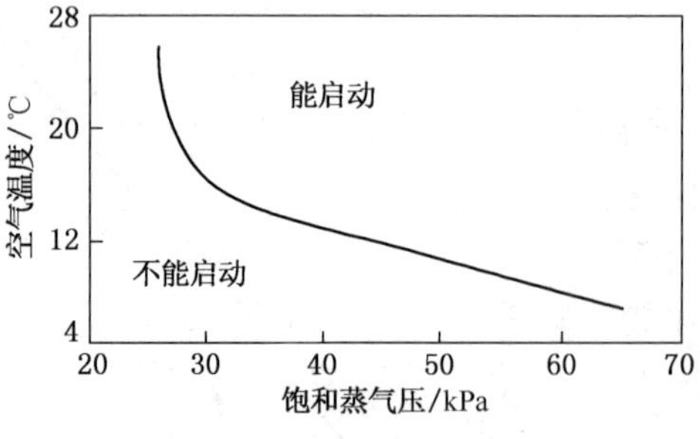

图3-1-4 汽油饱和蒸气压与发动机冷启动温度的关系

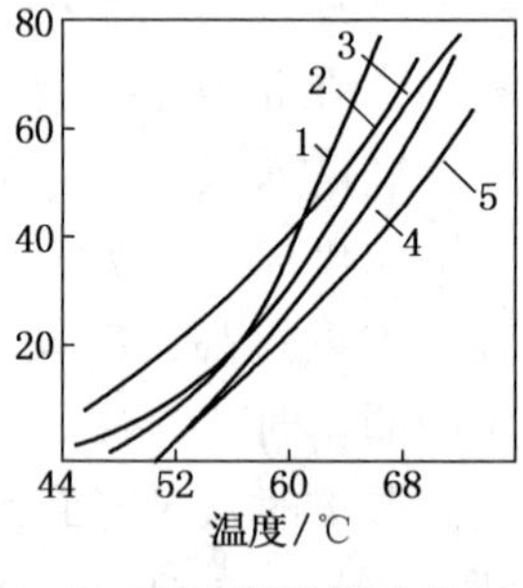

图3-1-5 不同牌号汽油的气-液比与温度的关系

1—$p°=62.5$kPa；2—$p°=71.5$kPa；3—$p°=64.9$kPa；4—$p°=58.8$kPa；5—$p°=59.6$kPa

在美国ASTM标准中，以$V/L=20$时的温度差别，将汽油分为五个等级，供不同地区和季节选用(表3-1-2)。

表 3-1-2 车用汽油蒸发性能等级表

项目		蒸发性能等级				
		A	B	C	D	E
气液比为 20 时实验温度/℃	不低于	60	56	51	47	41
饱和蒸气压/kPa	不高于	62	59	79	93	103
馏程/℃						
t_{10}	不高于	70	65	60	55	50
t_{50}	不低于	77	77	77	77	77
t_{50}	不高于	121	118	116	113	110
t_{90}	不高于	190	190	185	185	185
终馏点	不高于	225	225	225	225	225
残留量/%(体积)	不大于	2	2	2	2	2

三、汽油的抗爆性能

汽油发动机的热功率与其压缩比(ε)直接相关，并随压缩比的增加而增加，有：

$$热功率 = 1 - \varepsilon^{1-k} \quad (k > 1.0) \tag{3-1-1}$$

为了提高发动机的热功率，需要采用压缩比高的发动机。而不同的压缩比，需要与之相匹配质量的燃料。在汽油机压缩比固定的情况下，燃料能否迅速、完全、正常地燃烧，取决于汽油的质量指标——抗爆性。

1. 点燃活塞式发动机的爆震现象

在点燃活塞式发动机的压缩冲程中，可燃混合气的温度和压力迅速增加，此时，汽油开始发生氧化反应。可燃混合气被火花塞点燃后，在火花塞附近形成火焰中心，焰锋以球面形状逐层向未燃混合气平稳地推进，火焰以 20~30m/s 的速度传播。此时压力变化平缓，温度均匀上升。此过程属于正常燃烧。这时发动机工作平稳缓和，动力和经济性能较好。

若可燃混合气被点燃后，部分未燃混合气因受压缩和热辐射作用，温度和压力急剧升高，氧化反应加剧，以致在焰锋尚未到达之前，未燃混合气因局部温度过高而发生自燃，从而在发动机汽缸内形成两个或多个燃烧中心，发生爆炸式燃烧，产生强大的爆震波，短时间局部压力可达 10MPa 以上，温度超过 3000℃，火焰传播速度高达 2000~2300m/s。

在这种情况下，汽油发动机会出现机身强烈地震动，发出金属敲击声，在高温和压力波冲击下，会造成机件损坏，气门、活塞、活塞环烧坏；同时油料来不及充分燃烧便被排出(冒黑烟)，引起发动机功率下降，耗油率上升，这种现象称为爆震。

引起爆震原因有以下两个方面，一是发动机的工作条件。如果发动机压缩比大或操作不当，混合气压缩后的温度和压力过高，使燃料易氧化形成过氧化物，则易产生爆震。二是燃料的性质。若燃料不易氧化，或形成的过氧化物易分解而不易积聚，或燃料自燃点较高，则不易产生爆震。

2. 汽油抗爆性的评定方法

衡量燃料抗拒爆震的能力称为抗爆性。车用汽油用辛烷值来表示，辛烷值越高，油品的抗爆性能越好。

辛烷值是指在标准试验条件下，在专门设计的单缸试验机中，将试油与已知辛烷值的参比燃料比较，若爆震强度相当，则参比燃料的辛烷值就是试油的辛烷值。参比燃料由异辛烷(2，2，4-三甲基戊烷)和正庚烷混和而成。规定异辛烷的辛烷值为 100，正庚烷的辛烷值为

0。参比燃料中所含异辛烷的体积分数即其辛烷值。

若试油的辛烷值大于100，可改用加铅异辛烷作为参比燃料，这里在异辛烷中加入四乙基铅抗爆剂。每加仑(美)异辛烷中所含四乙基铅的体积(以 T 表示，单位 mL)与其辛烷值的关系，可查有关图表或用下式计算：

$$MON = \frac{28.28T}{1 + 0.736T + \sqrt{1 + 1.472T - 0.0352167T^2}} + 100 \quad (3-1-2)$$

汽油的辛烷值有以下几种评定方法：

(1) 马达法辛烷值和研究法辛烷值　马达法辛烷值(MON)适应汽车在高速公路上行驶和高功率重载汽车在超车或爬山时的情况。而研究法辛烷值(RON)表示发动机由低速至中速运行时燃料的抗爆性能，其试验强度没有马达法那样苛刻，其值也高于马达法，其所测辛烷值比较符合城市行驶的小轿车。两者近似关系表示为：

$$MON = 22.5 + 0.83RON - \rho_{20} - 0.12V_C \quad (3-1-3)$$

式中　ρ_{20}——油品20℃时密度，g/cm^3；

V_C——油品中烯烃体积含量，%。

同一试油中马达法辛烷值与研究法辛烷值之差，称为汽油的敏感度。

(2) 道路辛烷值　马达法辛烷值或研究法辛烷值均是在实验室中用单缸发动机在规定条件下测定的，它不能完全反映汽车在道路上行驶时的实际情况，因而要求车辆在道路行驶中实测其辛烷值，这样测定的辛烷值比较符合实际，称为道路辛烷值。测定道路辛烷值相对费时、费事，而且由于车型、气候、测试水平的影响，测试数据往往不够精确，因而实际上通常是采用经验公式，根据马达法辛烷值和研究法辛烷值数据来计算。道路辛烷值计算公式如下：

$$\text{道路辛烷值} = 28.5 + 0.431RON + 0.311MON - 0.040V_C \quad (3-1-4)$$

与道路辛烷值类似的指标还有抗爆指数(或称辛烷值指数，用 ONI 表示)：

$$ONI = \frac{1}{2}(RON + MON) \quad (3-1-5)$$

3. 汽油抗爆性与组成的关系

汽油发生爆震的倾向取决于发动机的工作条件和汽油的组成，与油品中各种烃类的分子结构及其中的碳原子数(相对分子质量)密切相关。烃类分子结构与其抗爆性能之间的关系见表3-1-3。

表3-1-3　烃类分子结构与其抗爆性能之间的关系

类　别	影响辛烷值的因素
烷　烃	支链程度相同，主链越长(即相对分子质量越大)，则辛烷值越低； 相对分子质量相同，分子结构越紧凑，支链程度越高，则辛烷值越高
烯　烃	烯烃类型相同时，主链越长(即相对分子质量越大)，则辛烷值越低； 辛烷值取决于未被双键隔断的最长碳链，双键越接近分子中心，辛烷值越高； 相对分子质量相同，分子结构越紧凑，支链程度越高，则辛烷值越高； 烯烃的辛烷值高于相应的烷烃的辛烷值
环烷烃	五元环烷烃的辛烷值高于六元环烷烃的辛烷值； 辛烷值随侧链碳原子数的增加而降低，随侧链的增多而显著增高； 两个侧链连于环上同一碳原子时，辛烷值最高； 环烷烃的辛烷值高于相同碳原子数的正构烷烃的辛烷值，低于异构烷烃和芳香烃的辛烷值

续表

类　别	影响辛烷值的因素
芳香烃	侧链对辛烷值的影响与带相同侧链的环烷烃有相同的变化规律； 在碳原子数相同的各种烃类中辛烷值最高

对于碳原子数相同、相对分子质量相近的不同烃类，其辛烷值示于表3-1-4，可以看出其辛烷值大小顺序为：芳香烃>异构烷烃>正构烯烃和环烷烃>正构烷烃。就同一族烃类来说，相对分子质量越大，辛烷值越小。所以由同一原油加工的汽油，其馏分越轻，密度越小，辛烷值越高(表3-1-5)。

表3-1-4　各族烃类的辛烷值

烃　类	沸点/℃	辛烷值	
		研究法	马达法
烷烃			
正戊烷	36.0	62	62
正己烷	68.7	25	26
正庚烷	98.4	0	0
2，2-二甲基丁烷	49.7	92	93
2-甲基己烷	90.1	42	46
2，2-二甲基戊烷	79.3	93	96
2，2，3-三甲基丁烷	99.2	>100	>100
烯烃			
1-庚烯	63.7	76	63
2-庚烯	68.0	93	81
1-辛烯		29	35
2-辛烯		56	56
2，2，4-三甲基-1-戊烯	101.5	>100	86
芳香烃			
苯	80.1	>100	>100
甲苯	110.6	>100	>100
乙苯	136.5	>100	98
对二甲苯	138.5	>100	>100
异丙苯		>100	99
环烷烃			
环戊烷	49.2		85
甲基环戊烷	71.8	91	80
乙基环戊烷	103.0	67	61
环己烷	80.0	83	77
乙基环己烷	130.4	46	41

表3-1-5　大庆直馏汽油窄馏分的辛烷值

馏程/℃	辛烷值	馏程/℃	辛烷值
初馏点～130	53	初馏点～190	39
初馏点～150	45	初馏点～200	37
初馏点～170	44		

在组成汽油的各族烃中，正构烷烃(除正丁烷外)，其辛烷值较低；支链程度相同时，主链越长，辛烷值越低。异构烷烃中，甲基支链越多，分子结构越紧凑，辛烷值越高。

烯烃类型相同，主链越长，辛烷值越小；双键的位置越靠近中央，辛烷值越高。相对分子质量相同时，分子结构越紧凑，支链数越多，则辛烷值就越高。

在环烷烃中，五员环的辛烷值高于六员环。环烷烃的辛烷值随侧链碳原子数的增加而下降，并随侧链数目的增多而显著提高。芳香烃其侧链对辛烷值的影响也是如此。

因此含环烷烃较多的环烷基、中间基的原油加工所得汽油的辛烷值高于含正构烷烃较多的石蜡基原油所得的汽油。二次加工汽油，因含有较多的芳香烃、异构烷烃及烯烃，其辛烷值高于直馏汽油。汽油中含较多的芳香烃和烯烃，敏感性也较高。

烃类抗爆性的类别可以用自由基链反应学说得到解释。

正构烷烃氧化生成过氧化物 ROOH，该过氧化物极易分解生成新的自由基 RO·、·OH，这些新的自由基又会引发新的反应链，使氧化反应链越来越多。由于过氧化物积累的速度急剧增加，从而引起自燃，发生爆震燃烧。芳香烃和环烷烃由于其环状结构的特性，不易生成过氧化物自由基，尤其是芳香烃，而且该过氧物化自由基也不易形成新的反应链；高度分支的异构烷烃亦如此，烯烃如环烯烃，虽易氧化成过氧化物，但过氧化物分解为醛和酮等氧化物，而不形成新的反应链，故抗爆性也优于正构烷烃。

四、汽油的安定性

汽油因发生氧化反应，生成大分子化合物，形成了胶质、沥青质各种沉淀物，使汽油变色，还会堵塞滤清器，影响供油，使燃料燃烧性能变差。故要求汽油要有良好的安定性，即汽油的质量在运输、储存和使用中长期不变。

（一）影响汽油安定性的因素

1. 化学组成的影响

在组成汽油的各族烃类中，烷烃和环烷烃、芳香烃在常温下均不易发生氧化反应，但其他不饱和烃如烯烃，尤其是二烯烃，极易发生氧化和叠合等反应，生成胶质，这是导致汽油安定性变差的主要原因。

因化学结构不同，不饱和烃氧化的难易也有差别，烯烃中生成胶质的倾向依次递减为：二烯烃、环烯、链烯；二烯烃尤其是共轭二烯、环二烯烃（如环戊二烯）的安定性最差，它们不仅本身易氧化生胶，而且还会促进其他烃类的氧化。

二次加工汽油中非烃化合物，如硫化物、氮化物的存在会导致汽油变色、生成胶质、沉渣等，也对汽油的安定性产生很大的影响。

2. 外界条件的影响

汽油的安定性也与外界条件有关，如温度、光照、金属催化作用等。

（1）温度　温度对汽油的安定性影响很大。研究表明，温度每升高 10℃，汽油中胶质生成的速度约快 2.4~2.8 倍。这是由于在较高的温度下，汽油中烃类分子受热，加速其氧化反应，生成胶质的倾向增大。

（2）金属的催化作用　汽油在储存、运输和使用过程中，常常与各种金属接触，而很多金属对汽油的氧化有明显的催化作用，尤其以铜的影响最大。其他各种金属对汽油催化作用强弱顺序如下：铅、锌、铝、铁、锰。在金属的作用下，汽油不仅颜色易变深，且也极易产生胶质。

（3）空气中氧的氧化作用　汽油的氧化作用从与空气接触的表面开始。燃料与空气接触面积越大，氧化的倾向也越大。

光照也是影响汽油安定性的外界因素之一。光照不仅可以使燃料受热，温度升高，而且光线中能量可被分子吸收，活化烃类分子，尤其是紫外光。所以汽油在储存和使用中应采取避光、降温、降低储罐中氧浓度，并避免与金属直接接触等措施。

（二）评定汽油安定性能的指标

1. 实际胶质

汽油在储存和使用过程中形成的黏稠的、不挥发的胶质物质，简称胶质，与原油中的胶质在元素组成和分子结构上均不相同。根据溶解度不同，分为以下三类：一是沉渣，是在汽油中形成的沉淀，并能过滤分离的不可溶胶质；二是可溶胶质，也就是通常所测定的实际胶质，它能溶解在汽油中，是汽油通过蒸发后残留的不挥发物质；三是黏附胶质，这类胶质不溶于汽油，而黏附在器壁上，且与不可溶胶质共存。以上三种胶质合称为总胶质。

实际胶质是评定汽油在使用过程中，在发动机进气管路及进气阀件上生成胶状沉积物倾向的指标。

实际胶质的测定按国家标准发动机燃料实际胶质测定法（GB/T 509）进行，该方法测定100mL燃料在热空气流中经蒸发、氧化、聚合、缩合所生成的胶质量，以mg/100mL表示。

参照ISO 6246标准制定的车用汽油和航空燃料实际胶质测定法（喷射蒸发法）GB/T 8019，与GB/T 509在测定的仪器构造上以及操作条件均有明显的不同。对于掺有不易挥发性油品或添加剂的车用汽油，其蒸发残留物还需经正庚烷抽提，取蒸发残渣中的正庚烷不溶物作为试油的实际胶质，以mg/100mL表示。

2. 诱导期

诱导期是评定汽油在加速氧化条件下氧化安定性的指标之一，表示汽油在储存时生成胶质的倾向。

按GB/T 256标准测定的汽油诱导期，是指100mL汽油放入充满压力为686.5kPa氧气的氧弹中，于100℃温度下未被氧化所经过的时间，以min表示。

等效采用ASTM 525的汽油氧化安定性测定法（诱导期法）GB/T 8018所规定的诱导期是指装有50mL试样的玻璃样品放入氧弹中，其内氧压达689～703kPa，从氧弹（达到15～25℃）放入100℃热浴中至氧弹内压力下降出现转折点之间所经过的时间，以min表示。

不同原油以及不同加工方法所得汽油的诱导期是不相同的。形成胶质的过程是以吸氧的氧化反应为主的汽油，其诱导期可以反映油品的储存安定性，即诱导期越长，汽油的生胶倾向越小，抗氧化安定性越好。但对于形成胶质的过程是以缩合和聚合反应为主的汽油而言，吸氧仅占次要地位，在诱导期实验中，尽管氧气消耗不多，但胶质含量已很高，这种情况下，诱导期就不能反映油品的储存安定性，如含烯烃较多的催化裂化汽油。

我国车用汽油质量标准中规定诱导期不小于480min。

（三）改善汽油安定性的方法

汽油的氧化生胶不仅与外界条件有关，也受其化学组成的影响。

除了在使用和储存中应注意避光、降温等措施外，在生产中，也应注意选择适当的组分作汽油，如含烯烃较多的热裂化、焦化汽油，其安定性较差，将之与直馏汽油、加氢汽油和催化重整汽油等安定性较好的汽油调和使用；也可采取精制方法：酸碱精制、加氢精制，除去汽油不安定组分；再有是加入抗氧添加剂，如T_{501}（2，6-二叔丁基对甲酚），5号防胶剂（N，N'-二仲丁基对苯二胺）等。

五、汽油的腐蚀性

汽油在使用和储存过程中，都会与金属材料、涂料、橡胶制品等相接触，为保证发动机和储运设备正常工作，就要求汽油没有腐蚀性。所以汽油的腐蚀性是其主要质量指标之一。

腐蚀性来源于汽油中存在的一些非烃类物质，如水溶性酸或碱、有机酸、活性硫化物等。

此外，在汽油质量指标中还规定水溶性酸或碱、铜片腐蚀等指标。水溶性酸或碱是油品用酸精制和碱中和后，因水洗过程操作不良残留下来的，在成品汽油中应不含水溶性酸或碱。铜片腐蚀试验是用铜片直接测定汽油中是否存在活性硫的定性方法。

六、汽油的硫含量

硫含量是汽油中与腐蚀和环保密切相关的指标。众所周知，硫化物燃烧后生成的二氧化硫和三氧化硫排放至大气中污染环境，且与水相遇后会产生具有腐蚀性的酸性物质，腐蚀发动机及曲轴箱部件。

近年来，随着环保要求越来越严格和汽车工业的发展，汽车上普遍安装了尾气催化转化器，如三效催化转化器和 NO_x 存储催化器，可以大大降低污染物的排放，但是硫会导致催化转化器中催化剂中毒，使得其对有毒排放物转化效率降低，硫也会堵塞 NO_x 存储催化器，且降低其耐用性，缩短寿命。对于有尾气催化转化器的汽车，硫还使车辆的排放量(如烃类、一氧化碳等)大幅度提高。所以现代汽车对汽油中的硫含量有严格要求，而世界各国的汽油标准中，硫含量均呈下降趋势。我国车用汽油质量标准中规定硫含量不大于 0.05%，中国石化标准规定硫含量不大于 0.02%。

七、汽油的品种的牌号

根据国务院出台的《大气污染防治行动计划》，加快推进成品油质量升级，适应日益严格的排放标准，改善环境、治理雾霾等污染、促进绿色发展，2015 年 5 月，国务院发改委等七部委联合发布了《加快成品油质量升级工作方案》，“国五”标准参考欧洲标准起草，硫、锰、烯烃含量均有所降低，有助于减少机动车污染物排放。要求 2016 年 1 月 1 日起，东部地区 11 个省市(北京、天津、河北、辽宁、上海、江苏、浙江、福建、山东、广东和海南)全面供应符合国五标准车用汽柴油。全国供应国六标准车用汽柴油的时间为 2019 年 1 月。

我国车用汽油按其研究法辛烷值(*RON*)划分牌号，分为 90 号、93 号、95 号和 97 号，分别适用于不同压缩比的汽油机(表 3-1-6)。中国车用汽油的质量标准见表 3-1-7a，京Ⅴ车用汽油质量标准见表 3-1-7b。

表 3-1-6　部分小型汽车的压缩比与汽油辛烷值的关系

压缩比	*MON*	*RON*	汽　车
6.0	66		
7.0	76		
8.0	88	90	
8.5		93	斯巴鲁森林人 2.5xt，捷达普通
9.0	92	95	夏利 N3，奔驰 G55、奔驰 S600、奔驰 S65，迈巴赫全系，红旗明仕 1.8
9.5		95	迈腾 1.8，北京现代雅绅特，福特嘉年华，桑塔纳 2000，桑塔纳 3000 1.8 自动舒适型，夏利 7101/7131/2000，奇瑞 QQ
10		97，98	奔驰 S350，奔驰 S320，马自达 5，北京现代雅绅特 1.4，派力奥 1.5FX
10.5		97，98	本田新飞度 1.3，宝马 750，奥迪 A4/A6，大众 POLO
11		97，98	奥迪 A8
11.3		97，98	法拉利 F430

中国石化股份公司于2000年底，参照世界燃料规范车用汽油Ⅱ类指标制定了比GB 17930—1999更为严格的“城市车用汽油质量标准(Q/SHR 007—2000)，列于表3-1-7b。

表3-1-7a 中国车用汽油质量标准

车用汽油标准(GB 17930—2016)								
项　目		车用汽油(Ⅵ)			车用汽油(Ⅴ)			
		89	92	95	89	92	95	98
抗爆性：								
研究法辛烷值(RON)	不小于	89	92	95	89	92	95	98
抗爆指数(RON+MON)/2	不小于	84	87	90	84	87	90	93
铅含量/(g/L)	不大于	0.005(50ppm)			0.005(50ppm)			0.005(50ppm)
馏程/℃								
10%蒸发温度	不高于	70			70			70
50%蒸发温度	不高于	110			120			120
90%蒸发温度	不高于	190			190			190
终馏点	不大于	205			205			205
残留量/%(体积)	不大于	2			2			2
蒸气压/kPa								
11月1日至4月30日	不大于	45~85			45~85			45~85
5月1日至10月31日	不大于	40~65			40~65			40~65
胶质含量/(mg/100mL)	不大于							
未洗胶质含量(加入清静前)		30			30			30
溶剂洗胶质含量		5			5			5
诱导期/min	不小于	480			480			480
硫含量/%质量分数	不大于	0.001(10ppm)			0.001(10ppm)			0.001(10ppm)
硫醇(需要满足下列要求之一)								
博士试验		通过			通过			通过
硫醇硫含量/%(质量分数)	不大于	0.001			0.001			0.001
铜片腐蚀(50℃，3h)/级	不大于	1			1			1
水溶性酸或碱		无			无			无
机械杂质及水分		无			无			无
苯含量/%(质量)	不大于	0.8			1.0			1.0
芳烃含量/%(体积)	不大于	35			40			40
烯烃含量/%(体积)	不大于	15~18			24			24
氧含量/%(质量)	不大于	2.7			2.7			2.7
甲醇含量/%(质量)	不大于	0.3			0.3			0.3
锰含量/(g/L)	不大于	0.002			0.002			0.002
铁含量/(g/L)	不大于	0.01			0.01			0.01
密度(20℃)/(kg/m^3)		720~775			720~775			720~775

表 3-1-7b　京 V 车用汽油质量标准(DB11/238—2012)

项　目		质量指标			试验方法
		89 号	92 号	95 号	
抗爆性					
研究法辛烷值(RON)	不小于	89	92	95	GB/T 5487
抗爆指数		84	87	90	GB/T、GB/T 5487
铅含量/(g/L)	不大于	0.005			GB/T 8020
铁含量/(g/L)	不大于	0.01			SH/T 0712
锰含量/(g/L)	不大于	0.002			SH/T 0711
密度(20℃)/(kg/m^3)		720~775			GB/T 1884 GB/T 1885、SH/T 0604
馏程/℃					GB/T 6536
10%蒸发温度	不高于	70			
50%蒸发温度	不高于	120			
90%蒸发温度	不高于	190			
终馏点	不高于	205			
残留量%(体积分数)	不大于	2			
蒸气压/kPa					
从 11 月 1 日至 4 月 30 日		45~85			GB/T 8017
从 5 月 1 日至 10 月 31 日		42~65			SH/T 0794
溶剂洗胶质含量/(mg/100mL)	不大于	5			GB/T 8019
未洗胶质含量(加入清洁剂前)/(mg/100mL)	不大于	30			GB/T 8019
诱导期/min	不大于	480			GB/T 8018
硫含量/(mg/kg)	不大于	10			SH/T 0689、GB/T 11140 SH/T 0253、ASTM D 7039
铜片腐蚀(50℃, 3h)/级	不大于	1			GB/T 5096
水溶性酸或碱		无			GB/T 259
机械杂质及水分		无			目测
硫醇(应满足下列要求之一)					
硫醇硫(博士试验法)		通过			SH/T 0174
硫醇硫含量/%(质量)	不大于	0.01			GB/T 1792
氧含量/%(质量)	不大于	2.7			SH/T 0663、SH/T 0720
甲醇含量/%(质量)	不大于	0.3			SH/T 0663
苯含量/%(质量)	不大于	1.0			SH/T 0713
烯烃含量/%(体积)	不大于	25			GB/T 11132 NB/SH/T 0741
烯烃+芳烃含量/%(体积)	不大于	60			GB/T 11132 NB/SH/T 0741

八、汽油标准变化对组成的影响

为降低汽车尾气排放对环境的影响，我国炼油业加快了油品质量升级的步伐，用不到10年的时间走过了欧美国家二三十年走过的道路。继2000年实现汽油无铅化之后，2003年将汽油含硫量要求降至800mg/L，同时对汽油中苯、烯烃和芳烃等含量首次提出了限制要求。从2005年7月1日起，我国汽油含硫量要求进一步降至500mg/L。从2008年1月1日起，北京市为迎接奥运会开始执行京标Ⅳ车用汽柴油标准；从2009年11月1日起，上海为迎接世博会开始执行沪Ⅳ车用汽柴油标准；从2010年8月1日起，广州为迎接亚运会开始执行粤Ⅳ车用汽柴油标准。京沪穗三地已率先执行相当于欧Ⅳ排放标准的车用汽柴油地方标准，硫含量要求均降至50mg/kg。从2010年7月1日起，我国在全国范围内开始执行车用汽油国Ⅲ标准，硫含量要求降至150mg/kg。国Ⅳ标准的汽油从2014年1月日起在全国范围内使用，国Ⅳ标准汽油含硫量上限50mg/kg；2017年12月执行国Ⅴ标准，国Ⅴ标准汽油含硫量上限10mg/kg。根据报道，中国将于2016年年底计划制定国Ⅵ汽油标准，将于2019年开始实施国Ⅵ汽油标准。

1. 中国汽油质量现状

2011年中国汽车工业协会组织了一次中国车用燃油抽检活动，从中国石油、中国石化加油站抽取了90个汽油油样，按国Ⅲ、国Ⅳ标准进行了全项检测，检测结果表明，汽油的合格率为16.5%。根据中国汽车工业协会组织的中国车用燃油抽检，结果表明，中国汽车用户使用的近90%汽油都是不合格的劣质油品。

2013年国家质量监督检验检疫总局共抽查了北京、天津、河北、山西、江苏、山东、河南、广东、广西、贵州、云南、陕西、宁夏等13个省、自治区、直辖市120家企业的120批次车用汽油产品，对研究法辛烷值、抗爆指数、铅含量、馏程、苯含量、芳烃含量、烯烃含量、氧含量、甲醇含量、有机含氧化合物、铁含量、锰含量、乙醇含量、密度等22个项目进行了检验，结果有15家企业的15批次产品不符合标准要求。2014年国家质量监督检验检疫总局共抽查了3个省(市)2家生产企业生产的2批次产品和113家加油站销售的118批次产品，抽查范围包括90号车用汽油、92号车用汽油、93号车用汽油、93号车用乙醇汽油、95号车用汽油、97号车用汽油、97号车用乙醇汽油。重点对产品的研究法辛烷值、抗爆指数、铅含量、铁含量、锰含量、密度、馏程、甲醇含量、苯含量、烯烃含量、芳烃含量、烯烃+芳烃含量、乙醇含量、其他有机含氧化合物含量等23个项目进行了检验。经检验，有4批次加油站销售的产品不合格，不合格产品检出率为3.3%，主要不合格项目为硫含量和锰含量。2015年国家质量监督检验检疫总局共抽查了北京、天津、河北、上海、江苏、浙江等6个省(市)的300家企业生产或销售的300批次产品，其中生产领域抽样6批次，流通领域抽样294批次，重点对研究法辛烷值、抗爆指数、铅含量、铁含量、锰含量、密度、馏程、甲醇含量、苯含量、烯烃含量、芳烃含量、烯烃+芳烃含量、乙醇含量、其他有机含氧化合物含量共25个项目进行了检验。经检验，有3家企业销售的3批次产品不符合标准要求，抽查产品合格率为99.0%。抽查发现不合格产品的质量问题主要集中在车用汽油的硫含量、车用乙醇汽油的乙醇含量和其他有机含氧化合物含量。

这些抽查结果表明，国内车用汽油质量还存在巨大差距，主要表现为以下几个方面：

（1）硫含量高　车用汽油中的硫燃烧生成的硫酸盐等物质会占据催化剂的活性位，导致催化剂中毒失效。尤其是汽油发动机采用稀燃技术之后，其后处理器的催化剂对硫极为敏感。另外，降低汽油中的硫含量可以削减HC、CO和NO_x排放，减少有毒物质排放；可以使总HC排放中苯和$C_3\sim C_{12}$烷烃含量下降；也可以使尾气中甲烷和乙烷的排放大幅度下降。美国的研究表明，将汽油中的硫含量从450mg/kg降至50mg/kg，HC排放降低约10%～22%，CO下降11%～26%，NO_x降低2%～12%，有毒污染物下降1%～12%，使汽车尾气质量大为改善。因此，不仅是我国，世界其他国家的车用汽油标准对硫含量的限制也是在不断严格，见图3-1-6。

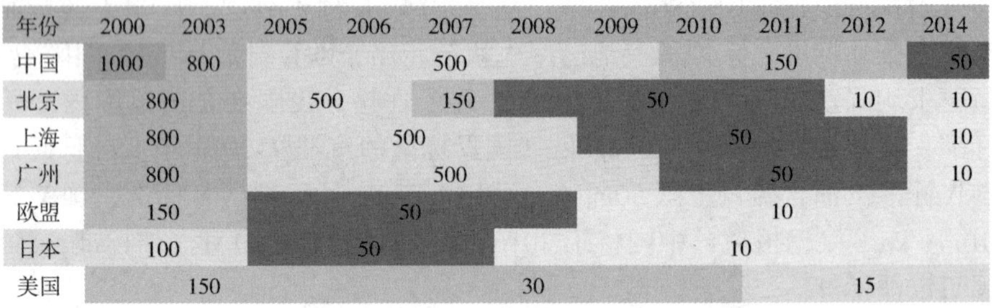

图3-1-6 中国汽油中硫含量(mg/kg)的变化以及与国外比较

根据中国现行汽油质量标准规定，硫含量各地要求存在差别，部分地区硫含量还是超过标准要求，如某加油站95号汽油等，虽然平均值并不高，但是由于受原油性质和加工工艺的影响，各企业生产的车用汽油的硫含量水平不平衡，在2011～2015年国家质量监督检验检疫总局抽检的车用汽油样品中，因硫含量超标的不合格样品占总不合格样品的近三分之一。

(2) 芳烃含量高 芳烃辛烷值高，可以提高车用汽油的辛烷值，但芳烃燃烧不完全将导致氮氧化物、碳氢化合物及一氧化碳增加。根据研究，当汽油中芳烃含量从45%(体积)降至20%(体积)时，HC排放降低约4%～8%，CO下降10%～16%，有毒污染物下降22%～32%。由于中国车用汽油中重整组分很少，所以芳烃含量相对较低。从国内车用汽油的抽检情况看，平均芳烃含量不高，为10.6%，芳烃含量符合国家质量技术监督局的要求。从表3-1-8世界燃料规范与欧盟标准和中国汽油标准芳烃含量指标比较可以发现，我国国家标准中对芳烃的含量要求略高于欧盟标准，即车用国Ⅳ和国Ⅴ标准汽油芳烃均不大于40%(体积)。但是，随着汽油调和组分的调整和汽油中重整汽油组分的增加，汽油中芳烃含量会有所提高。

表3-1-8 世界燃料规范、欧盟标准和中国汽油标准芳烃含量指标比较 %(体积)

世界燃料规范		Ⅰ类	Ⅱ类	Ⅲ类	Ⅳ类
≯		50	40	35	35
欧盟标准	欧Ⅰ	欧Ⅱ	欧Ⅲ	欧Ⅳ	欧Ⅴ
	1993年	1998年	2000年	2005年	2009年
≯			42	35	35
中国标准	国Ⅰ	国Ⅱ	国Ⅲ	国Ⅳ	国Ⅴ
	2000～2003年	2004～2006年	2006年	2011～2013年年底	2013年年底，过渡至2017年年底
≯	40	40	40	40	40

(3) 苯含量高 苯是公认的致癌物质，其在汽油中因蒸发和燃烧不完全，由汽车尾气排入大气而污染环境。因此世界各国均严格控制苯含量，世界燃料规范与欧盟标准和中国汽油标准苯含量指标比较见表3-1-9。对国内车用汽油的抽检结果表明，目前中国车用汽油总体苯含量不高，样品平均苯含量为0.84%，符合国Ⅴ标准。但仍有个别企业生产的车用汽油苯含量超标。

表3-1-9 世界燃料规范、欧盟标准和中国汽油标准苯含量指标比较 %(体积)

世界燃料规范		Ⅰ类	Ⅱ类	Ⅲ类	Ⅳ类
≯		5	2.5	1	1
欧盟标准	欧Ⅰ	欧Ⅱ	欧Ⅲ	欧Ⅳ	欧Ⅴ
	1993年	1998年	2000年	2005年	2009年
≯	5	5	1	1	1
中国标准	国Ⅰ	国Ⅱ	国Ⅲ	国Ⅳ	国Ⅴ
	2000~2003年	2004~2006年	2006年	2011~2013年年底	2013年年底，过渡至2017年年底
≯	2.5	2.5	1	1	1

(4) 烯烃含量高 烯烃的化学性质比较活跃，易造成发动机进气阀和喷嘴结焦，也会导致HC排放降低，CO、NO_x排放增高，漏入大气中易形成过量臭氧，产生光化学污染；当汽油中烯烃含量从20%(体积)降至5%(体积)时，HC排放增加约2%~8%，NO_x排放降低2%~8%，臭氧排放下降15%~28%。在发达国家中，催化重整汽油、烷基化汽油是汽油的主要调和组分，所以烯烃含量较低，日美等国家汽油中烯烃含量一般为13%~20%。而中国催化裂化(FCC)汽油的调和比例占到三分之二，导致汽油中烯烃含量较高(世界燃料规范、欧盟标准和中国汽油标准烯烃含量指标比较结果见表3-1-10)。但是，近年来由于对烯烃含量的要求日益严格，各个炼厂汽油中烯烃的含量也随之下降。

2012年，国家质量监督检验检疫总局对241批次车用汽油烯烃含量的检测，结果表明，其中仅2批次烯烃含量超标；从2013年至2015年国家质量监督检验检疫总局先后对至少900批次车用汽油烯烃含量进行检测，烯烃含量符合国Ⅳ和国Ⅴ标准。

表3-1-10 世界燃料规范、欧盟标准和中国汽油标准烯烃含量指标比较 %(体积)

世界燃料规范		Ⅰ类	Ⅱ类	Ⅲ类	Ⅳ类
≯			18	10	10
欧盟标准	欧Ⅰ	欧Ⅱ	欧Ⅲ	欧Ⅳ	欧Ⅴ
	1993年	1998年	2000年	2005年	2009年
≯			18	18	18
中国标准	国Ⅰ	国Ⅱ	国Ⅲ	国Ⅳ	国Ⅴ
	2000~2003年	2004~2006年	2006年	2011~2013年年底	2013年年底，过渡至2017年年底
≯	35	35	30	28	24

(5) 辛烷值不足 汽油的抗爆震燃烧性能由辛烷值和抗爆指数表示，汽油的抗爆性和燃烧过程有关。在理想条件下，经火花塞点燃的火焰穿过燃烧室，使汽油完全燃烧。但是由于火焰使燃烧室温度增高，从而在火焰前锋尚未到达时，汽油-空气混合物组成的气带压力增

高，导致部分汽油提前燃烧，即自燃。由于自燃产物都是对高温敏感的过氧化物，当自燃产物超过某一临界阈值时，混合气会在火花塞发出的火焰前锋到达之前产生爆炸式燃烧，即爆震。不同烃类的自燃情况不同，其抗爆性也不同，因而产生各种不同的辛烷值。

汽油的辛烷值高，则抗爆燃能力强；辛烷值低，则可能引起较强的爆震，并增加 NO_x 排放量，特别在较稀混合气的情况下更加显著。从另一方面看，较低的辛烷值限制了发动机的压缩比，导致燃油消耗率上升，总的污染物排放量也随之上升。

从2011~2015年期间，国家质量监督检验检疫总局先后对900批次车用汽油辛烷值含量进行了检测，结果表明，在不合格的汽油产品中，68.4%的产品由于辛烷值未达到要求。陕西省质量技术监督局7月7日公布2014年2季度车用汽油产品质量监督抽查结果，有7批次样品不符合标准要求，抽查产品不合格率为4%。这7批次样品不符合标准要求的产品中，有6批次是辛烷值不合格。可见，辛烷值是阻碍汽油质量的主要影响因素之一。

（6）蒸气压偏高　汽油饱和蒸气压如果太高，会增加汽油的蒸发量，导致空气中的VOCs的增加。夏季温度高，汽油易挥发，要求蒸气压低一些。尽管在监测中汽油的蒸气压合格，但是随着人们对环保要求日益严格，汽油标准中饱和蒸气压的变化也更加细化，除了根据季节来规范汽油蒸气压，国Ⅴ标准也明确表示在部分气温全年偏高的省市蒸气压也要控制在较低范围内，避免气阻发生。蒸气压于11月1日至4月30日不大于45~85kPa；5月1日至10月31日不大于40~65kPa。

2. 中国汽油池现状

中国的汽车产量近几年来急速增长，如图3-1-7所示，汽车生产量增长远超其他国家，增长率也是前十大产量国中最高的。根据公安部提供的数据，截至2014年年底，我国汽车保有量达1.57亿辆，是2007年的2.9倍(见图3-1-8)。随着经济社会的发展，汽车快速进入千家万户，近十年汽车年均增加1100多万辆，我国已快速进入汽车社会。

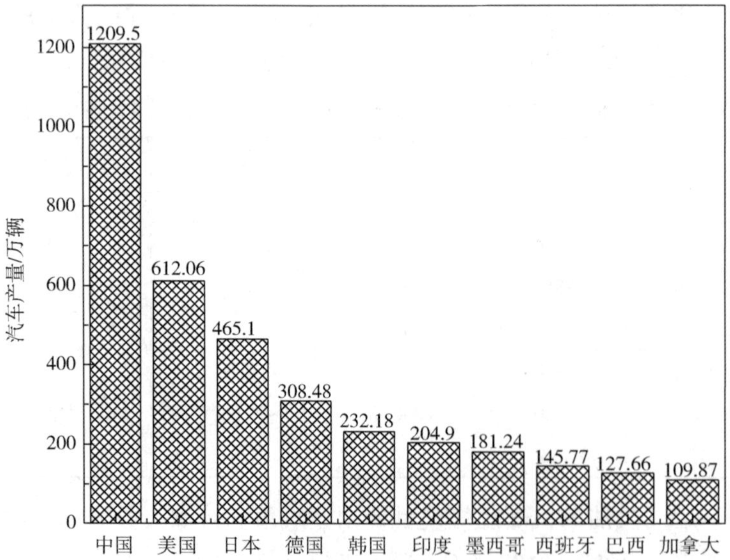

图3-1-7　2015年上半年全球汽车产量前十国家

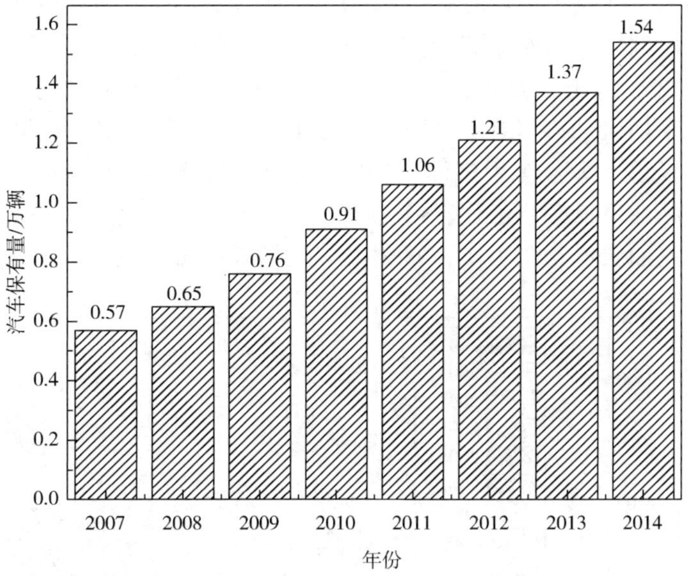

图 3-1-8　2007~2014 年汽车保有量对比

为了满足急速增加的汽车保有量，汽油的消费量也一直处于快速增长阶段。据国家统计局统计数据显示，2015 年 1~10 月我国汽油累计产量 899.4342 万吨，同比增长 10.92%。

(1) 车用汽油牌号的变化　汽车消费升级拉动汽油消费升级(如图 3-1-9 所示)，根据统计数据，2015 年 1~8 月乘用车累计销售 1200.85 万辆，相较于 2014 年同期，同比增长 4.47%，其中豪华车整体销售增幅为 8.67%，继续高于乘用车整体平均水平，占据乘用车市场 5.72%的份额。根据统计，2015 年上半年，中国豪华车市场中奥迪、宝马、奔驰三大品牌销量达到 650190 辆，占国内豪华车市场份额的 74.3%，同比提升 0.8 个百分点。

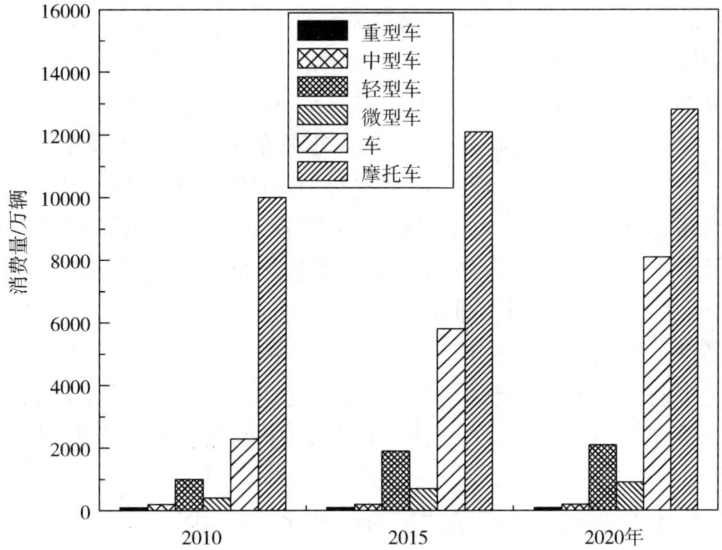

图 3-1-9　中国不同牌号汽车消费变化

根据报道，中国石油化工股份有限公司(中国石化)2010 年，生产的车用汽油中 93 号及以上标号车用汽油比例超过 90%。近年来中国石化不同牌号汽油产量变化见图 3-1-10。燕山等石化公司也从 2010 年起相继提高 93 号及以上标号车用汽油的产量，到 2013 年初，京V93 号及以上标号车用汽油产量达到 1.07Mt。2010 年中国石油大庆石化公司等企业生产的汽油 100%为 93 号及以上标号车用汽油。2013 年，中国石油完成国Ⅳ汽油、国Ⅲ柴油质量升级，稳步推进成品油质量升级工程，93 号及以上汽油比例达到 99.67%。中国石化于 2013 年完成了国Ⅳ车用汽油质量升级工作，93 号及以上汽油产量接近 100%。

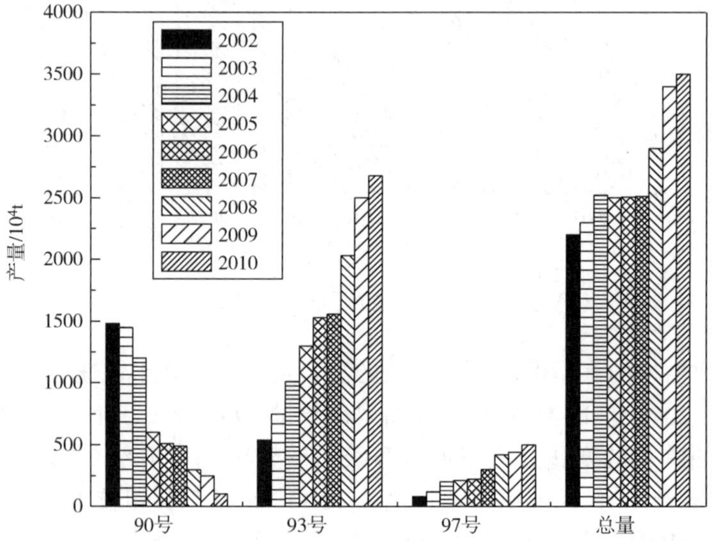

图 3-1-10 中国石化不同牌号汽油产量变化

结合我国各标号汽油的消费量数据，以及各自所占比例的逐年变化趋势，再考虑到汽车产业政策的发展方向，自 2012 年起，国内 90 号汽油已经基本退出市场，93 号汽油成为我国汽油消费的主要品种。自此从生产到消费领域，93 号汽油成为了主流产品。

(2) 汽油发动机技术进步对汽油辛烷值的影响　随着汽油发动机技术的不断进步，特别是可变气门正时技术(VVT 技术)成为汽油发动机技术发展的一个重要里程碑。VVT 技术是通过减少压缩比，提高膨胀比，突破了传统汽油机对称式热力循环效率的限制，从而实现大幅度节油的目的。VVT 技术的主要特点在于可以在不使用高压缩比和涡轮增压的情况下，依然可以达到甚至超过使用大压缩比、涡轮增压的发动机，从而降低对汽油高辛烷值的需求。目前国内丰田、本田、通用、标致雪铁龙、现代、福特、克莱斯勒等跨国汽车巨头分别在各自的发动机上采用了 VVT 技术，而越来越多的合资厂商已将该技术引入我国，VVT 技术在日系、韩系等汽车发动机中得到广泛应用。一些欧系汽车生产厂商也开始注重该技术的应用，使得越来越多的汽车发动机(以日系车为代表)在不使用高压缩比和涡轮增压的情况下，依然可以达到甚至超过使用大压缩比、涡轮增压的发动机(以欧系车为代表)的燃烧性能。

目前，只有少数生产商通过提高发动机的压缩比，采用涡轮增压来提高发动机的性能，从而对汽油的辛烷值有较高的要求。而多数(日、韩、法系等)生产商并非通过提高压缩比、而是依靠 HVVT 发动机技术等来提高性能，这样通常不需要追求很高压缩比，对汽油辛烷值的需求也有所放宽。根据报道，目前采用 VVT 技术的车辆，除少数高档车以外，中低档汽车使用高质量的 90~93 号汽油就可以满足发动机的需求。

近年来，在能源节约以及环境保护压力的驱使下，世界各大汽车生产商纷纷将节能减排作为汽油机先进技术的研究开发热点。随着 VVT 技术、缸内直喷技术、增压技术以及多点电喷等先进技术的成功开发及应用，不仅大大提高了汽油机汽车的燃油经济性和减少了排放，技术进步也降低了汽油发动机对高辛烷值的需求，从而带来未来高辛烷值汽油尤其是 97 号以上汽油的需求增长受限。从我国汽车工业的发展趋势来看，一方面国家鼓励经济型、小排量轿车的发展，另一方面高油价也将推动汽车消费和生产向经济型、节能化方向转变。在未来的轿车消费构成中，价格适中、经久耐用、节能环保型的经济型轿车必将成为汽车消费的热点和主力军。

为了提升环境保护力度，汽车排放标准的提升势在必行，国Ⅴ汽油标准的实施迫在眉睫。但是，将偌大的汽油池整体质量进行升级，对于炼油厂却是一个不小的考验。而发动机技术的不断进步将使未来清洁低硫的 90~93 号汽油成为市场消费的主流，也使得炼油厂通过损失少量辛烷值的方式而生产满足新汽车排放要求的车用汽油成为可能。

（3）汽油标准升级对汽油池的影响　汽油标准升级主要体现在“降硫降锰降烯烃”方面，如表 3-1-11 所示，从国Ⅲ到国Ⅳ再到国Ⅴ，锰含量上限从 16mg/L 降到 8mg/L，再降到 2mg/L；硫含量上限从 150mg/kg 降到 50mg/kg，再降到 10mg/kg。锰含量和硫含量的变化将带来 1.5~2.6 个单位辛烷值的损失。同时，烯烃含量的降低也导致辛烷值的下降。车用汽油国Ⅴ标准对标号的调整允许 1 个单位的辛烷值损失，因此还有 0.5~1.6 个单位的辛烷值损失需要弥补，从而引发汽油组分结构的调整。

表 3-1-11　中国油品升级主要变化

国家标准	硫含量/(mg/kg)	锰含量/(mg/L)	烯烃含量/%
第三阶段	≤150	≤16	≤30
第四阶段	≤50	≤8	≤28
第五阶段	≤10	≤2	≤24
说明	降低 80%	禁止人为加入	
对辛烷值的影响	损失 0.5 个单位	损失 1~2.1 个单位	下降
意义	提高汽车尾气净化系统能力，减少汽车污染物排放	减轻对人体健康潜在风险和对车辆排放控制系统的不利影响	降低汽油蒸发排放造成的光化学污染，减少机动车发动机进气系统沉淀物

目前，我国汽油池加权平均辛烷值为 92.5，其组成已经发展成为以催化裂化汽油、催化重整汽油为主，MTBE(甲基叔丁基醚)、烷基化、芳烃等高辛烷值组分为辅的汽油组成结构。为了满足清洁能源要求，降低汽油中烯烃含量，汽油池中催化裂化汽油比例也是在逐年下降，而其他高辛烷值组分比例不断增加。

中国目前尽管已经实施了国Ⅳ标准，但是对烯烃、芳烃含量的要求较欧洲标准有一定差距，较美国有较大差距。主要原因在于我国催化汽油在汽油池中比例远远高于国外，同时催化汽油质量也较差。一方面，我国催化原料明显比国外重质化、劣质化，导致我国催化装置的掺渣率和加工苛刻度较高；另一方面，加氢技术是目前有效脱硫的主要手段，但是我国对催化原料的加氢预处理能力低于国外水平，这些都导致了我国催化裂化汽油的烯烃含量远高于国外，同时硫含量较高，芳烃含量较低。因此，我国生产满足国Ⅳ及国Ⅴ排放标准的车用汽油，目前炼厂通常采用的方法是对催化裂化汽油进行加氢处理以解决硫含量及烯烃含量较高的问题。由于芳烃、烯烃和异构烷烃是汽油的高辛烷值组分，传统的加氢技术虽可轻易地降低硫、烯烃甚至芳烃含量，但同时也造成较大的辛烷值损失，FCC 汽油加氢处理过程中的辛烷值损失见表 3-1-12。

表 3-1-12　FCC 汽油加氢处理过程中的辛烷值损失

硫含量/(mg/kg)	辛烷值损失	
加氢前 FCC 汽油	加氢后 FCC 汽油	
	硫含量 50mg/kg	硫含量 5mg/kg
120	0.9	1.3
500	1.3	1.8
1500	1.8	2.2
2500	2.2	2.5

汽油标准升级所带来辛烷值损失，需要提升高辛烷值组分的比例来弥补。高辛烷值组分中，MTBE 尽管辛烷值高达 115，但受到氧含量限制，其添加比例目前在国内已经接近上限。油品调和组分优化分析表明：重整汽油、烷基化油比例将明显提升，如图 3-1-11 所示，为汽油消费升级带来的汽油组分变化。这也是主要因为二者的辛烷值明显高于国内汽油池中组分中占比最高的催化裂化汽油。此外由于二者烯烃含量低，也顺应了汽油标准升级所带来的烯烃含量下降的要求。同时，我国还使用甲基环戊二烯三羰基锰(MMT)来补充损失的辛烷

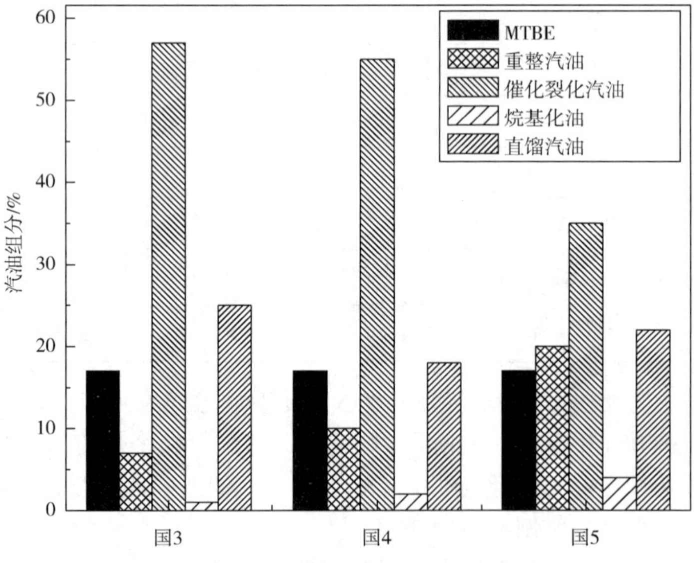

图 3-1-11　汽油消费升级带来的汽油组分变化

值。MMT 的使用量各地有所不同，2012 年的总体使用量约为 11.5mg/L，在部分地区，MMT 的用量在减少，2013 年底，已经减少到约 8mg/L，而 2015 年国Ⅴ标准中规定 MMT 用量不大于 2mg/L。

我国汽油结构以 FCC 汽油为主，而 FCC 汽油对 MMT 的感受性不显著，而且未来对锰含量的加入限制更加严格，所以不能依靠添加 MMT 的方法来实现大幅度提高汽油辛烷值的目的。考虑到汽油机压缩比的不断提高和爆震传感器的广泛采用，国Ⅴ标准也调整我国商品汽油牌号结构，这样一方面可以弥补降烯烃、降硫工艺造成的汽油池辛烷值降低，另一方面也降低为补偿辛烷值而造成的对金属添加剂的依赖度，避免添加含金属抗爆剂对车辆后处理系统产生的负面影响。

九、提高汽油辛烷值的方法

在过去的汽油质量标准中，未列出芳烃、烯烃以及苯的含量要求，为满足辛烷值的需要，汽油中芳烃和烯烃的含量相对较高。但新的汽油质量标准对此有较严格的限制，这势必给汽油的生产带来重大的影响。

为满足新汽油质量标准，炼厂首先要面临的问题是如何提高汽油的辛烷值。方法有：

1. 抗爆添加剂

在汽油的抗爆添加剂中，应用时间最长、效果最好的莫过于四乙基铅(TEL)，但因其毒性，使用已受限制，已经退出生产汽油的的舞台。

在金属抗爆剂中，除铅外，主要有铁基和锰基抗爆剂。铁基抗爆剂因对发动机磨损严重并造成火花塞短路而未被应用。可用作抗爆剂的锰基化合物是甲基环戊二烯三羰基锰(MMT)，它有许多优点，如沸点较高，不易蒸发损失；在空气中不分解，不仅可提高无铅汽油的辛烷值，而且又与汽油中的含氧组分有良好的配伍性，并能减少汽车尾气中有害物质的排放。

MMT 是首先作为 TEL 的一种补充而用于汽油的。1977 年加拿大将 MMT 用于无铅汽油；1995 年美国也同意 MMT 用于汽油。但因 MMT 对含芳烃汽油的辛烷值提高效果不大，且单独使用时价格过高而使其广泛使用受到限制。

2. 高辛烷值组分

由于目前各国还未找出更好的生产汽油的抗爆添加剂，所以一些实现无铅化或低铅化汽油的国家均采用生产高辛烷值组分的方法来满足新的汽油质量规格的要求。通常加入汽油中的高辛烷值组分有：醚类(MTBE、ETBE、TAME)、醇类(甲醇、乙醇等)、异构烷烃(2，3-二甲基丁烷等)。含氧化合物的性质见表 3-1-13。

其中醇类和醚类既可以作为提高汽油辛烷值的调和组分，又可成为汽油(RFG)所需含氧化合物的选择方案。但甲醇有毒性，且甲醇和乙醇的沸点也较低，易产生气阻，使用时需加入少量助溶剂等缺点，均使它们的应用受到限制。

炼厂常采用以下几种方法来生产高辛烷值组分：

(1) 催化烷基化工艺　以催化裂化气体中 C_4 馏分(包括丙烯)为原料，经过烷基化反应生产高辛烷值的烷基化油(为异构烷烃的混合物)，其辛烷值在 90 以上(表 3-1-14)。工艺流程图见图 3-1-12。该工艺能充分利用炼厂气中的异丁烷和烯烃，成为制取高辛烷值汽油组分的最重要手段之一。因此，烷基化油在汽油的构成中占有重要的地位。

表 3-1-13　含氧化合物的性质

项　目	甲醇	乙醇	叔丁醇（TBA）	甲基叔丁基醚（MTBE）	乙基叔戊基醚（ETBE）	叔戊基甲基醚（TAME）
相对密度 d_4^{20}	0.791	0.789	0.789	0.741	0.750	0.750
沸点/℃	64.7	78.3	82.8	55.3	72.8	86.3
蒸气压/kPa	35	16		51	40	22
辛烷值						
研究法	114	111	106	118	118	115
马达法	95	94	89	101	101	100
氧含量/%	50.0	34.8	21.6	18.2	15.7	15.7

表 3-1-14　烷基化油的辛烷值

原　料	硫　酸　法		氢氟酸法	
	RON	MON	RON	MON
丙　烯	89~92	88~90	91~93	89~91
1-丁烯	98~99.6	94~95	94~95	91~92
2-丁烯	98~99	94~95	97~98	93~94
异丁烯	90~91	88~89	94~95	90~91
戊　烯	92~93	91	91~92	90

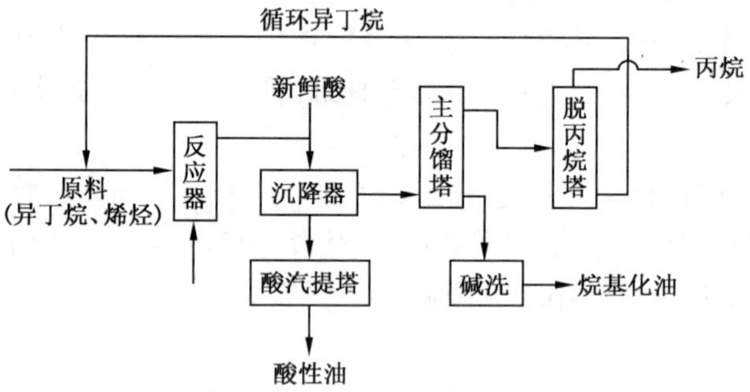

图 3-1-12　氢氟酸烷基化工艺流程图

异丁烷与丁烯的各种异构体及丙烯的烷基化反应如下：

与异丁烯反应：

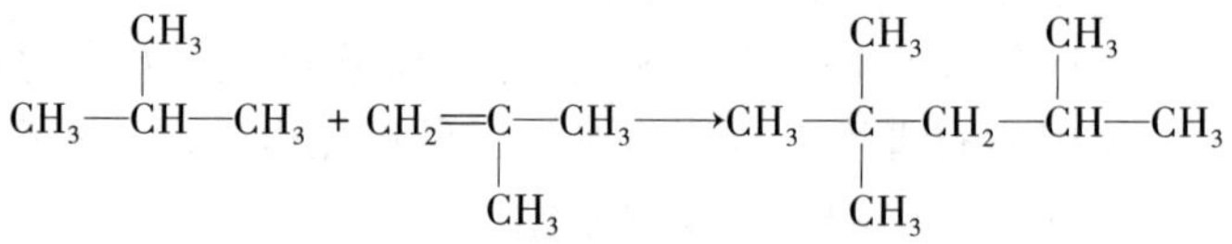

与 1-丁烯反应：

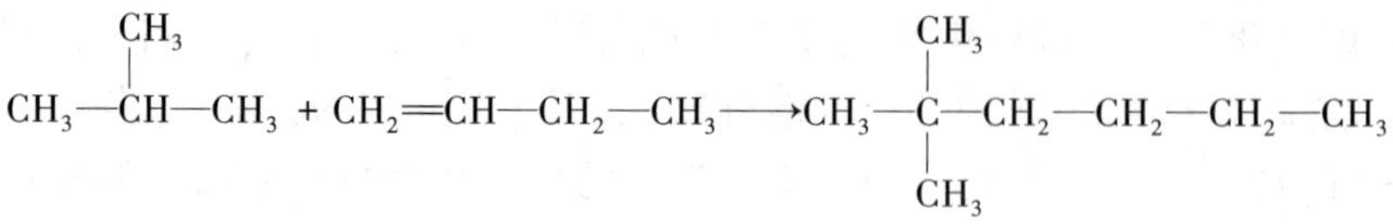

与 2-丁烯反应：

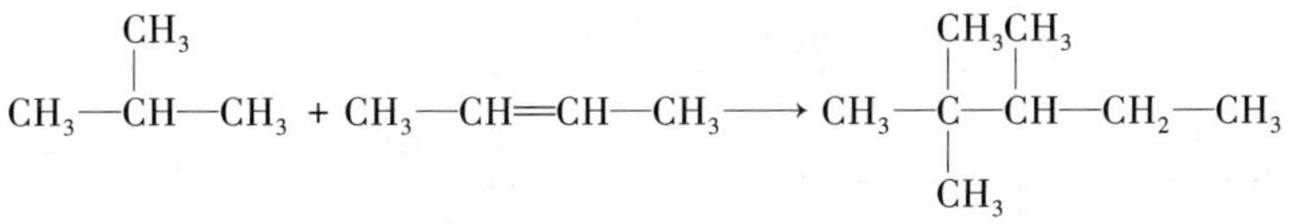

与丙烯反应：

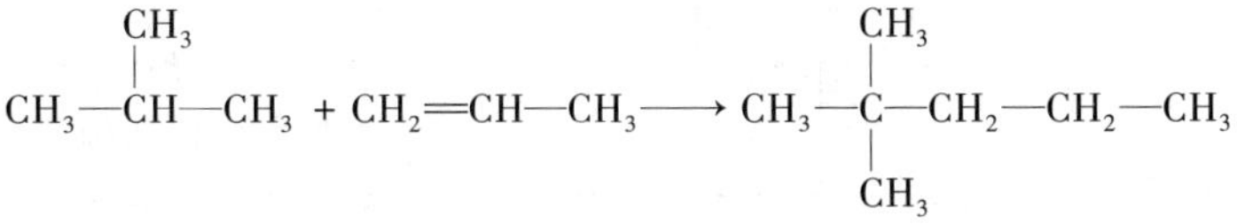

烷基化反应是以硫酸或氢氟酸为催化剂，反应条件见表 3-1-15。这两种酸的腐蚀性较强，氢氟酸还有毒性，从生产安全和环保角度考虑均不利。为此，各国都进行了不懈的努力，Phillips 和 Mobil 公司于 1998 年报道了他们联合开发的 REVAP 工艺，该工艺的特点是通过使用助剂以减少 HF 的挥发性。使用该工艺后，产品的辛烷值略高于原有的装置，操作费用低于硫酸法烷基化工艺。

表 3-1-15 烷基化反应条件

项　目	硫　酸　法	氢氟酸法
反应温度/℃	2~7	20~40
反应时间	20~30min	20s
烷烃/烯烃摩尔比	(7~9)：1	15：1
酸烃摩尔比	(1~1.5)：1	
酸浓度/%	98~99	85~95

（2）催化醚化工艺　在新配方汽油质量指标中规定氧含量达到 2%，这就需调入一定量的含氧化合物。目前常用的醚类是甲基叔丁基醚（MTBE），它由异丁烯与甲醇在酸性催化剂作用下反应制得：

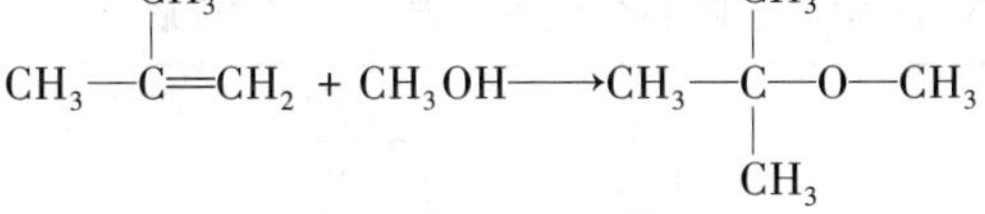

MTBE 的辛烷值比烷基化油高出 10~20 个单位，且蒸气压不高，并对催化裂化汽油、烷基化汽油、宽馏分汽油等各种汽油组分具有良好的调和效应。MTBE 合成流程图见图 3-1-13，反应条件为：反应温度 50~80℃，甲醇/异丁烯摩尔比为 1.1：1，反应压力 1.0~1.5MPa，空速 1~2h^{-1}。

MTBE 与催化裂化汽油调和后，辛烷值提高幅度示于表 3-1-16。MTBE 与催化裂化汽油、催化重整生成油三组分调和对产品辛烷值及组成影响示于表 3-1-17。可以看出，汽油中调入 MTBE 后，对提高汽油的辛烷值，降低汽油中烯烃含量均有较好的效果。不同组分汽油中加入 MTBE 后的辛烷值列于表 3-1-18。根据目前查到的信息，禁用 MTBE 在美国已成定局，包括西欧在内的一些地区和国家也趋于在汽油中减少 MTBE 用量或禁止使 用。而我国的相关政策依旧可以将 MTBE 作为汽油添加剂来使用。

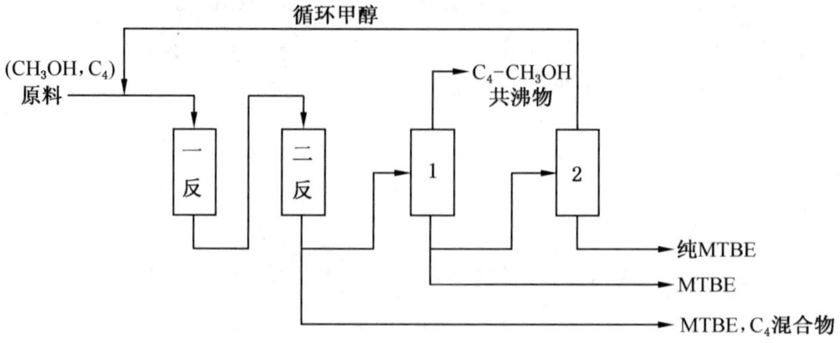

图 3-1-13　合成甲基叔丁基醚(MTBE)流程图
(两段反应、两段蒸馏)
1—CH_3OH-C_4 共沸蒸馏塔；2—CH_3OH-MTBE 共沸蒸馏塔

表 3-1-16　MTBE 与催化裂化汽油调和结果

MTBE 调入量/%	0	5	10	15	20
调和后汽油辛烷值					
RON	91.0	92.5	93.7	95.1	95.5
MON	79.5	81.2	82.5	83.7	83.9
ONI	85.3	86.9	88.1	89.4	89.7

表 3-1-17　MTBE 与催化裂化汽油、重整生成油调和结果

序号	调和组分/%			调和油性质					
	催化裂化汽油	催化重整汽油	MTBE	*RON*	*MON*	*ONI*	烯烃/%	苯/%	芳烃/%
1	55	25	20	96.5	85.5	91.0	27.5	2.5	21.5
2	60	20	20	97.0	84.6	90.8	33.0	2.1	18.0
3	65	20	15	96.0	84.4	90.2	32.6	2.1	18.5
4	65	15	20	96.8	84.4	90.6	30.8	1.7	16.0
5	70	15	15	96.5	85.1	90.8	35.7	1.7	16.0

表 3-1-18　不同组分汽油中加入 MTBE 后的辛烷值

汽　　油	MTBE 加入量/%(体积)			
	0	10	15	20
直馏轻汽油				
MON	56.2	61.6	64.6	67.9
RON	56.0	64.7	68.0	71.3
ONI	56.1	63.2	66.3	69.6
烷基化油				
MON	92.4	94.0	94.9	95.5
RON	93.4	97.1	98.9	100.7
ONI	92.9	95.6	96.9	98.1
催化裂化汽油				
MON	77.6	80.0	81.8	82.6
RON	88.3	91.6	93.3	94.4
ONI	83.0	85.8	87.6	88.5

续表

汽　　油	MTBE 加入量/%(体积)			
	0	10	15	20
宽馏分重整汽油				
MON	84.3	86.0	86.9	87.8
RON	95.4	98.6	99.6	100.9
ONI	89.9	92.3	93.3	94.4

我国汽油中催化裂化(FCC)汽油占有很大的比例，因此充分利用催化裂化汽油中的C_4~C_7烯烃具有十分重要的意义。为此，抚顺石油学院与抚顺石油二厂等单位联合开发了催化裂化汽油醚化改质工艺。该工艺利用 FCC 汽油中 C_4~C_7 异构烯烃，将 FCC 汽油醚化，生产含醚汽油。这种汽油可将辛烷值(*RON*)提高 1.8~3.0 个单位。醚化改质汽油辛烷值高，安定性好；与甲醇共溶性改善，有利于汽油中保存一定量的甲醇；含氧量增加，烯烃类降低。该工艺被认为是目前最经济的提高汽油质量的方法之一。

(3) 催化异构化工艺　催化异构化工艺是以直馏或加氢裂化低于 60℃(C_5)或低于 80℃(C_5~C_6)轻馏分为原料，将其中的正构烷烃转化为高辛烷值的异构烷烃的工艺过程，见图 3-1-14流程图。

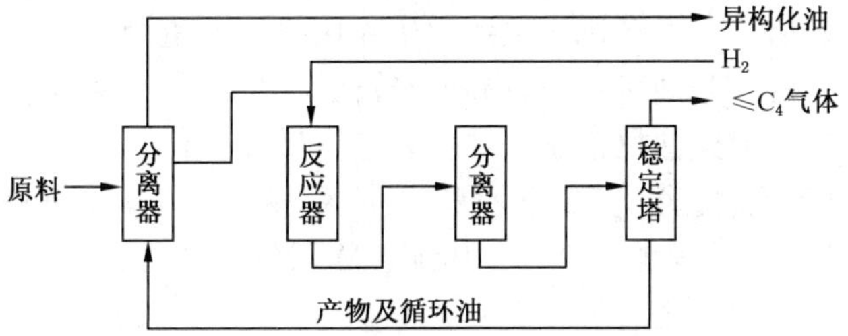

图 3-1-14　催化异构化工艺流程图

早期异构化工艺是采用 $AlCl_3$ 或 $AlBr_3$ 为主要成分的 Friedel-Craft 型催化剂。现用的是将具有加氢-脱氢活性的贵金属载于酸性载体上的双功能催化剂。反应条件为：氢压 2.0~3.0MPa,反应温度 250~350℃，异构化的反应历程为：

$$\text{正构烷烃} \underset{}{\overset{\text{金属中心}}{\rightleftharpoons}} \text{正构烯烃} \overset{\text{酸性中心}}{\rightleftharpoons} \text{异构烯烃} \overset{\text{金属中心}}{\rightleftharpoons} \text{异构烷烃}$$

十、汽油的调和

为了使成品汽油满足各项质量指标的要求，常常需要将各种组分及添加剂调和在一起，制成成品汽油。

1. 蒸气压的调整

炼厂在生产中，通过加入低分子烷烃(C_4、C_5)的方法，调整汽油的蒸气压。

2. 辛烷值的调整

调入高辛烷值汽油调和组分。

目前国内外常用的车用汽油调和组分主要有：直馏汽油、重整汽油、叠合汽油、催化裂化汽油、烷基化汽油、异构化油、加氢裂化汽油等，此外还有含氧化合物——MTBE、TBA等。汽油调和组分的发展，不仅扩大了汽油的来源，而且为提高汽油质量、满足汽油品种规格上的需要提供了物质基础。

表 3-1-19 国内外汽油调和组分比较(2013) %

汽油组分	中国	欧盟	美国
催化裂化汽油	76.7	32.0	38.0
催化重整汽油	14.8	45.0	24.0
烷基化汽油	0.2	6.0	15.0
异构化汽油		11.0	5.0
其他	8.3	6.0	18.0

3. 其他添加剂

在储运和使用过程中，为防止汽油氧化变质以及金属的催化作用，在成品汽油中加入抗氧剂和金属钝化剂，如 T_{1201}(N，N'-二亚水杨酸-1，2-丙二胺)等。

第二节 柴 油

一、柴油机的工作过程及其对燃料的使用要求

柴油机也称为压燃活塞式发动机，主要用于农用机械、重型车辆、坦克、船舶舰艇、矿山机械等。与汽油机相比，柴油机具有较高的经济性和良好的加速性能，且使用的燃料沸程较高、成本较低等优点，但柴油机笨重、结构复杂、转速较低。

柴油机按其工作过程可分为四冲程和二冲程两类。以四冲程为例(工作原理见图 3-2-1)，柴油机的工作过程也是进气、压缩、膨胀作功和排气。

1. 压燃式发动机的工作过程

(1) 进气 发动机的活塞下行，开启进气阀，空气经滤清器吸入汽缸。活塞至下止点时，进气阀关闭。

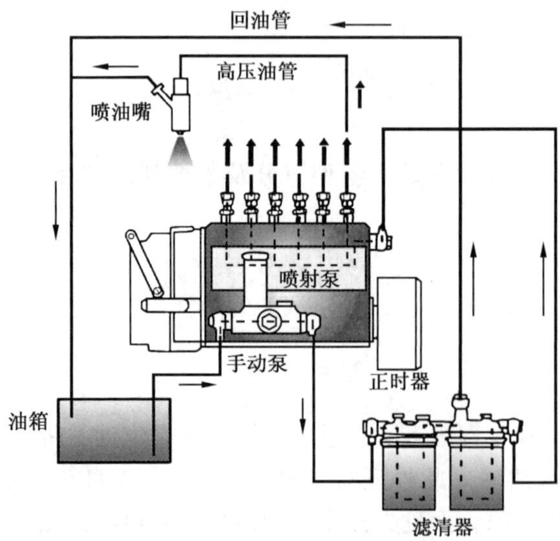

图 3-2-1 柴油机的原理构造图

(2) 压缩 由于柴油机的压缩比达 16~20，高于汽油机，因此压缩后的气体温度可达 500~700℃，压力达 3~5MPa。

(3) 膨胀作功 当活塞到达上止点前 10°~30°时，经粗细滤清器过滤后的燃料，用高压油泵由喷油嘴直接喷入汽缸内。此时，汽缸内的温度已超过柴油的自燃点。喷入的柴油迅速雾化、汽化，与空气混合并自燃，燃烧气体温度达 1500~2000℃，压力高达5~12MPa。同时，活塞下行，带动曲轴对外作功。

(4) 排气 活塞下行，经下止点后，依靠惯性上行。排气阀开启，排出废气。废气温度达 300~500℃。完成了一个工作循环。

2. 对燃料的使用要求

压燃式发动机使用轻柴油作燃料，其要求主要有：

① 具有良好的雾化性能和蒸发性能；

② 具有良好的燃烧性能；

③ 具有良好的低温流动性能；

④ 具有良好的安定性能，且对发动机无腐蚀。

二、柴油的雾化性能和蒸发性能

柴油经喷嘴喷入汽缸，分散成许多细小的油滴，这些油滴在热的压缩空气中雾化、蒸发，并与空气混合，形成均匀的可燃混合气，然后自燃。因此，为保证柴油在汽缸中能迅速地雾化、蒸发、混合，要求柴油具有适当的黏度和蒸发性能。

（一）黏度

黏度是柴油的重要性质之一，是决定柴油的供油量和燃烧等情况的重要指标。

柴油的黏度过大，会使油泵的抽油率下降，造成供油困难。喷油时，喷射角小，射程远，且油滴直径过大，使油滴的蒸发速度减慢，造成燃料与空气混合不均匀，导致燃烧不完全，形成积炭，使发动机功率下降，耗油量上升。

柴油的黏度若过小，则易发生渗漏，从而使汽缸的供油量减少，发动机功率下降。柴油黏度过小，也使喷油的射程近且喷射角大，喷入的柴油集中在喷油嘴附近，使之不能与全部空气均匀混合，导致燃烧不完全，排气管冒黑烟。

同时柴油本身也作为输油泵和高压油泵的润滑剂，柴油黏度过小，也使油泵不能保证可靠的润滑，磨损加大，故在国标中对各种牌号柴油的黏度均有规定。国产轻柴油 20℃运动黏度规定为 $1.8\sim8.0mm^2/s$。

（二）蒸发性能

柴油在发动机汽缸中着火和燃烧都是在气态下进行的。因此柴油的蒸发速度决定在汽缸内形成可燃混合气的速度，也影响到柴油是否能燃烧完全。当其他条件相同时，混合气的形成速度由燃料本身的蒸发性决定。发动机转速越高，允许形成可燃混合气的时间越短，燃料蒸发性能的意义就越大。

柴油的蒸发性能可由馏程和闪点来评定。

1. 馏程

主要用 50%、90%馏出温度来评定柴油的蒸发性能，测定方法执行国标 GB/T 6536。

（1）50%馏出温度　50%馏出温度越低，说明柴油中轻组分越多，柴油机易于启动（表 3-2-1）。我国柴油质量标准中规定轻柴油 50%馏出温度不高于 300℃，故有时也用 300℃时的馏出量表示轻柴油的蒸发性能。300℃馏出量多，则说明柴油蒸发性能好，耗油量小（表 3-2-2）。

（2）90%馏出温度　90%馏出温度表示柴油中重馏分的含量。

燃料太重，喷入汽缸后不能很迅速地蒸发形成均匀的可燃混合气，且来蒸发的油滴在高温下裂解，形成难以燃烧的炭粒，使排气管冒黑烟，降低了发动机的经济性和可靠性。在我国轻柴油的质量标准中规定 90%馏出温度不高于 355℃。

表 3-2-1　柴油机启动性与柴油 50%馏出温度的关系

50%馏出温度/℃	200	225	250	275	385
发动机启动时间/s	8	10	27	60	90

表 3-2-2　柴油机耗油量与柴油中<300℃馏出量的关系

柴油中<300℃馏出量/%	39	34	20
相对耗油量/%	100	114	131

2. 闪点

可判断柴油馏分是否过轻，蒸发性能是否过强，以避免柴油在储存和运输中蒸发损失大，安全性差。我国柴油质量标准中规定-35 号、-50 号轻柴油的闭口杯闪点不低于 45℃；其他各牌号轻柴油闭口杯闪点均不低于 55℃。

三、柴油的燃烧性能

柴油机中燃料是逐步喷入的，在燃烧室内与高温空气形成均匀的可燃混合气，并在较短的时间内着火自燃。

（一）燃料的燃烧过程

柴油在发动机内从喷油到完全燃烧，分四个阶段，见图 3-2-2。

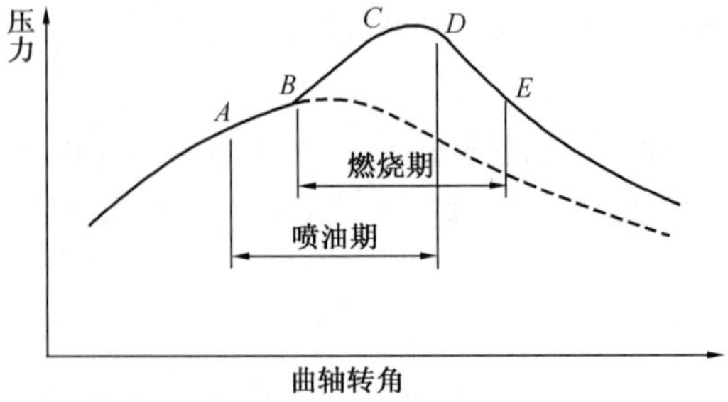

图 3-2-2　柴油机的燃烧过程

1. 滞燃期（着火延迟期）

滞燃期（AB 段）是指由喷油开始至混合气开始着火为止的一段时间，仅 1～3ms。在这个时期，喷入汽缸的柴油经雾化、蒸发、扩散，并与空气混合形成可燃混合气。同时，燃料氧化形成过氧化物，这些过氧化物达到一定浓度便开始自燃。

2. 急燃期

在急燃期（BC 段），燃料急剧燃烧，单位时间内放出大量热量，汽缸内温度和压力迅速上升。

3. 缓燃期

该期又称为主燃期（CD 段）。在这期间，汽缸内的压力不再急剧上升，大量的燃料（约占 50%～60%）被烧掉，是柴油机燃烧过程的主要阶段。

4. 后燃期

是燃烧的最后阶段。这时喷油已停止，汽缸中未燃尽的燃料继续燃烧。此时活塞继续下行，汽缸中温度和压力均下降。

由此可见，柴油机和汽油机的着火过程有本质的区别。汽油机吸入空气和汽油的混合气，在汽缸中由于达到了燃料的燃点，由电火花点燃而燃烧作功，要求燃料要有较低的燃点。而柴油机吸入空气，柴油是由高压油泵以液态喷成雾状进入气缸，与已压缩的高温空气混合，达到燃料的自燃点而自行着火，故要求燃料的自燃点较低。

（二）爆震现象

柴油喷入汽缸后，如果燃料自燃点过高，则燃烧的滞燃期就会变长，这样在着火前，喷入汽缸中的柴油积累过多，一旦燃烧，会使汽缸中的温度和压力急剧上升，冲击活塞头剧烈运动，发出金属敲击声，产生爆震现象。同时，燃料燃烧不完全，造成油耗增加，发动机功率下降。

汽油机与柴油机产生爆震的原因是不同的。汽油机是由于燃料自燃点过低，而柴油机则是由于燃料自燃点过高。

（三）柴油抗爆性的评定方法

柴油抗爆性是以十六烷值来表示的。

1. 十六烷值（Cetane Number，简称 *CN*）

抗爆性能很好的正十六烷规定其十六烷值为 100，抗爆性能差的 2，2，4，4，6，8，8-七甲基壬烷规定其十六烷值为 15。将这两种物质按不同比例混合，配成标准燃料。在标准发动机上，将试油与标准燃料进行比较，若试油与某一标准燃料的爆震程度相当，那么它与标准燃料具有同样的十六烷值。标准燃料的十六烷值可由下式计算：

$$\text{十六烷值} = \text{正十六烷体积分数} + 0.15 \times \text{七甲基壬烷体积分数} \qquad (3-2-1)$$

2. 十六烷值与组成的关系

碳原子数相同或相对分子质量相近的烃类中，正构烷烃的十六烷值最高，无侧链的芳香烃其十六烷值最低，环烷烃和烯烃、异构烷烃居中。含有侧链的芳香烃和环烷烃，其链越长，分支越少，十六烷值就越高。这是因为正构烷烃受热易分解成烃的自由基，生成过氧化物的速度快，自燃点低的缘故。芳香烃相反，其热稳定性高，自燃点高，故十六烷值低（表 3-2-3）。

表 3-2-3　烃类十六烷值及熔点

烃　类	分子式	熔点/℃	十六烷值
正庚烷	C_7H_{16}	-90.6	55
正十二烷	$C_{12}H_{26}$	-9.65	72
1-十六烯	$C_{16}H_{32}$	+4	88
正十六烷	$C_{16}H_{34}$	18.2	100
3-乙基癸烷	$C_{12}H_{26}$	—	47
4，5-二乙基辛烷	$C_{12}H_{26}$	—	20
2，2，4，6，6-五甲基庚烷	$C_{12}H_{26}$	-72	9
正己基苯	$C_{12}H_{18}$	-66.8	26
甲基十三烷基环己烷	$C_{20}H_{40}$	-19	57
正辛基萘	$C_{18}H_{24}$	-45.5	20
8-正丙基十五烷	$C_{18}H_{38}$	-65	55

因此，石蜡基原油生产的直馏柴油十六烷值高于由环烷基原油生产的直馏柴油的十六烷值。直馏柴油十六烷值高于二次加工生产的柴油，这是由于二次加工产品中含有较多的烯烃。

十六烷值是柴油最重要的质量指标之一，影响柴油的燃烧过程。柴油十六烷值过高，在燃烧过程中滞燃期过短，喷入汽缸内的柴油还未与空气混合均匀即开始自燃，造成局部空气不足，高温下有游离碳产生，燃烧不完全。所以为保证柴油在汽缸中的正常燃烧，要选择适宜的十六烷值。我国标准规定轻柴油的十六烷值不小于 45。

3. 十六烷指数和柴油指数

柴油十六烷值还可由其他物性参数来计算。计算所得数值虽不如实测值准确，但迅速、快捷地用于生产过程的质量控制，非常方便。

（1）十六烷指数（Cetane Index，简称 CI） 为了将计算十六烷值与实测值相区别，规定由经验公式计算所得的十六烷值称为十六烷指数。可由以下公式计算；

$$CI = 431.24 - 1586.88\rho_{20} + 730.97\rho_{20}^2 + 12.392\rho_{20}^3 + 0.0515\rho_{20}^4 - 0.554t_{50} + 97.803(\lg t_{50})^2 \quad (3-2-2)$$

$$CI = 45.2 + (0.089T10N) + (0.131 + 0.901E)T50N + (0.523 - 0.42E)T90N + 0.00049(T10N^2 - T90N^2) + (107E) + 60E^2 \quad (3-2-3)$$

$$CI = 77.7628 + 0.1765A + 0.003867A^2 - 11.615KC + 0.5844KC^2 - 0.635\nu_{40℃} \quad (3-2-4)$$

其中 $T10N = t_{10} - 215$　　$KC = \dfrac{t_{10} + t_{50} + t_{90} + 820}{200\rho_{15}}$

$T50N = t_{50} - 260$　　$D = \rho_{15} - 0.85$

$T90N = t_{90} - 310$　　$E = e^{-3.5D} - 1$

式中 t_n——$n\%$馏出体积的温度，℃；

$\nu_{40℃}$——40℃运动黏度，mm^2/s；

ρ_t——温度 t 下的密度，g/cm^3；

A——苯胺点，℃。

（2）柴油指数 柴油指数又称狄塞尔指数，也是表示柴油抗爆性能的一种方法，与柴油的密度和苯胺点相关联，以 DI 表示。

$$DI = \frac{(°API)A}{100} \quad (3-2-5)$$

或

$$DI = \frac{(1.8AP + 32)(141.5 - 131.5d_{15.6}^{15.6})}{100d_{15.6}^{15.6}} \quad (3-2-6)$$

式中 $°API$——试油的相对密度指数；

A、AP——试油苯胺点，℉、℃；

$d_{15.6}^{15.6}$——试油的相对密度。

也可由柴油指数计算柴油十六烷值： $CN = \dfrac{2}{3}DI + 14$ （3-2-7）

对于大庆原油生产的轻柴油可计算如下：

$$CN = 0.599DI + 35.2 \quad (3-2-8)$$

四、柴油的低温流动性能

柴油的低温流动性能是其重要的质量指标之一，特别是在冬季，良好的低温流动性能是柴油在储运以及在发动机中启动及正常供油的保证。轻柴油是以其凝点来划分牌号的。

（一）低温流动性能的评定指标

目前，我国根据国产柴油的种类不同，分别以凝点或倾点、冷滤点来评定柴油的低温性能。

(1) 凝点 只能在某种程度上可以判断燃料加注、运输和抽放的可能性。通常在高于柴油凝点5~10℃下使用，就可保证燃料顺利地抽注、运输和储存。我国轻柴油质量标准中规定了按GB/T 510测定的凝点。

(2) 倾点 只能判定油品储运作业预先不加热即可进行的最低温度。例如某柴油倾点为-6℃,在大气温度-1℃下使用，不预热，也不会堵塞滤网。我国重柴油质量标准中规定了按GB/T 3535测定的倾点。

(3) 冷滤点 可正确地评价柴油的低温性能。试验证明，不管是否加有流动性改进剂，冷滤点与行车试验结果均有良好的对应关系(表3-2-4)。我国轻柴油质量标准中规定了冷凝点，按SH/T 0248方法测定。

表3-2-4 低温性能与行车试验测定结果

项目	无添加剂柴油	有添加剂柴油①
浊点/℃	-1	-1
凝点/℃	-6	-24
冷滤点/℃	-2	-24
工作界限温度(可/不可)/℃	-1/-3	-7/-9

① 加流动改进剂。

(二) 低温性能与组成的关系

如前所述，相同碳数的不同烃类熔点差别很大，如表3-2-3所示。各类烃中正构烷烃熔点最高，十六烷值也高；芳香烃熔点也较高；而环烷烃虽低温性能好，但十六烷值低。故满足良好的燃烧性能和低温性能的是侧链靠近分子中心的单烷基或二烷基的异构烷烃，即“丅”或“ㄫ”型的异构烷烃。

五、柴油的安定性能

柴油的安定性一般是用实际胶质、10%蒸余物残炭和碘值评定。柴油安定性差，在储存中颜色易变深，实际胶质增加，以至产生沉淀。轻柴油的实际胶质高，在使用中易造成喷油嘴和滤清器堵塞，并导致汽缸中沉积物增加，磨损加剧。10%蒸余物残炭大致可反映柴油在喷油嘴和汽缸零件上形成积炭倾向。还有碘值，它表示柴油中所含不饱和烃的量。

柴油的安定性与其化学组成密切相关。烯烃、二烯烃、多环芳香烃和非烃化合物都是不安定组分，非烃化合物特别是含硫化合物危害最显著，故近年来对柴油中的硫含量控制日益严格。

六、柴油的腐蚀性和洁净度

(一) 腐蚀性

柴油中含硫化合物对发动机的工作寿命影响很大，特别是活性硫化物(如硫醇等)对金属有直接的腐蚀作用。这些燃料系统中的金属腐蚀产物多为不溶解于燃料的固体杂质，影响过滤和喷油，并促进胶质和污染物的生成，使燃料的质量下降。

柴油的腐蚀性由硫含量、水溶性酸或碱以及酸度等指标来评定。

(二) 洁净度

燃料在生产、运输、储存和加注过程中，由于各种原因可能不同程度上混入灰尘、砂土、水分等外来杂质，这些杂质的存在，不仅会堵塞油路，而且还会加剧喷油泵和喷油器中

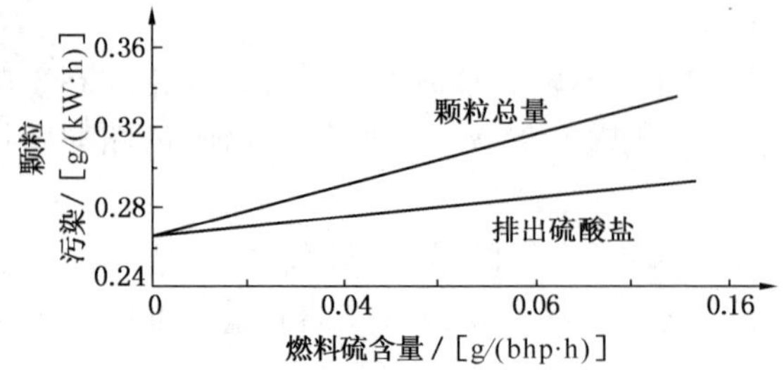

图 3-2-3 柴油机排出的颗粒与燃料硫含量的关系

精密部件的磨损或使之卡住，破坏燃料系统的正常工作；水分的侵入还会使柴油的低温流动性变差。因此，在轻柴油质量标准中规定水分含量不大于痕迹，并无机械杂质存在。

七、柴油产品的品种和牌号

根据柴油机的转速，我国将柴油划分为两个品种：轻柴油用于高速(1000r/min以上)柴油机，重柴油用于中速(500～1000r/min)、低速(300r/min)柴油机，轻柴油以凝点划分为10号、5号、0号、-10号、-20号、-35号、-50号七个牌号。不同凝点的轻柴油适用于不同的地区和季节。我国生产的柴油绝大部分是车用柴油，重柴油产量很少，还有部分军用柴油，其产量相对稳定。车用柴油国家标准GB 1947—2013见表3-2-5，北京车用柴油(V)质量标准见表3-2-6。

表 3-2-5a 中国车用柴油(Ⅲ)质量标准(GB 19147—2013)

项目		5号	0号	10号	-10号	-35号	-50号
氧化安定性(以总不溶物计)/(mg/100mL)	不大于	2.5					
硫含量/(mg/kg)	不大于	350					
酸度(以KOH计)/(mg/100mL)	不大于	7					
10%蒸余物残炭(质量分数)/%	不大于	0.3					
灰分(质量分数)/%	不大于	0.01					
铜片腐蚀(50℃, 3h)/级	不大于	1					
水分(体积分数)/%	不大于	痕迹					
机械杂质		无					
润滑性校正磨痕直径(60℃)/μm	不大于	460					
多环芳经含量(质量分数)/%	不大于	11					
运动黏度(20℃)/(mm²/s)		3.0~8.0		2.5~8.0		1.8~7.0	
凝点/℃	不高于	5	0	-10	-20	-35	-50
冷滤点/℃	不高于	8	4	-5	-14	-29	-44
闪点(闭口)/℃	不低于	55		50		45	
着火性(需满足下列要求之一)							
十六烷值	不小于	49		46		45	
十六烷指数	不小于	46		46		43	
馏程/℃							
50%回收温度	不高于	300					
90%回收温度	不高于	355					
95%回收温度	不高于	365					
密度(20℃)/(kg/m³)		810~850			790~840		
脂肪酸甲酯(体积分数)/%	不大于	1.0					

表 3-2-5b 中国车用柴油(Ⅳ)质量标准(GB 19147—2013)

项 目		5号	0号	10号	-10号	-35号	-50号
氧化安定性(以总不溶物计)/(mg/100mL)	不大于	2.5					
硫含量/(mg/kg)	不大于	50					
酸度(以KOH计)/(mg/100mL)	不大于	7					
10%蒸余物残炭(质量分数)/%	不大于	0.3					
灰分(质量分数)/%	不大于	0.01					
铜片腐蚀(50℃, 3h)/级	不大于	1					
水分(体积分数)/%	不大于	痕迹					
机械杂质		无					
润滑性 校正磨痕直径(60℃)/μm	不大于	460					
多环芳烃含量(质量分数)/%	不大于	11					
运动黏度(20℃)/(mm^2/s)		3.0~8.0		2.5~8.0		1.8~7.0	
凝点/℃	不高于	5	0	-10	-20	-35	-50
冷滤点/℃	不高于	8	4	-5	-14	-29	-44
闪点(闭口)/℃	不低于	55		50		45	
十六烷值	不小于	49		46		45	
十六烷指数	不小于	46		46		43	
馏程/℃ 50%回收温度 90%回收温度 95%回收温度	 不高于 不高于 不高于	 300 355 365					
密度(20℃)/(kg/m^3)		810~850			790~840		
脂肪酸甲酯(体积分数)/%	不大于	1.0					

表 3-2-5c 中国车用柴油(Ⅴ)质量标准(GB 19147—2013)

项 目		5号	0号	10号	-10号	-35号	-50号
氧化安定性(以总不溶物计)/(mg/100mL)	不大于	2.5					
硫含量/(mg/kg)	不大于	10					
酸度(以KOH计)/(mg/100mL)	不大于	7					
10%蒸余物残炭(质量分数)/%	不大于	0.3					
灰分(质量分数)/%	不大于	0.01					
铜片腐蚀(50℃, 3h)/级	不大于	1					
水分(体积分数)/%	不大于	痕迹					
机械杂质		无					
润滑性 校正磨痕直径(60℃)/μm	不大于	460					

续表

项目		5号	0号	10号	-10号	-35号	-50号
多环芳烃含量(质量分数)/%	不大于	11					
运动黏度(20℃)/(mm^2/s)		3.0~8.0		2.5~8.0		1.8~7.0	
凝点/℃	不高于	5	0	-10	-20	-35	-50
冷滤点/℃	不高于	8	4	-5	-14	-29	-44
闪点(闭口)/℃	不低于	55		50		45	
十六烷值	不小于	49		49		47	
十六烷指数	不小于	46		46		43	
馏程/℃							
50%回收温度	不高于	300					
90%回收温度	不高于	355					
95%回收温度	不高于	365					
密度(20℃)/(kg/m^3)		810~850			790~840		
脂肪酸甲酯(体积分数)/%	不大于	1.0					

表 3-2-6 北京车用柴油(Ⅴ)质量标准(DB11/ 239—2012)

项目		5号	0号	10号	-10号	-20号	-35号
氧化安定性(总不溶物)/(mg/100mL)	不大于	2.5					
硫含量/(mg/kg)	不大于	10					
酸度/mgKOH/100mL	不大于	7					
10%蒸余物残炭(质量分数)/%	不大于	0.3					
灰分(质量分数)/%	不大于	0.01					
铜片腐蚀(50℃, 3h)/级	不大于	1					
水分(体积分数)/%	不大于	痕迹					
机械杂质		无					
润滑性							
校正磨痕直径(60℃)/μm	不大于	460					
多环芳烃含量(质量分数)/%	不大于	11					
运动黏度(20℃)/(mm^2/s)		2.5~7.5		2.0~7.5		1.3~6.5	
凝点/℃	不高于	5	0	-10	-20	-35	
冷滤点/℃	不高于	8	4	-5	-14	-29	
闪点(闭口)/℃	不低于	55					
十六烷值	不小于	51				49	47
十六烷指数	不小于	46					
馏程/℃							
50%回收温度	不高于	300					
90%回收温度	不高于	355					
95%回收温度	不高于	365					
密度(20℃)/(kg/m^3)		800~845				790~840	
脂肪酸甲酯(体积分数)/%	不大于	0.5					
色度/号	不大于	3.5					

八、车用柴油质量标准的变化

由于我国近年来国民经济的迅猛发展，汽车工业的快速扩张，汽车保有量的急剧递增，燃油消费的不断增加，使我国成为一个燃油消费大国。柴油是我国成品油生产中的主要产品之一，也是我国进出口贸易中的大宗商品之一。

2013 年 7 月 1 日起，我国普通柴油的硫含量指标由不大于 0.2%降至不大于 0.035%。在此之前，中国国内大量使用的是硫含量 0.2%的柴油，因此买家有限，亚洲市场上只有越南、菲律宾、缅甸、印尼等少数几个国家可以接受这种品质。2014 年，我国一些炼厂如金山可以生产硫含量不大于 0.001%、海南炼化可以生产硫含量不大于 0.005%的柴油供出口香港，同时，我国对孟加拉、菲律宾、斯里兰卡、马来西亚、越南和缅甸的出口均出现不同程度的巨幅增加。

在国外一些大排量的 SUV 主要烧柴油，但是柴油 SUV 在中国很难卖，因此从美国进口的悍马 SUV 一律柴油机改成大排量的汽油机。这也使德国大众在中国宣传推广节能环保和减少碳排放的柴油轿车，中国用户不敢买，节能的柴油轿车在国内的市场分额极低。

1. 欧美日发达国家柴油质量标准的发展

从 20 世纪 60 年代到 80 年代初美国柴油标准一直比较稳定，主要增加了快速储存安定性和冷滤点 2 个指标。1993 年 10 月 1 日，EPA 要求车用柴油硫含量从 3000μg/g(平均值)降到 500μg/g，同时十六烷值指数要求大于 40。到 2006 年要求炼油商必须将出厂柴油硫含量降至 15μg/g。

世界上最清洁的柴油出现在北欧的瑞典，因此可认为欧洲柴油的发展代表着世界柴油的发展方向。瑞典Ⅰ级柴油标准是目前世界上最为严格的柴油标准，柴油硫含量达到 10μg/g，总芳烃含量不大于 5%(体积)，多环芳烃(PNA)含量不大于 0.02%(体积)。

2003 年以后在英国、德国、丹麦、芬兰、荷兰、比利时等国家零售柴油硫含量已经降到 50μg/g，到了 2011 年以后，欧美日等国车用柴油中硫含量更是降低至 15~10μg/g。而早在 1991 年瑞典就出现超低硫(10μg/g)、低芳烃的环境友好型城市Ⅰ级柴油。欧美日等国柴油主要指标变化见表 3-2-7。

虽然主要经济发达国家如德国和瑞典已经采用硫含量标准为 10μg/g 的清洁柴油，但世界大多数国家在 2006 年前仍然采用硫含量较高的柴油。

随着世界各国柴油车排放要求的逐年提高，对柴油质量的要求也愈来愈严。其标准变化趋势为降低硫含量、降低芳烃含量和提高十六烷值。

表 3-2-7　欧美日等国柴油主要指标变化

国家或地区	硫含量/(μg/g)	芳烃(PAH)/%	十六烷值	十六烷值指数
美国				
2000 年	500	36		40
2004 年	50			
2006 年	15		52	
2011 年	15	35		40
美国加州				
2000 年	500	10~20	47~48	
2004 年	30			

续表

国家或地区	硫含量/(μg/g)	芳烃(PAH)/%	十六烷值	十六烷值指数
2006年	15			
2010年	15	10~20		50
加拿大2011年	15	—		40
德国2006年	10	(2)	55	
韩国2011年	10	30	—	52
日本2011年	10	—	53	45
瑞典(城市Ⅰ级柴油)1993年	10	5	50	

注：PAH为稠环芳烃。

2. 欧盟车用柴油标准的变化

欧盟国家汽柴油质量标准走在全球前列，是全球最多的被其他国家借鉴、参考或者采用的标准。1987年欧洲委员会要求柴油硫含量降低到3000μg/g，在污染严重地区降至2000μg/g以下，成员国必须执行上述限值标准。1993年欧盟要求执行93/12/EEC标准，从1994年10月1日起柴油最大硫含量为2000μg/g；1996年10月1日开始实施500μg/g柴油硫含量标准。1997年，欧盟一些国家柴油硫含量已降到500μg/g以下。1998年通过的98/70/EC标准，即车用柴油标准EN590。该标准规定了2000年和2005年车用柴油组分的严格限值，第一次规定了采用稠环芳烃含量来限制柴油中芳烃含量，并规定当柴油密度最大为845kg/m^{3}时，柴油十六烷值从原来的49增至51。2001年，欧洲委员会要求从2005年1月1日起生产硫含量为50μg/g的超低硫柴油，其他参数限值标准不再变化。2011年后最高硫含量为10μg/g。

从欧盟柴油质量标准的变化可以看出，硫含量是柴油变化幅度最大的指标。现阶段欧盟国家执行车用柴油标准EN590。由于欧洲国家众多，欧洲EN590标准由两部分组成，第一部分限定了硫含量、多环芳烃、闪点和灰分等指标的最大限值。第二部分根据气候和地域，将柴油按温热气候和北极气候，以柴油低温流动性为依据划分成不同的规格和等级，分别制定了相应的密度、运动黏度、十六烷值等控制指标。欧盟车用柴油质量标准变化见表3-2-8。

表3-2-8 欧盟车用柴油质量标准变化

标准号		EN590：1993	EN590：1998	EN590：1999	EN590：2003	EN590：2006	EN590：2013
对应的汽车排放标准		欧Ⅰ	欧Ⅱ	欧Ⅲ	欧Ⅳ	欧Ⅴ	欧Ⅵ
执行时间		1993年	1998年	2000年	2005年	2009年	2014年
十六烷值	≮	48	49	51	51	51① 47~49②	51 47~49
十六烷指数	≮	46	46	46	46	46 43~46③	46 43~46
硫/(μg/g)	≯	2000	500	350	50	10	10
多环芳烃/%	≯	—	—	11	11	8	8
密度(20℃)/(kg/m^3)		820~860	820~860	820~845	820~835	820~845 800~845④	820~845 800~840
T_{95}/℃	≯	370	370	360	360	360	360

注：①用于合适的温度条件下；②、③、④适用于北极圈内或极寒条件下。

欧Ⅵ于2014年开始实施，该标准单独针对柴油轿车，重点是控制车辆排放的氮氧化物(NO_x)、碳氢化合物(HC)、一氧化碳(CO)和悬浮粒子(particulatematter，PM)。对于欧Ⅵ标准，总体来看主要油品参数未进一步加严，预计今后也不会有太明显变化。但是对柴油清洁度的要求更加严格，以适应柴油机广泛采用高压喷射系统以及微粒捕集器(DPF)等后处理技术的要求。

按照欧Ⅴ排放标准，柴油轿车的颗粒物排放量将减少80%；而实行欧Ⅵ标准后，柴油轿车的氮氧化物排放量将比目前减少68%。欧盟预测，到2020年，氮氧化物的排放量将比单纯执行“欧Ⅴ”标准减少24%，由于环境改善而产生的公共卫生效益将比单纯执行“欧Ⅴ”标准提高60%~90%。欧盟同时强调，汽车制造商必须及时向维修厂商通报新型车的有关数据，以保证新车在出厂后得到必要的保养和维护，保持其环保标准。

3.《世界燃料规范》的变化

1998年6月3~5日在比利时布鲁塞尔举行的第三届世界燃料会议上，欧洲汽车制造商协会(ACEA)、汽车制造商联盟(Alliance)、日本汽车制造商协会(JAMA)和(美国)发动机制造商协会(AAMA)代表全球汽车行业联合发表了《世界燃料规范》，提出了世界范围的汽、柴油标准。制定《世界燃料规范》的目的是在全球范围内协调汽车燃油的质量要求和标准制定，反映汽车技术进步对燃油品质的不断提高的要求。

2000年4月，为进一步减少汽车排放，提高汽车新技术应用，减少燃料的消耗，2000年版世界燃料规范又增加了第Ⅳ类推荐性柴油标准；2002年12月，鉴于亚洲、欧美等一些地区已经实施了比较苛刻的燃料标准，又对世界燃料规范(第三版)进行了新的修订。原推荐性的第Ⅳ类标准成为正式标准，并对前3类标准中一些辅助标准限值进行了详细说明和修正，主要标准限值如表3-2-9所示。

表3-2-9　《世界燃料规范》柴油的主要标准限值

规　　范		Ⅰ类	Ⅱ类	Ⅲ类	Ⅳ类	Ⅴ类
发布时间		1999年	2000年	2002年	2006年	2013年
十六烷值	≥	48.0	51.0	53.0	55.0	55.0
硫/(μg/g)	≤	2000	300	50	10	10
芳烃(体积分数)/%	≤		25	20	15	15
多环芳烃(体积分数)/%	≤	—	5	3.0	2.0	2.0
密度(20℃)/(kg/m^3)		820~860	820~850	820~845	820~845	820~845
		—	340	320	320	320
T_{95}/℃	≤	370	355	340	340	340

随着柴油质量的提高，车用柴油品质指标总的变化趋势是提高十六烷值，降低硫含量、芳烃和多环芳烃含量，密度范围变窄。

4. 中国柴油质量标准的发展

新中国柴油标准的历史可以追溯到1964年，根据我国的实际情况正式制定了GB 252—64轻柴油国家标准。该标准共有14项技术指标，按照凝点将轻柴油划分为6个牌号。该标准历经1977、1981年、1987年和1994年多次修订，演变为GB 252—94标准。GB 252—94标准共有20项技术指标，按照凝点将轻柴油划分为10号、0号、-10号、-20号、-35号和-50 号共 6 个牌号，并根据硫含量、氧化安定性及酸度等指标将每一种牌号划分为三个等级，即优级品、一级品和合格品。为了满足经济发展和环境保护需要，2000 年对 GB 252—94 标准进行了重新修订，颁布了新的轻柴油标准，即 GB 252—2000。为了合理利用资源，扩大使用高凝点柴油，该标准中增加了 5 号轻柴油牌号，并规定硫含量不大于 0. 2%，同时还规定了氧化安定性总不溶物不大于 2. 5mg/100mL，十六烷值不小于 45(中间基或环烷基原油生产的各种柴油允许不小于 40)。

2003 年 5 月 23 日国家质监局发布了我国第一部车用柴油标准 GB/T 19147—2003，该标准于 2003 年 10 月 1 日开始实施。此车用柴油标准等效采用欧盟 EN590—1998《车用柴油标准》，可使柴油车的排放达到 Euro Ⅱ 标准。标准规定了城市车用柴油的硫含量(不大于 0. 05%)、十六烷值(不低于 49)和氧化安定性(不大于 2. 5%)等主要技术指标。

依据 2007 年国家标准化管理委员会的安排，以及更加严格的环境保护要求和汽车尾气排放的控制要求，对 2003 版柴油质量标准进行修订，修订后的 GB 19147—2009《车用柴油》标准于 2010 年 1 月执行，该标准即为国Ⅲ标准。

2013 年发布了国Ⅳ车用柴油标准(GB 19147—2013)，GB 19147—2013 标准是参考欧盟 EN590：2004 对 GB 19147—2009 标准进行的修订。该标准提出，到 2015 年在全国供应硫含量为 50μg/g 的车用柴油。到 2015 年 3 月 1 日，我国上海、江苏以及广东珠三角地区等地已经率先实施了机动车国Ⅴ的排放标准。停止国Ⅳ排放标准的车辆的上牌、新车登记注册等业务。而北京在 2012 年 5 月 31 日已经开始实施等同于国Ⅴ的京Ⅴ标准。

车用柴油国Ⅴ标准的全国实施日期将提前至 2016 年底，比国Ⅴ标准的原规定缩短一年。资料显示，车用汽油国Ⅴ标准实施后将大幅减少车辆污染物排放量，新车氮氧化物和硫含量的排放可分别减少 25%和 80%，整体排放可减少 10%～15%。车用柴油国Ⅴ标准也规定了车用柴油的硫含量不大于 10μg/g，这一指标达到了现在欧盟标准的水平。中国车用柴油标准主要指标变化见表 3-2-10。

5. 柴油主要指标变化趋势

(1) 硫含量大幅度降低　硫含量是柴油标准重点控制指标之一，它表征了车用柴油的腐蚀性及其对车辆尾气后处理装置的影响。研究表明，无论柴油中硫含量、硫的存在形态和发动机的类型如何，柴油中的硫 98%经燃烧转化为二氧化硫，剩余 2%以硫酸盐形式排放。二氧化硫经排气催化剂转化为硫酸盐，最后转化为 PM 中的一部分。随着柴油硫含量增加，硫酸盐、气态 SO_2 排放均明显上升。因此，降低柴油中硫含量可明显降低 PM 的排放。

表 3-2-10　我国车用柴油主要指标变化

项　　目	GB 252—2000	GB/T 19147—2003	GB 19147—2009 GB 19147—2013	GB 19147—2013		DB11/239—2012
	轻柴油	车用柴油Ⅱ	车用柴油Ⅲ	车用柴油Ⅳ	车用柴油Ⅴ	车用柴油京Ⅴ
执行时间	2002. 01. 01	2330. 10. 01	2011. 07. 01	2015. 01. 01	2017. 01. 01	2012. 05. 31
十六烷值 ≮	49	49①	49②	49②	51②	51②
十六烷值指数 ≮	46	46①	46②	46②	46②	46
硫/(μg/g) ≯	2000	500	350	50	10	10
多环芳烃(体积分数)/% ≯	无要求		11			

续表

项　　目	GB 252—2000	GB/T 19147—2003	GB 19147—2009 GB 19147—2013	GB 19147—2013		DB11/239—2012
密度(20℃)/(kg/m³)	无要求	820~860③ 800~840⑤	810~850② 790~840④	810~850② 790~840④	810~850② 790~840④	800~845② 790~840⑥
T_{90}/℃　≯	355					
T_{95}/℃　≯	365					

① 适用于 10 号，5 号，0 号，-10 号柴油。
② 适用于 5 号，0 号，-10 号柴油。
③ 适用于 10 号，5 号，0 号，-10 号，-20 号柴油。
④ 适用于-35 号，-50 号柴油。
⑤ 适用于-20 号，-35 号，-50 号柴油。
⑥ 适用于-20 号，-35 号柴油。

（2）十六烷值逐步提高　十六烷值是评定柴油着火性能的指标，与发动机的爆震性能及启动性密切相关。研究表明随十六烷值增大，PM 排放降低，HC 排放降低，NO_x 排放也会降低，同样 CO 也会降低，柴油尾气总排放也有下降趋势。

（3）芳香烃含量进一步下降　芳香烃对排放的影响主要有：芳香烃碳氢比高，燃烧火焰温度高；芳烃含量增加造成 NO_x 排放量上升；芳香烃在较高温度下不容易发生环的断裂和氧化，更容易直接发生缩聚，生成颗粒物的前驱体，导致 PM 排放上升。研究表明，随柴油芳烃含量降低，柴油机排气烟度和颗粒 PM 排放量显著降低，NO_x、HC、CO 排放也呈下降趋势。

（4）蒸馏特性 T_{90}/T_{95}略有降　低柴油的蒸馏特性温度 T_{90}/T_{95}表征柴油中重质成分含量，重质成分难以燃烧完全，重馏分燃料含量过多会增加柴油机的尾气烟度和微粒排放。研究发现，T_{90}/T_{95}降低，NO_x 排放稍有降低。T_{90}下降，因发动机类型和技术不同，T_{90}对 PM 排放影响不同。研究认为，T_{95}变化对重型柴油机排放降低影响并不显著，但降低 T_{95}具有降低 NO_x 和增加 HC 排放的趋势。

（5）密度减小　通常不同牌号的柴油密度不同，柴油密度会影响柴油机的喷油时刻、喷油规律，同时还会影响喷入缸内油束的喷雾锥角和贯穿距离，从而影响柴油的燃烧和排放。密度对发动机排放影响复杂。一般认为，密度过大将导致油品运动黏度增大，影响柴油雾化性能，使燃烧劣化，并且密度增大意味着轻柴油中存在大量芳烃，影响排放；密度过小又会导致黏度下降，造成泄漏，其热值也会下降。

中国国家质量检测总局从 2012 年至 2015 年年底，先后对北京、天津、河北、广东、海南等省市的京Ⅴ柴油、车用国Ⅲ柴油和柴油国Ⅳ柴油产品进行了专项抽查，重点对色度、硫含量、酸度、铜片腐蚀、水分、机械杂质、运动黏度(20℃)、凝点、冷滤点、闪点(闭口)、十六烷值、十六烷指数、馏程、密度(20℃)、10%蒸余物残炭、灰分、润滑性共 17 个项目进行了检验。结果表明，生产领域或销售领域柴油近 300 个样品质量状况普遍较好，合格率超过 95%，抽查发现不合格产品的质量问题主要集中在硫含量、十六烷值、十六烷指数、润滑性、密度(20℃)。可见目前国内车用柴油的质量总体上还是符合现阶段国家标准的要求。

2013 年，国家第Ⅴ阶段汽柴油质量标准的制定已经完成。国内企业都在按照标准要求积极实施技术改造，目标是到 2018 年，国Ⅴ标准在全国得到全面执行。部分具备条件的地区，如北京、上海、江苏、广东等已提前实施国Ⅴ标准。全国范围内，汽油、车用柴油均已执行国Ⅳ标准。目前，我们正在酝酿国Ⅵ标准的制定，力争在2020年左右使柴油质量全面达到国外先进水平，彻底消除指标上的差异。

根据环境保护部发布的《2013年中国机动车污染防治年报》，达到国Ⅳ及以上标准的汽车仅占10.1%，国Ⅲ标准的汽车占51.5%，国Ⅱ标准的汽车占15.7%，国Ⅰ标准的汽车占14.9%。其余7.8%的汽车还达不到国Ⅰ标准。在道路方面，堵车时，即车辆在怠速情况下，由于汽油在发动机中燃烧不充分，这时污染物的排放要比正常行驶的情况下高6倍。因此，在提高车用柴油质量标准的同时，也要淘汰高污染、高排放的车辆，从“车，油”等多方面减少发动机燃料对环境的影响。

九、柴油精制

1. 含硫化合物在柴油中的分布规律

噻吩类化合物是石油中存在最广、数量最多的含硫化合物，由于其具有类似苯环的多原子大π键，结构非常稳定，在一般的热加工条件下，很难开环脱硫。石油中的噻吩类化合物绝大多数都结构复杂、衍生物种类繁多，且随着石油馏分沸点的升高，其相对分子质量更大、结构更加复杂。以下数据表明，催化裂化柴油中几乎不含非噻吩硫化合物，苯并噻吩与烷基苯并噻吩占全部硫化合物的40%以上；其余为二苯并噻吩和烷基取代二苯并噻吩，见表3-2-11。中东原油柴油馏分中硫化合物类型分布见表3-2-12。

表3-2-11 催化裂化柴油中硫化合物类型分布 %

来源	齐鲁	镇海	镇海
原油	科威特	沙特-科威特	沙特-伊朗
总硫/(μg/g)	9500	9980	8100
硫醇	0.19	—	—
烷基噻吩	1.92	0.17	0.22
苯并噻吩	3.36	—	0.60
烷基苯并噻吩	52.85	43.33	41.83
二苯并噻吩	2.19	2.70	—
C_1 二苯并噻吩	12.98	15.75	13.77
C_2 二苯并噻吩	12.50	19.04	19.94
C_3 二苯并噻吩	9.08	1.41	6.50
C_4 二苯并噻吩	2.97	—	—
C_5 二苯并噻吩	1.96	—	—
未知	—	17.60	17.13

表3-2-12 中东原油柴油馏分中硫化合物类型分布 %

原油	馏分范围/℃	总硫含量	S	H_2S	RSH	RSSR	RSR(Ⅰ)	RSR(Ⅱ)	残余硫
伊朗	150~200	0.1780	2.13	3.37	18.87	5.00	50.56	13.87	6.18
	200~250	0.3650	0.00	0.00	1.26	0.63	51.51	14.24	32.35
	250~300	1.1800	0.00	0.06	0.40	0.34	25.33	5.34	68.44
	300~350	1.7600	0.00	0.04	0.06	0.07	19.31	7.24	73.27
沙特	150~200	0.100	0.00	0.40	33.80	2.60	36.00	21.21	6.10
	200~250	0.210	0.00	0.19	13.10	1.14	21.37	30.00	34.20
轻质Ⅰ	250~300	0.620	0.00	0.00	3.63	0.25	15.60	11.29	69.20
	300~350	0.840	0.00	0.00	2.62	0.00	12.40	11.38	73.60

续表

原 油	馏分范围/℃	总硫含量	S	H_2S	RSH	RSSR	RSR(Ⅰ)	RSR(Ⅱ)	残余硫
沙特轻质Ⅱ	150~200	0.095	2.10	0.05	11.16	5.05	14.55	18.95	48.14
	200~250	0.25	0.00	0.00	1.91	0.64	18.09	22.71	56.75
	250~300	0.72	0.00	0.00	0.50	0.08	15.70	13.60	70.06
	300~350	0.96	0.00	0.00	0.41	0.00	14.08	10.52	74.99
沙特中质	150~200	0.110	0.00	0.36	16.36	2.27	28.19	26.36	26.45
	200~250	0.410	0.00	0.00	0.73	0.12	23.86	24.39	50.90
	250~300	1.060	0.00	0.00	0.28	0.00	16.50	8.78	74.44
	300~350	1.460	0.00	0.00	0.18	0.00	14.04	7.19	78.59
沙特重质	150~200	0.157	0.00	0.00	0.13	0.05	33.12	23.58	43.13
	200~250	0.680	0.00	0.00	0.06	0.01	16.62	20.44	62.87
	250~300	0.945	0.00	0.00	0.11	0.00	15.03	19.89	64.96
	300~350	1.100	0.00	0.00	0.22	0.00	17.36	18.09	64.32

从中东原油柴油馏分中硫化合物类型分布表中数据可知，类型硫在这些原油的150~350℃馏分中分布基本符合规律，即S、H_2S、RSH、RSSR多分布在低沸点馏分中，并随馏程的升高而降低；RSR(Ⅰ)(Ⅱ)的含量随沸点的升高而呈“马鞍形”变化；残余硫含量随沸点的升高而增加；类型硫的含量按照以下次序依次增加：S<H_2S<RSSR<RSR(Ⅰ)≈RSR(Ⅱ)<残余硫。

2. 加氢精制

在催化裂化、延迟焦化和减黏裂化等二次加工柴油馏分中均含有较高的硫、氮、不饱和烃，使其颜色安定性变差，尤其是当前环保的要求，使得对车辆尾气的排放提出越来越严格的要求，这些组分远远不能达到柴油产品质量的要求，均需经过加氢精制来改善油品的性能。对于高含硫原油的直馏柴油馏分，其硫含量也较高，不能满足柴油产品规格的要求；即使将催化裂化原料加氢精制，其柴油馏分的硫含量也无法满足清洁柴油的产品标准。这些柴油组分，均需要进行加氢精制脱除其中硫等有害杂质，改善安定性，才能作为柴油的调和组分。

目前加氢脱硫技术，对于含有硫醚和二硫醚的硫化合物是很容易解决的。柴油的深度脱硫，主要就是脱除其中的噻吩类化合物。

尽管柴油加氢可以生产低硫柴油，但是随着非烃化合物的脱除以及芳烃的部分饱和，低硫柴油的润滑性能问题凸显。

研究发现，油品中以下物质的存在对柴油的润滑性有很大的影响。

(1) 芳烃　柴油组分中的单环芳烃和双环芳烃含量与柴油组分的磨损关系不大，而多环芳烃含量增加，使磨损迅速降低；当多环芳烃含量极低时，柴油磨损很大，也就是说多环芳烃是具有抗磨效果的，即当含量大于1%时，多环芳烃具有抗磨作用。

(2) 氧物质　柴油中的含氧物质主要是羧酸和酚。羧酸是很好的抗磨剂，即使加入微小的剂量对柴油的抗磨性也具有明显的改善作用。

(3) 氮物质　柴油中的含氮物质主要是含氮杂环化合物，如吡啶、吡咯、喹啉、咔唑等，当加氢精制柴油中含有这些含氮化合物(如吡啶或吡咯)时，在摩擦过程中能生成高电阻的保护膜，可以有效地降低磨损。研究表明，在加氢精制柴油中加入100μg/g的吡啶、吡咯或喹啉时，柴油的磨损降低10%~14%。

(4) 含硫物质　根据HFP的试验，油品中含硫化合物有抑制在摩擦表面上生成高电阻保护膜的倾向，这可能与含硫化合物易导致摩擦金属表面产生晶间磨损有关。含硫量减少会降低燃料的润滑性能，并且会在滚轴、凸轮盘、联轴器、控制杆接头和滑动驱动轴颈、轴承等燃料泵的一些部件上发生滑动黏着磨损和摩擦磨损增大的现象。

UOP公司以及日本研究人员在研究中都发现，柴油经过加氢精制脱硫以后，不仅脱去了噻吩、苯并噻吩等含硫化合物，使柴油中硫含量降低，而且也脱去了本来存在于柴油中具有润滑性能的极性化合物，从而导致低硫柴油润滑性能的下降。

加氢脱硫技术脱除噻吩类硫化合物有一定难度，同时又影响到柴油的润滑性能，但是从目前情况来看，加氢脱硫仍是有效生产清洁柴油的重要手段，同时各大公司也都一直在为开发和设计更经济的工艺流程与更高效的催化剂而不懈努力着。

由于加氢脱硫昂贵的设备和操作费用，且存在氢源以及苛刻的反应条件等问题的制约，限制了加氢脱硫技术。在这种情况下，油品的非临氢脱硫技术(如吸附脱硫、萃取脱硫、氧化脱硫、生物脱硫等)具有投资少、建成快、便于推广等优点，具有很大的发展空间。

3. 柴油氧化脱硫技术

在柴油非临氢技术中，目前研究比较热门的有生物脱硫技术(BDS)、吸附脱硫技术、溶剂精制、络合精制以及氧化脱硫技术等。与加氢技术相比，生物脱硫技术具有基建投资节省、操作费用少，能够处理各种石油馏分，并能有效脱除HDS装置难于处理的含硫化合物等优点，但是由于缺乏有效的菌种，而且还要解决生物催化剂的稳定性和反应速度等问题，同时其产品中的亚磺酸盐的综合价值也要考虑在内，使得该技术无法在工业上得到大规模的应用。吸附脱硫主要是脱除硫醇和硫醚，但是吸附剂的频繁再生、再生后性能的下降而且工艺流程与操作也较为复杂，这些都限制了吸附技术的工业应用。溶剂精制和络合萃取精制都要选择适宜的溶剂，以及柴油的收率等问题，如果溶剂中有其他金属离子，则金属离子的残留也会对柴油的质量产生影响。

早期的氧化技术主要以脱臭为主，即脱硫醇，其途径是将油品中的硫醇转化为二硫化合物，如：博士溶液脱臭、氧化铜脱臭等，但是这些方法氧化生成的二硫化合物依旧存在于油品中，使得油中总硫含量并未减少，且不能脱除噻吩类硫化合物，因此无法从根本上解决油品中硫含量高的问题。现代氧化脱硫技术下，苯并噻吩类硫化合物相对于噻吩类化合物更容易被氧化成为极性更强的物质，实现深度脱硫。目前的研究成果已经证明了这一点，即在过氧化氢、臭氧等强氧化剂存在下，以羧酸为催化剂，噻吩类含硫化合物可以被氧化成相应的砜。由于砜类化合物在极性溶剂中的溶解度远远比油品中的溶解度大，可以再通过液-液萃取或者经吸附方法分离，将之从油品中脱除。这个过程一般可分为三部分：一是含硫化合物氧化转化为极性较强的砜、亚砜类物质；二是将氧化后的含硫化合物萃取分离，分别得到低硫油品和含硫化合物的溶剂；三是溶剂再生。在这些过程中，氧化是关键的步骤。

4. 超声波氧化脱硫技术

超声波是指那些频率超过人耳听觉频率范围(16~18kHz)的声波，实验室的超声设备的频率范围为20~80kHz，功率在50~500W之间。超声波是一种波动形式，因此它可以作为探测与负载信息的载体；同时超声波又是一种能量形式，它可以加速化学反应或触发新的反应通道。超声波在传播过程中与媒质相互作用，相位和幅度发生变化，可以使媒质的状态、组成、结构、功能和性质等发生变化。这类变化称之为超声效应。

超声波是一种外加的能量形式，在超声波作用下，对介质产生膨胀和压缩作用。膨胀时，介质被撕裂成许多小空穴，瞬时被压缩闭合，产生瞬间的高温和高压，这就是空化效应。此外，在超声波作用下，还会产生许多次级效应，如机械震荡、乳化扩散、击碎等都有利于反应物的充分混合，促进反应进行。很多研究已经证实，超声波对许多化学反应有明显的加速效应，某些在一般条件下难于发生或需要催化剂才能发生的反应，在超声波作用下却能顺利进行。利用超声波的物理作用可以实现化学反应，加快反应速度，提高产率。

由 USA SulphCo 公司以及辽宁石油化工大学开发的超声波氧化脱硫技术，其化学原理与常规柴油氧化脱硫技术相同，也是将油品中的噻吩类硫化物氧化为砜，砜用抽提的方法取出，氧化剂再生后循环使用。二者所不同的是前者采用了超声波反应器强化反应过程，使氧化脱硫效果更加理想。即不同硫含量的柴油原料经过氧化脱硫后硫含量可以降低到 10μg/g 以下。

但是氧化脱硫法也存在以下问题：①采用的催化剂为过氧化氢-酸体系，过氧化氢的成本目前过高；②反应后生成的有机硫化合物为砜类，一般是用各种萃取剂脱出，但是如果柴油中含有大量的芳香烃或是芳香烃与烯烃共存时，明显降低氧化产物的分离效果，柴油收率较低；③回收后的有机硫化合物的用途开发问题。因此，必须妥善解决柴油氧化脱硫的生产成本、收率和氧化态硫化合物的去向问题。

十、柴油的调和

国产柴油组分主要是直馏柴油和催化裂化柴油，还有一定量的热裂化、焦化、加氢裂化柴油，故多数炼厂柴油的调和为直馏柴油和催化裂化柴油或加氢裂化柴油的调和。

1. 凝点的调整

国产直馏柴油的凝点较高，与催化裂化柴油调和后，若其凝点仍不符合要求，可加入降凝剂。研究表明，加入 0.05% 的降凝剂，可使柴油的凝点降低 10~20℃，冷滤点下降 3~10℃。使用降凝剂能提高柴油的终馏点 20℃左右，相应地可提高柴油的产量。

2. 十六烷值的调整

我国原油主要是低硫石蜡基原油，其直馏柴油的十六烷值较高(>60)。虽然催化裂化柴油和加氢裂化柴油的十六烷值较低(<40)，调和后仍能符合国产轻柴油质量标准(十六烷值为 45)。

第三节 喷气燃料

喷气燃料即航空煤油，简称航煤，主要用于喷气发动机的燃料。

由于喷气式飞机的燃料经济性不断提高，每马力小时油耗已降到 0.3kg 以下，使之在航空上得到广泛的应用，不仅在军用上，而且在民用航空飞机上也基本取代了过去的活塞式飞机。因此，喷气燃料的需求量迅猛增加。我国所生产的喷气燃料中，3 号喷气燃料是目前各国民航最广泛采用的品种，其规格与美 JET-A-1 相当。

喷气式发动机是把燃料的热能转换为气体的动能，使气体高速喷出而产生反作用力推动前进的。喷气式飞机上的发动机中使用最广泛的为涡轮喷气发动机、涡轮螺旋桨喷气发动机。前者主要用于飞行速度为 1.5~3 马赫，飞行高度超过 1 万米的飞机；后者适用于亚音速或 1.3~1.5 马赫以下的民航和运程军用飞机上。

一、涡轮喷气发动机的工作过程及其对燃料的使用要求

1. 涡轮喷气发动机的工作过程

涡轮喷气发动机由进气道、压缩器、燃烧室、涡轮和喷管组成。进气道在构造上属于飞机机体的一部分，因进气道与发动机各个机件密切相关，在工作上构成了一个不可分割的整体，所以通常把进气道作为涡轮喷气发动机的主要机件之一。涡轮喷气发动机工作原理见图 3-3-1。

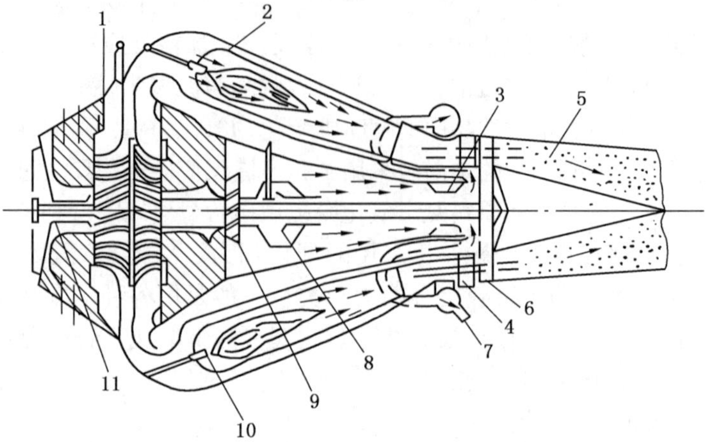

图 3-3-1 涡轮喷气发动机工作原理

1—双面供气离心式压缩机；2—燃烧室；3—后轴承；4—涡轮整流窗；5—尾喷管；6—燃气涡轮；7—冷却空气出口；8—中轴承；9—冷却涡轮和后轴承的冷却叶轮；10—喷嘴；11—前轴承

(1) 进气道　在发动机的最前面，不仅可用于引导足够数量的空气顺利地进入压缩器，而且当飞行速度大于压缩器进口气流速度时，可起到提高空气压力的作用。

(2) 压缩器　压缩器依靠它的高速旋转的叶轮，对进气道流入的空气作功以提高空气的压力。

(3) 燃烧室　在这里，由喷嘴喷出适量的燃料，同压缩器流入的空气混合，电火花点火燃烧。此时燃烧室温度可达 1600℃以上。

(4) 涡轮　涡轮安装在燃烧室的后面，其工作叶轮在高温高压燃气的推动下旋转。涡轮与压缩器安装在同一根轴上，涡轮旋转时，即带动压缩器旋转，速度达 8000~16000r/min。

(5) 喷管　位于发动机的后部，高温高压燃气在此膨胀，尾气在 500~600℃下高速向外喷出，从而产生反作用推动力，推动飞机前进。

因此，喷气式发动机与活塞式发动机(汽油机、柴油机)有很大的区别：

① 燃料供给和燃烧方式：喷气式发动机是燃料与空气同时连续进入燃烧室，一经点燃，燃烧过程是连续的，而活塞式发动机的燃料供给与燃烧都是周期性的。

② 燃烧场所：喷气式发动机没有汽缸，在 35~40m/s 的高速气流中进行燃烧，而活塞式发动机燃料的燃烧是在密闭空间中进行的。

③ 作功方式：喷气式发动机靠气体高速喷出产生的反作用力作功，活塞式发动机是靠活塞的运动带动曲杆作功。

2. 对喷气燃料的使用要求

① 良好的燃烧性能和较高的热值；

② 良好的低温性能；

③ 适当的蒸发性能以及润滑性能；

④ 良好的安定性能；

⑤ 良好的洁净度；

⑥ 无腐蚀性，较小的起电性能；

二、喷气燃料的燃烧性能

喷气式发动机燃料燃烧的特点是：在有限的空间与时间内，连续不断地将大量燃料喷入燃烧室，故要求喷气燃料具有良好的燃烧性能，即无论发动机在何种工作条件下，均能迅速、稳定、完全地燃烧，燃烧后积炭少，并提供较大的能量，使发动机功率达到最大。

（一）热值和密度

1. 热值的定义

喷气燃料的热值是指 1kg 或 1L 燃料完全燃烧后所放出的热量，分别称为质量热值和体积热值，单位为 MJ/kg 和 MJ/L。喷气燃料的热值是以净热值（低热值）表示的，这是因为发动机喷出的燃气处于高温状态（500～600℃），水气不会在发动机中凝结成水而放出热量。

2. 热值与组成和密度的关系

质量热值随燃料元素组成中氢元素含量的增加而增大。在各族烃中，烷烃含氢量最高，芳香烃最小，故质量热值的大小顺序为：烷烃>环烷烃>芳香烃。

体积热值与密度有联系，并随密度的增加而增加。当碳数相同时，以芳香烃的密度最大，环烷烃次之，烷烃最小；而烷烃的密度随异构程度的增加而加大，因此体积热值中，芳香烃最大，环烷烃居中，烷烃最小。在烷烃中，异构烷烃的体积热值比正构烷烃明显增大。

可见，质量热值与体积热值是相反的。当馏分中含有较多的烷烃时，质量热值较大；若含有较多的芳香烃，则体积热值较大（表 3-3-1）。为了使喷气燃料具有良好的能量性能，喷气燃料的最佳组分是带侧链的环烷烃和异构烷烃。

表 3-3-1　不同喷气燃料的热值

喷气燃料	密度（d_{155}^{155}）	馏程/℃	化学组成/%			热　值	
			芳香烃	环烷烃	烷烃	kJ/kg	kJ/L
石蜡基	0.7475	159～265	2.6	5.2	92.2	43.305	32.370
环烷基	0.7910	160～270	1.4	51.9	46.7	43.054	34.054
芳香基	0.8645	166～253	75.2	11.4	13.4	41.215	35.626

3. 热值的计算

对于 1 号、2 号、3 号喷气燃料而言，其热值可按下列经验公式计算：

$$Q_J = 41.6796 + (0.00045733A + 0.00813024)G \quad (3-3-1)$$

含硫燃料应按下式校正：

$$Q_T = Q_J(1 - 0.01W_S) + 0.1016W_S \quad (3-3-2)$$

式中　Q_J——无硫燃料的净热值，MJ/kg；

Q_T——含硫燃料的净热值，MJ/kg；

A——燃料的苯胺点，℃；

G——燃料的相对密度指数；

W_S——燃料的硫含量，%。

4. 热值的使用意义

喷气燃料要求具有较高的热值，是为了保证飞机能有较大的活动半径。在飞机油箱容量一定时，为保证飞机有较大航程，燃料必须具有高的体积热值。一般来说，飞机航程的增加与燃料体积热值相关，即喷气燃料密度越大，飞机飞得越远。

当飞机的起飞重量受到限制，而飞机油箱容量还有富余时，应使用质量热值较高的燃料。燃料的质量热值越高，同样重的燃料所含有的热能就越大，燃料的单位消耗越小，飞机的航程就越远。尤其是在航程一定的飞行中，使用质量热值大的燃料，对提高飞机的载荷较为有利，例如在民航运输中。

总而言之，对于喷气燃料既要求具有高的质量热值，又要求有较大的密度。我国喷气燃料质量标准要求，20℃密度不小于775~830kg/m³，净热值不小于42.8~42.9MJ/kg。

（二）喷气燃料的雾化程度、蒸发性以及燃烧的完全程度

喷气燃料燃烧时，首要的是要易于启动和燃烧稳定，即喷气燃料不仅在严寒冬季能迅速启动，而且在高空低温下，一旦熄火时，也能迅速再点燃，恢复正常燃烧，保证飞行安全。其次是要求燃料燃烧完全。燃料的雾化程度以及蒸发性对燃烧的完全程度影响很大，燃料雾化程度高，蒸发性强，则燃烧完全程度高(表3-3-2)。

评定喷气燃料雾化程度、蒸发性以及燃烧完全程度的指标有：

1. 黏度

黏度对雾化程度有直接影响，适宜黏度的燃料雾化程度好，易形成可燃混合气，有利于燃烧的稳定和完全。但黏度较小，会因喷射角过大，燃烧区域宽而短，引起燃烧室局部过热。因此在喷气燃料质量标准中规定了黏度范围(20℃、-20℃或-40℃的运动黏度)。

2. 馏程

馏程关系到燃料的蒸发性能，对燃烧的完全程度影响很大。轻质馏分多，蒸发性能好，可燃气混合均匀，其燃烧完全程度高，因此限制喷气燃料的终馏点在300℃以下或98%馏出温度不高于250℃。

表3-3-2　燃料雾化程度与燃烧完全程度的关系

雾化程度(蒸发表面积)/(cm^2/cm^2)	燃烧完全程度/%	雾化程度(蒸发表面积)/(cm^2/cm^2)	燃烧完全程度/%
250	50	750	98
370	80	1000	100
500	90		

3. 化学组成

不同烃类的燃烧完全程度是不同的，其高低顺序是：正构烷烃>异构烷烃>单环环烷烃>单环芳烃>双环芳烃。可见，燃料中芳烃含量越高，其燃烧完全程度越差。所以在喷气燃料中限制芳烃含量。我国喷气燃料质量标准中规定芳烃含量不大于20%(体积)。

（三）喷气燃料的积炭倾向

喷气燃料在燃烧过程中会产生积炭。当喷嘴上积炭增加时，能使喷嘴喷油角度发生变化，影响燃料雾化质量，严重时会烧坏火焰筒，影响发动机的正常工作。当燃烧室壁上积炭增加时，引起局部过热使燃烧室变形，影响燃烧过程；燃烧室壁上脱落的积炭，会进入涡轮，擦伤叶片，以致造成事故。

1. 影响燃料积炭的因素

影响燃料积炭的因素很多，与燃烧室的构造、发动机工作条件及燃料的性质均有关系。就燃料本身而言，其化学组成对生成积炭的影响最大。

（1）燃料碳氢比　燃料碳氢比愈大，燃烧后生成的积炭愈多；反之，生成积炭愈少。在各族烃类中，芳香烃碳氢比最大，生成的积炭也最多，见表3-3-3。

表3-3-3　烃类生成积炭的倾向（试验15min）

烃　类	碳氢原子比	积炭量/g	烃　类	碳氢原子比	积炭量/g
甲基萘	1.10	2.79	环己烷	0.50	0.45
四氢萘	0.71	2.36	环戊烷	0.50	0.28
异丙苯	0.75	1.71	异癸烷	0.91	0.40
甲　苯	0.88	1.15	异辛烷	0.44	很少
苯	1.00	1.64	正庚烷	0.44	很少
十氢萘	0.50	1.65	正己烷	0.43	很少

（2）馏分的轻重　燃料馏分越轻，雾化越完全，蒸发也完全，有利于完全燃烧，产生的积炭也少；反之，则产生的积炭就多，见表3-3-4。

表3-3-4　燃料馏分与积炭的关系

燃料	t_{10}/℃	积炭量/g	燃料	t_{10}/℃	积炭量/g
Ⅰ	62	0.19	Ⅲ	238	1.79
Ⅱ	173	0.83			

（3）非烃化合物　燃料中含有硫、氮、氧非烃化合物，在燃烧后也会增加燃烧室内的积炭，尤其以含硫化合物使积炭增加明显，且生成的碳粒较硬，并能牢固地黏附在机件上。

2. 评定燃料积炭倾向的指标

评定燃料积炭生成倾向的指标，除芳烃含量外，还有萘含量、无烟火焰高度以及辉光值。

（1）萘含量　由前述表3-3-3可知，各类烃中以芳烃特别是双环结构的萘系烃类对燃料生成积炭倾向的影响最大，所以在喷气燃料质量标准中，不仅规定了芳烃含量，还规定萘系烃的含量，我国质量标准中要求萘系烃不大于3%（体积）。由于萘系烃类的沸点较高，如α-甲基萘，沸点241℃，一般存在于燃料的较重馏分中，故萘系烃类含量也是反映较重馏分燃料生炭倾向的指标之一。

（2）无烟火焰高度　又称为烟点，是指燃料在一个标准灯具内，在规定条件下作点灯试验所能达到的无烟火焰的最大高度，单位为mm。无烟火焰高度与燃烧室内生成积炭量有关，无烟火焰高度高，积炭量就少（表3-3-5）；反之，则积炭量多。我国喷气燃料要求无烟火焰高度不小于25mm。燃料的无烟火焰高度取决于其化学组成。如表3-3-6所示，芳烃含量愈多，无烟火焰高度愈低。

表 3-3-5　无烟火焰高度与积炭量关系

无烟火焰高度/mm	12	18	21	23	26	30	43
积炭量/g	7.5	4.8	3.2	1.8	1.6	0.5	0.4

表 3-3-6　无烟火焰高度与芳香烃含量的关系

芳香烃含量/%	10	18	22	28
无烟火焰高度/mm	23	19	14	12

（3）辉光值　辉光值是反映火焰辐射强度的指标。其测定方法是，将试油与两个标准燃料相比较，规定异辛烷的辉光值为100，四氢萘的辉光值为0，比较试油、异辛烷、四氢萘三者在同样辐射强度时的火焰温度升高值，由下式计算出试油的辉光值：

$$\text{辉光值}(LN)=\frac{\Delta T_{\text{试油}}-\Delta T_{\text{四氢萘}}}{\Delta T_{\text{异辛烷}}-\Delta T_{\text{四氢萘}}}\times 100 \qquad (3-3-3)$$

式中　$\Delta T_{\text{试油}}$——试油在评价基准处的火焰温升值,℃；

$\Delta T_{\text{四氢萘}}$——在烟点时火焰温升值,℃；

$\Delta T_{\text{异辛烷}}$——在评价基准处异辛烷的火焰温升值,℃。

当燃料生炭性强时，达到同样辐射强度时的火焰温升小，则辉光值低；反之，生炭性小的燃料火焰温升高，辉光值也高。

芳烃和萘系烃类的含量对辉光值是有影响的。当燃料中的芳烃含量越多，则辉光值就越低；燃料中芳烃含量相等时，其中萘系烃类含量高者，则其辉光值低。我国喷气燃料质量标准中规定辉光值不小于45。

三、喷气燃料的低温性能

资料表明，我国东北地区地面最低温度可达-50℃以下，南方高空最低气温全年平均在-76.5~-71.3℃范围内，北方地区高空最低气温大都比南方地区高空最低气温要高一些。因此要求喷气燃料具有良好的低温性能，使燃料在低温下能顺利地通过滤清器，供给燃烧室，保证发动机可靠地工作。若低温性能差，燃料在低温条件下流动缓慢或出现结晶而堵塞油路，使供油量下降，严重时会使供油中断，造成飞行事故。所以低温性能是喷气燃料极其重要的指标。

喷气燃料低温性能是以结晶点或冰点来评定的。我国喷气燃料质量标准中规定1号、2号喷气燃料结晶点分别不高于-60℃、-50℃；3号喷气燃料冰点不高于-47℃。

影响喷气燃料低温性能主要有燃料的烃类组成以及溶水性。

1. 燃料的烃类组成

在碳数相等的烃类中，正构烷烃与结构对称的短侧链芳烃和双环芳烃的熔点较高；环烷烃和异构烷烃的熔点较低；在同一类烃中，随着分子量增大而熔点升高。所以喷气燃料中大分子正构烷烃与双环芳烃，特别是支链带有2~3个碳原子的双环芳烃含量多，其低温性能就变差。

2. 燃料的溶水性

喷气燃料在储存、使用过程中，由于雨露霜的侵入或与水气接触，燃料本身又会溶解少量的水，使燃料中常含一些水分。这些微量的溶解水在较低温度下，以游离水或冰晶状态析出。游离水与油中胶质作用，可在过滤网上形成一层薄黏膜，使过滤能力大大降低。冰晶颗粒不仅可堵塞油路，还可作为烃类结晶的晶核，使熔点较高的烃类迅速长成大的结晶，使燃料系统的导管和滤网堵塞现象加剧，甚至使油路中断，严重时造成飞行事故。

不同烃类对水的溶解度是不同的，尤以芳烃特别是苯对水的溶解度最大(表3-3-7)。所以从这个角度上也要限制喷气燃料中芳烃的含量。

表3-3-7　烃类的溶水性

烃　类	温度/℃	水的溶解度/%	烃　类	温度/℃	水的溶解度/%
正戊烷	25	0.011	甲　苯	22	0.052
正庚烷	25	0.015	二甲苯	22	0.038
苯	22	0.066			

四、喷气燃料的其他性能

(一) 喷气燃料的安定性能

喷气燃料的安定性包括储存安定性和热安定性。

1. 储存安定性

影响喷气燃料的储存安定性因素有二：一是储存条件，主要是温度；二是喷气燃料中的不安定组分，如烯烃以及非烃化合物等。国产喷气燃料质量指标中规定了实际胶质、碘值、酸度等。

2. 热氧化安定性(热安定性)

喷气燃料在较高的使用温度下，燃料中的不安定组分易生成胶质和沉渣，这些胶质黏附在热交换器表面上，导致冷却效率下降；沉积并堵塞燃料导管、过滤器和喷嘴，使喷射的燃料分配不均匀，燃烧不完全，故要求喷气燃料要具有良好的热安定性。近期参考美国JFTOT法，我国制定了喷气燃料热氧化安定性测定法(GB/T 9169)。

(二) 喷气燃料腐蚀性能

喷气燃料的腐蚀性能表现在液相和气相两个方面。

1. 液相腐蚀

喷气燃料在储运和使用中，必须与储运设备及发动机燃料系统接触，该系统是由各种金属材料或一些涂料、橡胶等非金属材料构成的，要求喷气燃料应对金属及非金属材料无腐蚀性。

组成喷气燃料的烃类，如烷烃、环烷烃、芳香烃不会引起液相腐蚀，但若其中含有活性硫化物、酸性物质和水分，可引起液相腐蚀。

2. 气相腐蚀

喷气燃料在燃烧过程中，对燃料室内的火焰筒有烧蚀现象，涡轮及喷管等也受到燃烧产物的侵蚀，这种在高温条件下燃气对金属的侵蚀称为气相腐蚀。

目前我国广泛使用镍铬合金制造的发动机燃气系统，在使用国产喷气燃料(含硫0.05%以下)时，主要发生高温燃气腐蚀，外观特性为：腐蚀处呈深圆坑，圆坑上积有毛状炭，严重时腐蚀坑连成一片，甚至蚀穿火焰筒壁，这种现象称为烧蚀或粉化腐蚀。研究表明，这主要是由于镍对烃类的催化作用，使之在合金表面形成碳晶体，从而造成镍铬合金的烧蚀。当燃料中含有一定量硫时，在高温下可使合金中的镍中毒而失去对烃类的催化作用，从而防止烧蚀。

我国在喷气燃料质量标准中规定了铜片腐蚀等指标。由于目前发动机的高压燃料油泵一般采用镀银机件，银对硫化物的腐蚀很敏感，故在质量标准中还有银片腐蚀试验。

（三）喷气燃料的洁净度

喷气发动机燃料系统的精密度很高，即使较细的颗粒物质也会造成燃料系统的故障。影响喷气燃料洁净度的杂质有：水分、机械杂质、表面活性物质及微生物四类。评定喷气燃料洁净度的指标有：目测法(外观)、水反应试验。目测法是判断燃料中有无机械杂质和水分；水反应试验是检查喷气燃料中的表面活性物质及其对燃料和水的界面的影响。

（四）喷气燃料的起电性

喷气发动机耗油量大，在机场常采用高速加油，速度可高达 $4m^3/min$。在高速输油时，燃料与管壁、阀门等高速摩擦产生静电。由于燃料的电导率低($1.5\times10^{-15}\sim1\times10^{-11}\Omega^{-1}\cdot cm^{-1}$)，静电聚集到一定程度就会产生火花放电，在遇到可燃混合气时，就会引起爆炸，造成火灾。

为防止喷气燃料摩擦产生的静电聚集，提高燃料的导电性，常在燃料中加入少量防静电添加剂，如烷基水杨酸铬盐、磺基琥珀酸钙盐等。

（五）喷气燃料的润滑性能

在喷气发动机中，高压燃料油泵是以燃料本身作为润滑剂的。燃料能在金属表面形成较牢固的吸附层，以起到润滑作用。燃料润滑性差，可引起泵严重磨损，所以润滑性能中最重要的是抗磨性。

一般平均相对分子质量大的油抗磨性较好。芳烃和环烷烃的抗磨性优于相应的烷烃。非烃化合物由于具有较强的极性，易被金属表面吸附，形成牢固的油膜，是极好的起润滑作用的组分。在生产中，如果喷气燃料精制过深，会除去原来油品中的极性物质，使抗磨性变差。但极性物质含量不能过多，否则会引起腐蚀并使油品的安定性变差，影响喷气燃料的使用性能。

五、喷气燃料的牌号

喷气式发动机不可随意使用某一种燃料，而必须使用与发动机性能、工作条件、外界因素相适应的安全可靠的喷气燃料，因此对喷气燃料的质量规格要求极其严格。我国喷气燃料的质量标准见表 3-3-8。

表 3-3-8a　国产喷气燃料质量标准

项　　目		1 号(GB 438—88)	2 号(GB 1788—88)
密度(20℃)/(kg/m^3)	不小于	775	775
馏程/℃			
初馏点	不高于	150	150
10%馏出温度	不高于	165	165
50%馏出温度	不高于	195	195
90%馏出温度	不高于	230	230
98%馏出温度	不高于	250	250
残留量及损失量/%	不大于	20	20
闪点(闭口)/C	不低于	28	28
运动黏度/(mm^2/s)			
20℃	不小于	1.25	1.25
-40℃	不大于	8.0	8.0
结晶点/C	不高于	-60	-50

续表

项　　目		1号(GB 438—88)	2号(GB 1788—88)
芳香烃含量/%	不大于	20	20
碘值/(gI/100g)	不大于	3.5	4.2
酸度/(mgKOH/100mL)	不大于	1.0	1.0
硫含量/%	不大于	0.20	0.2
硫醇性硫含量/%	不大于	0.005	0.002
铜片腐蚀(100℃，2h)/级	不大于	1	1
银片腐蚀(50℃，4h)/级	不大于	1	1
净热值/(MJ/kg)	不小于	42.9	42.9
燃烧性能：需满足下列要求之一			
a. 无烟火焰高度/mm	不小于	25	25
b. 萘系烃含量(无烟火焰高度不大于20mm时)/%	不大于	3	3
c. 辉光值	不小于	45	45
实际胶质/(mg/100mL)	不大于	5	5
灰分/%	不大于	0.005	0.005
水溶性酸或碱		无	无
机械杂质及水分		无	无
水反应			
体积变化/mL	不大于	1	1
界面情况/级	不大于	1b	1b
分离程度/级		实测	实测

表3-3-8b　3号喷气燃料质量标准

项　　目		指　标	试验方法
外观		室温下清澈透明，目视无不溶解水及固体物质	目测
颜色	不小于	+25	GB/T 3555
组成总酸值/(mgKOH/g)	不大于		
芳烃含量(体积分数)/%	不大于	0.015	
烯烃含量(体积分数)/%	不大于	20.0	GB/T 12574
总硫含量(质量分数)/%	不大于	5.0	GB/T 11132
		0.20	GB/T 11132
			GB/T 380
			GB/T 11140
硫醇性硫(质量分数)/%	不大于	0.002	GB/T 17040
或博士试验		通过	SH/T 0253
直馏组分(体积分数)/%		报告	SH/T 0689
加氢精制组分(体积分数)/%		报告	GB/T 1792
加氢裂化组分(体积分数)/%		报告	SH/T 0174

续表

项目		指标	试验方法
挥发性			
馏程/℃			
初馏点		报告	GB/T 6536
10%回收温度/℃	不高于	205	
20%回收温度/℃		报告	
50%回收温度/℃	不高于	232	
90%回收温度/℃		报告	
终馏点/℃	不高于	300	
残留量(体积分数)/%	不大于	1.5	
损失量(体积分数)/%	不大于	1.5	
闪口(闭口)/℃	不低于	38	GB/T 261
密度(20℃)/(kg/m^3)		775~830	GB/T 1884，GB/T 1885
流动性			
冰点/℃	不高于	-47	GB/T 2430，SH/T 0770
黏度/(mm^2/s)			
20℃	不小于	1.25	GB/T 265
-20℃	不大于	8.0	
燃烧性			
净热值/(MJ/kg)	不小于	42.8	GB/T 384[g]，GB/T 2429
烟点/mm	不小于	25.0	GB/T 382
萘系烃含量(体积分数)/%	不大于	3.0	SH/T 0181
或辉光值	不小于	45	GB/T 11128
腐蚀性			
铜片腐蚀(100/℃，2h)/级	不大于	1	GB/T 5096
银片腐蚀(50/℃，4h)/级	不大于	1	SH/T 0023
安定性			
热安定性(260/℃，2.5h)			GB/T 9169
压力降/kPa	不大于	3.3	
管壁评级		小于3，且无孔雀蓝色或异常沉淀物	
洁净性			
实际胶质/(mg/100mL)	不大于	7	GB/T 8019，GB/T 509
水反应			GB/T 1793
界面情况/级	不大于	1b	
分离程度/级	不大于	2	
固体颗粒污染物含量/(mg/L)		1.0	
导电性			
电导率(20/℃)/(pS/m)		50~450	GB/T 6539

续表

项　　目		指　标	试验方法
水分离指数			
未加抗静电剂	不小于	85	SH/T 0616
加入抗静电剂	不小于	70	
润滑性			
磨痕直径 WSD/mm	不大于	0.65	SH/T 0687
经铜精制工艺的喷漆燃料，油样应按 SH/T 0182 方法测定铜离子含量，不大于 150μg/kg			

第四章　其他石油产品

除前面所介绍的发动机燃料外，由石油(原油)生产的燃料还包括燃料油，它主要用于大型锅炉等方面。此外，石油产品中还有以下几类：

① 润滑剂类，包括润滑油和润滑脂，尽管这类产品产量不多，仅占石油产品总量的2%，但品种繁多。

② 石油沥青，包括道路沥青、建筑沥青以及专用沥青等。

③ 石油蜡，主要用于轻工、化工和食品等方面。

④ 石油焦，可用于制作炼铝及炼钢用的电极。

⑤ 溶剂和化工原料，占石油产品的10%左右。

尽管这些石油产品的产量不大，在我国仅占石油产品总量的15%左右，但其品种多，涉及范围广，对建筑、轻工、化工等领域的发展，起着不可忽视的推动作用。

第一节　石　油　蜡

石油蜡是从原油及其产品中分离出来的固体烃类混合物，是应用广泛的一类石油产品。

随着石油蜡品种的发展，我国已形成石油蜡产品系列(图4-1-1)，其中石蜡和微晶蜡(地蜡)是基本产品，凡士林和特种蜡是调合产品。

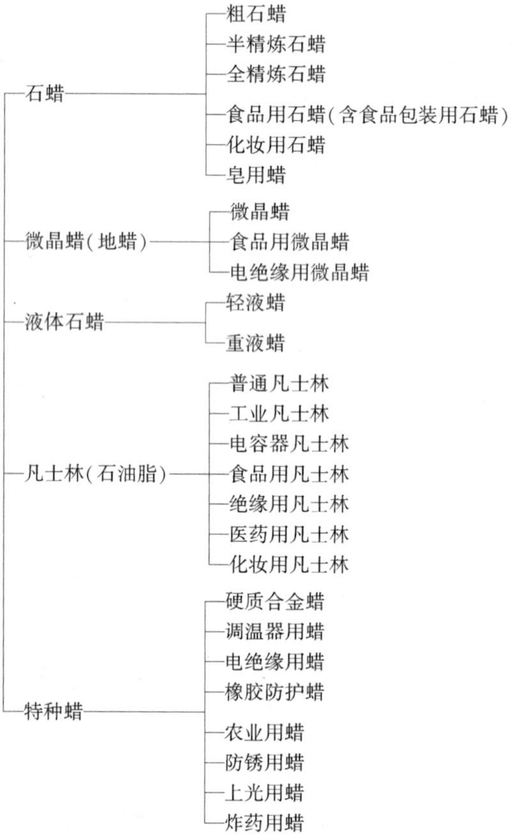

图4-1-1　石油蜡的分类

一、石蜡

石蜡又称晶形蜡，是从原油的中间馏分或高沸馏分中分离出来的结晶较大(片状结晶)、半透明、硬度较大的石油蜡，它主要含正构烷烃(约占66%~94%)，其次为异构烷烃和环烷烃，并含有极少量的芳烃，其烃类分子碳原子数为C_{17}~C_{35}，平均相对分子质量为300~450。

1. 石蜡的主要理化性能

(1) 熔点　对于纯化合物来说，熔点是一个固定的物理常数，而石蜡这种烃类混合物，当其凝固时，有一个温度范围(图4-1-2)。故石蜡的熔点是指在规定的条件下，冷却熔化了的石蜡试样，当冷却曲线上第一次出现停滞期的温度。测定方法可依照GB/T 2539。

影响石蜡熔点的主要因素是所选用原料馏分的轻重。原油校重，所制备的石蜡熔点较高。还与石蜡中含油量有关，含油量愈高，石蜡熔点愈低。

熔点与石蜡的耐温性能相关。石蜡在使用中，即在特定的温度条件下不熔化或软化变形，说明具有良好的耐温性能。在不同的使用条件下，要求选择不同熔点的石蜡产品。

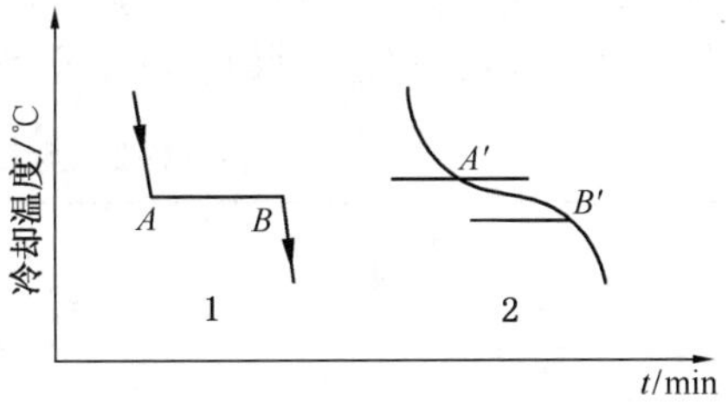

图 4-1-2　降温曲线

1—纯物质；2—石蜡

（2）含油量　含油量一般是指石蜡中润滑油馏分的含量。石蜡油分中存在的多环、稠环烃类，影响其色度和储存的安定性，因此可利用含油量评定石蜡的纯度。含油量的测定按 GB/T 3554 标准方法进行。

（3）安定性　石蜡中一些不安定组分(如非烃化合物、稠环芳烃)，在光照射下或受热时，易氧化变质，使石蜡颜色变深，产生异味，所以要求石蜡要具有良好的热安定性、氧化安定性和光安定性，其中光安定性也可作为控制石蜡加工过程中精制深度的指标之一。石蜡可通过精制，除去不安定组分，以提高其安定性。

2. 石蜡产品的品种和用途

石蜡产品的分类方法有许多种，目前按其精制深度将石蜡分为粗石蜡、半精炼石蜡、全精炼石蜡、食品用石蜡等品种。

（1）粗石蜡　含油量高达 2.0%，有颜色、气味，安定性差。本产品按熔点分为 50、52、54、56、58、60 六个牌号，可用于制造蜡烛及火柴用蜡等。

（2）半精炼石蜡　仅经过轻度精制，含油量不大于 1.8%。半精炼石蜡也称白石蜡，是石油蜡产品中产量最大、应用最广的品种。该产品按熔点划分为七个牌号(50、52、54、56、58、60、62)，适用于蜡烛、蜡笔、蜡纸的生产及作一般电信器材和轻化工的原料。其质量标准见表 4-1-1。

表 4-1-1　半精炼石蜡质量标准(GB/T 254—2010)

项　目	质量指标										
	50 号	52 号	54 号	56 号	58 号	60 号	62 号	64 号	66 号	68 号	70 号
熔点/℃　不低于	50	52	54	56	58	60	62	64	66	68	70
熔点/℃　低于	52	54	56	58	60	62	64	66	68	70	72
含油量(质量分数)/%　不大于	2.0										
颜色/赛博特颜色号　不小于	+18										
光安定性/号不大于	6			7							
针入度/0.1mm　(100g，25℃)　不大于	23										
针入度/0.1mm　(100g，25℃)	报告										
运动黏度(100℃)/(mm^2/s)	报告										
嗅味/号　不大于	2										
水溶性酸或碱	无										
机械杂质及水	无										

（3）全精炼石蜡　又称精白蜡，是经过深度脱油精制而成的。该产品按含油量分为优级品和一级品，其含油量分别不大于 0.5%和 0.8%。每个级别产品均按熔点划分，从 52 号到

70 号共计十个牌号，其熔点 52~72℃。该种石蜡安定性好，雪白而无味，应用于复写纸、铁笔蜡纸、精密铸造、装饰吸音板等产品的生产。其质量标准见表 4-1-2。

表 4-1-2 全精炼石蜡质量标准(GB/T 446—2010)

项目		质量指标									
		52 号	54 号	56 号	58 号	60 号	62 号	64 号	66 号	68 号	70 号
熔点/℃	不低于	52	54	56	58	60	62	64	66	68	70
	低于	54	56	58	60	62	64	66	68	70	72
含油量(质量分数)/%	不大于	2.0									
颜色/赛博特颜色号	不小于	+27					+25				
光安定性/号	不大于	4					5				
针入度(25℃)/0.1mm	不大于	19					17				
运动黏度(100℃)/(mm^2/s)		报告									
嗅味/号	不大于	1									
水溶性酸或碱		无									
机械杂质及水		无									

（4）食品用石蜡 该产品分为食品石蜡和食品包装石蜡两个等级，含油量分别不大于 0.5%和 1.2%。每个等级按熔点划分为六个牌号，从 52 号到 62 号，熔点为 52~64℃。其质量标准见表 4-1-3。

表 4-1-3 食面蜡质量标准(GB 7189—94)

项目		质量指标											
		食品石蜡						食品包装石蜡					
		52号	54号	56号	58号	60号	62号	52号	54号	56号	58号	60号	62号
熔点/℃	不低于	52	54	56	58	60	62	52	54	56	58	60	62
	低于	54	56	58	60	62	64	54	56	58	60	62	64
含油量/%	不大于	0.5						1.2					
颜色/号	不小于	+28				+25		+22					
光安定性/号	不大于	4				5		6					
针入度(25℃)/(1/10mm)	不大于	18				16		20				18	
运动黏度(100℃)/(mm^2/s)		报告						报告					
嗅味/号	不大于	1						1					
水溶性酸或碱		无						无					
机械杂质及水分		无						无					
易炭化物		通过						—					
稠环芳烃，紫外吸光度/cm													
280~289nm	不大于	0.15						0.15					
200~299nm	不大于	0.12						0.12					
300~359nm	不大于	0.08						0.08					
360~400nm	不大于	0.02						0.02					

食品用石蜡除了需要控制常规的分析指标外，还需要控制其中对人体极为有害的致癌物质的含量。许多研究证明稠环芳烃中3，4-苯并芘等9种是强致癌物，可致癌物质23种，无致癌物质22种，而石油蜡的稠环芳烃中，强致癌物质的含量大约为$0\sim5\times10^{-9}$，所以需要对石蜡中稠环芳烃的含量进行测定，依照标准GB/T 7189进行。

食品石蜡大量用于胶姆糖和泡泡糖。食品包装石蜡用于食品容器的衬里和食品的封袋，既保证食品不变质，又延长了食品容器的使用寿命。

二、微晶蜡(地蜡)

微晶蜡是从石油减压渣油中脱出的蜡，再经过精制而得。微晶蜡熔点较高，一般在65~85℃之间，其主要组成是带侧链的双环烷烃，约占60%~80%，其次是正构和异构烷烃，并含有少量长侧链的芳烃。由于微晶蜡不能形成大的完好的晶体，只能形成微晶，故称之为微晶蜡。其质量标准见表4-1-4。

1. 微晶蜡的主要理化指标

(1) 滴熔点　由于微晶蜡含有大量的无定形固体烃，随着冷却温度下降而逐渐失去流动性，通常不会出现平稳曲线，很难找到降温曲线的拐点，所以微晶蜡只能以滴熔点来表示其耐热性能。滴熔点是在规定条件下加热脂杯使试蜡受热软化，当脂杯中试样滴出第一滴液体或流出蜡柱25mm时的温度，即为试样的滴熔点。由GB/T 8026方法测定。微晶蜡是以滴熔点来划分其牌号的。

(2) 针入度　蜡的针入度表示其硬度或稠度的指标，间接反映蜡的抗变形性能和黏结性能(GB/T 4985)。它是在规定的条件下，标准针垂直进入试样的深度，以0.1mm表示。

表4-1-4　微晶蜡质量标准(SH/T 0013—2008)

项　目		质量指标				
牌号		70	75	80	85	90
滴熔点/℃	不低于	67	72	77	82	87
	低于	72	77	82	87	92
针入度/0.1mm	(35℃，100g)	报告				
	(25℃，100g)不大于	30	30	20	18	14
含油量(质量分数)/%	不大于	3.0				
颜色/号	不大于	3.0				
运动黏度(100℃)/(mm^2/s)	不小于	6.0	10			
水溶性酸或碱		无				

2. 微晶蜡的品种和用途

微晶蜡以产品颜色分为合格品、一级品和优级品，以产品滴熔点为牌号指标，共10个牌号。由于微晶蜡硬度较小，并有一定韧性，不易脆裂，有良好的黏附性和气密度以及良好的绝缘性能和化学安定性，故微晶蜡主要用于润滑脂的稠化剂，还广泛地用作电气和电信器材的绝缘材料，也可用于医学、化妆品、密封材料、防潮涂料等方面。

三、液体石蜡

液体石蜡是由煤油或轻柴油经尿素脱蜡或分子筛脱蜡而得到的正构烷烃，其碳数一般为

C_8~C_{18}，因为这些正构烷烃常温下为液相，故称为液体石蜡或液蜡。

据用途不同分为轻质液体石蜡(液体石蜡)和重质液体石蜡，其主要性能指标是正构烷烃和芳烃含量。液体石蜡质量指标见表4-1-5。

表4-1-5 液体石蜡产品质量指标

项目		液体石蜡		重质液体石蜡	
		1号	2号	一级品	合格品
馏程					
初馏点/℃	不低于	185	180	220	195
98%馏出温度/℃	不高于	240	250	310	310
正构烷烃含量/%	不小于	96	90	95	90
芳香烃含量/%	不大于	1	1	0.7	1.0
碱性氮含量/%	不大于	0.0005	—	—	
机械杂质及水		无	无	无	无
颜色(赛波特号)	不低于	—		+20	+15
溴值/(gBr/100g)	不大于	—		1.5	2.0
硫/(μg/g)	不大于	—		40	—
闪点(闭口)/℃	不低于	—		90	80

四、凡士林(石油脂)

凡士林通常是以微晶蜡生产过程的中间产物(即由残渣润滑油脱蜡所得的蜡膏)为原料，按照稠度要求加入不同量的高、中黏度润滑油，并经不同精制深度后制成的产品。

凡士林产品中包括医药用凡士林、化妆用凡士林、食品用凡士林等，其中医药用凡士林适用于配制医药软膏及皮肤保护油膏用的原料。化妆用凡士林可用作发蜡、润肤脂等化妆品原料，由于与人体皮肤直接接触，要求该类凡士林无异味，并控制稠环芳烃含量，还要求定期送检作眼膜急性刺激试验(生物毒理试验)，同时还要控制其稠软程度。为此，应合理选用调和组分，并经加氢精制或白土精制，脱除各种有害组分，使之达到质量指标要求。

五、特种蜡

以石蜡和微晶蜡为基本原料，经特殊加工或添加组分调和，制成适应特种性能和特定使用部位要求的产品为特种蜡。如：

(1) 调温器用蜡　蜡式感温元件的灵敏材料称为感温蜡。当石油蜡由固态转变为液态时，体积急剧膨胀可达15%，可作为原动力将热能转变为机械能。用于汽车、内燃机车、船舶的调温器中，其控温范围达45~95℃，产品有18个牌号。

(2) 电子工业用蜡　石油蜡具有适宜的高温性能，优良的防湿、防潮性能，可作为电容器、彩色延迟线等电子元器件的浸渍料和固封料。

此外，还有用于军事的特种钝感蜡、炸药用蜡，以及航空航天工业用的冲压蜡和高韧性蜡等。

第二节　石　油　焦

石油焦是减压渣油在490~550℃高温下分解、缩合、焦炭化后生成的固体、无定形碳，一般含碳90%~97%，含氢1.5%~8.0%，还含有少量的硫、氮、氧和金属。

一、石油焦的主要质量指标

1. 硫含量

硫含量是石油焦的重要指标，一般规定不得超过0.5%~3.0%。焦炭中的硫来源于原油，其含硫量约占原油含硫量的40%~60%。当用含硫量高的石油焦生产电极时，会污染环境，腐蚀金属，且当使用温度高于1500℃时，硫被放出而造成电极收缩，发生破裂，缩短使用寿命。

2. 挥发分

由延迟焦化生产的石油焦挥发分大，强度小，粉末多。应控制石油焦挥发分的含量，因为挥发分过大的焦炭在煅烧时极易破碎。

3. 灰分

控制灰分含量是为了间接控制影响冶金产品质量的钙、钠、钒、铝、硅等杂质的含量。电极焦在2300~2500℃石墨化过程中，灰分挥发，形成孔隙，影响电极的合格率。

二、石油焦的分类、品种及用途

1. 石油焦的分类

（1）按加工方法不同，分为生焦和熟焦。由焦化装置直接生产得到的焦炭称为原焦或生焦，含挥发分较多，只可用于高炉冶炼、金属铸造等。生焦经1300℃以上高温煅烧，脱除挥发分并进行脱氢碳化反应后，得到质地坚硬致密的煅烧焦，即熟焦，可用于制作冶金电极原料。

（2）按硫含量不同，分为高硫焦（>4%），中硫焦（2%~4%）和低硫焦（<2%）。

我国主要原油生产的石油焦实测硫含量一般都在0.5%左右，属于低硫类型的高质量石油焦。近年来，由于进口含硫原油数量增多，含硫量较高的高硫石油焦在总石油焦产量中占有相当的比例。1998年硫含量大于2%的石油焦产量已超过1.1Mt，占石油焦总产量的35%。高硫石油焦可用在水泥生产中，石油焦中的硫与石灰石反应生成硫酸钙（石膏），可降低水泥中的石膏用量。高硫石油焦的另一个用途是用于发电的燃料，石油焦与煤相比，其热值高以及灰分低，故将石油焦与煤混合作为燃料有其优越性。

（3）按其显微结构形态不同，分为海绵焦和针状焦。海绵焦又称普通焦，多孔如海绵状。针状焦含有较多的细长针状结构，经煅烧后成为优质石墨结晶，具有低膨胀系数、低孔隙度、低硫、低灰分以及高导电率的特点。低硫环烷基原油如克拉玛依原油，含有大量稠环芳香烃，是生产针状焦的良好原料。

2. 石油焦的品种及用途

（1）延迟石油焦（普通焦），按质量分为一级品和合格品，合格品又分为1A、1B、2A、2B、3A、3B六种。其中，1号适用于炼钢工业中制作普通功率石墨电极；2号用于炼铝工业中制作铝用炭素；3号用于化学工业中制作碳化物或作燃料。延迟石油焦质量标准见表4-2-1。

表4-2-1 延迟石油焦（生焦）质量标准（SH 0527—92）

项目		质量指标						
		一级品	合格品					
			1A	1B	2A	2B	3A	3B
硫含量/%	不大于	0.5	0.5	0.8	1.0	1.5	2.0	3.0
挥发分/%	不大于	12	12	14		17	18	20
灰分/%	不大于	0.3	0.3	0.5			0.8	1.2
水分/%	不大于	3						

续表

项目	质量指标						
	一级品	合格品					
		1A	1B	2A	2B	3A	3B
真密度/(g/cm^3)	2.08~2.13	报告		—			
粉焦量（块粒 8mm 以下）/%　不大于	25	报告		—			
硅含量/%　不大于	0.08						
钒含量/%　不大于	0.015						
铁含量/%　不大于	0.08						

（2）针状焦，它是多孔固体，有银灰色金属光泽，焦孔略呈椭圆形，孔的定向均匀，表面上有针状结构，其主要物理特点是密度大，纯度高，杂质少，烧蚀量及膨胀系数较低，在工业、国防、医疗、航天领域应用广泛。

（3）特种石油焦，如原子炉用焦(制原子反应堆用石墨)，有广泛用途。

第三节　石油沥青

据史料记载，在公元前人们就开始使用沥青。这些沥青大多数是天然沥青，主要存在于岩石缝里、地面和湖泊中，是原油渗透到地表，其中轻组分逸散后而形成，如中美洲的特立尼达湖、委内瑞拉的巴米次湖等。天然沥青主要用于制造涂料、清漆、烘漆及蓄电池箱、刹车片和印刷油墨等。由于天然沥青来源有限，且开采困难，现在使用的沥青几乎都是以减压渣油为原料制得的高分子烃类和非烃类组成的黑色固态或半固态黏稠状的石油沥青。

沥青是石油产品中具有特殊性质的黏稠弹性体，物理性质与沥青的化学组分和胶体结构有密切关系。长期以来，各国学者对这一领域进行了大量的研究。

一、石油沥青的化学组成

1. 石油沥青的元素组成

对石油馏分来说，元素组成的数据一般不是十分重要，但对于沥青这样的重质油组分，元素组成则是一个相当重要的基本数据，特别是碳、氢元素的组成，对说明沥青的某些物理或化学性质及结构具有十分重要的意义。

在石油沥青中，除了碳、氢元素以外，还有少量的硫、氮和氧，通常称之为杂原子，还有部分重金属。杂原子的含量约5%左右，最大可达14%，石油中的杂原子和大部分重金属，都集中在沥青中，尤其是集中在沥青的胶质及沥青质组分中。杂原子的含量虽少，但是由于沥青的平均相对分子质量较大，实际上绝大部分都是由含杂原子的化合物组成的。表4-3-1列出了沥青的元素组成，表4-3-2列出了中国原油的渣油的元素组成。从表中可以看出，沥青的氢/碳比约为1.5，不同产地的沥青氢/碳比是相近的。

表4-3-1　沥青的元素组成

名　称	平均相对分子质量	C/%	H/%	O/%	S/%	H/C	平均分子式
阿拉伯轻油沥青	960	84.0	10.3	0.9	5.1	1.47	$C_{67.2}H_{89.9}O_{0.5}S_{1.5}$
伊朗重油沥青	1030	83.6	10.2	0	5.6	1.46	$C_{71.8}H_{105}S_{1.8}$
科威特沥青	1000	83.9	10.3	0	5.8	1.47	$C_{69.9}H_{103}S_{1.8}$
穆巴拉斯沥青	980	85.9	10.7	0.5	2.9	1.50	$C_{70.2}H_{105}O_{0.3}S_{0.9}$

表 4-3-2 中国原油渣油的元素组成

渣油名称	C/%	H/%	H/C	S/%	N/%
大庆渣油	86.43	12.27	1.70	0.17	0.29
胜利渣油	85.50	11.60	1.62	1.26	0.85
辽河渣油	87.54	11.55	1.58	0.31	0.60
孤岛渣油	84.83	11.16	1.58	2.93	0.77
南疆渣油	85.07	10.01	1.41	3.47	0.62

2. 石油沥青的化学组成

要详细了解构成沥青的各个化合物的种类和相对分子质量几乎是不可能的，主要还是利用各种分离方法区分化学特性近似的组分。广泛应用溶剂沉淀及吸附分离方法将沥青分离成若干组分，目前常常采用的是四组分分析法，是用正庚烷为溶剂，先将沥青分为可溶物和不溶物，将不溶物定义为沥青质，可溶物进一步在活性氧化铝上用不同溶剂进行冲洗分离，得到饱和分、芳香分和胶质。不同的溶剂种类和分离条件所得到的各个组分含量是不相同的。四组分数据能较好地说明由不同原油及不同加工方法所得沥青在化学组分上的差异，便于与沥青的物性及胶体结构进行关联，同时也是进一步研究各个组分化学结构的基础。某些沥青的四组分分析结果见表 4-3-3。

表 4-3-3 沥青的四组分分析结果

沥青种类	孤岛沥青	60#沥青	大庆丙烷脱沥青	辽河沥青	科威特沥青	卡达奇沥青
组成/%						
饱和分	11.6	11.5	9.2	24.62	13.2	17.8
芳香分	30.7	31.2	42.7	34.27	55.3	48.0
胶质	37.8	57.2	47.7	37.89	23.1	19.1
沥青质	19.5	0.1	0.4	3.22	8.4	15.1

3. 石油沥青的胶体结构

构成沥青的化学组分不是简单的混合溶解在一起的，而是由沥青质胶胞形成的胶体结构，即由高相对分子质量的沥青质构成分散相，由低相对分子质量的油分构成连续相，沥青质稳定地分散在由芳香分和饱和分形成的连续相中，形成胶团。这些胶团是极性较大的可溶质形成的复合物。只有当沥青质和可溶质的相对含量及性质相匹配时，沥青的胶体体系才能处于稳定状态。按胶体状态不同，可将沥青分为溶胶型、凝胶型和溶-凝胶型。

影响沥青胶体类型的因素有：

(1) 可溶分的化学组成　当油分中含有足够的芳香分时，沥青胶胞能很好地被胶溶，沥青就形成溶胶型；反之，当芳香分不足时，就形成凝胶型。形成溶胶型沥青时，沥青质的含量不多，相对分子质量也不是很大，与胶质的相对分子质量相近，可视为真溶液或者分散度很高的近似真溶液。

当沥青浓度增大时，若没有足够的芳香分，分散介质的溶解能力不足，生成的胶团因较大，具有结构黏度，表现出非牛顿流体性质，这类沥青一般为凝胶沥青。

(2) 沥青质的性质　当沥青质的碳/氢比高时，即沥青质氢含量低，烷基链少，粒子小，而且粒子表面均匀不饱和，则芳香分含量在一定范围内能形成溶胶结构，否则沥青质就会沉淀，较难形成凝胶结构。当沥青质碳/氢比低时，由于存在较多的烷基链，有利于表面的非均匀性，芳香分含量相对低时，也能形成凝胶。随着芳香分含量的增加，沥青的胶体结构向溶-凝胶型及溶胶型转化。

(3) 沥青质的浓度　随着沥青质浓度的增加，沥青更易于形成凝胶结构，即当沥青质增加时，只有相应增加芳香分的含量，才能形成溶胶。

要从化学的角度来分析沥青的胶体结构是很困难的，通常是通过沥青的流变性质来评价，常用的方法是针入度指数。

$$PI = \frac{20 \times (1 - 20A)}{1 + 50A}$$

$$A = \frac{\lg P_1 - \lg P_2}{T_1 - T_2}$$

式中，A 为沥青的感温性；P_1 为温度 T_1 时的针入度；P_2 为温度 T_2 时的针入度。假定在沥青软化点时，沥青针入度为800，T_2 为25℃时的针入度为 P_2，即可求出 A，进而计算出针入度指数 PI。

$PI<-2$ 时，沥青为溶胶型；

PI 为 $-2 \sim +2$ 时，沥青为溶-凝胶型；

$PI>+2$ 时，沥青为凝胶型。

二、石油沥青的化学组成与使用性能的关系

沥青产品通常用软化点、针入度及延度来表征沥青的使用性能。软化点是一定特定条件下表示沥青软硬程度的条件温度，它是沥青的等黏温度。针入度是沥青的稠度指标，也表示在一定条件下沥青的软硬程度。延度反映了沥青材料的延伸性能和沥青路面的抗开裂性能。软化点和针入度也是控制生产、检验产品质量、评定沥青性质及选择使用条件的重要指标。

我国原油生产的沥青，其中沥青质含量很少，正庚烷沥青质的含量更少。根据我国原油生产的沥青沥青质含量较少，胶质含量较高的特点，提出了计算软化点的经验公式：

$$T = 0.19x + 0.329y - 0.682z - 8.38 \times 10^{-3}w + 50.6$$

式中，x、y、z、w 分别为沥青质、胶质、芳香分和饱和分的含量。

从式中可以看出，沥青质、胶质含量增加，沥青的软化点增加；饱和分和芳香分增加，沥青软化点降低。

文献报道了针入度及高温黏度(180℃)与组成的关系为：

$$\lg P = 7.9131 - 0.1160x + 0.0561w - 0.1261y - 0.0002M$$

$$\lg \eta_{180} = 0.631 + 0.073x - 0.010w + 0.027y + 0.002M$$

式中，M 为沥青平均相对分子质量。

实际上，沥青各个组分之间的配伍不仅是数量上的关系，同时还是与各个组分本身组成和结构有关。

由上式可以看出：

① 软化点、针入度和高温黏度对组成的影响较大，沥青质和胶质含量越多，饱和分和芳香分越少，则软化点和高温黏度越大，针入度越小；

② 针入度和高温黏度与组成呈线性关系，组成稍有变化，可能引起针入度和高温黏度发生较大变化；

③ 沥青平均相对分子质量对高温黏度影响较大，平均相对分子质量越大，高温黏度也会增大。

需要指出的是，沥青中蜡含量对沥青的使用性能有重大影响。沥青中蜡在高温下使其黏稠型降低；而在低温下，由于蜡结晶骨架的形成会使沥青变得不易变形和流动，从而使延度

表 4-3-4　道路石油沥青技术要求(JTG F40—2004)

指　标		等级	沥　青　标　号																	试验方法①
			160 号④	130 号④	110 号			90 号					70 号③					50 号	30 号④	
针入度(25℃，5s，100g)/0.1mm			140~200	120~140	100~120			80~100					60~80					40~60	20~40	T 0604
适用的气候分区⑥			注④	注④	2-1	2-2	3-2	1-1	1-2	1-3	2-2	2-3	1-3	1-4	2-2	2-3	2-4	1-4	注④	附录 A⑤
针入度指数 *PI*	不小于	A	-1.5~+1.0																	T 0604
		B	-1.8~+1.0																	
软化点(R&B)/℃	不小于	A	38	40	43			45			44		46		45			49	55	T 0606
		B	36	39	42			43			42		44		43			46	53	
		C	35	37	41			42					43					45	50	
60℃动力黏度②/Pa·s 不小于		A	—	60	120			160			140		180		160			200	260	T 0620
10℃延度/cm	不小于	A	50	50	40			45	30	20	30	20	20	15	25	20	15	15	10	T 0605
		B	30	30	30			30	20	15	20	15	15	10	20	15	10	10	8	
15℃延度/cm	不小于	A、B	100															80	50	
		C	80	80	60			50					40					30	20	
蜡含量(蒸馏法)/%	不大于	A	2.2																	T 0615
		B	3.0																	
		C	4.5																	
闪点/℃	不小于		230					245					260							T 0611
溶解度/%	不小于		99.5																	T 0607
密度(15℃)/(g/cm³)			实测记录																	T 0603
TFOT(或 RTFOT)后⑤																				T 0610 或 T 0609
质量变化/%	不大于		±0.8																	
残留针入度比/%	不小于	A	48	54	55			57					61					63	65	T 0604
		B	45	50	52			54					58					60	62	
		C	40	45	48			50					54					58	60	
残留延度(10℃)/cm	不小于	A	12	12	10			8					6					4	—	T 0605
		B	10	10	8			6					4					2	—	
残留延度(15℃)/cm	不小于	C	40	35	30			20					15					10	7	T 0605

① 试验方法按照现行《公路工程沥青及沥青混合料试验规程》(JTJ 052—2002)规定的方法执行。用于仲裁试验求取 *PI* 时的 5 个温度的针入度关系的相关系数不得小于 0.997。

② 经建设单位同意，表中 *PI* 值、60℃动力黏度、10℃延度可作为选择性指标，也可不作为施工质量检验指标。

③ 70 号沥青可根据需要要求供应商提供针入度范围为 60~70 或 70~80 的沥青，50 号沥青可要求提供针入度范围为 40~50 或 50~60 的沥青。

④ 30 号沥青仅适用于沥青稳定基层。130 号和 160 号沥青除寒冷地区可直接在中低级公路上直接应用外，通常用作乳化沥青、稀释沥青、改性沥青的基质沥青。

⑤ 老化试验以 TFOT 为准，也可以 RTFOT 代替。

⑥ 气候分区见附录 A。

大幅度降低，针入度也相应降低。实践证明，蜡含量高的沥青低温性能差，冬季容易开裂，寿命短。因此对高等级公路路面用沥青，必须限制蜡的含量以保证沥青有较好的低温性能和较长的道路寿命。

三、石油沥青的分类及质量指标

沥青产品主要有五类，即普通沥青、道路沥青、建筑沥青、专用沥青和其他沥青。普通沥青和道路沥青主要用于道路建设，建筑沥青用于建筑工程，专用沥青包括一些特殊用途的沥青，如电缆沥青和防腐沥青等，还有一些其他用途的沥青。沥青的质量标准分别示于表4-3-4至表4-3-7。

表4-3-5 重交通道路石油沥青质量标准(GB/T 15180—2010)

项目		质量指标					
		AH-130	AH-110	AH-90	AH-70	AH-50	AH-30
针入度(25℃，100g，5s)/0.1mm		120~140	100~120	80~100	60~80	40~60	20~40
延度(15℃)/cm	不小于	100	100	100	100	80	报告
软化点/℃		38~51	40~53	42~55	44~57	45~58	50~65
溶解度/%	不小于	99.0	99.0	99.0	99.0	99.0	99.0
闪点/℃	不小于	230					260
密度(25℃)/(kg/m^3)		报告					
蜡含量/%	不大于	3.0	3.0	3.0	3.0	3.0	3.0
薄膜烘箱试验(163℃，5h)							
质量变化/%	不大于	1.3	1.2	1.0	0.8	0.6	0.5
针入度比/%	不小于	45	48	50	55	58	60
延度(15℃)/cm	不小于	100	50	40	30	报告[a]	报告[a]

a. 报告应为实测值。

表4-3-6 建筑石油沥青质量标准(GB/T 494—2010)

项目		质量指标			试验方法
		10号	30号	40号	
针入度(25℃，100g，5s)/0.1mm		10~25	26~35	36~50	GB/T 4509
针入度(46℃，100g，5s)/0.1mm		报告[a]	报告[a]	报告[a]	
针入度(0℃，200g，5s)/0.1m	不小于	3	6	6	
延度(25℃，5cm/min)/cm	不小于	1.5	2.5	3.5	GB/T 4508
软化点(环球法)/℃	不低于	95	75	60	GB/T 4507
溶解度(三氯乙烯)/%	不大于	99.0			GB/T 11148
蒸发后质量变化(163℃，5h)/%	不低于	1			GB/T 11964
蒸发后25℃针入度比[b]/%	不小于	65			GB/T 4509
闪点(开口杯法)/℃	不低于	260			GB/T 267

a. 报告应为实测值。

b. 测定蒸发损失后样品的25℃针入度之比乘以100后，所得的百分比，称为蒸发后针入度比。

表 4-3-7 聚合物改性沥青技术要求(JTG F40—2004)

指标		SBS 类(Ⅰ类)				SBR 类(Ⅱ类)			EVA、PE 类(Ⅲ类)				试验方法①
		Ⅰ-A	Ⅰ-B	Ⅰ-C	Ⅰ-D	Ⅱ-A	Ⅱ-B	Ⅱ-C	Ⅲ-A	Ⅲ-B	Ⅲ-C	Ⅲ-D	
针入度(25℃)/0.1mm		>100	80~100	60~80	30~60	>100	80~100	60~80	>80	60~80	40~60	30~40	T 0604
针入度指数	min	-1.2	-0.8	-0.4	0	-1.0	-0.8	-0.6	-1.0	-0.8	-0.6	-0.4	T 0604
延度(5℃)/cm	min	50	40	30	20	60	50	40	—				T 0605
软化点/℃	min	45	50	55	60	45	48	50	48	52	56	60	T 0606
运动黏度②(135℃)/Pa·s	max	3											T 0625 T 0619
闪点/℃	min	230				230			230				T 0611
溶解度/%	min	99				99			—				T 0607
弹性恢复(25℃)/%	min	55	60	65	75	—			—				T 0662
黏韧性/N·m	min	—				5			—				T 0624
韧性/N·m	min	—				2.5			—				T 0624
储存稳定性③													
离析(48h 软化点差)/℃	max	2.5				—			无改性剂明显析出、凝聚				T 0661
TFOT(或 RTFOT)后残留物													T 0610 或 T 0609
质量变化/%	max	1.0											T 0610 或 T 0609
针入度比(25℃)/%	min	50	55	60	65	50	55	60	50	55	58	60	T 0604
延度(5℃)/cm	min	30	25	20	15	30	25	10	—				T 0605

① 若在不改变改性沥青物理力学性质并符合安全条件的温度下易于泵送和拌和，或经证明适当提高泵送和拌和温度时能保证改性沥青的质量，容易施工，可不要求测定135℃运动黏度。

② 储存稳定性指标适用于工厂生产的成品改性沥青。现场制作的改性沥青对储存稳定性指标可不作要求，但必须在制作后，保持不间断的搅拌或泵送循环，保证使用前没有明显的离析。

③ 如果确实有困难，SBR 改性沥青的黏韧性和韧性指标可以不要求。

第四节 燃 料 油

燃料油(重油)是由直馏渣油、减黏渣油与一定比例的柴油调和而成，用作锅炉及其他工业用炉的燃料。

一、燃料油的主要性能

1. 黏度

作为各种锅炉和工业用炉的燃料，一般是采用喷射雾化方式直接在高温炉膛内燃烧，这就要求燃料具有良好的雾化和蒸发性能，即具有适宜的黏度。故在燃料油的质量标准中规定了黏度范围(40℃或100℃运动黏度)。

2. 低温性能

为保证燃料油在储运和使用中的流动性以及低温泵送性，要求燃料油具有适宜的低温性能，由倾点来评定。

3. 其他性能

燃料油的规格中还要求有足够高的闪点，足够低的硫含量、灰分、水分和沉淀物及密度、铜片腐蚀等。硫含量过高，会污染环境，腐蚀设备，危害人体健康，燃料油质量标准中规定1号和2号油的硫含量不大于0.50%。

二、燃料油的牌号

燃料油分八个牌号。

1号和2号是馏分燃料油，适用于家用或工业小型燃烧器上使用。

4号轻和4号重是重质馏分燃料油，或是馏分燃料油与残渣燃料油混合而成，适用于要求该黏度范围的工业燃烧器上。

5号轻、5号重、6号和7号是黏度和馏程范围递增的残渣燃料油。适用于工业燃烧器，为了装卸和正常雾化，燃料油常需预热后使用。

燃料油质量标准见表4-4-1。

表4-4-1 燃料油质量标准(SH/T 0356—1996)

项目		质量指标							
		1号	2号	4号轻	4号	5号轻	5号重	6号①	7号
闪点(闭口)/℃	不低于	38	38	38	55	55	55	60	—
闪点(开口)/℃	不低于	—	—	—	—	—	—	—	130
水和沉淀物(体积分数)/%	不大于	0.05	0.05	0.05	0H	1.00	1.00	2.00	2.00
馏程/℃									
10%回收温度	不高于	215	—	—	—	—	—	—	—
90%回收温度	不低于	—	282	—	—	—	—	—	—
	不高于	288	338	—	—	—	—	—	—
运动黏度/(mm^2/s)									
40℃	不小于	1.3	1.9	1.9	5.5	—	—	—	—
	不大于	2.1	3.4	5.5	24.0	—	—	—	—
100℃	不小于	—	—	—	—	5.0	9.0	15.0	—

续表

项　　目		质　量　指　标							
		1号	2号	4号轻	4号	5号轻	5号重	6号	7号
	不大于	—	—	—	—	8.9	14.9	50.0	185
10%蒸余物残炭/%	不大于	0.15	0.35	—	—		—	—	—
灰分/%	不大于	—	—	0.05	0.10	0.15	0.15	—	—
硫含量/%	不大于	0.50	0.50	—	—	—	—	—	—
铜片腐蚀(50℃，3h)/级	不大于	3	3	—	—	—	—	—	—
密度(20℃)/(kg/m^3)	不小于	—	—	872	—	—	—	—	—
	不大于	846	872	—	—	—	—	—	—
倾点/℃	不高于	-19	-6	-6	-6	—	—	①	—

① 如果需要低硫燃料，6号燃料油应分等级为低倾点的(不高于+15℃)或高倾点的(不控制最高值)，如果油罐和管线无加热设施，应使用低倾点的燃料油。

第五章　天然气

第一节　概　　述

天然气指自然生成，在一定压力下蕴藏于地下岩层孔隙或裂缝中的混合气体，是以低分子饱和烃为主的烃类气体与少量非烃类气体组成的混合气体，其主要成分为甲烷及少量乙烷、丙烷、丁烷、戊烷及以上烃类气体，并可能含有氮、氢、二氧化碳、硫化氢及水汽等非烃类气体及少量氦、氩等惰性气体。无色、无味、比空气轻，在低温、高压下可变成液体，液化后体积缩小，缩小为原来的1/600。石油工业范围内，天然气通常指从气田采出的天然气及油田采油过程同时采出的伴生天然气。

广义：自然界一切天然因素形成的气体，都可称为天然气。如大气、地下气、宇宙气等。

狭义：是指存在于地下岩层中的各种气体，天然气的成分不是单一的，而是由多种气态物质组成的混合物，如气层气、油田气、煤层气等。

一、天然气的组成

1. 链烷烃类

它是已发现的大部分天然气的主要成分，是饱和脂肪族类烃，化学通式 C_nH_{2n+2}，常用P作代号。天然气中可能存在的链烷烃有甲烷、乙烷、丙烷、异丁烷、正丁烷、2，2-二甲基丙烷、2-甲基丁烷、正戊烷、2-甲基戊烷、3-甲基戊烷、2，2-二甲基丁烷、2，3-二甲基丁烷、正己烷等组分。在常压下，20℃时，甲烷、乙烷、丙烷、丁烷为气态烃，戊烷及以上至十七烷烃为液态烃。从丁烷开始，就存在同分异构物，随着碳数的增多，同分异构物也增多，尽管链烷烃中庚烷以上组分含量极低，但同分异构物的个数却很多，例如，戊烷有3个，己烷有5个，庚烷有9个，辛烷有18个，壬烷有35个，癸烷有75个。因此，若将天然气深度分析至 C_{10}，可能存在的链烷烃组分就可达到150个。

2. 环烷烃类

它是大部分天然气中仅可能以极少量存在的饱和环构状烃类，其化学通式也是 C_nH_{2n}，结构式以环己烷为例，如图5-1-1(a)所示。常用N作代号。

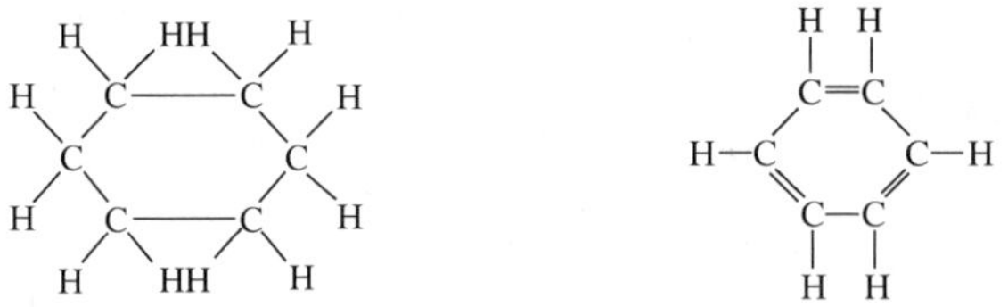

(a)　　(b)

图5-1-1　分子结构

3. 芳香烃类

它是大部分天然气中含量甚少的一类不饱和环构状烃类，其结构式以苯为例，如图5-1-1

(b)所示，无然气中可能存在的芳香烃有苯，甲苯，邻、对、间位二甲苯，三甲苯，在天然气中极少发现乙苯、乙基甲苯或丙苯。常用A作代号。

4. 非烃类化合物

它是一类视气田不同，存在的种类与含量高低悬殊甚大的组分，已发现的天然气中曾发现含有氮、二氧化碳、硫化氢、氢、氦、氩、水汽，还有硫醇类、硫醚类、硫氧化碳、二硫化碳等有机化合物，近年的资料中还报道了天然气中含有汞、氡-222，天然气凝液中含有汞和钋。

5. 其他成分

(1) 多硫化氢(H_2S_x)存在于某些含硫天然气藏中，当气藏的温度、压力降低时，有时会分解为硫化氢和硫黄。这些硫黄，当达到一定高温时，会变成硫蒸气，当温度降至硫黄的凝固点以下时，呈硫黄晶体析出，导致管道阀门的堵塞。

(2) 沥青质以胶溶态粒子的形态存在于气相中，这些胶粒有一个带有芳香烃性质的和高相对分子质量的核，其外围包裹着较轻的、较少芳香烃性质的组分，到最外层，主要是脂防族性质的化合物。用一般的重力分离器分离这些沥青质较为困难。

二、天然气分类

1. 按重烃气含量分类

(1) 干气　甲烷含量在气体成分中占95%以上，重烃气含量很少，不超过1%~4%。它不与石油伴生，可单独形成纯气藏。

(2) 湿气　气体成分中含重烃气超过5%，即为湿气，湿气常与石油伴生。如我国大庆、辽河、大港等油田所产天然气多为湿气。

(3) 富气是指含C_3、C_4、C_5等重碳成分较高的天然气，一般占10%以上；或丙烷及以上烃类含量大于100mL/m^3的天然气。

(4) 贫气是指含C_3、C_4、C_5等重碳成分较少的天然气，一般占10%以下；或丙烷及以上烃类含量少于100mL/m^3的天然气。

2. 按产出分类

(1) 气田气　从气井中开采出来的天然气，不与油藏伴生的单一天然气聚集的气体，气体成分以甲烷为主，其含量达到95%以上，重烃气含量极少，不超过1%~4%，属于干气；

(2) 油田气　主要指与石油共存的天然气。可溶于油内或在油气藏中呈游离气态，也可以单独气藏与油藏共处于同一油气田中，一般油田气除以甲烷为主外还含有较多的重烃气，重烃含量可达百分之几至几十，属于湿气。

(3) 凝析气　当地下温度、压力超过临界温度（单一气体都有一特定温度，高于此温度时不管加多大压力都不能使该气体转化为液体，该特定温度称为临界温度。甲烷的临界温度为-82.5℃）后，由液态烃逆蒸发作用而形成的气体。

(4) 煤层气　指煤层中的游离气和吸附气，主要成分是甲烷，此外还伴生有氮气、二氧化碳、氢气等。

3. 按状态分类

(1) 普通天然气　是指常温常压下的天然气，相对密度为0.59，在标准状况(101325Pa，0℃)下，天然气混合物的密度为0.71kg/m^3，空气密度为1.29kg/m^3，相对密度就是二者的比值。

（2）压缩天然气（CNG） 是指压力达到20MPa以上的天燃气，一般压力为25MPa，体积是标准状态下的1/300，是理想的汽车燃料。

（3）液化天然气（LNG） 是指转变为液态的天然气，一般在常压下，温度冷却到−162℃天然气由气态变为液态，体积缩小为原来的1/600，密度为0.42～0.46t/m^3；如果在20MPa下，冷却至−140℃则由气态变为液态。

（4）可燃冰 可燃冰的学名为“天然气水合物”，是天然气在0℃和30atm的作用下结晶而成的“冰块”。“冰块”里甲烷占80%～99.9%，可直接点燃，燃烧后几乎不产生任何残渣，污染比煤、石油、天然气都要小得多。1m^3可燃冰可转化为164m^3的天然气和0.8m^3的水。目前，按照已经探明储量，全世界拥有的常规石油天然气资源，将在40年或50年后逐渐枯竭。而科学家估计，海底可燃冰分布的范围约4000×10^4km^2，占海洋总面积的10%，海底可燃冰的储量够人类使用1000年，因而被科学家誉为“未来能源”、“21世纪能源”。2007年5月1日凌晨，我国在南海北部成功钻获天然气水合物实物样品“可燃冰”，从而成为继美国、日本、印度之后第4个通过国家级研发计划采到水合物实物样品的国家。

4. 按硫化氢、二氧化碳含量分类

酸性天然气，指含有显著量的硫化氢甚至有可能含有有机硫化合物、二氧化碳，需经处理使能达到管输商品气气质要求的天然气。

三、天然气有关标准

（1）管输天然气标准 GB 50251—94《输气管道工程设计规范》规定：管输天然气在最高输送压力下的水露点低于环境温度5℃，而烃露点不得高于最低环境温度。

（2）城镇商品天然气标准 GB 50028—93《城镇燃气设计规范》规定：①固体颗粒含量<10mg/Nm^3；②H_2S含量<20mg/Nm^3；③CO<10mg/Nm^3。

（3）车用压缩天然气标准 GB 18047—2000《车用压缩天然气标准》规定见表5-1-1。

表5-1-1 GB 18047—2000《车用压缩天然气标准》

项 目	技术指标
高位发热量/（MJ/m^3）	>31.4
总硫（以硫计）/（mg/m^3）	≤200
硫化氢/（mg/m^3）	≤15
二氧化碳/%	≤3.0
氧气/%	≤0.5
水露点/℃	在汽车驾驶的特定地理区域内，在最高操作压力下，水露点不应高于−13℃；当最低气温低于−8℃，水露点应比最低气温低5℃

注：本标准中气体体积的标准参比条件是101.325kPa，20℃。

四、天然气的优越性

（1）天然气是一种优质的矿物资源；

（2）天然气是高热值的能源；

（3）天然气是环境污染小的能源；

（4）天然气是利用效率高的能源；

（5）天然气是安全可靠的能源；

(6) 天然气是资源丰富的能源。

(7) 天然气资源勘探、开发成本低。

五、天然气重要性质

(1) 低相对密度　天然气(绝对密度 0.71kg/m^3)相对密度为 0.59。因此比空气轻，易扩散，安全性高。

(2) 可燃性　天然气是一种可燃气体，且具有很高的热值，其热值一般为 35~38MJ/m^3，比普通煤大 1.5 倍，是理想的高效燃料。

(3) 可压缩性　增压 20~25MPa 体积缩小为 240~300 分之一。

六、液化天然气(LNG)

液化天然气(LNG)是指转变为液态的天然气，一般温度要在-162℃，体积缩小为原来的 1/625，密度为 0.425kg/m^3。

1. 液化天然气(LNG)物化性质

(1) 液化天然气(LNG)的主要成分是甲烷，化学名称为 CH_4，还有少量的乙烷、丙烷以及氮气等和其他成分。

(2) 临界温度为-82.3℃。

(3) 沸点为-162.5℃，着火点为 650℃。

(4) 液态密度为 0.42~0.46t/m^3，气态密度为 0.688kg/Nm^3。

(5) 气态热值 38.2MJ/m^3，液态热值 52MJ/kg。

(6) 爆炸范围：上限为 15%，下限为 5%。

(7) 辛烷值 ASTM：130(研究法)。

(8) 无色、无味、无毒且无腐蚀性。

(9) 体积约为同量气态天然气体积的 1/625。

2. 液化天然气(LNG)的优点

(1) LNG 体积比同体积的天然气小 625 倍，所以可用汽车轮船很方便地将 LNG 运到没有天然气的地方使用。

(2) LNG 储存效率高，占地少，投资少，10m^3LNG 储存量就可供 5000 户居民 1 天的生活用气。1 户居民 1 天用 0.6m^3天然气。

(3) LNG 作为优质的车用燃料，与汽油相比，具有辛烷值高、抗爆性能好、发动机寿命长、燃料费用低、环保性能好等优点。

(4) LNG 气化潜热高，气化过程中的冷量可回收利用。

(5) 由于 LNG 汽化后密度很低，只有空气的一半左右，稍有泄漏立即飞散开来，不致引起爆炸。

(6) 由于 LNG 组分较纯，燃烧完全，燃烧后生成二氧化碳和水，所以它是很好的清洁燃料，有利于保护环境，减少城市污染。

3. 液化天然气(LNG)主要用途

(1) 作为清洁燃料，气化后供城市居民使用，具有安全、方便、快捷、污染小等特点。

(2) 作代用汽车燃料使用。采用 LNG 作为汽车发动机燃料，发动机仅需作适当变动，运行不仅安全可靠，而且噪声低污染小，特别是在排放法规日益严格的今天，以 LNG 作为燃料的汽车，排气明显改善。据资料报道：与压缩天然气(CNG)相比，在相同的行程和运行时间条件下，对于中型和中重型车辆而言，LNG 汽车燃料成本要低 20%，重量要轻 2/3，同时，供燃料系统装置的成本也至少低 2/3。经证明，将天然气液化并以液态储运，是促使它在运输燃料中应用的最经济有效的方法。

（3）作为冷源用于生产速冷食品，以及塑料、橡胶的低温粉碎等，也可用于海水淡化和电缆冷却等。1t LNG 可以提供 850MJ 冷量。

第二节 天然气的储量和产量

一、世界天然气的储量与产量

1. 世界天然气储量

随着世界天然气发展的“黄金时代”的到来，各国纷纷加大对天然气的勘探和开采力度。世界天然气探明储量一直呈不断上升趋势。据英国石油公司 BP《2015 世界能源统计》数据，2014 年全球天然气探明储量达到 $187.1\times10^{12}m^3$。其中，分地区看：北美地区天然气探明储量为 $12.1\times10^{12}m^3$，南美地区天然气探明储量为 $7.7\times10^{12}m^3$，欧洲地区天然气探明储量为 $58\times10^{12}m^3$，中东地区天然气探明储量为 $79.8\times10^{12}m^3$，非洲地区天然气探明储量为 $14.2\times10^{12}m^3$，亚太地区天然气探明储量为 $15.3\times10^{12}m^3$。2011 年和 2012 年世界天然气储量、份额和储产比地区分布见表 5-2-1。

表 5-2-1 2011 年和 2012 年世界天然气储量、份额和储产比地区分布

地　区	2011 年			2012 年		
	储量/$10^{12}m^3$	份额/%	储产比	储量/$10^{12}m^3$	份额/%	储产比
北美	10.8	5.2	12.5	10.8	5.8	12.1
中南美	7.6	3.6	45.2	7.6	4.1	42.8
欧洲和欧亚	78.7	37.8	75.9	58.4	31.2	56.4
中东	80.0	38.4	—	80.5	43.0	>100
非洲	14.5	7.0	71.7	14.5	7.7	67.1
亚太	16.8	8.0	35.0	15.5	8.2	31.5
世界总计	208.4	100	63.6	187.3	100	55.7

来源：BP Statistical Review of World Energy June2015。

据国际天然气联盟（IGU）的报告，世界天然气的两大组成部分——常规天然气和非常规天然气储量都在增长。非常规天然气的增长伴随着经济的发展和技术水平的提高，主要包括页岩气、煤层气和致密气。

2. 天然气产量与需求量

（1）产量情况　能源的增长一直以来是经济增长的前提和条件，在全球经济快速增长的同时，能源需求的扩大导致了世界各个地区能源生产的快速发展。第二次工业革命的到来，奠定了现代能源工业发展的基础。石化能源在第二次工业革命后获得了长足的发展。在以煤炭为主的一次能源的使用主导了世界近百年之后，石油成为世界的经济命脉。而随着人类发展对环境质量要求的逐步提高，天然气作为一种较为清洁的能源得到迅速发展。

从表 5-2-2 中可以看出，世界天然气的产量从 2009 年的 $29693\times10^8m^3$ 增长至 2014 年

的 $34088\times10^8m^3$。其中，中东地区增长最快，达到 53.3%。其次是亚太地区，增长了 22.4%。欧洲和欧亚地区出现了负增长-0.7%，尽管降幅较小，但也反映了欧洲和欧亚地区天然气资源长期大量开发导致的后续增长能力不足问题。非洲也增长较慢，2009 年至 2014 年，仅增长约 5.9%，天然气资源开发严重滞后。北美和中南美保持了较为稳定的增长率，分别为 14.6%和 13.9%。

表 5-2-2　2009~2014 年世界各地区天然气产量及份额　10^8m^3

地区＼年份	2009	2010	2011	2012	2013	2014	2014 世界份额/%
北美	8074	8211	8665	8964	8938	9033	27.7
中南美	1559	1666	1715	1773	1737	1733	5.0
欧洲和欧亚	9588	10312	10399	10354	10282	10347	28.8
中东	4073	4727	5187	5484	5651	5805	17.3
非洲	2004	2143	2112	2162	2154	2047	5.8
亚太	4396	4865	4836	4902	5040	5123	15.3
世界总计	29693	31923	32913	33639	33802	34088	100

来源：BP Statistical Review of World Energy June 2015。

（2）消费情况　天然气不仅在传统石化能源中增长率高于石油和煤炭，而且其比重的扩大将更好地满足社会发展对于环境的要求，据 BP《2015 世界能源统计》数据，2009 至 2014 年世界各地区天然气具体消费量及份额情况如表 5-2-3 所示：世界天然气的年消费量在 2012 年达到 $33144\times10^8m^3$，消费量最大的地区为欧洲和欧亚，达到 $10833\times10^8m^3$，占到了世界总消费的 32.6%，但是与 2007 年相比，增长率出现了负数。其次是北美地区，由于美国经济发达，今年以来页岩气革命也促使美国使用更多的天然气来替代其他能源，消费量为 $9065\times10^8m^3$，占 27.5%的比例。中东、非洲、亚太、中南美虽然消费量比较低，但是近年来，增速非常快，尤其是亚太地区，随着新兴市场经济国家特别是中国经济的高速发展，能源需求上升非常快，天然气的增速达到 36.7%。

表 5-2-3　2009~2014 年世界各地区天然气消费量及份额　10^8m^3

地区＼年份	2009	2010	2011	2012	2013	2014	2014 年世界份额/%
北美	8161	8496	8680	9065	9034	9285	28.3
中南美	1368	1522	1564	1651	1617	1684	5.0
欧洲和欧亚	10495	11296	11058	10833	10809	10608	29.6
中东	3446	3768	3947	4118	4305	4377	13.7
非洲	1001	1078	1140	1228	1218	1203	3.5
亚太	4967	5604	5936	6250	6476	6653	19.9
世界总计	29439	31763	32324	33144	33458	33810	100

来源：BP Statistical Review of World Energy June 2015。

（3）需求情况　在全球经济发展的带动下，世界天然气的需求每年都呈上升的趋势。由表 5-2-4 中数据可知，从 2002 年开始，每年天然气消费量的增长率达到约 2.8%。虽然在 2009 年受到 2008 年全球金融危机的影响，需求出现了负增长，但经济的复苏又导致了 2010 年 7.9%的历史高增长，总体来说，世界天然气的增长还是保持较稳定的增长趋势。

表 5-2-4 2002~2012 年世界天然气的需求情况 10^8m^3

年份	需求量	产量	需求增长率/%	供需差额
2002	25221	25239	—	18
2003	25950	26207	2.9	257
2004	26749	26916	3.1	167
2005	27689	27800	3.5	111
2006	28390	28801	2.5	411
2007	29321	29432	3.3	111
2008	30115	30540	2.7	425
2009	29439	29693	-2.2	254
2010	31763	31923	7.9	160
2011	32324	32913	1.8	589
2012	33144	33639	2.5	495

来源：BP Statistical Review of World Energy June 2013。

从供需情况来看，产量的增长超过需求的增长是常态。2014 年世界天然气产量为 $34606\times10^8m^3$，而需求量仅为 $33930\times10^8m^3$，供求差额为正的 $646\times10^8m^3$。从 2002 年至 2014 年，每年的天然气总产量都超过需求量，并且供需差额也有扩大的趋势。

从具体国家情况来看，世界天然气的生产和消费集中度很高。如表 5-2-5 所示，排名前三的美国、俄罗斯和中国不仅是天然气生产大国，同时也是消费大国。该三国产量占到了世界总产量的 42.0%，消费也同样占到了总消费量的 40.1%，比例非常可观。中国、加拿大和沙特阿拉伯产量虽高，但是消费需求同样较高，加拿大能够在满足国内需求的同时出口少量的天然气，沙特则基本国内供求平衡，中国由于近年来的经济高速增长，能源需求的扩展导致每年需从土库曼斯坦大量进口天然气。世界天然气的生产和消费集中在少数国家和地区的趋势短时间内难以改变。

表 5-2-5 2014 年世界天然气的产量和消费的前十位国家

排名	国家	产量/10^8m^3	世界份额/%	国家	消费量/10^8m^3	世界份额/%
1	美国	7283	21.4	美国	7594	22.7
2	俄罗斯	5787	16.7	俄罗斯	4092	12.0
3	卡塔尔	1772	5.1	中国	1855	5.4
4	伊朗	1726	5.0	伊朗	1702	5.0
5	加拿大	1620	4.7	日本	1125	3.3
6	中国	1345	3.9	沙特阿拉伯	1082	3.2
7	沙特阿拉伯	1082	3.1	加拿大	1042	3.1
8	阿尔及利亚	833	2.4	墨西哥	858	2.5
9	印度尼西亚	734	2.1	德国	709	2.1
10	土库曼斯坦	693	2.0	英国	667	2.0
世界总计		34606	100		33930	100

来源：BP Statistical Review of World Energy June 2013。

二、国内天然气发展状况

1. 我国天然气的储量状况

中国拥有世界第三大国土面积，因而从总量上说也是一个资源大国。根据2008年我国第三次油气资源评价结果——《关于新一轮全国资源评价和储量产量趋势预测报告》，我国陆域及近海的115个盆地天然气远景资源量为$56\times10^{12}m^3$，其中陆域$43\times10^{12}m^3$，近海$13\times10^{12}m^3$。在95%的可信度条件下，天然气地质资源量为$24.06\times10^{12}m^3$，可采资源量为$15.28\times10^{12}m^3$，见表5-2-6。

表5-2-6 全国115个盆地天然气地质及可开采资源量评价结果 $10^{12}m^3$

评价范围	地质资源量				可采资源量			
	95%	50%	5%	期望值	95%	50%	5%	期望值
115个盆地	24.06	34.16	48.28	35.03	15.28	21.55	30.43	22.03
陆域	20.13	26.94	36.54	26.93	12.68	16.82	22.80	17.08
近海	3.93	7.22	11.74	8.1	2.6	4.73	7.63	4.95

注：表中的"%"表示可信度。

我国的天然气资源分布较为集中，陆域天然气占到了约3/4的比重。我国天然气主要分布在陆上的塔里木、鄂尔多斯、四川、柴达木、准噶尔、松辽、渤海湾盆地，以及近海海域的渤海、东海和莺-琼盆地，目前这9个盆地远景资源量为$46\times10^{12}m^3$，占全国资源总量的82%；已探明天然气地质储量为$6.21\times10^{12}m^3$，占全国已探明天然气地质储量的93%。我国天然气资源量构成见表5-2-7。

表5-2-7 我国天然气资源量构成

类型	天然气资源量/$10^{12}m^3$	
	地质资源量	可采资源量
常规天然气	52	32
致密砂岩气	17~25	8.8~12
煤层气	36.8	10.8
页岩气	134	25
合计	240~248	77~85

资料来源：陆家亮，赵素平. 中国能源消费结构调整与天然气产业发展前景。

2. 我国天然气的产量和供给状况

（1）产量和增长情况　近年来，全球天然气产业得到快速发展，专家预测，2020年天然气有望取代煤炭成为全球第二大消费能源。我国顺应世界潮流，在倡导清洁能源发展的大背景下，天然气产业获得了长足的发展。据资料显示，在2011年我国天然气产量突破$1000\times10^8m^3$大关之后，2012年国内天然气产量达到$1115.06\times10^8m^3$，同比增长7.9%，相较于2001年的$303.19\times10^8m^3$，产量增长了近三倍。2013年，我国天然气产量进一步增长，达到$1210\times10^8m^3$，增长率为8.5%。从图5-2-1可以看出，天然气产业的快速发展已成基本态势。

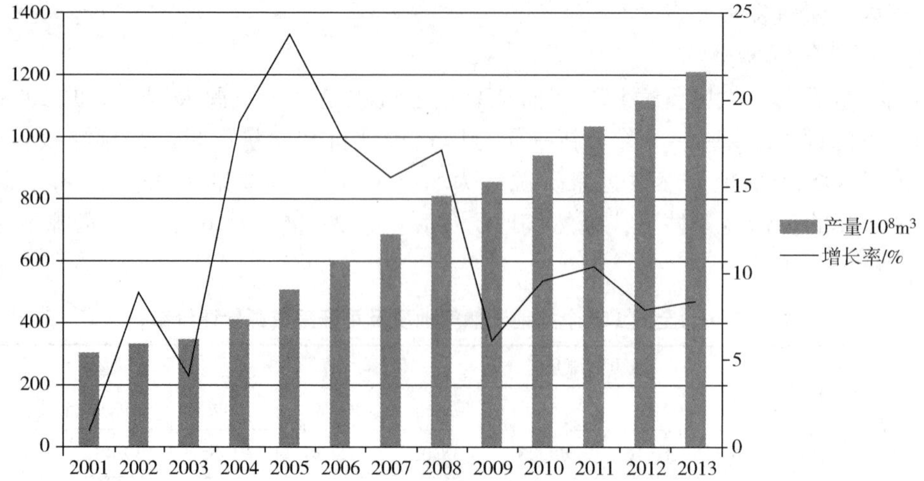

图 5-2-1　2001~2013 年全国天然气产量及增长情况

资料来源：中经数据库和中国石油和化学工业协会。

从增长的情况来看，2001 年至 2012 年，我国天然气生产的年增长率为 12.4%，高于世界平均水平。其中，在 2004~2008 年增长率连续 5 年高于 15%，成为我国天然气产业的高速发展时期。“十一五”期间，我国天然气年均增长率也高达 13.7%。尽管从 2009 年开始，天然气产量的增速有回落的趋势，但是增长率仍保持在较高的水平已成事实。

（2）生产的地区分布情况　我国天然气资源分布的不平衡性决定了其生产的地区差异，西部地区仍为我国天然气生产的主要地区。在产气的前 20 个省份中，西部地区占 7 个，产量达 $872.6\times10^8m^3$，在全国总产量占比中达到 78%。2012 年，陕西、新疆和四川分别居地区产量的前三名。一直以来，四川地区开发较早，为我国最大的天然气生产基地，2006 年，随着塔里木气田的开发，新疆一跃成为全国最大的天然气生产省份，该地位一直保持到 2010 年。2011 年，陕西天然气产量达到 $272.2\times10^8m^3$，首次超过新疆成为天然气生产第一大省。东部地区的广东、天津、河北、辽宁、山东、上海、海南以近海天然气为主，产量较少，只有广东地区产量排名全国第四。见表 5-2-8。

表 5-2-8　2012 年我国天然气分地区生产情况

排名	省(市、区)	2012 年产量/10^8m^3
1	陕西	311.3
2	新疆维吾尔族自治区	253.01
3	四川	242.26
4	广东	83.5
5	青海	64.28
6	黑龙江	33.7
7	吉林	22.2
8	天津	18.7
9	河北	13.4

续表

排名	省(市、区)	2012年产量/10^8m^3
10	辽宁	7.2
11	山东	6.0
12	河南	5.0
13	上海	2.9
14	海南	1.8
15	湖北	1.7
16	宁夏回族自治区	1.5
17	江苏	0.6
18	重庆	0.4
19	甘肃	0.2
20	云南	0.05

资料来源：中经数据库。

3. 我国天然气的消费和需求状况

（1）消费量和增长情况　近10年来我国天然气产量年均增速为13%，而天然气消费量年均增长约为16%，供需矛盾仍较为突出。据专家预计，到2020国内天然气消费量将达到$3500\times10^8m^3$至$3800\times10^8m^3$。到2030年，天然气消费量将为$5500\times10^8m^3$至$6000\times10^8m^3$，其中国产天然气$4000\times10^8m^3$，国产非常规天然气$1000\times10^8m^3$，天然气对外依存度为33%。我国天然气消费年均增长率将会有所放缓，但仍保持较高的速度，为8%至9%。

（2）消费结构　根据表5-2-9的数据显示，我国天然气在一次能源消费中的提高速度较为缓慢，目前天然气在我国一次能源消费构成中比重仅为5%左右，与世界平均水平的24.4%相差甚远，到2020年和2030年该比例有望达到12%和18%。

表5-2-9　2005~2012年我国能源消费总量及其构成

年份	能源消费总量/10^8t标准煤	占能源消费总量的比重/%			
		煤炭	石油	天然气	水电、核电、风电
2005	23.5997	70.8	19.8	2.6	6.8
2006	25.8676	71.1	19.3	2.9	6.7
2007	28.0508	71.1	18.8	3.3	6.8
2008	29.1448	70.3	18.3	3.7	7.7
2009	30.6647	70.4	17.9	3.9	7.8
2010	32.4939	68.0	19.0	4.4	8.6
2011	34.8002	68.4	18.6	5.0	8.0
2012	36.1574	66.6	18.8	5.2	9.4

数据来源：《中国统计年鉴2013》。

从天然气的消费结构来看，我国天然气的主要用途为以下四类：工业、发电、民用和交通，民用主要是指城市燃气，而工业又分为化工和其他工业用气。我国天然气的发展现状是以城市燃气和化工为主，增幅最大的为发电用气。

4. 我国天然气发展的趋势

我国天然气市场近年的态势是产销两旺，从表 5-2-10 中可以看出，在我国天然气产量、进口量和消费量快速增长的同时，我国供需差额较小，基本保持平衡态势。2011 年，我国包括生产和进口的天然气可供量为 $1306.5\times10^8m^3$，而消费量为 $1305.3\times10^8m^3$，供需差额仅为 $1.2\times10^8m^3$。长久来看，我国产销两旺的态势还将延续，但资源的开发和进口的增加都会保障我国天然气的消费需求。

表 5-2-10　2006~2011 年我国天然气供需平衡情况　10^8m^3

项目	2006	2007	2008	2009	2010	2011
可供量	566.1	706.6	816.6	896.9	1072.9	1306.5
产量	585.5	692.4	803.0	852.7	948.5	1026.9
进口量	9.5	40.2	46.0	76.3	164.7	311.5
出口量	29.0	26.0	32.5	32.1	40.3	31.9
消费量	561.4	705.2	812.9	895.2	1069.4	1305.3
平衡差额	4.6	1.4	3.7	1.7	3.5	1.2

资料来源：《中国能源统计年鉴 2012》。

第三节　天然气的质量要求

截止目前，天然气在世界一级能源中的消费比例已达到 20%左右，由于各天然气生产国或同一国家不同构造、层位、产区的天然气组成相差甚大，而且天然气的用途也不甚相同，或作为燃料，或作为原料，因此，在整个世界范围内，要不要形成一个统一的、量化的质量要求，意见较难统一，但是，国际标准化组织 ISO 对管输天然气质量涉及的以下方面的内容，取得了初步一致的意见。

一、管输天然气质量的三项要求

1. 天然气的组成

大量组分六个：甲烷、乙烷、丙烷、总丁烷、总戊烷、氮；

少量组分五个：二氧化碳、氢、不饱和烃总量、一氧化碳、氧；

微量组分四个：硫化氢、硫醇类、总硫、水分。

2. 燃烧性质

标准状态下的总发热量；

标准状态下的沃贝指数(WobbeIndex)。

3. 其他性质

交接温度、压力条件下，不存在液相的水和烃类；

固体颗粒的含量不影响输送与利用；

存在的其他气体组分不影响输送和利用。

二、部分国家、团体对天然气质量要求的规定

(1) 美国材料试验学会 ASTM-3 委员会 1981 年 7 月对管线天然气的质量要求见表 5-3-1。

表 5-3-1　管线天然气的质量要求

类　型	组　分	最小值 $y_i/10^{-2}$	最大值 $y_i/10^{-2}$
大、少量组分	甲　烷	65	100
	乙　烷	—	14
	丙　烷	—	5
	丁烷类	—	2
	戊烷及以上	—	0.5
	氮和其他惰性气体	—	18
	二氧化碳	—	3
	氢	—	5
	总不饱和烃类	—	0.5
	一氧化碳	—	0.1
	氧	—	0.10
痕量组分	硫化氢	—	5.7mg/m³
	硫醇硫	—	11.5mg/m³
	总　硫	—	22.9mg/m³
	水　汽	—	110mg/m³

其他特性：

液体：在气体输送给用户的温度、压力条件下，不生成液相的水和烃类；

固体：固体颗粒的含量不影响输送和利用；

气体：存在的其他气体组分不影响输送和利用。

(2)英国煤气 1990.2 工程标准资料卡片见表 5-3-2。

表 5-3-2　英国煤气工程标准资料

英国煤气 (British Gas)	BG/PS/DAT33		英国煤气 (British Gas)	BG/PS/DAT33	
组　成	最小值 $y_i/10^{-1}$	最大值 $y_i/10^{-2}$	组　成	最小值 $y_i/10^{-1}$	最大值 $y_i/10^{-2}$
二氧化碳	0	2	戊烷类	0	0.15
氮	0	5	己烷类	0	0.075
氧	0	1.3	庚烷类	0	0.05
氢	0	2	辛烷类	0	0.01
甲　烷	87	97	壬烷类	0	0.001
乙　烷	1	6	苯	0	0.03
丙　烷	0.2	2	甲　苯	0	0.01
丁烷类	0	1			
天然气中	含有以下次要组分的含量范围/10^{-6}		天然气中	含有以下次要组分的含量范围/10^{-6}	
硫化氢	0~3		叔丁醇	0.5~4	
丙硫磷(甲、乙硫醚)	0~1.0		水汽	10~75	
二乙醚(丁硫醚)	2~12		甲醇蒸气	0~200	
乙硫醇	0.2~2				

(3) 加拿大、法国、德国、意大利和荷兰等国对天然气质量的要求分别摘录见表 5-3-3。

表 5-3-3 国外部分国家对天然气质量要求

国　家	加拿大	法　国	德　国	意大利	荷　兰
组织 组分		法国煤气 Gaz De France	煤气和自来水专业协会 DVGW G 260/1	全国甲烷管道输送公司 Snarn	荷兰煤气 Gasurine
二氧化碳 $y_i/10^{-2}$	≤2	≤3		≤1.5	
氢		≤6			
一氧化碳		≤2			
氧	≤0.4	≤0.5	≤0.5	≤0.5	≤0.5
痕量组分/(mg/m^3)					
硫化氢	≤23	≤7	≤5	≤5	≤5
硫醇硫		≤16.9	≤6	≤15	≤10
总硫	≤115	≤150	≤120	≤150	≤150
水汽		≤55			
水露点/℃		<-10	<地温	<-10	
烃露点/℃	<-10	<-5	<地温	<-5	
高位发热量/(MJ/m^3)	38.494	38.52~46.08	30.2~47.2		
低位发热量/(MJ/m^3)		34.20~37.80			
沃贝指数 H		48.24~56.52	46.1~56.5		
				47.1~52.3	
L		42.48~46.80	37.8~46.8		
资料日期	1979.10	1990.2	1990.2	1990.2	1990
资料来源		1991 年 ISO/TC 193 气质指标特别小组			

三、制定天然气质量要求的主要依据原则

国际标准化组织 ISO 天然气技术委员会 TC193 确定将可能影响天然气使用的安全、卫生、材料和环境因素作为制定质量要求的主要依据，并应标准化。

第四节　天然气组分的一般性质

一、天然气中主要组分的性质

1. 甲烷

分子式 CH_4，结构式 H—CH_3，相对分子质量 16.063，又名甲基氢化物。它是无色、无臭的可燃气体，在 101.325kPa 绝压下(下同)沸点 111.63K(−161.52℃)，饱和压力下的凝固点 90.68K(−182.4℃)，288.15K 和 101.325kPa 条件下(下同)，气体甲烷(理想气体)对干空气的相对密度为 0.5539，密度 0.6785kg/m^3，相同条件下液体甲烷的视摩尔体积 50cm^3/mol，气态对真空状态下液态甲烷的容积比 442。微溶于水、醇、醚。当其以一定比例与空气混合时，有发生爆炸的危险。它是大部分已发现的天然气的主要组分，也是照明用燃气的主要组分。

2. 乙烷

分子式 C_2H_6，结构式 $CH_3—CH_2—CH_3$，相对分子质量 30.070，又名甲基甲烷或二甲基，是一种烷属饱和烃。它是无色气体，沸点 184.57K（-88.53℃），凝固点 90.35K（182.8℃）。气态乙烷(理想气体)对干空气的相对密度 1.0382，密度 l.2717kg/m^3，液态乙烷在饱和压力和 288.15K 下视摩尔体积 84.04cm^3/mol，对真空状态下液体乙烷的容积比 281.3。微溶于水，能溶于醇。大部分已发现的天然气中都含有少量乙烷，是天然气中仅次于甲烷的烷烃类化合物，发热量比同体积的甲烷高得多。

3. 丙烷

分子式 C_3H_8，结构式 $CH_3—CH_2—CH_3$，相对分子质量 44.097，又名二甲基甲烷。无色气体，沸点 231.08K（-42.07℃），凝固点 85.47K(-187.68℃)，气态丙烷对于空气的相对密度 1.5225，理想气体密度 1.8650kg/m^3，液态丙烷对水的相对密度 0.5083，液态摩尔体积 86.84cm^3/mol，气态对真空中液态的体积比 272.3。微溶于水，能溶于醇、醚。

4. 丁烷

分子式 C_4H_{10}，结构式 $CH_3—CH_2—CH_2—CH_3$，又名正丁烷或甲基乙基甲烷，相对分子质量 58.124。无色气体，对于空气的相对密度 2.0068，密度 2.4582kg/m^3，沸点 272.66K（-0.49℃），凝固点 134.79K(-138.36℃)，液态丁烷对水的相对密度 0.5847，摩尔体积 99.49cm^3/mol，气态对真空中液态丁烷的体积比 237.6。不溶于水，微溶于醇。

5. 异丁烷

丁烷的同分异构物，结构式 $HC(CH_3)_3$ 又名 2-甲基丙烷或三甲基甲烷。相对分子质量 58.124，无色气体，沸点 261.34K(-11.81℃)，凝固点 113.55K(-159.6℃)，气体异丁烷对空气的相对密度 2.0068，密度 2.4582kg/m^3；液态异丁烷对水的相对密度 0.5637，摩尔体积 103.2cm^3/mol，气态异丁烷对真空中液态异丁烷的休积比 229.1。不溶于水，能溶于醇或醚。

6. 戊烷

分子式 C_5H_{12}，结构式 $CH_3—(CH_2)_3—CH_3$，相对分子质量 72.151，又名正戊烷。无色可燃性液体，对水的相对密度 0.6316，沸点 309.21K（36.06℃），凝固点 143.42K（-129.73℃），气态戊烷对于空气的相对密度 2.4911，密度 3.0515kg/m^3，液态戊烷对水的相对密度 0.6316，在真空中的绝对密度 631.0kg/m^3，在空气中的视密度 629.9kg/m^3，摩尔体积 114.3cm^3/mol，气态戊烷对真空中液态的体积比 206.8。微溶于水，能溶于醇、醚。

7. 异戊烷

戊烷的同分异构物，结构式$(CH_3)_2—CH—CH_2—CH_3$，又名 2-甲基丁烷或乙基二甲基甲烷。无色液体。对水的相对密度 0.6250，沸点 300.99K（27.84℃），凝固点 113.25K（-159.9℃），在真空中的绝对密度 624.4kg/m^3，空气中的密度 623.3kg/m^3，气态异戊烷的摩尔体积 115.6cm^3/mol，气态异戊烷对液态戊异戊烷的体积比 204.6。不溶于水、醇、醚。

8. 新戊烷

戊烷的同分异构物，结构式 $CH_3—C—(CH_2)_2—CH_3$，又名 2，2-二甲基丙烷或四甲基甲烷，液体或气体，达凝固点时成为四方晶体。不溶于水，能溶于醇、醚。

9. 正己烷

分子式 C_6H_{12}，结构式 $CH_3—CH_2—CH_2—CH_2—CH_2—CH_3$，相对分于质量 86.178，沸

点341. 89K(68. 74℃)，凝固点177. 83K(-95. 32℃)，无色液体。对水的相对密度0. 6644，在真空中的绝对密度663. 38kg/m^3，在空气中的视密度662. 7kg/m^3，气态正己烷对空气的相对密度2. 9753，密度3. 6447kg/m^3，液态的摩尔体积129. 8cm^3/mol，气态对真空中液态正己烷的体积比182. 1。

10. 正庚烷

分子式C_7H_{16}，结构式$CH_3—(CH_2)_5—CH_3$，相对分子质量100. 205，沸点371. 57K(98. 42℃)，凝固点182. 57K(-90. 58℃)，无色液体。对水的相对密度0. 6886，在真空中的绝对密度688. 0kg/m^3，在空气中的视密度686. 9kg/m^3，气态正庚烷对空气的相对密度3. 4596，密度4. 2380kg/m^3，液态正庚烷的摩尔体积145. 6cm^3/mol，气态对真空中液态正庚烷的体积比162. 4。

11. 正辛烷

分子式C_8H_{18}，结构式$CH_3—(CH_2)_6—CH_3$，相对分子质量114. 232，沸点398. 82K(125. 67℃)，凝固点216. 39K(-56. 76℃)。无色液体，对水的相对密度0. 7073，绝对密度706. 7kg/m^3，视密度705. ，6kg/m^3；气态正辛烷对空气相对密度3. 9439，密度4. 8312kg/m^3，液态正辛烷的摩尔体积161. 6cm^3/mol，气态对真空中液态正辛烷的体积比146. 3。

12. 正壬烷

分子式C_9H_{20}，结构式$CH_3—(CH_2)_7—CH_3$，相对分子质量128. 259，沸点423. 97K(155. 82℃)，凝固点219. 66K(-52. 49℃)。无色液体，对水的相对密度0. 7224，绝对密度721. 7kg/m^3，视密度720. 6kg/m^3；气态正壬烷对空气的相对密度4. 4282，密度5. 4244kg/m^3，液态正壬烷的摩尔体积177. 7cm^3/mol，气态对真空中液态正壬烷的体积比133. 0。

13. 正癸烷

分子式$C_{10}H_{22}$，结构式$CH_3—(CH_2)_8—CH_3$，相对分子质量142. 266，沸点447. 31K(174. 16℃)，凝固点243. 51K(-29. 64℃)。无色液体，对水的相对密度0. 7346，绝对密度733. 9kg/m^3，视密度732. 8kg/m^3；气态正癸烷对空气的相时密度4. 9125，密度6. 0177kg/m^3，液态正癸烷的摩尔体积193. 9cm^3/mol，气态对真空中正癸烷的体积比122. 0。

14. 二氧化碳

分子式CO_2，相对分子质量44. 010，又名碳酸气、碳酸酐。无色、无臭、不助燃、不可燃的气体，升华点194. 64K(-78. 51℃)，三相点216. 58K(-56. 57℃)，饱和压力和288. 15K下液态二氧化碳对水的相对密度0. 8226，绝对密度821. 9kg/m^3，视密度820. 8kg/m^3；气态二氧化碳对空气的相对密度1. 5195，密度1. 8613g/cm^3。能溶于水，略溶于醇。大部分天然气中含有少量或微量二氧化碳。在2. 0MPa和5. 0MPa下，会凝成固体，呈白雪状，称干冰，可作致冷剂、灭火剂。干冰汽化的气态物质，用于饮料中。当天然气中含有液态水时，二氧化碳溶于水中生成碳酸，对铝和铁等材料有腐蚀作用。分压超过一定限度，会生成二氧化碳水合物，导致管道的严重腐蚀。二氧化碳是惰性气体，对天然气的发热量有负效应。

15. 氮

分子式N_2，相对分子质量28. 013，沸点77. 35K(-195. 8℃)，三相点63. 2K(-209. 95℃)，常沸点下液态氮对水的相对密度0. 8093，绝对密度808. 6kg/m^3，气态氮对空气的相对密度0. 9672，密度1. 1847kg/m^3。氮以分子状态存在于天然气中，不同天然气中氮含量的高低悬殊甚大，偶尔发现含氮量高达90%以上的天然气。它是无色、无臭的气体，液化氮可作致冷剂，固化氮为雪白的块体。氮不能自燃，也不助燃，天然气中氮含量增高会导致发热量的降低。

二、天然气中含硫化合物组分的性质

1. 硫化氢

是天然气中可能含有的最主要硫化合物组分。分子式 H_2S，相对分子质量 34.076，又名氢硫酸。沸点 212.84K(-60.31℃)，三相点 187.62K(-85.53℃)，饱和压力和 288.15K 下液态硫化氢对水的相对密度 0.7897，绝对密度 789.0kg/m^3，视密度 787.9kg/m^3。气态硫化氢对空气的相对密度 1.1765，密度 1.4412kg/m^3。液态硫化氢的摩尔体积 43.19cm^3/mol，气态对真空中液态硫化氢的体积比 547.5。已发现的一部分天然气中含有不同量的硫化氢，个别气田硫化氢含量体积分数达30%~60%，甚至高达90%以上。它是无色可燃气体，有腐蛋臭，有毒。在空气中燃烧呈淡蓝色火焰，能溶于水、醇，水溶液不安定，与氧接触会有单质硫形成，会导致溶液混浊。硫化氢溶于水中，生成对铁和铝具腐蚀性的酸溶液，更为严重的是，只要存在水，很低浓度的硫化氢均会导致钢材的硫化物应力开裂(ssc，即 sulfide stress cracking)，腐蚀性是硫化氢分压的函数。近期的工作表明，通常所指 ssc，实质上是氢脆的结果，是原子态的氢被铁吸收，ssc 是氢脆的表现形式。美国工程师协会(NACE)标准 MR-01-751984 年修订本规定，在 24.8MPa 气体中，硫化氢的分压不得超过 0.3kPa，相当于硫化氢的体积分数 $\phi(H_2S) \leqslant 4\times10^{-6}$。美国管道气体采用的标准为 $\phi(H_2S)$ 不超过 4×10^{-6}。一些欧洲国家，将插入乙酸铅试纸不变颜色作为硫化氢浓度的阈限，一般也相当于 $\phi(H_2S) \leqslant 4\times10^{-6}$。据估计，液态水存在的高压气柜的底部和输气管线的低洼部分的腐蚀，主要是由于硫化氢引起的。

2. 硫醇类

天然气中可能含有的微量有机硫化合物类型之一，以含有—SH 基为特征，通式 RSH。天然气中该类化合物如：

甲硫醇　分子式 CH_3SH，相对分于质量 48.11，液态或气态，密度 868kg/m^3，凝固点 -123℃，沸点 7.6℃，相对密度 d_4^{20}0.8599，遇水微溶而分解，能溶于醇、醚。

乙硫醇　分子式 C_2H_5SH，相对分子质量 62.13，液态，有菲臭，密度 840kg/m^3，凝固点-121 ~ 140℃，沸点 34 ~ 37℃，相对密度 d_4^{20}0.8315，折射率(20℃)1.4318，能溶于醇、醚。

异硫醇　分子式 C_3H_7SH，又名正丙硫醇、1-丙硫醇，相对分子质量 76.16，液态，25℃时密度 835.7kg/m^3，凝固点-111.5℃，沸点 68℃，相对密度 d_4^{20}0.8047，折射率(20℃)1.4348，几乎不溶于水，能溶于醇、醚。

异丙硫醇　丙硫醇的同分异构物，结构式 $CH_3—CH—SH—CH_3$，又名 2-丙硫醇、仲-丙硫醇。无色液体，25℃时密度 8055kg/m^3，凝固点 - 130.7℃，沸点 60℃，相对密度 d_4^{20}0.8142，折射率(20℃)1.4256，微溶于水，能溶于醇、醚。

正丁硫醇　结构式 $CH_3—(CH_2)_2—CH_2SH$，相对分子质量 90.19，无色液体，0℃时的密度 858kg/m^3，凝固点-115.9℃，沸点 98℃，相对密度 d_4^{20}0.8337，折射率 1.4440，微溶于

水，能溶于醇、醚。

3. 硫醚类

天然气中可能含有的微量有机硫化合物类型之一，有恶臭，以含有—SR基为特征，通式为RSR，天然气中该类组分如：

二甲基硫醚　简称甲硫醚，分子式CH_3SCH_3，相对分子质量62.14，无色液体，21℃时密度845.8kg/m^3，凝固点-83.2℃，沸点37.3℃，相对密度d_4^{20}0.8453，折射率(20℃)1.4356，不溶于水，能溶于醇、醚。

甲乙硫醚　分子结构式$CH_3SC_2H_5$，沸点为66.7℃，凝固点-104.8℃，折射率(20℃)1.4356，相对密度d_4^{20}0.8483。

甲基异丙基硫醚　结构式$CH_3S—CH—(CH_3)_2$，沸点935℃，凝固点-101.48℃，折射率(20℃)1.4392，相对密度d_4^{20}0.8291。

乙硫醚　分子式$C_2H_5SC_2H_5$，又名二乙基硫化物，相对分子质量90.19，无色液体，有醚臭，密度837kg/m^3，凝固点-102.1℃，沸点92℃，相对密度d_4^{20}0.8368，折射率(20℃)1.4423，不溶于水，能溶于醇、醚。

4. 二硫化碳

天然气中可能含有的微量组分，分子式CS_2，相对分子质量76.14，无色或微黄的易燃液体，微带醚香，22℃时密度1.261kg/m^3，熔点-108.6℃，凝固点-111℃，沸点46.3℃，不溶于水，能溶于醇、醚。

5. 氧硫化碳

天然气中可能含有的10^{-6}级以下组分，分子式COS，相对分子质量60.07，一般当硫化氢含量$\phi(H_2S)$大于5000×10^{-6}时，氧硫化碳含量较高，气态氧硫化碳对空气的相对密度2.104。

三、天然气中次要组分的性质

1. 氢

天然气中可能存在的微量组分，但也有个别天然气藏天然气中氢含量高达4%，分子式H_2，相对分子质量2.016，凝固点-259.14℃，沸点-252.7℃，是最轻的气体组分，不溶于水，能与多种元素结合形成化合物。

2. 氦

部分天然气中可能含有的微量稀有气体组分，偶而发现一些气井含有体积分数为8%～9%的氦气，例如美国亚利桑那州的维尔得克特气田的SANTAFE8号井，含氮89.0%，含二氧化碳0.7%，含氦9.50%，发热量为零，相对于空气的相对密度0.895。氦的元素符号He，相对原子质量4.0026，无色、无臭，化学惰性，对空气的相对密度0.1386，2.63MPa下凝固点-271.9℃，沸点-268.94℃，临界温度-267.93℃，液态氦用于作超低温致冷剂(低达0.005K)，用于填充氦气球、氦飞船。

3. 氧

氧不是天然气一个原有组分，但在进行天然气色谱分析时，常检出氧，估什是取样时试样被空气污染，或者由某些色谱柱出来的组分，氧和氩的保留值相同，把试样中的氩判断成氧所致。氧的分子式 O_2，相对分子质量 31.999，沸点 90.19K(-182.96℃)，凝固点 54.4K(-218.75℃)，液体相对密度 1.1420(水=1)，绝对密度 1141kg/m^3，气态氧对空气的相对密度 1.1048，密度 1.3533kg/m^3，它是无色、无味、无臭的气体，不可燃而能助燃。氧的化学反应性极强，当有水存在时，即使氧的浓度很低，均会导致钢的腐蚀。国外有采用硫醇类作为管道天然气的添味剂，当管道中同时含有氧气时，氧能将硫醇氧化成臭味少得多的二硫化物，导致添味效果失灵，因此，一般限制管道天然气的氧合量体积分数不得大于 0.20%，或相当于空气含量不大于 1%。

4. 汞

某些天然气中存在含量 1~1000ng/m^3的微量汞，据载荷兰某天然气井实际生产试验中，经分离器分离的气体，凝液与生产水中均存在少量汞，其中气体中含汞 4ng/m^3，凝液中含汞<0.01ng/m^3，生产水中含汞<0.001ng/m^3。汞是一种重金属元素，俗称水银，是常温下以液态存在的唯一的金属元素。是银白色、易流动的重金属，密度 13596kg/m^3。在常温下会挥发，凝固点-39℃，凝结为锡白色的可延、可展的块状物，且可用刀裁切，沸点 356.9℃。纯粹的汞在常温下暴露于空气中不失光泽，但热至接近沸点时渐渐氧化为氧化汞(HgO)。能与除铁以外的大部分金属形成合金，称为汞齐(amalgams)，在常温下会与硫化合生成硫化汞(HgS)。汞不溶于水，能溶于硝酸，不被水、盐酸、冷硫酸所侵蚀。汞蒸气对人体有毒。阈限值 TLV=50ng/m^3，汞蒸气会导致铝热交换器和管道腐蚀的严重问题。

5. 氡-222

是一种放射性元素，元素符号 Rn，相对分子质量 222，据载，荷兰某天然气井实际生产试验中分离出的气体中含有 167Bq/m^3的氡。当氡含量高于 2000Bq/m^3时，存在放射性危害。氡也称镭射气，半衰期 3.8d，无色气体，凝固点-71℃，沸点-61.8℃，密度 9.73kg/m^3。由于它的沸点靠近丙烷，因此，它趋向于在富丙烷气流中富集。

6. 水

分子式 H_2O，相对分子质量 18.015，沸点 100℃，冰点 0℃，313.15K(40℃)时的蒸气压 7.377kPa，无色、无味、无臭液体，绝对密度 999.1kg/m^3，视密度 998.0kg/m^3，水汽对空气的相对密度 0.6220，密度 0.7819kg/m^3，水的摩尔体积 18.03cm^3/mol，气态对液态水的体积比 1311。天然气中总是含有一定量的水或水汽，其含量高低依赖于天然气的温度和压力，当气体被水饱和时，会析出水珠、水滴，水往往是造成腐蚀和形成水合物的因素。

7. 粉尘

由于腐蚀和积累，天然气输送/分配网络挟带的悬浮固体粒子(粉尘)会导致压缩、控制、计算和用户装置的某些麻烦。这些粉尘主要由氧化铁和少量的其他氧化物如氧化镁、氧化锰、氧化铝、氧化硅等组成。此外，由于天然气管线在安装前放置在受各种气候条件影响的环境中而造成腐蚀，可能生成氧化铁及携入沙、泥土、矿物粉尘等。这些粉尘的粒度约 1~50μm。当粉尘进入过滤器或小的出口孔时会造成堵塞。

8. 其他

一般天然气中并不存在一氧化碳，当气源混入炼厂气、加工气或代用天然气掺和物时，才有一氧化碳存在的痕迹。不管钢的屈服强度如何，即使很低浓度的一氧化碳，也会导致钢材的应力腐蚀开裂。

天然气中也并不存在氨，当其混入炼厂气、加工气或代用天然气时，可能掺入氨气，当存在水时，即使很低浓度的氨，也会触发铜或黄铜的应力腐蚀。

天然气中的不饱和烃，如乙烯、丙烯等，估什也是掺入加工气或代用天然气所致，故一般含量极微。

欧洲某些管道天然气采取加入少量有臭味的添味剂确保输气安全，例如英国曾用四氢噻吩(THT)作天然气添味剂，Leman Bank 气田用含有少量二乙基二硫化物，也曾用过叔丁基硫醇和二乙基二硫化物作添味剂的实例。因此，在管输天然气中检出的某些有机硫化合物组分，也可能是外添进去的添味剂组分，并非原有的。

天然气中可能存在的组分，见美国内务部公布的 1917~1985 年美国及其他 24 个国家的 14242 个油气井与天然气管道的气样分析组分，可看成天然气可能存在的主要组分(其中氧是携入组分)，可能存在的微量组分有有机硫化合物、汞、氡与水。天然气中原本不存在氨、一氧化碳和烯烃，若检出这些组分，为掺入或携入炼厂气或加工气所致。天然气主要组分见表 5-4-1。

表 5-4-1　天然气主要组分

序　　号	组　　分	序　　号	组　　分
01	甲　烷	09	己烷及以上总和
02	乙　烷	10	氮
03	丙　烷	11	氧
04	正丁烷	12	氩
05	异丁烷	13	硫化氢
06	正戊烷	14	二氧化碳
07	异戊烷	15	氦
08	环戊烷	16	氢

第五节　天然气的物理性质

天然气是一种以烃类为主体的气体混合物，其物理性质取决于构成它的主要组分——烃类的物性。物质的物理性质依赖于物质的分子性质、分子行为。天然气的物理性质一般是指天然气的密度和相对密度，平均相对分子质量，发热量，沃贝指数，压缩因子，比定压热容，比定容热容，导热性，黏度，焓，熵，焦耳-汤姆逊系数，临界温度和临界压力，指定压力下的露点等。

天然气链烷烃类和其他组分物理常数标准见表 5-5-1。

一、天然气的密度和相对密度

(1) 天然气的密度指在规定状态下，天然气的质量与其体积的比值，或定义为单位体积天然气的质量，符号 ρ，单位 g/L 或 kg/m^3。

表 5-5-1 天然气燃烧烃类和其他组分物理常数标准表

组 分	甲烷	乙烷	丙烷	异丁烷	正丁烷	异戊烷	正戊烷	正己烷	正庚烷	正辛烷	正壬烷	正癸烷	二氧化硫	硫化氢	氮	氧
相对分子质量	16.043	30.070	44.097	35.124	58.124	72.125	72.151	86.178	100.205	114.232	128.259	142.266	44.010	34.075	29.013	31.999
101.325(kPa)(绝)沸点/K	111.63	184.57	231.08	261.34	272.66	300.99	309.21	341.89	371.57	398.82	423.97	447.31	194.64④	212.84	77.35	90.19⑤
101.325(kPa)(绝)椭圆点/K	90.68⑥	90.35⑥	85.47⑥	113.55	134.79	113.25	143.42	177.83	182.57	216.39	219.66	243.51	216.58⑥	187.62⑥	63.2⑥	54.4⑥
313.156 蒸气压/kPa	(35000)	(6000)	1341	528	377	151.3	115.66	37.28	12.34	4.143	1.40	0.4732	—	2881	—	—
液②对水相对密度	(0.3)⑦	0.3581⑧	0.5083⑧	0.5637⑧	0.5847⑧	0.6250	0.6316	0.6644	0.6556	0.7073	0.7224	0.7346	0.8226⑧	0.7897	0.8093①	1.1420⑨
液②绝对密度(真空中)/(kg/m²)	(300)⑦	357.8⑧	507.8⑧	563.2⑧	584.2⑧	624.4	631.0	663.8	658.0	706.7	721.7	733.9	821.9⑧	789.0	808.6①	1141⑨
液②视密度(空气中)/(kg/m³)	(300)⑦	356.6⑧	506.7⑧	562.1⑧	583.1⑧	623.3	629.9	662.7	686.9	705.6	720.6	732.8	820.8⑧	787.9	—	—
气②对空气相对密度	0.5539	1.0382	1.5225	2.0068	2.0068	2.4911	2.4911	2.9753	3.4516	3.9439	4.4282	4.9125	1.5195	1.1768	0.9672	1.1048
理想气体①密度/(kg/m³)	0.6785	1.2717	1.8650	2.4582	2.4582	3.0515	3.0515	3.6447	4.2380	4.8312	5.4244	6.0177	1.8613	1.4412	1.1847	1.3533
临界温度/K	190.55	306.43	369.82	408.13	425.16	460.39	469.6	507.4	540.2	568.76	594.56	671.4	304.19	373.5	121.6	154.7
临界压力(绝)/kPa	4604	4880	4249	3608	3797	3381	3369	3012	2735	2896	2288	2099	7382	9005	3389	5081
液①高位发热量/(MJ/kg)		51.586⑧	50.008⑧	49.044⑧	49.158	48.579	48.667	48.344	48.104	47.919	47.783	47.670	—	—	—	—
理想气体①高位发热量/(MJ/kg)	55.563	51.923	50.380	49.397	49.540	48.934	49.044	48.717	48.457	48.298	48.151	48.037	0	16.500	—	—
理想气体①(Pt)高位发热量/(MJ/m³)	37.694	66.032	93.972	121.426	121.799	149.319	149.654	177.556	205.431	233.286	261.189	285.066	0	23.791	—	—
液①(t)高位发热量/(MJ/m³)	—	18498①	25394①	27621①	28718①	30333	308709	32091	33095	33865	34485	34585	—	—	—	—

续表

组　分	甲烷	乙烷	丙烷	异丁烷	正丁烷	异戊烷	正戊烷	正己烷	正庚烷	正辛烷	正壬烷	正癸烷	二氧化硫	硫化氢	氮	氧
燃烧1体积理想气体的空气体积	9.54	16.70	23.86	31.02	31.02	38.18	38.18	45.34	52.50	59.65	66.81	73.97	—	—	—	—
可燃性下限①(在空气中)值/%	5.0	2.9	2.1	1.8	1.8	1.4	1.4	1.2	1.0	0.96	0.87①	0.76①	—	4.30	—	—
可燃性上限①(在空气中)水/%	15.0	13.0	9.5	8.4	8.4	(8.3)	8.3	7.7	7.0	—	2.9	2.6	—	45.50	—	—
液①摩尔体积/(cm^3/mol)	(50)①	84.04①	86.84①	103.2①	99.49①	115.6	114.3	129.8	145.6	161.6	177.7	193.9	53.56①	43.19①	34.64①	28.04①
气/真空中液①的体积比	(442)①	281.3①	272.3①	229.1①	237.6①	204.6	206.8	182.1	162.4	146.3	133.0	122.0	441.6①	547.5①	—	—
101.325kPa(绝)下汽化热(沸点)/(kJ/kg)	509.86	499.36	425.73	366.40	385.26	342.2	357.22	334.81	346.33	301.26	288.82	276.05	573.27①	548.01	204	213
c_p 理想气体①比定压热容/[kJ/(kg·K)]	2.204	1.706	1.625	1.616	1.652	1.600	1.622	1.613	1.606	1.601	1.598	1.595	0.839	0.9760	1.040	0.9166
c_V 理想气体①比定容热容/[kJ/(kg·K)]	1.686	1.429	1.436	1.473	1.509	1.458	1.507	1.517	1.529	1.528	1.533	1.537	0.6442	0.7517	0.7429	0.6566
$r=\frac{c_p}{c_V}$	1.307	1.194	1.132	1.097	1.095	0.077	1.075	1.063	0.054	1.048	0.042	1.038	1.293	1.325	1.400	1.396
c_p 液比定压热容/[kJ/(kg·K)]	—	3.807	2.476	2.366	2.366	2.239	2.292	2.231	2.209	2.191	2.184	2.179	—	2.09	—	

① 288.15K，101.3250kPa(绝)下；② 288.15K 恒压下；③310.99K.101.3250kPa(绝)下；④ 升华点；⑤ 不动点；⑥ 三相点；⑦ 288.15K 时的数值；⑧ 饱和压力和288.15K；⑨ 常沸点时的液体密度；⑩ 从较高温外推到室温；⑪升华燃。

（2）天然气的相对密度指在相同的指定压力、温度状态下，天然气的密度与干空气密度的比值。相对密度原称比重，符号 d，无量纲。

干空气的标准组成成分以摩尔分数表示；摩尔分数的总和等于 1。

N_2	0.7809	O_2	0.2095
Ar	0.00093	CO_2	0.0003

干空气的密度为 1.2250kg/m³，相对密度 1.000。

天然气的密度和相对密度也可以用测量与计算方法得到。

二、天然气的相对分子质量

因为天然气是气体混合物，因此，严格地说没有“特定”的相对分子质量，用视相对分子质量或平均相对分子质量的概念表征其相对分子质量大小更为合适。气体混合物的视相对分子质量是混合物的假性质，定义为：

$$M_s = \sum y_i M_i \tag{5-5-1}$$

式中 M_s——天然气的视相对分子质量；

y_i——组分 i 的摩尔分数；

M_i——组分 i 的相对分子质量。

只要用视相对分子质量代替单组分的相对分子质量，气体定律也能用于气体混合物的计算。

三、天然气的临界性质及对比性质

（1）临界压力 纯物质在临界温度 T_c 下能液化的最低压力，符号 p_c，单位 kPa。

（2）临界温度 纯物质能液化的最高温度，符号 T_c，单位 K。

（3）临界体积 一摩尔纯物质在 p_c、T_c 状态下的体积，符号 V_c，单位 dm³/mol。

（4）对比温度 T_r 实际温度 T 对临界温度 T_c 的比值。

$$T_r = \frac{T}{T_c} \tag{5-5-2}$$

（5）对比压力 p_r 实际压力 p 对临界压力 p_c 的比值。

$$p_r = \frac{p}{p_c} \tag{5-5-3}$$

（6）对比体积 V_r 比容对临界体积 V_c 的比值。

$$V_r = \frac{v}{V_c} \tag{5-5-4}$$

或对比密度 ρ_r：密度对临界密度 ρ_c 的比值。

$$\rho_r = \frac{\rho}{\rho_c} \tag{5-5-5}$$

四、天然气的压缩因子

1. 压缩因子

理想气体是指这样一种流体，即相对于总的体积，其分子体积可以忽略不计，分子之间及分子与容器壁之间没有吸引力与排斥力，分子完全是弹性碰撞，即碰撞中没有内能损失。所有低压的大部分气体的行为与理想气体相似，在正常配气压力下天然气也密切遵循理想气体定律。

但是，当气体压力上升，尤其当气体接近临界温度时，其真实体积和理想气体之间就产生很大的偏离，文献中称之为偏离因子或压缩因子，符号 Z。换言之，某压力 p 和温度 T 时 n 摩尔气体的实际体积除以在相同压力 p 和温度 T 时 n 摩尔气体的理想(计算)体积之商，即为该气体的压缩因子。

用公式表示为：

$$Z=\frac{\text{在某压力 } p \text{ 和温度 } T \text{ 时 } n \text{ 摩尔气体的实际体积}}{\text{在相同压力 } p \text{ 和温度 } T \text{ 时 } n \text{ 摩尔气体的理想(计算)体积}} \tag{5-5-6}$$

式(5-5-6)中的气体体积可分别由式(5-5-7)、式(5-5-8)得到，按理想气体状态方程

$$pV=nRT \tag{5-5-7}$$

式中 p——绝对压力，Pa；

V——体积，m^3；

n——摩尔数，mol；

R——8.314J/(mol·K)。

按真实气体状态方程式

$$pV=ZnRT \tag{5-5-8}$$

式中 p、V、T、n——同式(5-5-7)中相同符号意义。

Z——气体的压缩因子，无量纲。

对于某一定量的气体，存在下述关系：

$$\frac{p_1V_1}{Z_1T_1}=\frac{p_2V_2}{Z_2T_2} \tag{5-5-9}$$

式中下标 1 代表状态 1，下标 2 代表状态 2，p、V、T、Z 含义同式(5-5-8)相同符号。

物质的量 n 是指物质的质量除以摩尔质量，即 $n=m/M$，由式(5-5-8)导出式(5-5-10)：

$$pV=\frac{ZmRT}{M} \tag{5-5-10}$$

由气体的体积 V 除以气体的质量 m 即为气体的比容 v，即 $v=V/m$，由式(5-5-10)导出式(5-5-11)

$$pv=\frac{ZRT}{M} \tag{5-5-11}$$

式(5-5-10)、式(5-5-11)中，m 的单位 kg，M 的单位 kg/mol，v 的单位 m^3/kg。

综上所述，气体的压缩因子是气体绝对压力与热力学温度的函数。

2. 对应状态定律

物质的物性参数受任意状态点到临界点的相对接近程度的控制。假如两种物质，其压力对比临界压力，温度对比临界温度是相同的，则认为该两种物质处于对应状态，对应状态下的两种物质的其他物性参数，例如密度对比临界密度也是相同的。这就是对应状态定律或法则。换言之，不同的气体，在相同的对比温度与对比压力下，真实气体与理想气体定律的偏离是相同的。对应状态定律，对于广泛存在的不相似型物质，其准确性约可达到几个百分点以内，对于有限的物理化学相似型的物质，准确性更佳。

对应状态定律，有很广泛和实用价值。一般用于评价真实气体与理想气体的偏离程度，也可用于其他热力学性质与理想气体间相互关系的评价。

由上述可导出

$$p/p_c = (Z/Z_c)(V_c/v)(T/T_c) = (Z/Z_c)(\rho/\rho_c)(T/T_c) \quad (5-5-12)$$

或

$$p_r = \rho_r T_r (Z/Z_c) \quad (5-5-13)$$

按对应状态定律，由对比压力和对比温度确定对比密度，换言之，对比密度是对比压力和对比温度的函数。即

$$\rho_r = f(p_r,\ T_r) \quad (5-5-14)$$

由式(5-5-13)和式(5-5-14)，得总方程

$$Z/Z_c = f(p_r,\ T_r) \quad (5-5-15)$$

用式(5-5-15)，对于任一气体混合物，可借对比温度 T_r 和对比压力 p_r，将 Z 因子单独定出

$$Z = f(p_r,\ T_r) \quad (5-5-16)$$

上述式(5-5-12)、式(5-5-13)、式(5-5-14)、式(5-5-15)、式(5-5-16)中的字符意义同式(5-5-2)、式(5-5-3)、式(5-5-4)、式(5-5-5)中的相应字符。

3. 超压缩因子 f_{pV}

用于高压计算的超压缩因子与压缩因子的数学关系加下：

$$Z = \frac{1}{(f_{pV})^2} \quad (5-5-17)$$

因此，真实气体的状态方程也可书写成：

$$pV = \frac{nRT}{(f_{pV})^2} \quad (5-5-18)$$

五、天然气的水露点和烃露点

天然气的水露点是指在一定压力下与天然气的饱和水汽量对应的温度；

天然气的绝对湿度是指一立方米天然气所含水汽的克数；

天然气的烃露点是指在一定压力下，气相中析出第一滴“微小”的烃类液体的平衡温度。

天然气的水露点可以用测量得到，也可由天然气的水含量数据查表得到。

天然气的烃露点可由仪器测量得到，也可由天然气烃组成的延伸分析数据计算得到。

与一般气体不同的是天然气的烃露点还取决于压力与组成，组成中尤以天然气中较高碳数组分的含量对烃露点影响最大，例加在某天然气中加入体积分数 $\phi(C_{16})$ 为 0.28×10^{-6} 的十六烷烃，烃露点即比原来的烃露点上升 40℃。

六、天然气的发热量和沃贝指数

本条涉及的参数是天然气燃烧性质的两个参数。

1. 气体的高(位)发热量

在恒定压力 101.325kPa 和恒定温度 T 下，单位体积气体与空气完全燃烧所放出的热量；燃烧反应生成的水，在温度 T 下全部冷凝为液体。符号 H_s。

2. 气体的低(位)发热量

在恒定压力 101.325kPa 和恒定温度 T 下，单位体积气体与空气完全燃烧所放出的热量；燃烧反应生成的水，在温度 T 下始终保持为气相。符号 H_i。

3. 沃贝指数

燃气的热负荷指数，等于燃气高位发热量 H_s 与相对密度 d 开方的比值，代表燃气性质对热负荷的综合影响。符号 W_s(kJ/m^3)。用方程式表示如下：

$$W_s = \frac{H_s}{d^{1/2}} \tag{5-5-19}$$

七、天然气的比热容

1. 比热容

在不发生相变和化学变化的条件下，加热单位质量的物质时，温度升高1℃(或1K)所吸收的热量，称为该物质的比热容，单位 kJ/(kg·℃)[或 kJ/(kg·K)]，也可以是 kJ/(kmol·℃)[或 kJ/(kmol·K)]。

2. 真比热容和平均比热容

(1) 真比热容　如果某物质温度为 T，单位质量物质吸收热量 dQ，温度升高 dT，则该物质的真比热容 $c=\mathrm{d}Q/\mathrm{d}T$。

(2) 平均比热容　如果某物质在一定的温度 $T_1 \sim T_2$ 范围内，温度升高1℃所需的热量为 Q，则该物质的平均比热容 c 均 $=Q/(T_2-T_1)$。

(3) 比定容热容和比定压热容

① 比定容热容 c_V。单位质量或体积的理想气体在定容加热时，传送给气体的总热量为 δQ，气体内能变化为 dU，温度变化为 dT，此时，气体未作功，则比定容热容 c_V 如式(5-5-20)所示：

$$\mathrm{d}U = \delta Q$$

或

$$c_V = \frac{\delta Q}{\mathrm{d}T} = \left(\frac{U}{T}\right)_V \tag{5-5-20}$$

② 比定压热容 c_p。单位质量或体积的理想气体定压加热时，传递给气体的总热量为 δQ，气体热焓为 dH，温度变化为 dT，则比定压热容 c_p 如式(5-5-21)表达：

$$\mathrm{d}H = \delta Q$$

$$c_p = \frac{\delta Q_p}{\mathrm{d}t} = \left(\frac{H}{T}\right)_p \tag{5-5-21}$$

定压加热时，气体因体积膨胀而做功，故 $c_p>c_V$，液体的比定容热容和比定压热容相差甚小，往往不加区别。

(4) 比热容比　又称绝热指数或等熵指数。指比定压热容和比定容热容之比，符号 γ。即

$$\gamma = \frac{c_p}{c_V} \tag{5-5-22}$$

式中　c_p——比定压热容，kJ/(kmol·℃)；

　　c_V——比定容热容，kJ/(kmol·℃)。

烃类的比热容比即绝热指数可查图5-5-1。

一组常见气体在常压力的比热容比分别为：二氧化碳1.3，空气1.4，二氧化硫1.29硫化氢1.32，氢1.4。

天然气的比热容可根据其组成成分和比热容数据，用摩尔分数或质量分数加和法求得，即式(5-5-23)和式(5-5-24)

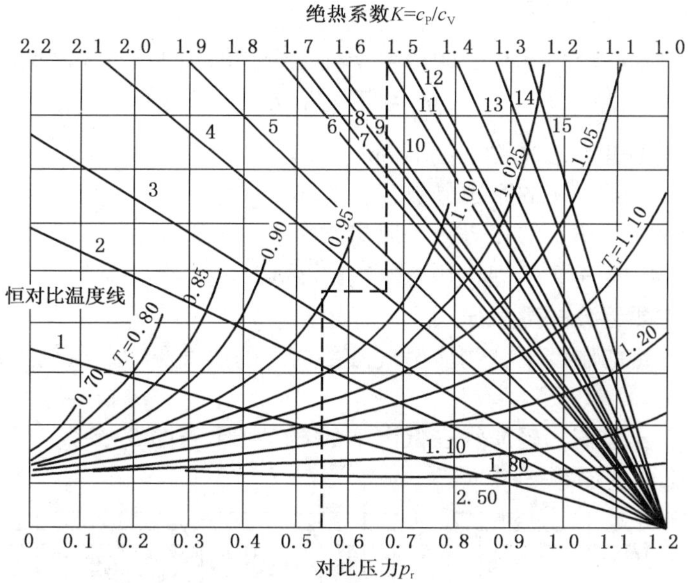

图 5-5-1　烃蒸气的绝热指数

1—甲烷；2—乙烯；3—乙烷；4—丙烯；5—丙烷；6—异丁烯；7—异丁烷；8—丁烯-2；9—正丁烷；10—异戊烷；11—正戊烷；12—苯；13—正己烷；14—正庚烷；15—正辛烷

$$c_N = \sum y_i c_i \tag{5-5-23}$$

或

$$c_{N'} = \sum w_i c_{i'} \tag{5-5-24}$$

式中　c_N——天然气的比热容，kJ/(kmol·℃)；

$c_{N'}$——天然气的比热容，kJ/(kg·℃)；

c_i——组分 i 的比热容，kJ/(kmol·℃)；

$c_{i'}$——组分 i 的比热客，kJ/(kg·℃)；

y_i——组分 i 的摩尔分数；

ω_i——组分 i 的质量分数。

八、天然气的焓

焓为一个体系的内能加体系的体积和压强乘积的和，符号 H，由式(5-5-25)表述：

$$H=U+pV \tag{5-5-25}$$

式中　U——体系的内能；

p——体系的压强；

V——体系的体积。

一个体系在不做非体积功的定压可逆过程中，吸入的热量等于该体系热焓的增量，即有

$$\Delta H = H_2 - H_1 = Q_p \tag{5-5-26}$$

Q_p是过程吸收的热量，所以存在式(5-5-27)、式(5-5-28)的关系。

$$dH = c_p dT \tag{5-5-27}$$

$$H_2 = H_1 + \int_{T1}^{T_2} c_p dT \tag{5-5-28}$$

式中　H_2，H_1——体系在最终和起始状态下的热焓，kJ/kmol；

T_2，T_1——体系的最终和起始温度，K；

c_p——体系的比定压热容，kJ/(kg·K)或 kJ/(kmol·℃)。

天然气焓的计算如下：

已知组分的混合物的理想气状态的焓等于纯化合物的理想气体状态焓的摩尔平均值，即

$$H_{m}^{0} = \sum y_{i} M_{i} H_{i}^{0} \tag{5-5-29}$$

式中 H_{m}^{0}——混合物理想状态的焓，kJ/kmol；

y_i——混合物中组分 i 的摩尔分数；

M_i——混合物中组分 i 的相对分子质量；

H_i^0——混合物中组分 i 的理想状态焓，kJ/kmol。

九、天然气中主要组分的蒸气压

蒸气压是指在一定的温度下，物质呈气液平衡时的蒸气压力。蒸气压是温度的函数，随温度的上升而增加。

由查图获得蒸气压数据，轻质烃在低温下的蒸气压可查图 5-5-2，甲烷的蒸气压可查图 5-5-3，氮的蒸气压可查图 5-5-4。

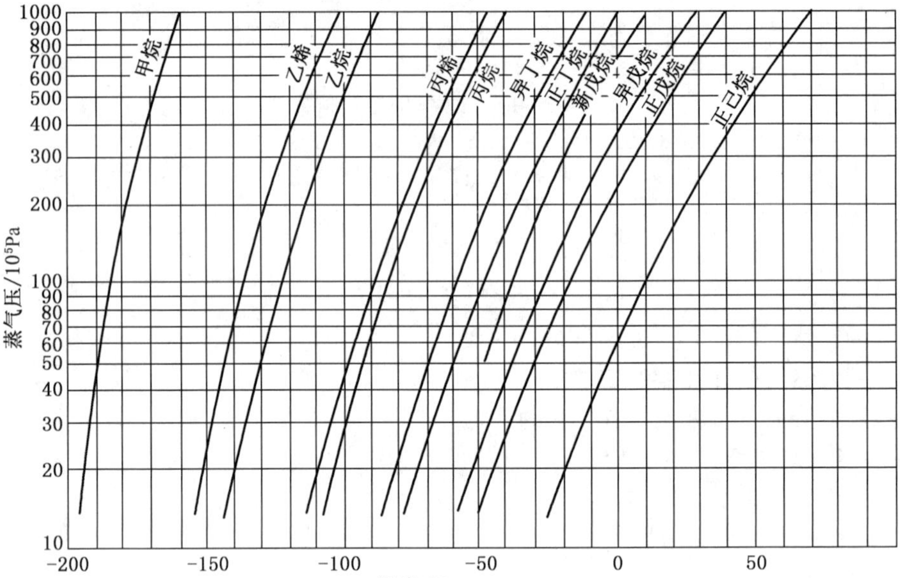

图 5-5-2　轻质烃低温蒸气压

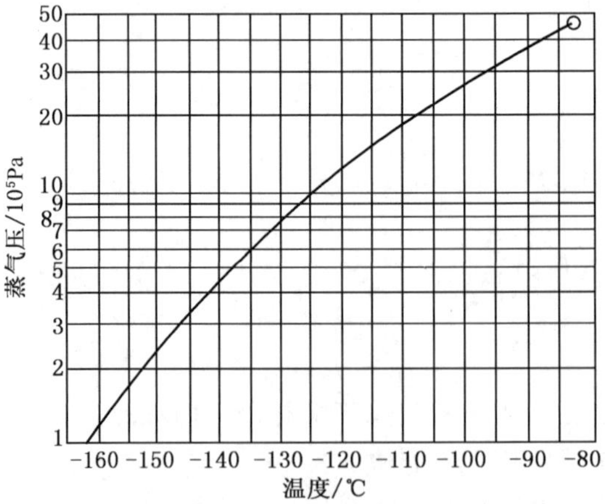

图 5-5-3　甲烷的蒸气压

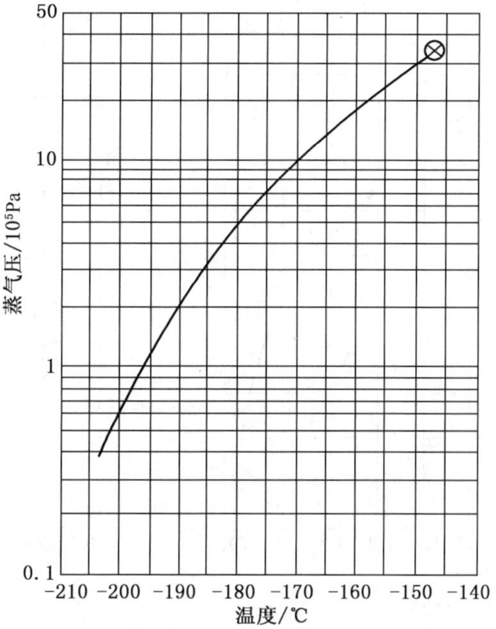

图 5-5-4　氮的蒸气压

十、天然气中主要组分的汽化热

汽化热又称汽化焓、蒸发热或蒸发焓。是指单位质量的物质由液态变为蒸气所需的热量。

由查图获得汽化热数据，轻质烃的汽化热可查图 5-5-5，甲烷的汽化热可查图 5-5-6，液氮的汽化热可查图 5-5-7。

汽化热在数值上等于饱和蒸气焓减去同温度下饱和液体的焓，基本单位为 kJ/kg 或 J/g。乘以相对分于质量即可得摩尔汽化热。

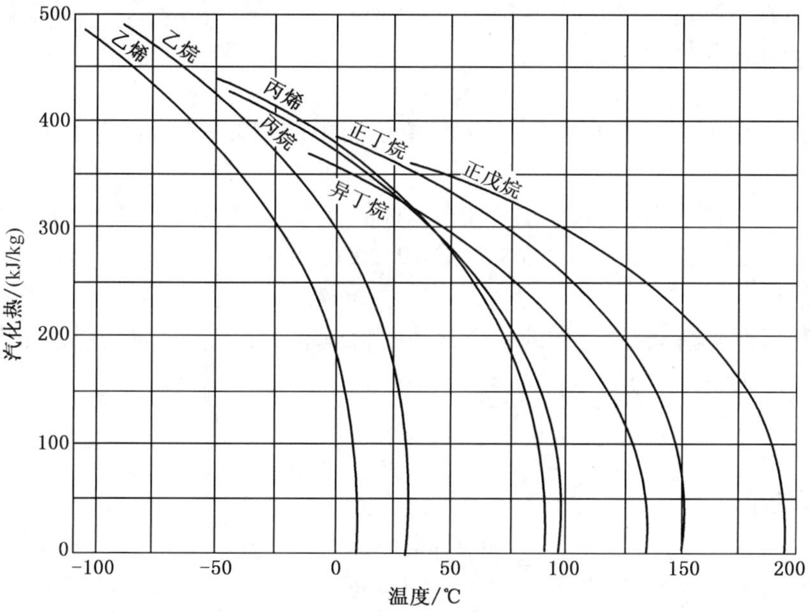

图 5-5-5　轻质烃的汽化热

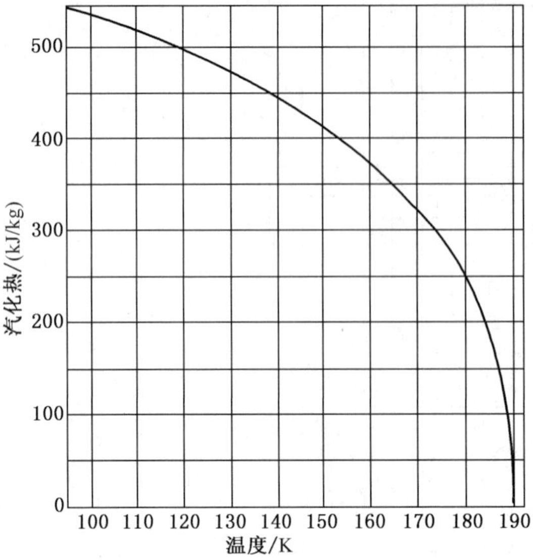

图 5-5-6　甲烷的汽化热

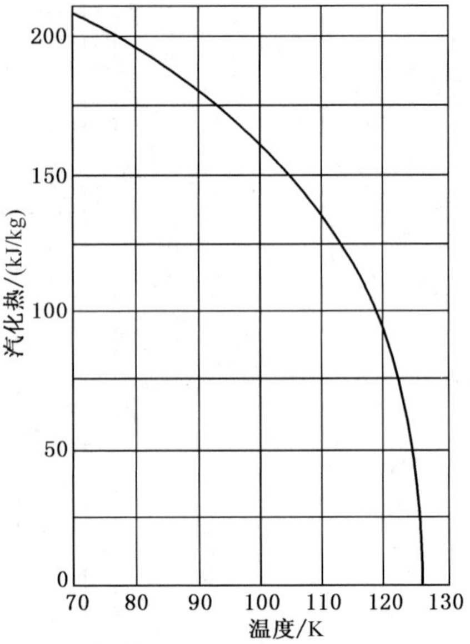

图 5-5-7　液氮的汽化热

十一、天然气的黏度

1.（动力）黏度

在流体力学中，流体层之间有相对运动时，流体层间也有摩擦力，称为流体的内摩擦力。实验证明：流体间内摩擦力的大小与接触面积成正比，与垂直于流体方向的速度梯度正比，即式(5-5-30)所示关系：

$$F=\eta A\frac{\mathrm{d}v}{\mathrm{d}z}\quad 或\quad \frac{F}{A}=\eta\frac{\mathrm{d}v}{\mathrm{d}z} \tag{5-5-30}$$

式中　F/A——单位面积上的剪力，即剪应力，Pa；

η——动力黏度系数，简称黏度，Pa · s；

$\mathrm{d}v/\mathrm{d}z$——速度梯度，s^{-1}。

即

在 CGS 单位制中，使用泊(P)；在工程单位制中使用 kgf · s/m^2 为单位，现不再应用，换算关系是：

$$1\mathrm{P}=0.1\mathrm{Pa\cdot s}$$

$$1\mathrm{kgf\cdot s/m^2}=9.80665\mathrm{Pa\cdot s}$$

2. 运动黏度

运动黏度是度量流体黏滞性质的一个常用的物理量，定义是：动力黏度 η 与其密度 ρ 之比，符号 ν，用式(5-5-31)表示：

$$\nu=\frac{\mu}{\rho} \tag{5-5-31}$$

运动黏度的单位：

$$[\nu]=\frac{[\eta]}{[\rho]}=\frac{\mathrm{kg/(s\cdot m)}}{\mathrm{kg/m^3}}=\mathrm{m^2/s}$$

CGS 单位制中使用斯托克斯 St(沲)或 cSt(厘沲)为运动黏度单位，现不再应用，换算关系是

$$1St = 1cm^2/s = 10^{-4}m^2/s$$

$$1cSt = 10^{-2}St = 10^{-6}m^2/s = 1mm^2/s$$

3. 气体组分的黏度

各种气体组分的黏度可由图 5-5-8 查出，坐标见表 5-5-2。

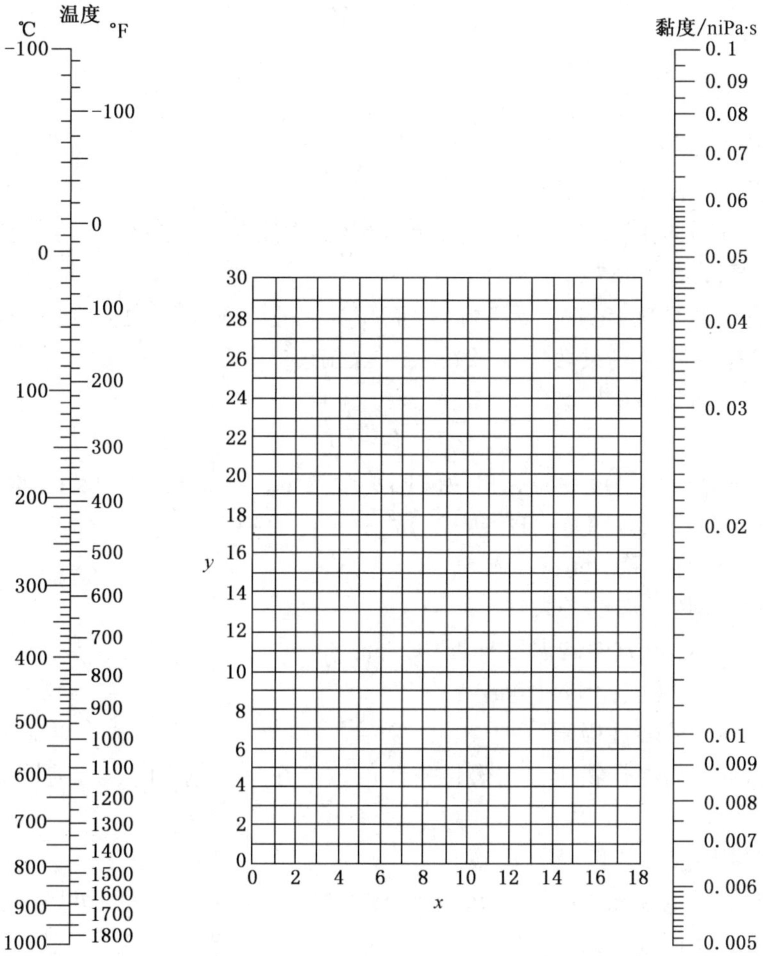

图 5-5-8　101.325kPa 下各气体的黏度

表 5-5-2　各气体在图 5-5-8 中的坐标

序　号	气　体	x	y	序　号	气　体	x	y
1	甲　烷	9.9	15.5	13	二氧化硫	9.6	17.0
2	乙　烷	9.1	14.5	14	空　气	11.0	20.0
3	丙　烷	9.7	12.9	15	氧	11.0	21.3
4	正丁烷	8.1	13.5	16	氮	10.6	20.0
5	异丁烷	9	13	17	氨	8.4	16.0
6	戊　烷	7.0	12.8	18	氢	11.2	12.4
7	己　烷	8.6	11.8	19	氦	10.9	20.5
8	庚　烷	8.8	11.1	20	氩	10.5	22.4
9	辛　烷	8.8	10.7	21	氙	9.3	23.0
10	二氧化碳	9.5	18.7	22	水	8.0	16.0
11	一氧化碳	11.0	20.0	23	二硫化碳	8.0	16.0
12	硫化氢	8.6	18.0	24	苯	8.5	13.2

4. 天然气的黏度

低压下，天然气的黏度可根据各组分的黏度，按式(5-5-32)进行计算：

$$\eta_N^0 = \frac{\sum y_i \eta_i (M_i)^{1/2}}{\sum y_i (M_i)^{1/2}} \quad (5-5-32)$$

式中 η_N^0——低压下天然气的黏度，Pa·s；

η_i——相同压力下组分 i 的黏度，Pa·s；

y_i——组分 i 的摩尔分数；

M_i——组分 i 的相对分子质量。

式(5-5-32)的平均误差 1.5%，最大误差 5%，对富含氢的气体，其误差达 10%。

十二、天然气的导热系数

导热系数是在温差为 1℃时，每秒通过面积为 $1cm^2$，厚度为 1cm 的物料层的热量。它决定着热传导的速率，导热系数 K 由式(5-5-33)确定。

$$\frac{dQ}{dT} = -KA\frac{dT}{dx} \quad (5-5-33)$$

式中 dQ/dT——只存在热传导时，单位时间热交换量，kcal/h(1kcal=4.1868kJ)；

A——与热流方向垂直的面积，m^2；

x——传导距离，m；

T——热传导温度，℃；

dT/dx——在热流方向的温度梯度，℃/m；

K——导热系数，kcal/(h·m·℃)。

十三、天然气的可燃性极限

可燃气体和空气的混合物中，可燃性气体的浓度在一定范围时，如遇明火，就会发生燃烧和爆炸。

1. 可燃性极限(或爆炸性极限)

可燃性极限是指室温和 101.325kPa 下形成可燃性(或可爆性)的可燃气体-空气气相混合物中可燃气体的体积分数,%。

2. 可燃性下限

可燃性下限是指可能一起燃烧(或爆炸)的可燃气体组分的最低浓度,%。

3. 可燃性上限

可燃性上限是指可能引起燃烧(或爆炸)的可燃气体组分的最高浓度,%。因此，当可燃气体浓度低于下限或高于上限时，则混合物是安全的。

4. 气体混合物的可燃性下限

可由式(5-5-34)计算混合物可燃性下限：

$$LL = \frac{100}{\sum \frac{v_i}{LL_i}} \quad (5-5-34)$$

式中 LL——气体混合物可燃性下限,%

LL_i——气体混合物各组分 i 的可燃性下限,%；

v_i——气体混合物中各组分 i 的体积分数,%。

5. 压力和可燃性极限的关系

压力和可燃性极限的关系见图 5-5-9 和图 5-5-10。由图 5-5-9 可见,压力低于 6.65kPa(50mmHg)时,天然气与空气的混合物不可燃;由图 5-5-10 可见,压力高于 101.325kPa(1atm)时,随着压力的增加,可燃性上限也显著增加。

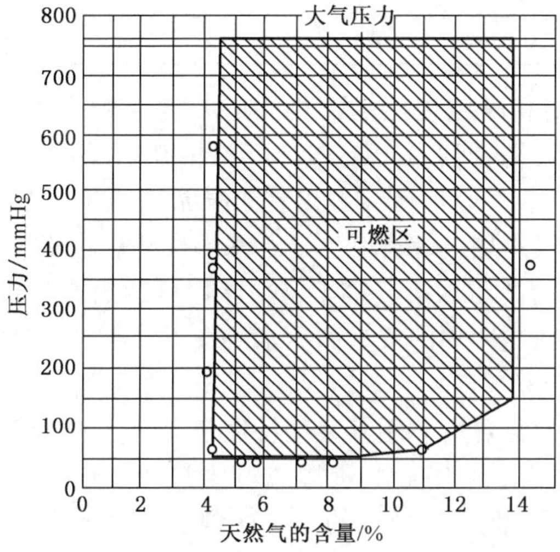

图 5-5-9 在低于 101.325kPa 下压力对天然气-空气混合物可燃性极限的影响

1atm Hg=0.1333kPa

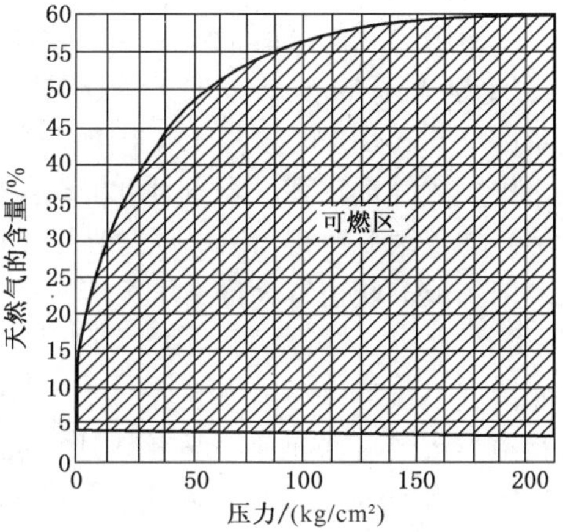

图 5-5-10 在高于 101.325kPa 下压力对天然气-空气混合物可燃性极限的影响

$1kg/cm^2=101.325kPa$

十四、天然气的扩散系数

一种气体内有浓度差时,因扩散而产生浓度变化,表示其变化速率的系数称为扩散系数。由气体动力学可以导出扩散系数 D 与其热力学温度的 2/3 次方成正比,与压力 p 成反比,即

$$D \propto T^{2/3}/p \tag{5-5-35}$$

由式(5-5-35)可见,温度愈高,扩散愈快。

十五、天然气的溶解性

天然气能不同程度地溶于石油和水中。天然气和水互溶性差,而与石油具有较强的互溶能力。

1. 在水中的溶解度

天然气在水中的溶解度取决于溶解系数和压力,可根据亨利公式估算:

$$Q=ap$$

式中 Q——单位体积溶剂中溶解的气体体积,m^3/m^3;

a——溶解系数或称亨利系数,$10^{-5}m^3/m^3\cdot Pa$;

p——气体压力,对混合流体计算各组分的溶解度时,为该组分的分压,Pa。

天然气在水中的溶解系数很大程度上取决于气体组分、温度、压力及含盐量。不同成分的溶解系数有很大区别。天然气中常见组分在 20℃,1×10^5Pa 下的溶解系数如表 5-5-3 所示。若水中含盐量增加,则溶解系数下降。在压力小于,100atm 时,溶解系数随温度升高而下降。但若压力大于 100atm 时，在 75℃以下，Q 随温度升高而减小；在 75℃以上，Q 随温度升高而增大。故高温高压下的地层水溶解气量明显增加。另外，烃气在水中的溶解度还与 CO_2 含量有关，当地层水被 CO_2 所饱和时，烃气溶解度明显增加。

表 5-5-3 天然气中常见组分在 20℃、1×10^5Pa 下的溶解系数

天然气组分	甲烷	乙烷	丙烷	丁烷	异丁烷	二氧化碳	硫化氢	氮气
溶解系数	0.033	0.047	0.037	0.036	0.025	0.87	2.58	0.016

水中溶解的烃气(简称水溶气)包括低压型和高压地热型两类。前者含气量一般在 1～5m^3/t，个别大于 5m^3/t，一般不单独采取，但可综合利用。如 1975 年日本开采浅层碘水时，回收水溶气 $5.3\times10^8 m^3$，占日本当年总产气量的 1/6。后者一般出现于异常高压带下的高压地热水中，含气量较高，降压时可出现强烈排气作用，综合利用这种水溶气和热水资源，很有价值。如美国墨西哥湾沿岸异常高压带以下的高压水溶气很丰富，储量可达 $8.5\times10^{12} m^3$；澳大利亚和前苏联也有大量高压水溶气资源；我国四川的威远高压水溶气田，也是典型实例之一。

水溶气不仅可以在国民经济上综合利用，而且可以利用其某些特性来预测含油气性，因此显得愈加重要。据前苏联学者估计，沉积岩地下水中烃气资源总量比常规气藏气总储量(约 $2.4\times10^{14} m^3$)大数十至上百倍，但大多品位较低。在稳定的地台区含油气盆地中，水内溶解气的主要成分是甲烷和氮，重烃气和二氧化碳含量一般不超过 10%～12%；但在年轻褶皱区的含油气盆地中，水内溶解气含二氧化碳浓度较高，在褶皱山系的山前甚至发育二氧化碳气带，如在高加索山前，高部位广泛分布二氧化碳水泉，较低部位变为二氧化碳-甲烷水，至含油气盆地内地层水则以含烃气为主。所以，根据水内溶解气的化学成分变化规律有助于指明寻找油气藏的方向。

2. 在石油中的溶解度

天然气在石油中的溶解度是指在地层温压条件下，液态石油中所溶解的、在地表温压条件下(温度压力均下降)可析出的气体量(m^3气/m^3油)。石油中溶有天然气时，可以降低石油的相对密度、黏度及表面张力。

天然气在石油中的溶解系数比在水中大得多。在相同温压条件下，烃气在石油中的溶解度远远大于在水中的溶解度，例如甲烷在石油中的溶解度是在水中的 10 倍左右。影响天然气在石油中的溶解度的因素，主要是地层压力、气体组成和石油轻组分的含量。当天然气中重烃增多，或者石油中的轻馏分较多时，都可增加天然气在石油中的溶解度。另外，降低温度或增大压力，也可得到同样的效果，直至达到液体被气体饱和的泡点压力为止。相同温压下，低碳数烃含量高的轻质油比低碳数烃含量低的重质油的溶解度高得多。

溶解于石油内的天然气体(简称油溶气)常见于饱和或过饱和油藏中，其主要特点是重烃气含量高，有时可达 40%。在地层条件下，石油中溶解气开始析离出来时的压力，称油藏的饱和压力。若油藏饱和压力与地层压力相等，即油内溶解气刚好饱和，压力稍降，就会有气体析出，此时的油藏称为饱和油藏；若油藏饱和压力大于地层压力，则为过饱和油藏，此时通常为带气顶的油气藏；若油藏饱和压力小于地层压力，则为未饱和油藏，此时石油中的溶解气还未饱和，还可溶解更多的天然气。显然，相对于未饱和油气藏而言，饱和及过饱和油藏中溶解了较多的天然气。

油内溶解气的数量不等，少则每吨几立方米至几十立方米，多则每吨可达几百立方米至上千立方米。油内溶解气含量高时，采出后可收集回注油藏内以保持油层能量。

第六节 天然气化工技术

一、世界天然气化工的现状

世界天然气化工从20世纪20年代至今一直保持稳定发展，近20多年发展速度加快，20世纪70年代世界约5%左右的天然气资源用作化工原料，20世纪80年代上升到约10%。近年由于天然气产量大幅增加。此比例重新回落至5%左右(不包括我国)，中东、东欧、拉丁美洲、东南亚等地区均在8%~11%范围。目前世界石油资源日趋紧缺，油价不断刷新高位价格记录，而天然气的储量和产量增长均超过石油。为此天然气化工利用受到许多国家和地区的重视。

天然气化工比较发达的国家有美国、俄罗斯、加拿大等。美国发展天然气化工最早，产品品种和产量目前仍居首位。消耗于化学工业的天然气，占该国化工行业所消耗原料和燃料总量的一半以上。20世纪70年代中期前苏联调整了化学工业政策，加速发展天然气化工生产。在西伯利亚天然气产区新建生产装置，大规模应用于合成氨、甲醇和乙烯、二硫化碳。目前，其天然气化工产品产量仅次于美国。加拿大有丰富的天然气资源，用于合成氨、尿素、甲醇和乙烯的生产。1980年世界主要国家的天然气化工产品产量超过150Mt。年产10Mt以上的产品有合成氨、尿素、甲醇、甲醛和乙烯。在世界合成氨产量中，约80%以天然气为原料。

二、中国天然气化工现状

我国是天然气资源比较丰富的国家，地质资源总量约为38×10^{12}~$39\times10^{12}m^3$，位居世界第十位，其中陆上为$30\times10^{12}m^3$，海上为$9\times10^{12}m^3$。已探明储量约$1.9\times10^{12}m^3$，仅占资源总量的5%左右，列世界第16位，天然气资源勘探潜力很大。近年来，我国天然气勘探取得重大突破，陆上已在川渝、陕甘宁、新疆和青海形成四大气区；海上气田以渤海、南海西部地区和东海西湖凹陷作为重点勘探和增加产量的地区。

随着国家对经济和社会可持续发展问题的日益重视，政府逐步开始制定和颁布鼓励天然气工业发展的政策，不仅把天然气工业作为能源基础建设列为国家投资重点和鼓励发展的产业，还明确鼓励外商到中国进行天然气勘探开发、管道、储运设施等领域的合资合作，并且出台一系列鼓励天然气开发利用的政策法规，包括融资政策、价格政策和税收政策等。

中国天然气化工始于20世纪60年代初，现已初具规模，主要分布于四川、黑龙江、辽宁、山东、台湾省等地。中国天然气主要用于生产氮肥，其次是生产甲醇、甲醛、乙炔、二氯甲烷、四氯化碳、二硫化碳、硝基甲烷、氢氰酸和炭黑以及提取氦气。70年代以来，已兴建多座天然气和油田伴生气为原料的大型合成氨厂，以及一批中、小型合成氨厂，使全国合成氨生产原料结构中，天然气所占的比例约达到30%；同时还兴建了天然气制乙炔工厂，以制造维尼纶和醋酸乙烯酯，乙炔尾气用于生产甲醇。采用天然气热氯化法生产二氯甲烷以供感光材料工业作溶剂。

目前，中国的天然气一次化学加工产品总产量约为70年代初期的14倍。随着世界对能源需要的增长，北海、中东、北非、南美和俄罗斯的天然气和石油伴生气资源正在加速开发利用，世界天然气产量稳定增长，为天然气化工蓬勃发展提供充足的原料和能源。

三、天然气化工技术

1. 天然气制甲醇

甲醇是重要的基础化工原料，广泛应用于有机合成、染料、医药、涂料和国防等工业。随着科技发展，甲醇的燃料用途也越来越受重视。与轻油或煤炭为原料相比，天然气制甲醇具有流程简单、投资省、成本低等优点。

全球甲醇产能的近90%以天然气为原料，主要工艺是ICI法、Lurgi低压法，合计占全球产能的80%以上。降低装置投资和天然气单耗以降低生产成本是甲醇生产工艺改进的主要目标，大型化是甲醇生产发展的趋势。目前300kt/a以上的甲醇装置的生产能力已占总产能的80%以上。Lurgi等公司成功开发了5000~10000t/d的超大型甲醇装置生产技术，可显著降低投资和生产成本。

2. 天然气制烯烃

以天然气或煤生产合成气制甲醇或二甲醚，再以甲醇或二甲醚制烯烃是石油化工原料制乙烯和丙烯的替代路线，因而发展以煤或天然气为主要原料制备低碳烯烃技术具有重要的战略意义。随着合成气生产技术、甲醇合成技术、甲醇或二甲醚制烯烃技术的不断进步，以煤或天然气经合成气制烯烃路线的经济性将会日益显著。

（1）MTO工艺技术　由UOP/Hydro公司开发的天然气转化制甲醇（GTM）、甲醇再转化制烯烃（MTO）的二步法工艺，采用流化床反应器和非沸石分子筛MT0100催化剂，催化剂连续再生，甲醇转化率可高达99%以上，乙烯和丙烯产率可高达80%，而且乙烯/丙烯产率比可在0.75~1.5：1之间灵活调节。

在目前的高油价形势下，天然气制低碳烯烃技术已经进入了工业化应用阶段。新加坡欧洲化学技术公司在尼日利亚利用廉价天然气建立大型甲醇装置，应用UOP/Hydro技术配套建设MTO工艺装置，规模为270kt/a，下游配套400kt/a聚乙烯和400kt/a聚丙烯装置。

（2）MTP工艺技术　由Lurgi公司开发的甲醇制丙烯工艺技术（MTP），采用分子筛催化剂和固定床反应器，在0.13~0.16MPa和380~480℃下操作，丙烯产率达到70%左右。在此基础上Lurgi公司开发了与甲醇制丙烯（MTP）工艺一体化的甲醇制聚丙烯（PP）联合装置，在经济上颇具吸引力。

Lurgi公司已经与伊朗Zagros石化公司商讨建设一套1670kt/a的甲醇装置和一套采用MTP技术的甲醇制丙烯装置，规模为520kt/a。国内伊化集团正在鄂尔多斯兴建天然气经甲醇制烯烃装置。一期工程将兴建一套从1500kt/a甲醇经MTP工艺生产600kt/a聚乙烯、聚丙烯、副产液化燃料气的大型联合装置，日产甲醇5000t，年产烯烃类化工产品600kt。

3. 天然气制二甲醚

二甲醚用途广泛，可用于许多精细化学品的合成及气雾剂推进剂。二甲醚还是性能优良的燃料，其燃烧性能优于柴油，是良好的车用替代燃料。二甲醚工业生产技术分为合成气直接合成和甲醇脱水两种工艺。甲醇脱水法包括液相法和气相法，气相脱水法是二甲醚生产的主要方法。由合成气直接合成二甲醚现已取得工业化成果。丹麦Topsoe公司采用Cu基催化剂，当反应温度在200~300℃、压力为3.0~8.0MPa时，CO单程转化率达60%~70%。美国AirProduct公司成功开发了三相床合成气一步法合成二甲醚的工业示范装置，以沸石、固体酸负载的Cu-AlO-SiO为催化剂，采用单一或多元分级式三相床反应器，工艺条件为：操作压力3.549~6.307MPa，温度200~290℃，空速1000~10000h^{-1}。据资料介绍，天然气经合成气一步法生产二甲醚其成本仅为甲醇脱水二步法的1/4。

4. 甲烷直接合成芳烃

甲烷无氧条件下催化脱氢芳构化(DHAM)制芳烃，是近年甲烷优化利用的新方法之一。迄今报道催化剂多以HZSM-5分子筛为载体负载过渡金属(Pd、Pt、Re、Mo等)氧化物，其中以改性Mo/HZSM-5最佳。在常压、800℃以上进行反应，转化率可达到20%左右，但高温下Mo易流失。国内厦门大学提出W-Zn-H_2SO_4/HZSM-5催化剂，稳定性有所提高，CH_4转化率可达23%以上，苯选择性97%，未观察到W的流失，且3h结炭量仅0.02%，明显优于迄今国内外的报告。

5. 天然气经合成气制合成油技术(GTL)

近年来，GTL技术在催化剂和反应器方面取得较大进展。Exxon公司推出高性能“薄层钴”催化体系，使产品收率比传统铁系催化剂淤浆床反应器工艺高出3倍，从而可减少反应器台数，降低投资成本。而Sasol公司开发的牌号为SAC2-100SB改进型的Co系GTL催化剂最近也投入工业应用。由于F-T合成新型钴基催化剂和淤浆床反应器的技术进步，GTL的投资和操作费用已大大降低。Sasol公司预测，到2020年世界GTL产量可达90Mt/a，前景乐观。

6. 甲烷氧化偶联制乙烯(OCM)

自从1982年美国UCC公司发表了甲烷可直接氧化偶联制得乙烯的第一篇报告以来，世界上40多个国家的实验室对2000种催化剂进行筛选，使用了除周期表中零族以外的全部元素，其中以碱金属、碱土金属和稀有金属氧化物的催化活性较好。目前甲烷转化率20%~40%，C_2^+选择性50%~80%，C_2^+烃收率在14%~25%之间。由于反应属于表面引发气相自由基与气固相反应相结合的机理，而且乙烷的氧化脱氢能力又大于甲烷，因而甲烷转化率与C_2^+选择性之和难超过100%，即C_2^+收率不易突破25%，因此其经济效益还不能与石油制乙烯相比。此外在工程开发上，高温强放热反应使反应器设计困难，目前常用的反应器为薄层式两段反应器。普遍认为单靠改进催化剂来突破C_2^+25%的收率很困难，只有在整个系统优化的情况下，寻求最佳的技术经济方案，特别是一次通过不循环，直接利用稀乙烯的方案。产品气中乙烯、乙烷的分离复杂，无论是深冷分离法、膨胀机法、络合分离法、中冷油吸收法和吸附分离法，都有投资和成本偏大的问题。

7. 甲烷直接部分氧化制甲醛/甲醇

在压力4.9~9.8MPa、温度320~400℃、空速15000~25000h^{-1}下甲烷直接氧化，其转化率可达10%，选择性可达60%~90%，收率可达4%。俄罗斯在均相氧化的基础上，开发了CPO工艺，在边远天然气气田使用。国内利用膜分离技术进行研究，也进行了多相催化剂的研究。

第六章　原　油　评　价

世界上的原油成百上千种，分布在世界各个地方，由于形成原油的环境和条件不同，使得原油的性质千差万别，要加工原油首先要认识和了解原油的性质，这就需要进行原油评价，原油评价的目的在于：

① 掌握原油的性质；

② 根据原油评价数据确定加工方案；

③ 通过原油评价掌握加工原油的产品特点。

第一节　石油评价方法概述

确定一种原油的加工方案是炼油厂设计和生产的首要任务。制定合理原油加工方案的依据是：所加工原油的性质；市场对产品的需求；加工技术的先进性和可靠性；对产品质量的要求；经济效益等。同时进行全面的综合分析，研究对比，其中原油性质是最基本的因素。

原油评价：通过各种实验、分析，取得对原油性质的全面认识。

原油评价按其目的的不同，分为三个层次：

① 原油的一般性质：对原油一般性质进行分析，了解原油的化学组成和主要物理化学性质。

② 常规评价：原油的性质分析，原油的实沸点蒸馏，窄馏分的性质分析。

③ 综合评价：除了上述两项内容外，还包括直馏产品的产率和性质。也可以确定重油或渣油的可加工性能。

现以大庆原油综合评价为例，简述其评价内容。综合评价流程见图 6-1-1。

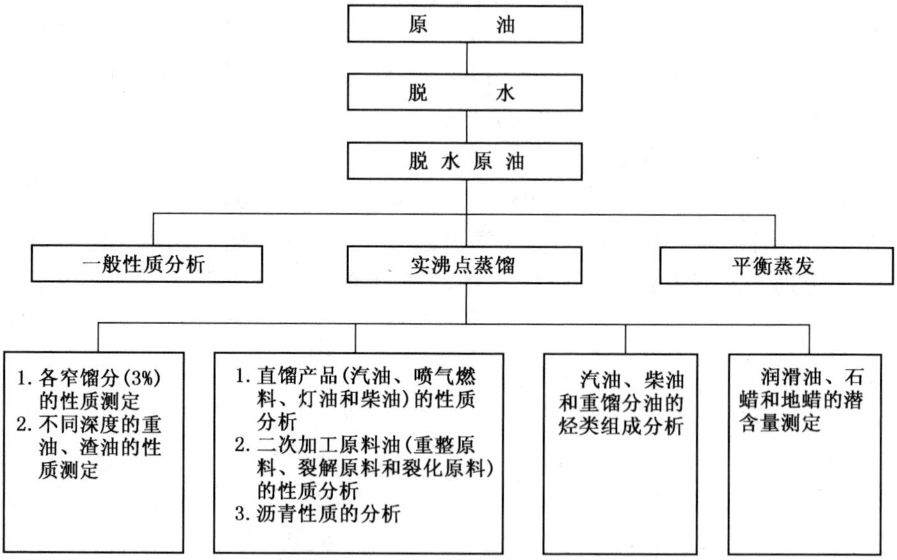

图 6-1-1　原油综合评价的流程

概括起来包括四部分内容：

① 原油的一般性状；

② 原油的馏分组成和馏分的物理性质；

③ 各馏分的化学组成；

④ 各种石油产品的潜含量及其使用性能。

原油综合评价的流程具体为：

① 原油一般性质分析。先测定原油含水量、含盐量和机械杂质，若原油含水大于0.5%需先脱水。原油脱水后测定其密度、黏度、凝点、闪点、残炭、灰分、胶质、沥青质、含蜡量、平均相对分子质量、微量金属及馏程，进行元素分析，最后得到表6-1-1中的数据。

表6-1-1 几种国产原油的一般性质

性质		大庆	胜利	大港	克拉玛依	辽河
密度(20℃)/(g/cm^3)		0.8587	0.9005	0.8826	0.8808	0.8818
50℃运动黏度/($10^{-6}m^2/s$)		19.5	83.4	17.3	32.3	21.9
凝点/℃		32	28	28	-57	21
含蜡量(吸附法)/%		25.1	14.6	15.4	2.1	8.7
沥青质/%		0.1	5.1	13.1	0.5	—
硅胶胶质/%		8.9	23.2	9.7	15.0	15.7
酸值/[mg(KOH)/g]		—	—	—	0.74	0.98
残炭/%		3.0	6.4	3.2	3.8	4.8
元素分析/%	C	86.3	86.3	85.7	86.1	—
	H	13.5	12.6	13.4	13.3	—
	S	0.15	0.88	0.12	0.12	0.18
	N	—	0.41	0.23	0.27	0.31
微量金属/(μg/g)	V	<0.1	1.0	<1	—	0.6
	Ni	2	26	18	—	32
<300℃馏分/%		25.6	18.0	26	31.0	—

② 原油的馏分组成和窄馏分的物理性质。脱水原油经实沸点蒸馏，切割成3%的窄馏分，得到蒸馏数据。测定每个窄馏分的密度、黏度、凝点、苯胺点、酸度(值)、折射率和硫含量等，并计算特性因数、黏重常数及结构族组成，把数据用表和图的形式表示，即表6-1-1和图6-1-2。

③ 直馏产品的切割与分析。为了合理地提出原油切割方案，在实验室按比例配制或把原油重新切割成各种汽油、煤油、柴油，重整原料和裂解原料等，按产品规格要求分析产品的主要性质。数据列于表6-1-2、表6-1-3和表6-1-4中。

④ 测定原油的平衡汽化数据，作出平衡汽化率与温度关系曲线。

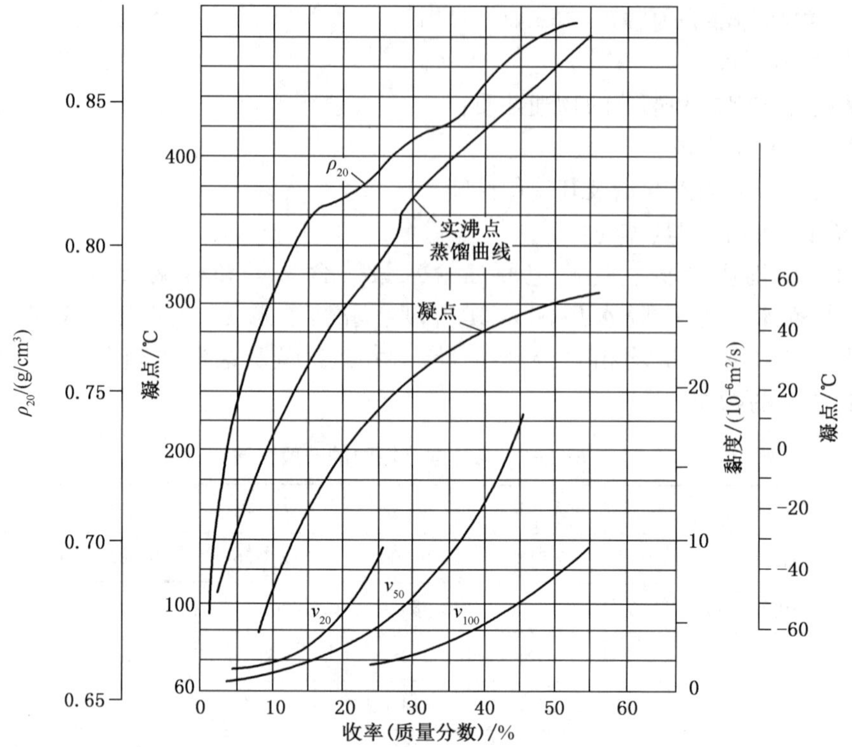

图 6-1-2 大庆原油实沸点蒸馏曲线和中比性质曲线

表 6-1-2 大庆原油实沸点蒸馏及窄馏分性质

馏分号	沸点范围/℃	占原油质量分数/%		密度(20℃)/(g/cm³)	运动黏度/(10⁻⁶m²/s)			凝点/℃	苯胺点/℃	酸度/[mg(KOH)/100mL]	闪点(开口)/℃	折射率		平均相对分子质量
		每馏分	累计		20℃	50℃	100℃					n_D^{20}	n_D^{70}	
1	初馏~112	2.98	2.98	0.7108	—	—	—	—	54.1	0.98	—	1.3995	—	98
2	112~156	3.15	6.13	0.7461	0.89	0.64	—	—	59.0	1.58	—	1.4172	—	121
3	156~195	3.22	9.35	0.7699	1.27	0.89	—	-65	62.2	2.67	—	1.4350	—	143
4	195~225	3.25	12.00	0.7958	2.03	1.26	—	-41	66.4	3.02	78	1.4445	—	172
5	225~257	3.40	16.00	0.8092	2.81	1.63	—	-24	71.2	2.74	—	1.4502	—	194
6	257~289	3.4	19.46	0.8161	4.14	2.26	—	-9	77.2	3.65	125	1.4560	—	217
7	289~313	3.44	22.90	0.8173	5.93	3.01	—	4	84.8	4.39	—	1.4565	—	246
8	313~335	3.37	26.27	0.8264	8.33	3.84	1.73	13	88.0	7.18	157	1.4612	—	264
9	335~355	3.45	29.72	0.8348	—	4.99	2.07	22	91.6	7.98	—	—	1.4450	292
10	355~374	3.43	33.15	0.8363	—	6.24	2.61	29	—	0.08②	184	—	1.4455	299
11	374~394	3.35	36.50	0.8396	—	7.70	2.86	34	—	0.09	—	—	1.4472	328
12	394~415	3.55	40.05	0.8479	—	9.51	3.33	38	—	0.22	206	—	1.4515	349
13	415~435	3.39	43.44	0.8536	—	13.3	4.22	43	—	0.12	—	—	1.4560	387
14	435~456	3.88	47.32	0.8686	—	21.9	5.86	45	—	0.06	238	—	1.4641	420
15	456~475	4.05	51.37	0.8732	—	—	7.05	48	—	0.05	—	—	1.4675	438
16	475~500	4.52	55.89	0.8786	—	—	8.92	52	—	0.03	282	—	1.1697	—
17	500~525	4.15	60.04	0.8832	—	—	11.5	55	—	0.03	—	—	1.4730	—
渣油	>525	38.5	98.54	0.9375	—	—	—	41①	—	—	—	—	—	—
损失	—	1.46	100.0	—	—	—	—	—	—	—	—	—	—	—

①为软化点。

②以下为酸值，单位 mg(KOH)/g。

表 6-1-3 大庆原油直馏汽油和重整原料油的性质

沸点范围/℃	占原油含量/%	密度(20℃)/(g/cm³)	馏程/℃			酸值/[mg(KOH)/g]	含硫/%	含砷/(μg/g)	实际胶质	族组成(质量分数)/%			辛烷值(*MON*)
			10%	50%	90%					烷烃	环烷烃	芳烃	
45~115	2.98	0.7102	80	92	110	—	—	—	—	54.64	42.89	1.47	—
60~130	4.07	0.7241	92	106	126	—	—	—	—	51.19	45.44	3.37	—
初馏~130	4.26	0.7109	75	96	136①	0.9	0.009	0.163	—	56.2	41.7	2.1	—
初馏~130	9.38	0.7439	94	127	196①	1.1	0.02	—	0	—	—	—	37

表 6-1-4 大庆原油直馏柴油的性质

沸点范围/℃	占原油含量/%	密度(20℃)/(g/cm³)	馏程/℃			苯胺点/℃	柴油指数	凝点/℃	黏度(20℃)/($10^{-6}m^2/s$)	硫含量/%	闪点/℃	酸度[Mg(KOH)/100mL]
			初馏点	50%	终馏点							
180~300	13.2	0.8072	203	246	—	—	—	—	—	0.028	81	—
180~350	21.0	0.8142	207	271	331	80.1	72.9	-5	4.45	0.048	93	2.0
200~350	18.9	0.8169	232	278	330	81.0	72.6	-2	5.02	0.064	105	2.0

一、我国主要原油的性质及特点

1. 大庆油区原油

大庆油区位于我国松辽盆地，是目前我国最大的产油区。大庆油区自开采以来，原油性质稳定，各油田原油性质基本接近，但南部油田原油比北部油田原油的密度小，轻馏分含量较多。

大庆原油的主要特点是含蜡多(26.3%)、凝点高(33°C)、残炭、硫及金属含量都比较低，不含沥青质(正庚烷法)，属于低硫石蜡基原油。

2. 胜利油区原油

胜利油区位于山东省渤海之滨的黄海三角洲地带，为我国第二大油区。该区地质构造较复杂。全油区包括胜坨、孤岛、孤东、东辛等几十个油田。各油田原油性质差别很大。大部分原油属于含硫原油，硫含量在0.5%以上，尤以孤岛原油硫含量最高。就原油类别而言，产量最大的胜坨、孤岛原油分别属于中间基及环烷-中间基，但有些油田的原油则属石蜡基或环烷基。

胜利原油的密度较大，硫含量、胶质含量和残炭较高，镍含量为26.38μg/g，钒含量为1.61μg/g。胜利原油轻馏分含量较少，属于含硫中间基原油。

3. 辽河油区原油

辽河油区地处辽河盆地，地跨沈阳、鞍山、辽阳、营口、锦州等城市。现已开发的油田有十个以上，其中以欢喜岭、曙光、兴隆台、大民屯、高升油田的产量较大。

辽河油区各油田的原油性质相差甚大，各油田原油的硫含量均小于0.5%。但就原油类别而言，既有属于石蜡基的原油，又有属于环烷基的原油，还有中间-石蜡基及环烷-中间基等其他类别的原油。其中坨-鞍管输原油及沈阳原油是两种非常特殊的原油，前者为重质原油，残炭及酸值都较高，镍含量达28.63μg/g；后者为石蜡基原油，蜡含量高达40%以上。欢喜岭、曙光原油主要管输至锦州及锦西的炼厂加工。辽河原油密度较大，硫含量较低，蜡含量占原油8.3%，比大庆、胜利原油少。原油的残炭为9.35%，比大庆、胜利都高，镍含量较高。原油的类别属于低硫环烷-中间基。

欢喜岭、曙光油田都生产一部分重质原油，其中有的是低凝原油。随着重质原油的不断开发及其所占比例增大，混合原油逐年变重。如原油密度(20°C)从1980年的$0.882g/cm^3$、1986年的$0.904g/cm^3$，增大到1995年的$0.944g/cm^3$。与此同时，原油的酸值增大，轻馏分含量减少。

二、原油的实沸点蒸馏曲线、性质曲线和产率曲线

原油的实沸点蒸馏曲线、性质曲线和产率曲线是制定原油切割方案和进行炼油过程工艺设计计算所必不可缺的重要资料。由于其标绘方法不同，使用方法也有差别。

1. 原油的实沸点蒸馏曲线

实沸点蒸馏是用来考察石油馏分组成的实验方法。该装置是一种间歇式釜式蒸馏设备，带有一个分离效果比工业装置好的精馏柱(理论板数为15~17)。原油在实沸点蒸馏装置中，按沸点高低被分割成许多窄馏分。一般按每3%(质量或体积)取一个馏分，或每隔10°C取一个馏分。所谓实沸点(或真沸点)蒸馏是表示分馏精确度较高，其馏出温度接近馏出物沸点的意思，在工艺上一般把这个馏出温度看成是近似馏出物的“真沸点”，但并不是说真的能分离出一个一个的纯烃。将窄馏分按沸点顺序编号、称重并测定体积，把整理后的数据列表，就可以得到如表6-1-2所示数据。以馏出温度为纵坐标，以馏出百分数(国内常用质量、欧美多用体积)为横坐标，将上列数据作图，得到如图6-1-2中的实沸点蒸馏曲线(大庆原油)。从实沸点蒸馏曲线可以得到沸点与收率的关系。

按原油评价内容的要求，分别测定实沸点蒸馏所得各窄馏分的性质，如密度、黏度、凝点等，根据这些数据进行标绘，可以得到各窄馏分的性质曲线。

2. 性质曲线

由于原油是一个复杂的混合物，由实沸点蒸馏所得的窄馏分都是在一定沸点范围内收集的，所以窄馏分仍然是一个较复杂的混合物，因此所测得的窄馏分性质是组成该馏分的各种化合物性质的综合表现，具有平均的性质。在作原油性质曲线时就必须假定窄馏分的这一平均值是相当于该馏分馏出一半时的性质，这样标绘得到的性质曲线称为中比曲线，或称为中百分比曲线。例如表6-1-2中的第5个窄馏分是从总收率16.00%开始到19.46%结束，因此其相对密度$d_4^{20}=0.8161$，运动黏度$\gamma^{20}=4.14\times10^{-6}m^2/s$等性质可以认为是相当于馏出量为(16.00%+19.46%)/2=17.73%时的性质。如果要知道原油蒸出23.0%以后再蒸出4%的馏分性质，只需要在中比曲线上查找总馏出率相当于23%+4%/2=25%时的性质。从图6-1-2中可以看出总馏出率为25%时，凝点约为+15°C、$d_4^{20}=0.828$、$v_{20°C}=8.7\times10^{-6}mn^2/s$、$v_{50°C}=4\times10^{-6}mn^2/s$等。性质曲线通常与蒸馏曲线画在同一张图上，但需注意选择坐标，以免曲线交叉。

图6-1-2中的性质曲线都是中比曲线，这种中比曲线有一定的局限性。因为原油的性质除相对密度具有近似的可加性外，其他性质均无可加性。所以由窄馏分性质标绘的中比曲线，只能表明窄馏分的性质变化情况，如果要查定宽馏分的性质，显然是不可靠的，馏分愈宽，误差愈大。因此中比曲线不能作为制定原油加工方案或切割方案的根本依据，只能参考它来估计蒸馏所得各个馏分的大致性质。

3. 产率曲线

由于从性质曲线查定宽馏分性质是不可靠的，为了求定某一馏分在不同产率时准确的性质数据，必须制作各种产品的产率曲线，最常用的是汽油和重油的产率曲线。

所谓产率曲线是以某特定油品的不同产率为横坐标，相应产率下油品的物性为纵坐标描绘而成。例如在确定润滑油减压流程方案时，需要知道蒸到不同深度所剩下残油的性质，就必须从重油产率曲线中得到。作法是在实沸点蒸馏时尽可能把原油中最重的馏分蒸出来，剩下残油，然后把残油依次和它相邻的窄馏分按产率比例混合，得到占原油产率不同的重油样品，分别测定这些重油的性质。例如大庆原油最终残油为 38.50%，残油前一个馏分的收率为 4.15%，将此馏分的一部分与残油的一部分按其原油收率的比例混合，并测定混合油的性质，就得到产率为(38.50+4.15)%=42.65%时残油的性质。这样依次掺和所得到的曲线称为产率曲线或不同拔出深度重油性质曲线，如图 6-1-3 和图 6-1-4 所示。

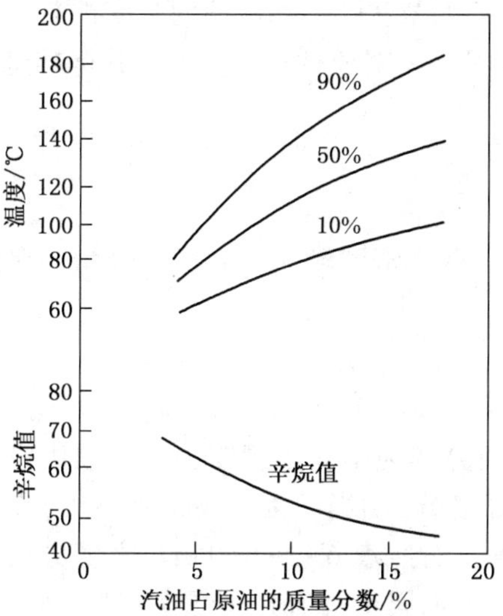

图 6-1-3 大庆原油汽油产率-性质曲线

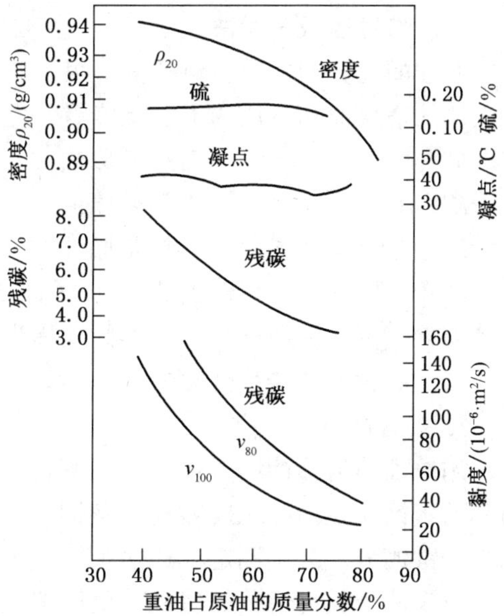

图 6-1-4 大庆原油残油产率-性质曲线

同样以原油中最轻的一个汽油馏分为基本馏分，依次与后面的各个窄馏分按收率混合，并测定混合物性质，则可得到汽油的产率曲线。根据需要，按上述原则可以得到任何油品的产率曲线。从上面的说明可知，产率曲线与表示平均性质的中比曲线不同，它表示的是累积性质，能准确而清楚地表明不同产率下该油品的各种性质。

不同产率下油品的性质数据，有时不以产率曲线形式表示，而是列成数据表格形式。表 6-1-3和表 6-1-4 列出了大庆原油的重整原料、汽油、喷气燃料、柴油、裂化原料、润滑油和重油的产率和性质数据。

当人们得到了一种原油的实沸点蒸馏数据和曲线、窄馏分性质数据和中比曲线，各种油品的产率－性质数据和产率曲线以后，就完成了这种原油的常规评价，也就具备了制定原油分割方案(即蒸馏方案)的基本条件。

所谓原油蒸馏切割方案，就是根据原油性质及产品需求情况，确定该原油适合于生产哪些产品，在什么温度下分割，所得到的各种产品产率及性质如何。制定切割方案的方法是把原油评价中的各种馏分的产率－性质数据或曲线与相应油品的质量规格进行比较，并参考实沸点蒸馏曲线和窄馏分性质曲线进行适当调整，估计加工的可能性和难易程度，然后确定各种石油产品的切割温度，同时也就知道了各种产品的性质。

第二节 原油的分类方法

原油可按工业、地质、物理和化学的观点来区分，一般倾向于按石油的化学成分分类。在原油的化学分类中，最常用的有特性因数分类及关键馏分特性分类。

工业分类又称为商品分类，可以作为化学分类的补充。分类的依据各不相同，其中包括按相对密度分类，按含硫量分类，按含氮量分类，按含蜡量分类和按含胶质量分类等。

一、特性因数分类法

原油的馏分油性质，包括汽、煤、柴油的密度、柴油的苯胺点、润滑油的黏度指数、直馏汽油的辛烷值和柴油的十六烷值等，发现可以用特性因数 K 对原油进行分类，其标准是：

K 大于 12.1　　石蜡基原油

K 为 11.5～12.1　　中间基原油

K 为 10.5～11.5　　环烷基原油

沥青基原油也是特性因数 K 小于 11.5 的原油，其特点是密度较大，含轻馏分少，含胶质和沥青质多，为便于统一分类，统称为环烷基原油。

二、关键馏分特性分类法

1. 关键馏分

用原油简易蒸馏装置在常压下蒸得 250～275°C 的馏分作为第一关键馏分，残油用没有填料的蒸馏瓶在 40mmHg 残压下蒸馏，切取 275～300°C 馏分（相当于常压 395～425°C）作为第二关键馏分。分别测定上述两个关键馏分的相对密度，对照表 6-2-1 中相对密度分类标准，决定两个关键馏分的属性，最后按照表 6-2-2 确定该油属于所列七种类型中哪一类。

表 6-2-1　关键馏分的分类指标

关键馏分	石　蜡　基	中　间　基	环　烷　基
第一关键馏分	d_4^{20}<0.8210 相对密度指数>40 （K>11.9）	d_4^{20}=0.8210～0.8562 相对密度指数=33～40 （K=1.5～11.9）	d_4^{20}>0.8562 相对密度指数<33 （K<11.5）
第二关键馏分	d_4^{20}<0.8723 相对密度指数>30 （K>12.2）	d_4^{20}=0.8723～0.9305 相对密度指数=20～30 （K=11.5～12.2）	d_4^{20}>0.9305 相对密度指数<20 （K<11.5）

表 6-2-2　关键馏分特性分类

序　号	轻油部分的类别	重油部分的类别	原油类别
1	石　蜡	石　蜡	石　蜡
2	石　蜡	中　间	石蜡-中间
3	中　间	石　蜡	中间-石蜡
4	中　间	中　间	中　间
5	中　间	环　烷	中间-环烷
6	环　烷	中　间	环烷-中间
7	环　烷	环　烷	环　烷

也可以取实沸点蒸馏装置蒸出的250~275℃和395~425℃馏分分别作为第一关键馏分和第二关键馏分。

2. 关键馏分的分类指标

3. 不同基属原油的性质

属于同一类的原油，具有明显的共性。

（1）石蜡基原油　一般含烷烃量超过50%，其特点是密度较小，含蜡量较高，凝点高，含硫、含胶质较少，是属于地质年度古老的原油。这种原油生产的直馏汽油辛烷值低，而柴油的十六烷值较高；航空煤油的密度和结晶点之间矛盾较大；可以生产黏温性质良好的润滑油，但是脱蜡的负荷很大；重馏分中含重金属少，是良好的裂化材料，但难以生产质量较好的沥青。大庆原油是典型的石蜡基原油。

（2）环烷基原油　环烷基原油的特点是含环烷和芳香烃较多，密度较大，凝点低，一般含硫、胶质、沥青质较多，是地质年度较年轻的原油。它所生产的汽油中含50%以上的环烷烃，直馏汽油的辛烷值较高，航空煤油的密度大，质量热值和体积热值都较高，可以生产高密度喷气燃料；柴油的十六烷值较低、润滑油的黏温性质差。环烷基原油中的重质原油，含有大量的胶质和沥青质，又称为沥青基原油，可以用来生产各种高质量的沥青。孤岛原油就属于这一类。

（3）中间基原油　中间基原油的性质介于石蜡基原油和环烷基原油之间。

三、商品分类法

1. 按密度分类

轻质原油：>34°API，<0.852(20℃密度)。

中质原油：34°~20°API，0.852~0.930(20℃密度)。

重质原油：20°~10°API，0.931~0.998(20℃密度)。

特稠原油：<10°API，>0.998(20℃密度)。

2. 按硫含量分类

低硫原油：硫含量<0.5%。

含硫原油：硫含量0.5%~2.0%。

高硫原油：硫含量>2.0%。

实际上，在石油交易中，使用多种按质论价的分类方法。例如，有的以某种原油为标准，按所交易原油的密度及硫含量与标准原油的差别来计算价格。

第三节　渣油的评价

渣油是十分复杂的混合物，但由于沸点很高，高温下又易分解，不能用蒸馏等一般的分离方法作进一步的分离。因此，多年来对渣油的认识只限于把它作为一个整体测定其平均性质，或者进一步用色谱法测定其SARA族组成（saturates，aromatics，resin，asphaltene）。表6-3-1和表6-3-2列出了几种减压渣油的某些主要组成性质和SARA族组成。

图6-3-1至图6-3-4表示了几种渣油的窄馏分的平均相对分子质量、H/C原子比、残炭、镍含量等随抽出率变化的规律。图6-3-1表明，采用超临界流体萃取分馏技术可以基本上按相对分子质量大小对渣油进行分离。由图6-3-2至图6-3-4可见，渣油各窄馏分的

组成和性质是有差异的，而且呈规律性的变化。总的来说，随着抽出率的增大(或相对分子质量的提高)，窄馏分的 H/C 原子比降低、残炭和镍含量增大。

表 6-3-1 几种减压渣油的主要性质

原　　油	对原油的质量分数/%	H/C（原子比）	硫含量（质量分数）/%	氮含量（质量分数）/%	残炭/%	镍含量/（μg/g）
大　庆	42.8	1.74	0.27	0.37	11.9	8
胜　利	42.4	1.63	1.35	0.86	15.4	47
任　丘	39.2	1.60	0.76	0.60	18.6	15
孤　岛	51.8	1.56	2.43	0.87	19.2	35
单家寺	65.1	1.50	0.87	1.42	—	67
高　升	64.1	1.60	0.77	1.19	17.4	144
阿拉伯(轻)	—	1.44	3.93	0.22	18.2	14(V，62)

表 6-3-2 几种减压渣油的 SARA 族组成(质量分数) %

原　油	饱和分	芳香分	胶　质	C_7~沥青质
大　庆	40.8	32.2	26.9	<0.1
胜　利	19.5	32.4	47.9	0.2
任　丘	19.5	29.2	51.1	0.2
孤　岛	15.7	33.0	48.5	2.8
单家寺	17.1	27.0	53.5	2.4
高　升	22.6	26.4	50.8	0.2
阿拉伯(轻)	21.0	54.7	18.5	5.8

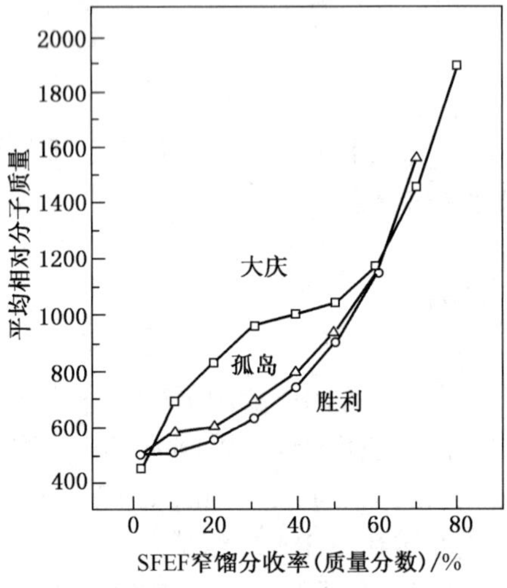

图 6-3-1 减压渣油 SFEF 窄馏分的平均相对分子质量的变化

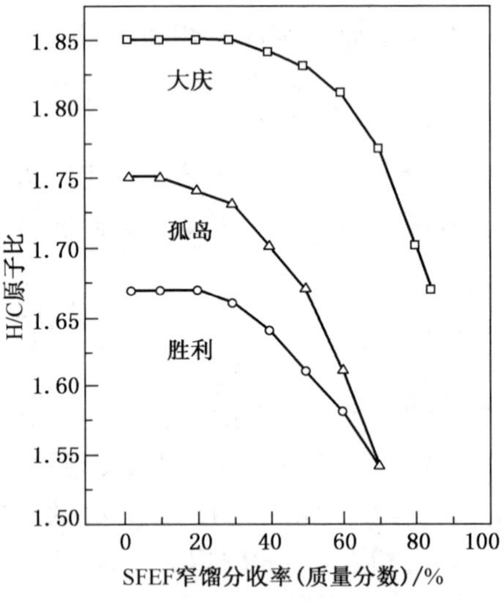

图 6-3-2 减压渣油 SFEF 窄馏分的 H/C 原子比的变化

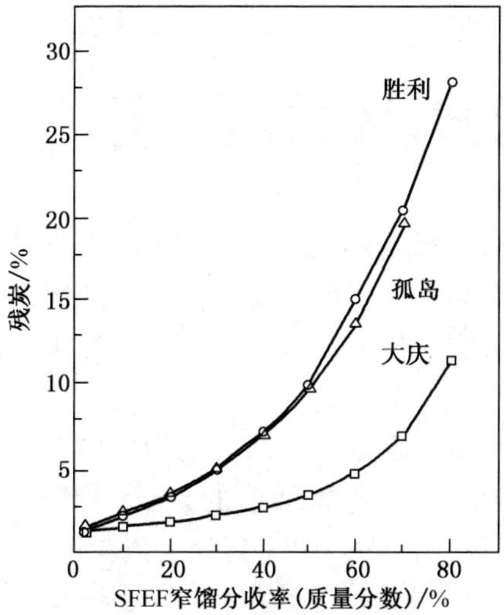

图 6-3-3 减压渣油 SFEF 窄馏分的残炭值的变化

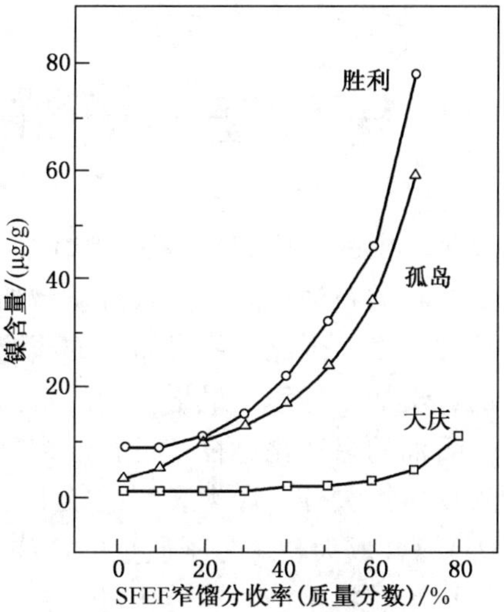

图 6-3-4 减压渣油 SFEF 窄馏分的镍含量的变化

第七章　石油热转化过程的化学反应

原油中的轻质馏分(<350℃)仅占20%~30%，但随着科学技术的进展，对石油产品尤其是燃料类石油产品的需求日益增加，而环境保护意识的深入，也使得对石油产品的质量要求更加严格，因此仅依靠简单的蒸馏无法满足对燃料数量和质量的需求，必须对石油进行深入的二次加工过程。最早使用的石油二次加工过程是热裂化。

石油的热转化过程是指石油馏分及重、残油在高温下主要发生以下两类化学反应，一是裂解反应，大分子烃类裂解成较小分子的烃类；二是缩合反应，某些活泼的分子(芳烃、烯烃等)缩合成大相对分子质量的产物，于是最终产物为气体、汽油、中间馏分及焦炭等。

用于燃料生产的热转化过程有：热裂化、减黏裂化、焦炭化以及热重整(汽油热改质)、热叠合等。其中热裂化是最早出现的石油二次加工过程，1920~1940年间发展迅速，至40年代后，逐渐被催化裂化所取代。焦化和减黏裂化过程生产的产品有独特的用途(焦炭、燃料油等)，仍作为重油深度加工的手段被继续采用，而其他加工方法早已被淘汰。

第一节　烃类热反应的基本理论

一、热力学和动力学

1. 热力学

各类烃中除乙炔外，其热力学稳定性随温度的升高而降低；同一族烃中，热力学稳定性随分子量增加而减小，并且在高温条件下，烯烃、二烯烃以及芳香烃其稳定性要优于烷烃和环烷烃，见图7-1-1。由此说明，烷烃受热易生成烯烃，而烯烃在任何温度条件下都易发生二次反应，如聚合作用。从热力学角度说，在低温条件下，烃类也有可能分解为元素。故烃类热转化总的热力学平衡随时间向生成氢、甲烷、焦炭等方向移动。

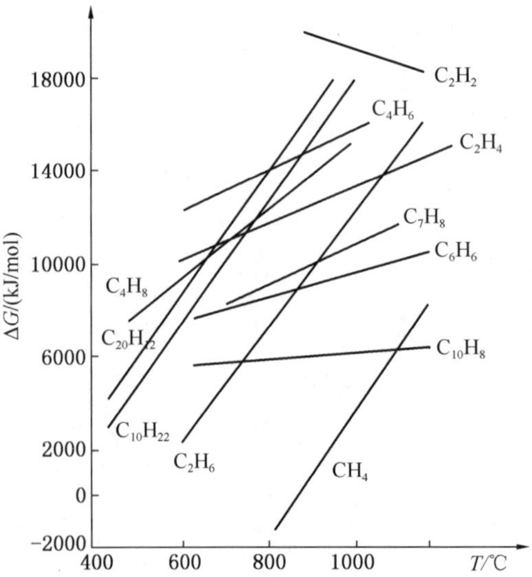

图7-1-1　烃类生成自由能与温度的关系

2. 动力学

大量研究表明，在单体烃的热转化反应中，反应深度不深时，主要发生裂解反应，该反应符合一级反应规律，即$\frac{dc}{dt}=-kc$；当反应较深时，常常发生缩合反应，该反应接近二级反应。

各类烃的热裂化反应速率常数及活化能见表7-1-1。

表 7-1-1 烃类热裂化反应速率常数及活化能

烃类	反应速率常数/s^{-1}		活化能/(kJ/mol)
	500℃	600℃	
烷烃			200~300
甲烷	4.4×10^{-11}	1.6×10^{-8}	
乙烷	2.2×10^{-6}	4.0×10^{-4}	
丙烷	3.5×10^{-5}	4.1×10^{-3}	
异丁烷	8.9×10^{-5}	1.0×10^{-2}	
正丁烷	1.2×10^{-4}	1.0×10^{-2}	
烯烃			200~250
乙烯	—	7.4×10^{-4}	
丙烯	—	3.1×10^{-3}	
2-丁烯	—	1.3×10^{-2}	
环烷烃			
环戊烷	1.5×10^{-5}	1.3×10^{-3}	
环己烷	2.5×10^{-5}	2.2×10^{-3}	
十氢萘	3.7×10^{-4}	4.9×10^{-2}	
芳香烃			250~300
苯	1.7×10^{-5}	2.1×10^{-3}	
甲苯	5.4×10^{-5}	1.0×10^{-2}	
联苯	1.6×10^{-5}	1.3×10^{-2}	
萘	8.1×10^{-7}	7.8×10^{-4}	

① 各类烃的裂解反应速率常数不仅与温度有关，且随相对分子质量的增加而增加(芳香烃除外)。裂化反应速率由大到小依次为：烯烃、烷烃，环烷烃，芳香烃。

② 烷烃中，一般异构烷烃的反应速率大于同碳数正构烷烃。甲烷的热稳定性最大。

③ 带有烷基侧链的环烷烃首先是在环上的侧链断裂，然后才是环破坏，且随着侧链的增长脱链反应速度加快。

④ 无侧链芳香烃受热时，只发生脱氢缩合反应；有烷基侧链的芳香烃既有断链反应，又有芳香环的缩合反应。

二、反应机理

一般认为烃类的热反应主要是自由基链反应，有三个阶段：链引发、链增长和链终止。

1. 链引发

烃分子分解为自由基主要发生在 C—C 键，而非 C—H 键的断裂，这是因为 C—H 键的键能(412kJ/mol)高于 C—C 键的键能(360kJ/mol)。

具有长链的正构烷烃主要断裂在碳链的中部：

$$C_{16}H_{34} \longrightarrow 2CH_3(CH_2)_6\dot{C}H_2$$

烯烃或烷基芳香烃 C—C 键断裂的位置主要是在双键或芳香环的 β-位上：

$$CH_3CH_2CH_2CH_2CH_2\dot{C}HCH_3 \longrightarrow CH_3CH_2CH_2\dot{C}H_2 + CH_2{=}CHCH_3$$

2. 链增长

键增长是自由基反复传递使反应连续进行的过程。

① 取代反应，即自由基中氢被取代的反应：

$$\dot{H}+RH \longrightarrow H_2+\dot{R}$$

$$\dot{R}+R'H \longrightarrow RH+\dot{R}'$$

氢被取代的难易程度与自由基的稳定性有关，当C—H键均裂时，体系所吸收的能量少(即键的离解能小)，生成的自由基越稳定，反应也就越易进行。

C—H键离解能为：

伯氢	$—CH_2—H$	405.5kJ/mol
仲氢	$—\overset{\vert}{C}H—H$	392.9kJ/mol
叔氢	$—\overset{\vert}{\underset{\vert}{C}}—H$	376.2kJ/mol

故自由基的稳定性：$(CH_3)_3C\cdot>(CH_3)_2\dot{C}H>CH_3\dot{C}H_2$

② 分解反应，自由基分解生成不饱和分子和新的自由基。分解作用主要发生在具有未成对电子的碳的β-键位置上，直至生成甲基或乙基自由基。

$$CH_3CH_2\dot{C}HCH_3 \longrightarrow CH_2=CHCH_3+\dot{C}H_3$$

$$CH_3CH_2CH_2\dot{C}HCH_3 \longrightarrow CH_3\dot{C}H_2+CH_3CH=CH_2$$

③ 加成反应，该反应是分解反应的逆反应，含碳数较少的自由基与烯烃进行自由基加成反应。

$$\dot{C}H_3+CH_2=CH_2 \longrightarrow \dot{C}_3H_7$$

④ 异构化反应，碳数大于6的正构烷烃自由基发生自由基的异构化反应，使自由基转移。

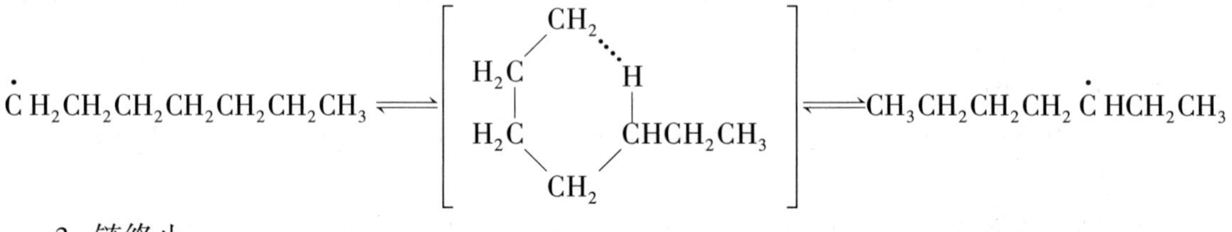

3. 链终止

链终止是自由基相互结合成稳定的分子而使链反应中止的过程。

① 自由基的复合：$\dot{C}H_3+\dot{C}H_3 \longrightarrow C_2H_6$

② 歧化作用：$\dot{C}H_3+\dot{C}_2H_5 \longrightarrow CH_4+C_2H_4$

三、烃类气相热转化反应特点

烃类在热的作用下主要发生两类反应，一类是裂化反应，该反应是吸热的，其结果是生成较小的分子；另一类是缩合反应，为放热反应，得到相对分子质量较大的分子，如稠环芳烃，高度缩合下，就得到高碳氢比的焦炭。

1. 烷烃的热转化反应

烷烃热转化反应主要是断链和脱氢反应。

① 断链反应：在键能最小处 C—C 键断裂：

$$C_nH_{2n+2} \longrightarrow C_mH_{2m+2} + C_{n-m}H_{2(n-m)}$$

② 脱氢反应：该反应产物中碳原子数保持不变：

$$C_nH_{2n+2} \rightleftharpoons C_nH_{2n} + H_2$$

在烷烃的热转化反应中，大分子的自由基发生β-断裂，生成较小的伯碳自由基和烯烃，伯碳自由基再进行β-断裂，最终生成更小分子的自由基和乙烯。低分子自由基也会从大分子烃中夺取氢而转化为烷烃。当两个自由基结合，使链中止。

所以，烷烃的热裂化反应生成大量的乙烯、甲烷等低分子的烷烃和烯烃。

2. 环烷烃的热转化反应

环烷烃的初次分解发生在较弱的 C—C 键，生成双自由基，然后双自由基分解成稳定的分子，得到低分子烷烃和烯烃等。

（1）环断裂反应

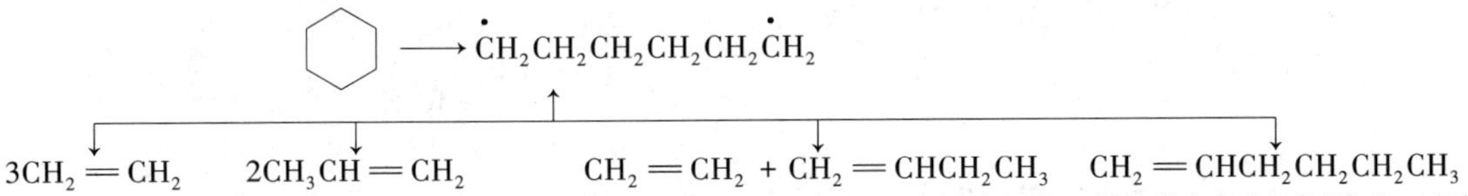

（2）侧链断裂反应　高温下，环烷烃侧链上的 C—C 键断裂，使侧链变短或脱去，同时得到较小分子的烷烃或烯烃。

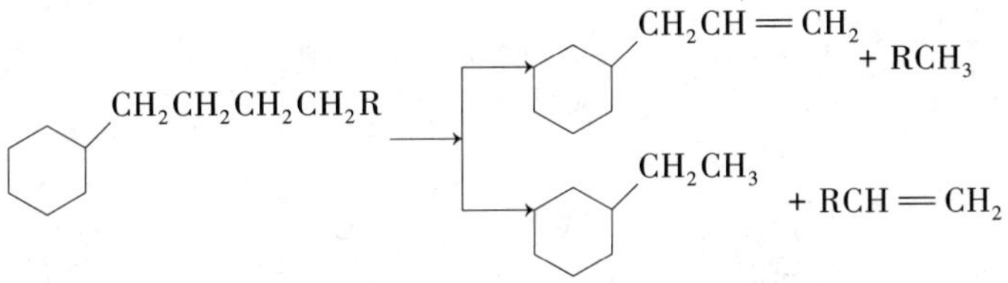

3. 烯烃的热转化反应

石油馏分中烯烃是在烷烃和环烷烃热裂化中产生的。

大分子烯烃经β-断裂，可得到两个较小分子的烯烃。在较低温度（<600℃）下，烯烃还可分解为低分子烯烃、二烯烃和烷烃。

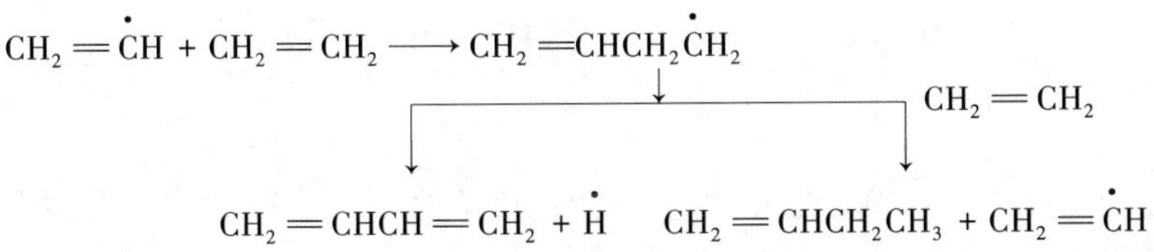

烯烃分子中含有 6 个以上成链的碳原子，可环化脱氢生成芳香烃：

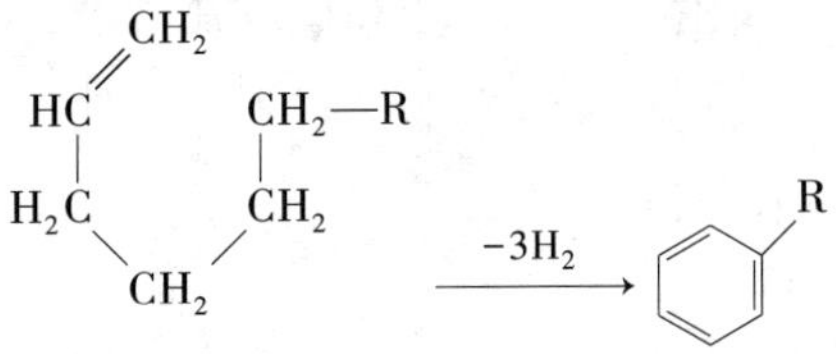

4. 二烯烃和炔烃的热转化

二烯烃和炔烃是由烯烃热裂化产生的。

二烯烃和炔烃对热较烯烃稳定，在不太高的温度和接近大气压力下，二烯烃发生双烯合成反应；高温下则发生分解反应。而炔烃的反应结果是生成高分子的高度不饱和化合物和芳香烃。

5. 芳香烃的热转化反应

芳香环对热极为稳定，一般不会断裂，如苯，在1900℃下才断环得到乙炔。

（1）烷基键的断裂　具有正构烷烃侧链的芳香烃，其甲烷基和芳香环连接很牢固：

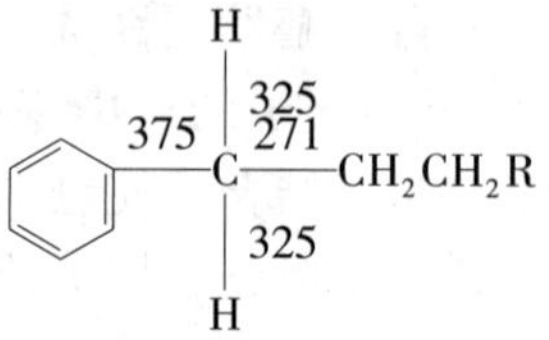

式中数字表示键能，单位为kJ/mol。

在热转化反应中得到甲苯、苯乙烯和烷烃等：

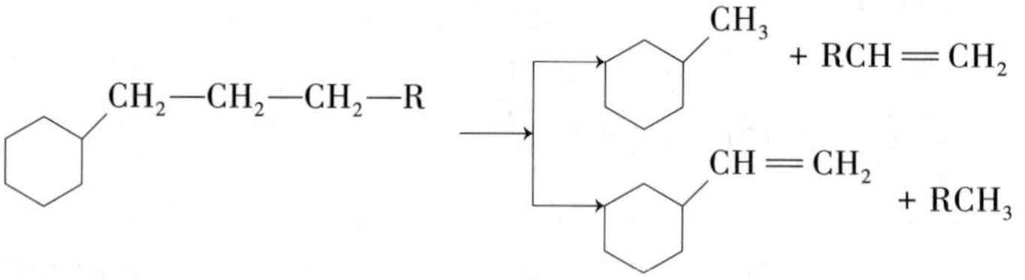

具有异构烷基侧链的芳环，发生以下反应：

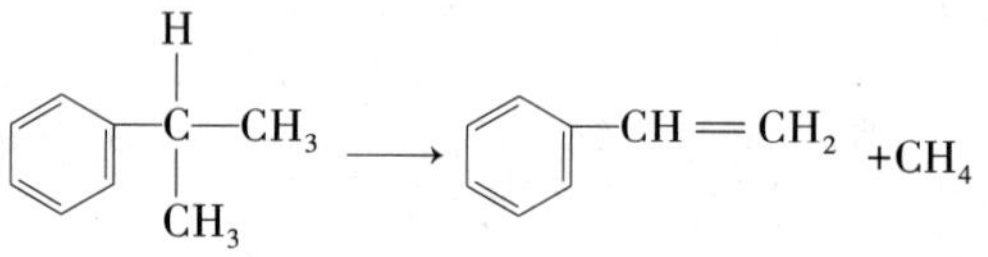

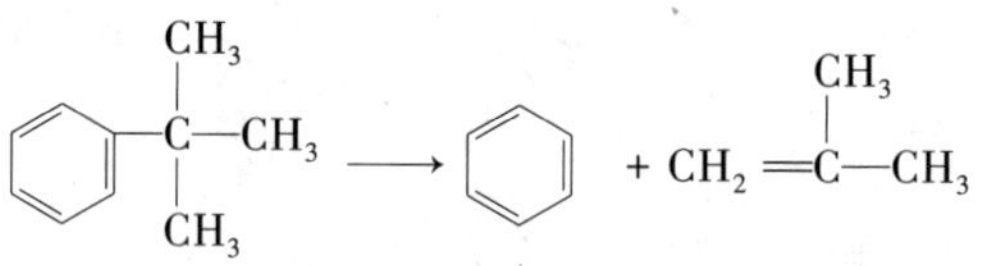

（2）侧链脱氢反应　乙苯侧链脱氢生成苯乙烯，但该反应需在高温（650～700℃）下进行：

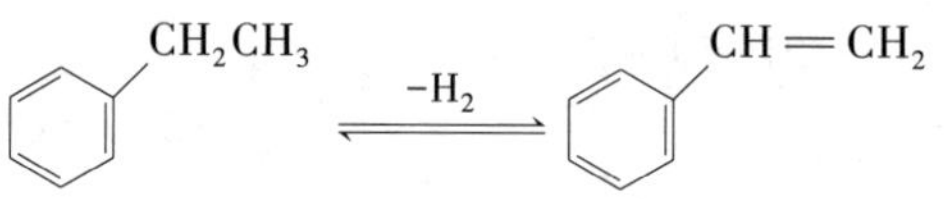

（3）脱氢综合反应　该反应是烷基芳香烃的主要转化反应之一。在高温下，芳烃脱氢缩合成稠环烃，直至生成焦炭。

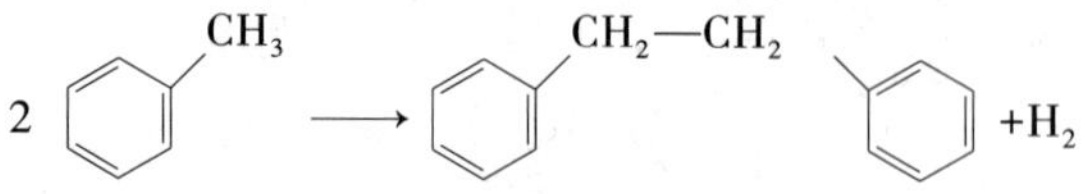

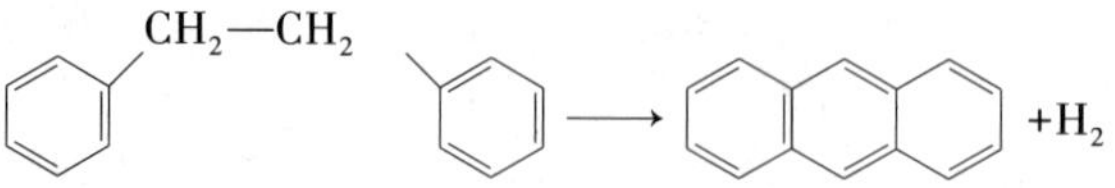

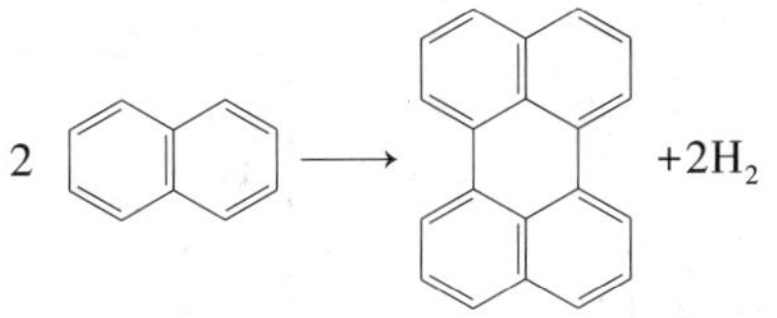

四、烃类液相反应特点

1. 反应物浓度

气体常压下为 10^{19}个分子/cm^3，而液体在常压下为 10^{21}个分子/cm^3，相当于气体在高压(10MPa)的浓度，故在同样温度下，液相反应产生的缩合产物更多而分解产物更少，且分解产物的平均相对分子质量较大。

2. 笼蔽效应

液相中烃类分子分解为自由基时，不能像气相中自由基那样迅速分散，而是被周围分子的“笼子”围住，须克服额外的活化能垒才能扩散出来。与气相反应相比，笼蔽效应可改变液相反应的总活化能。

第二节　石油和石油馏分的热转化过程

一、石油馏分热转化反应特点

石油及其馏分是复杂的烃类混合物，其热转化反应不仅与前面所述的单体烃反应规律一致，且还有本身的特点。

1. 裂解和缩合反应

在热转化反应中首先裂解的是对热不稳定的烃类，如烷烃和含有烷基长侧链的环状烃。

同时进行缩合反应的是芳烃和不饱和烃，缩合产物是稠环芳烃(其中包括胶质和沥青质)。当反应加深时，经过一系列缩合作用，便开始生成碳氢比很高的炭青质，即焦炭(见图 7-2-1)。

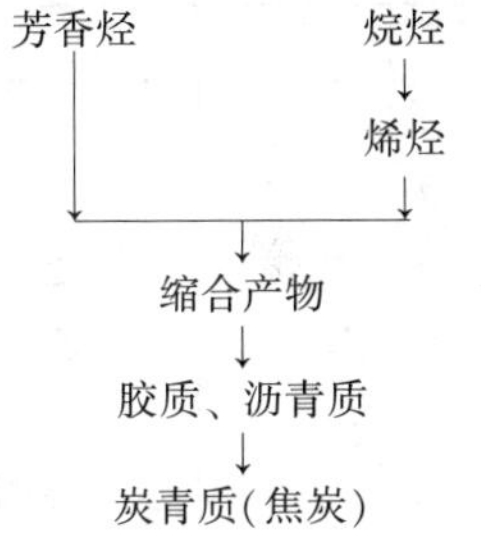

图 7-2-1　焦炭的生成

2. 平行-顺序反应

烃类在发生热转化反应时，可同时向两个以上的方向进行，且初次反应产物还可继续进行反应。石油馏分也如此。可以同时向几个方向进行的反应称为平行反应；随着反应深度的增加，中间产物又会继续反应，称为顺序反应。石油馏分的热转化反应比单体烃反应时更明显地表现出平行-顺序反应的特征(图7-2-2)。

作为平行-顺序反应，随着反应深度的变化，其中间产物的产率会出现最大值，如图 7-2-3所示汽油和中间馏分的变化。

二、热转化产物分布特点

石油热转化过程主要为热裂化、高温裂解和焦化，其中高温裂解在气相中进行，石油焦是在液相热转化过程中生成的，而重质原料热裂化时气相和液相都可能存在。

1. 热裂化

以常压重油、减压馏分油、焦化蜡油等为原料，在温度450~550℃和压力2~5MPa下制取裂化气、裂化汽油、裂化柴油和燃料油(表 7-2-1)。该工艺已被淘汰。

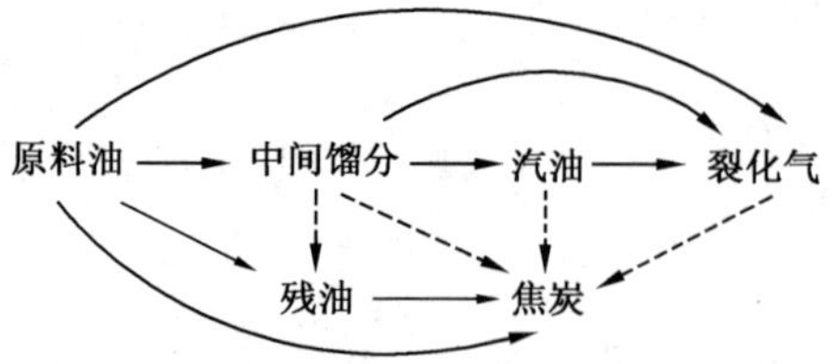

图 7-2-2 平行-顺序反应特征示意图

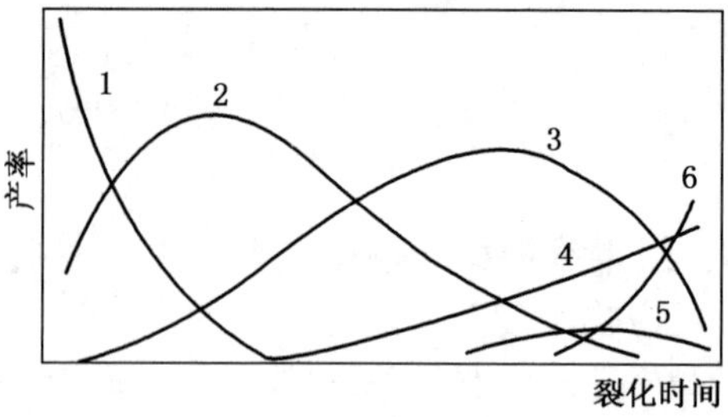

图 7-2-3 热裂化产品分布
1—原料；2—中间馏分；3—汽油；4—裂化气；5—渣油；6—焦炭

表 7-2-1 热裂化产品分布特点

产 物	产率/%	特 点
裂化汽油	30~50	含烯烃较多，辛烷值较高，安定性较差
裂化气	3~10	含 C_1、C_2 较多，C_3H_6、C_4H_8 少量
裂化柴油	~30	安定性较差，含较多的烯烃和芳烃
燃料油(>350℃)	~30	凝点、黏度较低，密度较高

2. 高温裂解

原料在高温(700~1000℃)下进行热加工，制取低分子烯烃(以乙烯为主)。

高温裂解可供选择的原料范围很广，如气态烃、石脑油、煤油、轻柴油以及减压瓦斯油等。原料不同，所得产品有所区别(表 7-2-2)。

表 7-2-2 不同原料高温裂解产品分布

原 料	产 物	产率/%	原 料	产 物	产率/%
乙 烷	乙 烯	80	轻柴油	乙 烯	16~23
丙 烷	乙 烯	47		丙 烯	15
丁 烷	乙 烯	45		C_5^+ 馏分	50
轻汽油	乙 烯	22~32	减压瓦斯油	乙 烯	20
	丙 烯	10~17		丙 烯	12
	C_4 馏分	5~12		C_4 馏分	11
	芳 烃	6~13		C_5^+ 馏分	45

3. 延迟焦化

以贫氢的重质油、裂化渣油为原料，在高温(400~550℃)和较长反应时间下进行深度热裂化和综合反应，得到焦化气体、焦化汽油、焦化柴油、焦化蜡油(重质馏分油)和石油焦。

延迟焦化是目前重油加工最主要的手段，其目的是使渣油经过脱碳，最大限度地获取馏分油，包括部分轻质馏分及相当多的可供进一步轻质化的重质燃料油，原料一般为减压渣油或常压渣油。我国几种减压渣油延迟焦化的产品分布及性质示于表 7-2-3。经验表明，渣油延迟焦化的焦炭产率与原料的残炭值直接相关，一般焦炭产率约为原料残炭值的1.5~2.0倍。

表 7-2-3 我国减压渣油延迟焦化产物分布及性质

项目	大庆减压渣油	胜利减压渣油	辽河减压渣油	阿拉伯中质原油减压渣油
原料性质				
d_4^{20}	0.9220	0.9698	0.9717	1.0217
残炭值/%	7.2	13.8	14.0	21.0
硫含量/%	0.17	1.26	0.31	4.8
产物产率及性质				
焦化气/%	8.3	6.8	9.9	8.5
焦化汽油/%	15.7	14.7	15.0	14.0
溴价/(gBr/100g)	41.4	57.0	58.0	
硫含量/(μg/g)	100	—	1100	0.6
辛烷值(*MON*)	58.5	61.8	60.8	
焦化柴油/m%	36.3	35.6	25.3	46.5(>193℃)
溴价/(gBr/100g)	37.8	39.0	35.0	
硫含量/(μg/g)	1500	—	1900	2900
凝点/℃	-12	-11	-15	
十六烷值	56	48	49	
重馏分油/%	25.7	19.0	25.2	
硫含量/%	0.29	1.21	0.26	
凝点/℃	35	32	27	
残炭值/%	0.31	0.74	0.21	
焦炭/%	14.0	23.9	24.6	31.0
硫含量/%	0.38	1.66	0.38	6.5
挥发分/%	8.9	8.8	9.0	
液体收率/%	77.7	69.3	65.5	

4. 减黏裂化

减黏裂化是重油轻度热转化过程，按其目的产品：一是为降低重油的黏度和倾点，经掺入少量或不掺轻质油就可得到合格的燃料油；二是生产中间馏分，为进一步轻质化的工艺过程提供原料。

减黏裂化的原料为减压渣油或常压渣油，反应温度 380~450℃，压力 0.5~1.0MPa，反应时间为几十分钟至几小时。由于该工艺简单，投资少、效益好，现仍是重油加工的重要手段。

表 7-2-4 我国减压渣油减黏裂化产物产率及性质

工艺类型	延迟减黏	常规减黏	
项目	鲁宁管输原油减渣	胜利辽河混合原油减渣	大庆原油减渣
原料渣油黏度(100℃)/(mm^2/s)	103.0	578	121.6
反应条件			
温度/℃	380	430	420
时间/min	180	27	57
产物产率/%			
裂化气	1.0	1.4	1.3
C_5~200℃	1.0（C_5~200℃与200~350℃合计）	3.5	2.0
200~350℃		4.1	2.5
>350℃	98.0	91.0	93.6
减黏渣油黏度(100℃)/(mm^2/s)	38.7	70.7	55.4

表 7-2-5 阿拉伯轻质原油重油减黏裂化产品收率及性质

项 目	收率/%	相对密度	硫含量/%	氮含量/(μg/g)	溴价/(gBr/100g)	倾点/℃	黏度(50℃)/(mm^2/s)
常压重油							
原料油	100	0.9535	3.0	1600	—	15.0	480
产品							
H_2S	0.2						
$<C_4$	2.1						
$C_5 \sim C_6$	1.4	0.6628	0.8				
$C_7 \sim 185$℃	4.7	0.7741	0.9	30	60		
185~370℃	10.7	0.8591	1.3	600	26	-1	2.6
370~565℃	57.5	0.9309	2.5	1300	10		70
>565℃	23.4	1.0655	5.0				300000
合计	100						
减压渣油							
原料油	100	1.0224	4.0	3100	—	41	225000
产品							
H_2S	0.3						
$<C_4$	2.2						
$C_5 \sim C_6$	1.3	0.6628	0.8				
$C_7 \sim 185$℃	4.6	0.7753	1.0	50	62		
185~370℃	8.8	0.8628	1.6	1000	28	-29	1.9
370~565℃	19.4	0.9561	3.1	2000	8	-29	150
>565℃	63.4	1.0560	4.6				2.5×10^6
合计	100						

第八章　石油催化加工过程的化学反应

为了满足国民经济的高速发展对石化产品的需求，我国将继续提高石化产品，尤其是四大油品(汽、煤、柴和润滑油)的产量，同时也将进一步提高产品的质量。这些炼油产品中的80%是通过催化反应过程取得的。目前随着人们对环保意识的加强，提倡采用环境友好的烃加工技术，生产环境友好的石油产品，从根本上减少或消除化学工业对环境的污染，这些都对各种催化反应过程提出更高、更新的要求。

本章介绍石油炼制中主要的催化加工过程：催化裂化、催化重整及催化加氢，从石油中烃类和非烃类的转化反应，特别是催化转化反应入手，了解石油加工过程中的化学理论。

第一节　催　化　裂　化

尽管通过热裂化过程能够得到辛烷值较高的汽油，但因其产品安定性差，目前该方法已经淘汰。

随着催化技术的发展，催化作用的高效率和高选择性引人注目。20 世纪 60 年代初，Mobil 公司开发的择形催化裂化催化剂使美国每年节约 4 亿多桶的原油，开拓了新的石油催化加工过程，被誉为“60 年代炼油工业的技术革命”。至今世界上每个炼油厂都在使用含 Y 型或 ZSM-5 型沸石催化剂。

近十年来，催化裂化工艺是世界各国发展最快的重油轻质化工艺，尤其是我国催化裂化加工能力已居世界第二位，工艺技术和催化剂制备水平均接近或达到世界先进水平，在石油化学工业的发展中起着举足轻重的作用。

催化裂化是以重质馏分(减压馏分油、催化重馏分油等)或将其掺入重质油(常压渣油、减压渣油、焦化馏分油、脱沥青油)为原料，在催化剂作用下，经裂化反应生成气体、汽油、柴油、重质油(可循环做原料)及焦炭的加工过程。根据原料油性质和装置操作苛刻度及市场需求的不同，其生产目的也有所区别，可多产液化石油气、烯烃及柴油等。

催化裂化催化剂最初使用的是处理过的天然活性白土，其主要成分是硅酸铝；后又使用人工合成的硅酸铝。20 世纪 60 年代发展了结晶型硅铝盐催化剂即分子筛，它是以天然活性的白土、合成低铝硅酸铝或高铝硅酸铝为担体，含 5%~15%分子筛，直径为 20~100μm 的微球。进入 90 年代以来，新型催化材料的研究开发，包括各种 Y 型沸石改性技术、新的 ZRP 系列沸石，β 沸石以及一些新基质和催化剂生产专有技术的开发及运用，使催化剂向着多品种、多样化，“量体裁衣”的方向发展。

一、催化裂化反应理论

石油的热裂化反应是在高温下通过自由基反应进行的，在催化剂作用下，石油裂化反应的反应速度大大加快，反应产物分布也与热裂化明显不同，这说明石油馏分的催化裂化和热裂化过程是按完全不同的机理进行的。对催化裂化反应比较满意的解释是正碳离子机理。

1. 正碳离子的产生

由于裂化催化剂是酸性的，其表面上既有质子酸（B 酸）中心，又有非质子酸（L 酸）中心，它们的存在都会导致正碳离子的产生，主要途径有：

① 烷烃与表面 B 酸中心或 L 酸中心直接作用：

$$RH + H^+ \longrightarrow R^+ + H_2$$

$$RH + L \longrightarrow R^+ + LH^-$$

生成的正碳离子 R^+ 与饱和烃相互作用，又可产生新的正碳离子：

$$R^+ + R'H \rightleftharpoons RH + R'^+$$

由于叔正碳离子相对稳定性高，故叔正碳离子易给伯或仲正碳离子提供一个负氢离子。正碳离子的链反应由此传递。

② 烯烃与 B 酸作用：

$$RCH=CH_2 + H^+ \rightleftharpoons R\overset{+}{C}HCH_3$$

③ 芳烃作为质子的接受者：

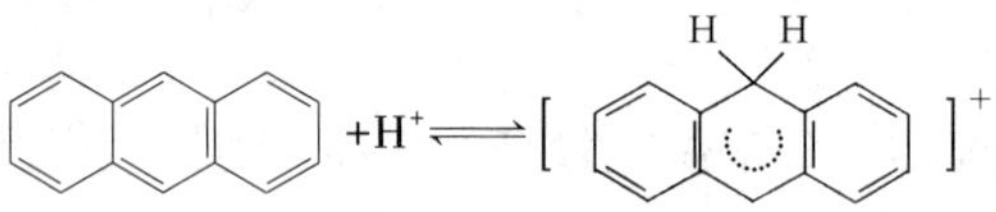

④ 一个稳定分子异裂生成两个带相反电荷的碎片，带正电荷的即为生成的正碳离子：

$$R_1R_2 \longrightarrow R_1^+ + R_2^-$$

由于 C—H 键离解能力大小顺序为：叔氢>仲氢>伯氢，则正碳离子稳定性强弱顺序为：叔正碳离子>仲正碳离子>伯正碳离子。

2. 正碳离子的反应

（1）异构化反应　正碳离子可发生氢或烷基转移的异构化反应，如正碳离子从伯正碳离子、仲正碳离子，最后向最稳定的叔正碳离子转移：

$$RCH_2CH_2\overset{+}{C}H_2 \rightleftharpoons RCH_2\overset{+}{C}HCH_3 \rightleftharpoons R-\overset{+}{\underset{\underset{CH_3}{|}}{C}}-CH_3$$

这是催化裂化特有的反应，使得产物中异构烃类含量较高。

（2）β-裂解反应　正碳离子一般在最弱的 β 位 C—C 键上发生断裂（反应为吸热），所产生的正碳离子还会进一步异构化和 β-裂解，因而导致气体产物中 C_3 和 C_4 含量较高。

$$RCH_2CH_2\overset{+}{C}HCH_3 \longrightarrow R\overset{+}{C}H_2 + CH_2=CHCH_3$$

$$RCH_2CH_2-\overset{+}{\underset{\underset{CH_3}{|}}{C}}-CH_3 \longrightarrow R\overset{+}{C}H_2 + CH=\underset{\underset{CH_3}{|}}{C}-CH_3$$

（3）氢转移反应　正碳离子夺取烃分子中的氢负离子而使后者形成新的正碳离子：

$$R\overset{+}{C}HCH_3 + R'CH_2CH_3 \longrightarrow RCH_2CH_3 + R'\overset{+}{C}HCH_3$$

也可将质子转移给烯烃而使它成为正碳离子：

$$R'\overset{+}{C}HCH_3 + R''CH=CH_2 \longrightarrow R'CH=CH_2 + R''\overset{+}{C}HCH_3$$

氢转移是催化裂化特有的反应，反应速率也较快。在氢转移过程中，供氢的烷烃可变成烯烃，环烷烃变成环烯烃进而变成芳香烃。大分子的烯烃或芳烃在环化和缩合同时也放出氢原子，本身变成焦炭，同时使部分烯烃和二烯烃饱和，故催化裂化产物中二烯烃很少，安定性较好。

二、烃类催化裂化反应

在碳原子相同时，反应能力按以下顺序排列：烯烃>烷基芳烃(烷基取代基为 C_3 或更高时)>环烷烃>烷烃>芳烃。芳烃是很难裂化的。各种烃类的裂化速率均随相对分子质量的增加而增加。各种烃类催化裂化总转化率与碳原子数的关系见图 8-1-1。

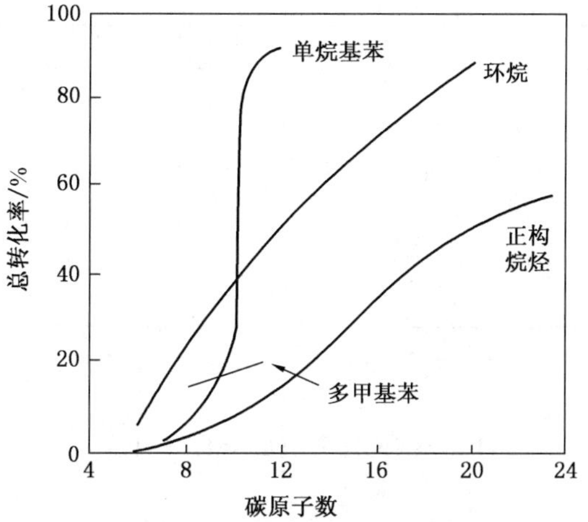

图 8-1-1　烃类催化裂化比较

1. 烷烃　烷烃主要发生异构化和裂解(β-裂解)反应，生成相对分子质量更小的烷烃和烯烃。

由于有催化剂存在，烷烃催化裂化反应速率比热裂化反应速率快 1~2 个数量级，且烷烃碳链越长，分子量越大，反应越快(表 8-1-1)。此外，叔碳正离子稳定性高，所以异构烷烃的催化裂化反应速度较正构烷烃快；分子中叔碳原子越多，反应速率就越快(表 8-1-2)。

表 8-1-1　不同链长正构烷烃反应性能比较

正构烷烃	转化率/%
n-C_5H_{12}	1
n-C_7H_{16}	3
n-$C_{12}H_{26}$	18
n-$C_{16}H_{34}$	42

表 8-1-2　不同己烷异构物体反应性能比较

己烷异构件	转化率/%
C—C—C—C—C	13.8
C—C(C)—C—C—C	24.9
C—C—C(C)—C—C	25.4
C—C(C)—C(C)—C	31.7
C—C(C)(C)—C	9.9

2. 烯烃

烯烃较烷烃更易形成正碳离子，其催化裂化反应速度比相应的烷烃高 2~3 个数量级。

从表 8-1-3 可以看出正十六烷裂化时无异构化反应，而正十六烯的异构化反应则相当迅速。这表明烷烃不能直接异构化，异构烃是由烯烃异构化后再经氢转移反应生成的。所以烯烃的氢转移反应是催化裂化的重要特征反应。

表 8-1-3　正十六烯和正十六烷反应性能比较

纯　烃	正十六烷		正十六烯	
催　化　剂	Si-Al	REHX	Si-Al	REHX
裂化温度/℃	482		482	
进油时间/s	120		120	

续表

纯　　烃	正十六烷		正十六烯	
催　化　剂	Si-Al	REHX	Si-Al	REHX
LHSV	100	650	1400	1300
裂化转化率/%	8.9	18.4	26.4	22.1
异构化转化率/%	0		26.6	16.0
裂化反应速率常数	58	1000	3115	2590
催化剂上碳/%	0.11	1.4	1.2	6.2

烯烃在催化剂作用下发生环化反应：

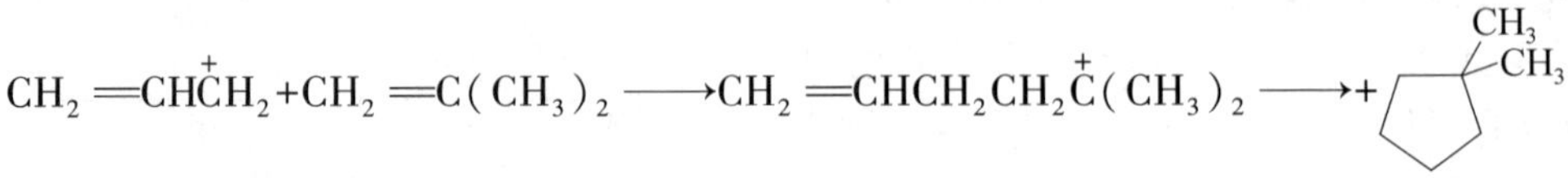

最后异构化成六员环，转化为芳烃。

3. 环烷烃

环烷烃催化裂化反应速度与异构烷烃的反应速率相近，有叔碳原子时更易形成正碳离子，故带侧链的环烷烃裂化速度较快。环烷烃环断裂生成烯烃和二烯烃。

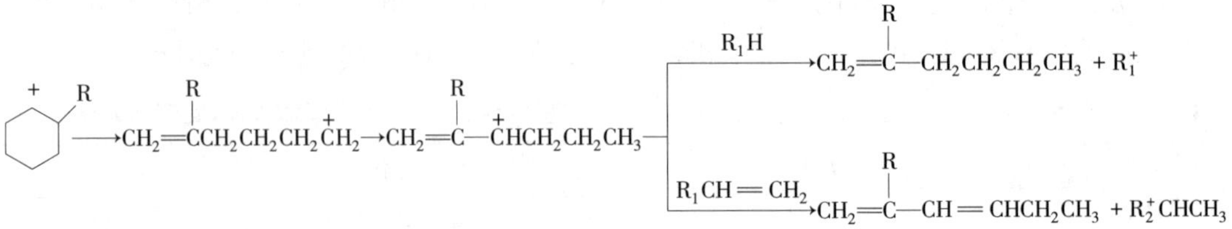

环烷烃中 C—H 键的断裂，使之逐步脱氢成为芳香烃：

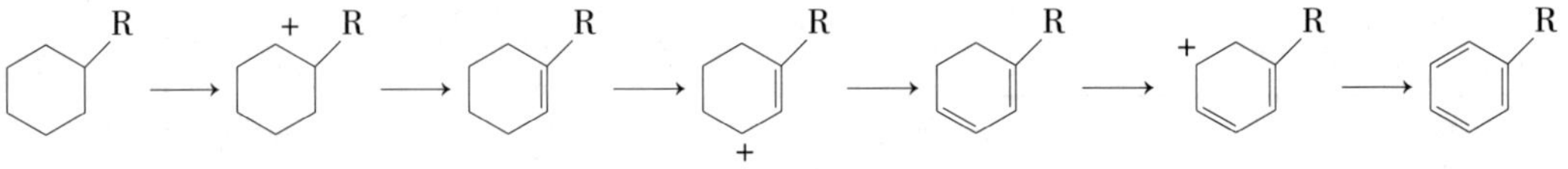

环烷烃还有骨架异构化——五员环和六员环之间互相转化的反应：

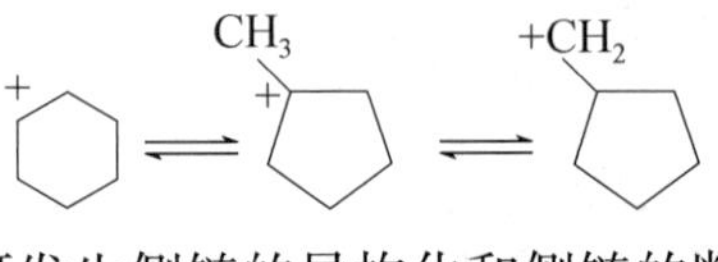

当环烷环上有长侧链时，可发生侧链的异构化和侧链的断裂反应。

4. 芳香烃

无取代基的芳香烃在催化裂化条件下很稳定。但侧链碳数为 2 和 2 以上的烷基芳香烃，其烷基侧链易断裂，生成低分子烯烃，其裂化速度与烯烃大体相同。

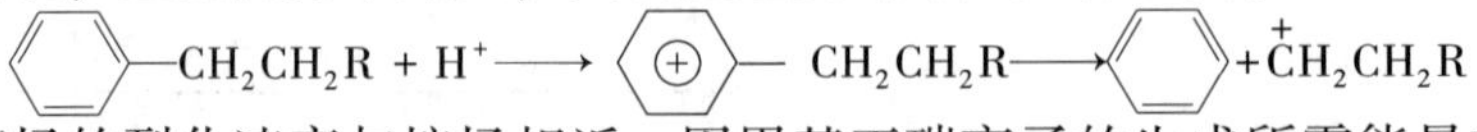

甲基取代芳烃的裂化速率与烷烃相近。因甲基正碳离子的生成所需能量较高，故主要发生歧化反应和取代位置的异构化反应：

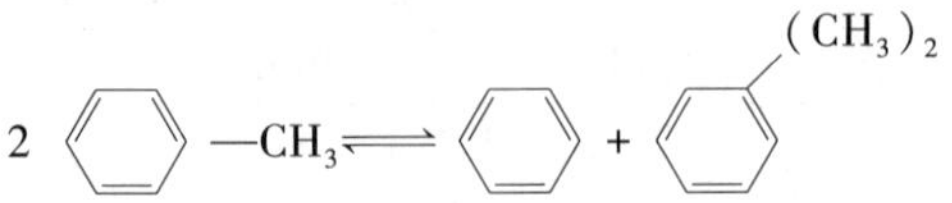

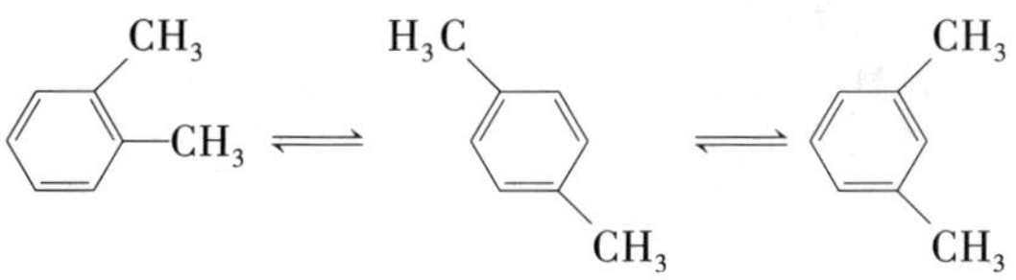

多环芳烃的裂化反应速率低，主要发生缩合反应，生成稠环芳烃，最后形成焦炭。

三、石油馏分的催化裂化反应

石油馏分是复杂的烃类混合物，在进行催化裂化反应时，既有与单体烃催化裂化相同的反应，如分解反应、异构化反应、氢转移反应和缩合反应等，也有其反应的自身特点。

1. 各类烃在催化剂上进行气-固非均相反应

原料首先汽化成气态，在催化剂表面进行反应，这是一个气-固非均相的反应，其反应过程如下：

① 原料分子从油气流中向催化剂扩散；

② 接近催化剂的原料分子向微孔表面扩散；

③ 靠近催化剂的原料分子被催化剂内表面吸附；

④ 被吸附的分子在催化剂内表面发生反应；

⑤ 生成的产物分子从催化剂内表面脱附；

⑥ 产物分子从催化剂微孔向外扩散；

⑦ 产物分子扩散到油气流中。

因此，原料中各类烃的反应与催化剂表面上的吸附有关。各种烃类在裂化催化剂上吸附能力强弱顺序如下：稠环芳烃>稠环环烷烃>烯烃>单烷基侧链的单环芳烃>环烷烃>烷烃。

同族烃类相对分子质量越大越易被吸附。

烃类的反应速度大小顺序为：烯烃>大分子单烷基侧链的单环芳烃>异构烷烃与烷基环烷烃>小分子单烷基侧链的单环芳烃>正构烷烃>稠环芳香烃。

由此可见，烃类的吸附顺序与反应速率顺序并非完全一致。反应速率较快的烃类，若不易被吸附，也会给反应带来影响，反之亦然。以稠环芳烃为例，它是最易吸附而反应速率最慢的烃类，一旦被催化剂表面吸附，它就会牢牢地占据在催化剂表面上，阻止其他烃类的吸附和反应；如果稠环芳烃在催化剂表面上停留时间过长，则发生缩合反应，产生焦炭，也不再脱附，从而使催化剂失活。

2. 复杂的平行-顺序反应

烃类的催化裂化反应是平行-顺序反应，如原料中不含烯烃，反应物中的烯烃是一次反应的产物，而烯烃的催化裂化反应就属于二次反应。石油馏分组成复杂，不仅各组分的反应之间相互影响，且反应物与产物之间也会发生反应，这是个极其复杂的平行-顺序反应，只能用一些简单化的模型来描述。John 等用饱和烃含量高的馏分油（含烷烃和环烷烃 92%）进行催化裂化反应，建立反应网络图，见图 8-1-2。

如前所述平行-顺序反应的特点，即其反应深度对产品分配起着重要的作用。当反应深度增加时，产物中气体和焦炭产率一直增加，而一次产物如汽油等，其产率在反应开始时增加，随后减少，有一个最高值。这是因为反应深度增加后，一次产物会进一步分解成为更轻的产物，即进行二次反应的结果。

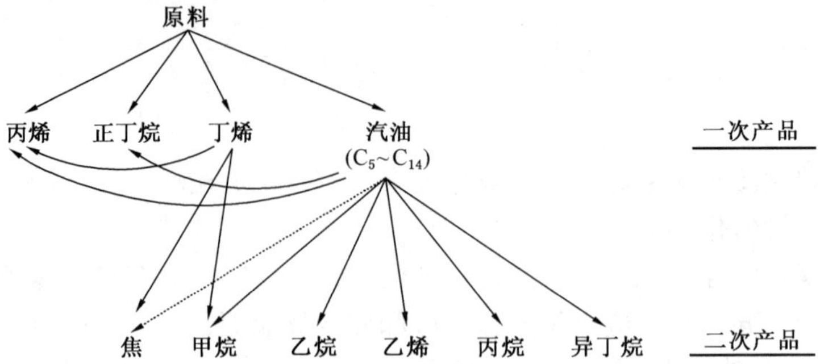

图 8-1-2 馏分油催化裂化反应网络图

四、渣油催化裂化反应

渣油与馏分油催化裂化的基本差别在于馏分油在催化裂化反应条件下是全部汽化的，且只含很少量的沥青质、金属及氮等杂原子化合物。渣油在催化裂化反应条件下不能全部汽化，除了渣油沸点较高、氢/碳比较低外，还含有较多的沥青质与胶质，且含有碱金属、重金属及氮化物等杂质。这些都会对渣油的催化裂化过程产生影响。

尽管渣油非常复杂，但从组成上看，它是由饱和分、芳香分、胶质和沥青质四组分构成，故其催化裂化反应也就是上述各组分的反应组合。该反应同样遵循正碳离子机理。

1. 饱和分和芳香分的裂化

饱和分是由直链烷烃和极少量环烷烃组成，其催化裂化反应主要产物为气体和汽油，并有少量柴油及焦炭。芳香分为带有烷基侧链的芳香烃，在反应过程中，烷基侧链易脱落，其反应基本上与饱和分类同；而芳环部分有两种可能，一是部分芳环之间缩合为焦炭，二是部分少环芳烃（如 1~2 环）将直接进入汽油和柴油。这说明饱和分和芳香分是轻质油的主要贡献者。

2. 胶质的裂化

研究表明，胶质的存在抑制了饱和分及芳香分向轻质油品的转化，即有抑制作用。因为在结构上，胶质中的芳环均为三环及三环以上的芳香烃，而侧链也相对较短，故其裂化产物中汽油和柴油较少，而以生成焦炭和气体为主。

3. 沥青质的裂化

沥青质胶束的尺寸很大，主要吸附在催化剂的外表面，且很难扩散到催化剂的孔中与催化剂的活性中心相遇。尽管在高温下沥青质也可能汽化，但在真正汽化之前极大部分已发生热裂化。因此可以认为沥青质在催化裂化反应中主要是热解反应，热解反应的一次产品又进一步发生催化裂化反应。沥青质的裂化反应可由以下网络表示：

$$\text{沥青质} \xrightarrow{\text{一次反应}} \text{沥青质芯(焦)} + \text{正庚烷可溶物(maltene)} + \text{气体}$$

沥青质芯(焦) → 气体

正庚烷可溶物(maltene) —二次反应→ 低相对分子质量正庚烷可溶物 + 气体

五、催化裂化动力学模型

催化裂化催化剂和工艺的发展，使其处理能力和应用范围不断扩大。性能良好的催化剂给催化裂化工艺带来深刻的变革，而过程模型化、最优化，也为生产带来明显的经济效益。集总理论的出现，为石油炼制反应过程动力学的研究，展示了新的曙光。

集总（Lumping）是对复杂系统的一种动力学处理方法，是利用物理和化学分析手段，将大量化合物按其动力学性质分成若干个集总成分，而在动力学模型中，把每一集总看作为一个虚拟的单一组分来处理。这样可通过对复杂的单分子体系的研究，求出集总体系的动力学速率常数。通过对复杂体系进行动力学分析，确定集总组分及集总反应网络，建立动力学模型。

描述石油馏分催化裂化反应有三集总、十集总和十一集总等动力学模型。下面仅就Weekman 的十集总模型作以简单介绍。

十集总动力学模型是以蜡油为原料开发的，该模型将催化裂化原料油和产品划分为十个集总：

P_h——>343℃烷烃；

N_h——>343℃环烷烃；

C_{Ah}——>343℃芳香核；

A_h——>343℃芳烃中的烷基侧链；

P_1——221~343℃烷烃；

N_1——221~343℃环烷烃；

C_{A1}——221~343℃芳香核；

A_1——221~343℃芳香烃中的烷基侧链；

G——C_5~221℃汽油；

C——C_1~C_4 气体及焦炭。

以上各集总的量均以质量分数（对原料）计，其中：

$$P_h+N_h+C_{Ah}+C_h=\text{>343℃重循环油（或原料）}$$

$$P_1+N_1+C_{A1}+A_1=\text{221~343℃轻循环油}$$

催化裂化反应网络由图 8-1-3 的反应网络来描述。这里，每个箭头代表一个独立进行的反应，箭头上标注的 k 表示该反应的反应速率常数。研究表明，该反应网络中所有反应均为一级不可逆反应。

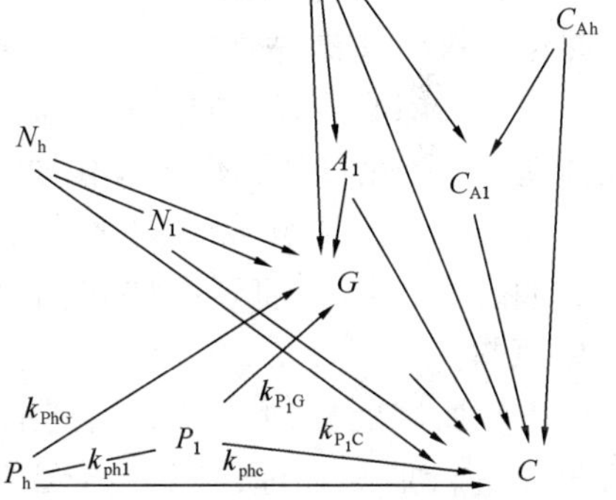

图 8-1-3 十集总动力学模型反应网络

在十集总反应网络中，Weekman 将芳香烃分为 A 和 C_A 两个集总，这是因为有烷基侧链的 A 反应速率快，而芳香核 C_A 反应速率小且不生成汽油 G 而只生成气体及焦炭 C。可生成汽油的单环芳烃和少量双环芳烃已包括在集总 A 的变化中。

近年来，随着对渣油催化裂化反应研究的日益深入，又提出了渣油催化裂化反应的十一集总动力学模型。该模型将渣油催化裂化反应系统归为减压渣油、重燃料油、轻燃料油、汽油和气体+焦炭；其中减压渣油、重燃料油和轻燃料油分为烷基碳、环烷碳和芳香碳，并假设芳香碳不生成汽油，且该三个馏分中的烷基碳、环烷碳和芳香碳无相互作用，同时假设所有反应均为一级不可逆反应。渣油催化裂化反应十一集总动力学模型见图 8-1-4。

其中 PL——烷基碳（477~623K），%；

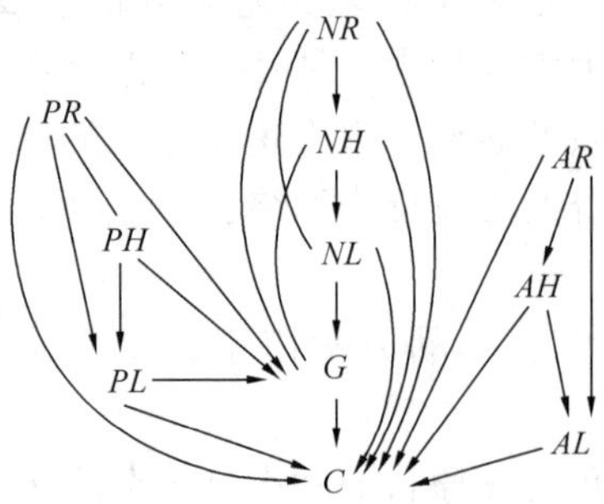

图 8-1-4　十一集总动力学模型

NL——环烷碳（477~623K），%；
AL——芳香碳（477~623K），%；
PH——烷基碳（623~773K），%；
NH——环烷碳（623~733K），%；
AH——芳香碳（623~773K），%；
PR——烷基碳（>773K），%；
NR——环烷碳（>773K），%；
AR——芳香碳（>773K），%；
G——C_5~477K；
C——C_1~C_4^+ 焦炭。

这里 *PL*+*NL*+*AL*=轻燃料油（477~623K）

PH+*NH*+*AH*=重燃料油（623~773K）

PR+*NR*+*AR*=减压渣油（>773K）

六、催化裂化原料的特性

并非任何油品均可作为催化裂化原料。对于不同性质的原料油要有不同的预处理措施，甚至对某些原料要进行加氢脱硫、脱氮、脱金属等。催化裂化原料主要由特性因数、馏程、残炭、氢含量及金属含量等作为主要限制指标。

1. 原料的来源

（1）直馏馏分油和渣油　我国原油常压蒸馏得到的裂化原料沸程约为350~535℃，是使用最广、传统的催化裂化典型原料。

常压渣油可直接用作催化裂化原料，而减压渣油中，由于含有大量的硫、氮等非烃化合物以及高相对分子质量的沥青质和胶质等，给催化裂化操作带来许多困难，所以通常是减压渣油与馏分油混和后作为催化裂化原料。

（2）脱沥青油　溶剂脱沥青是渣油深度加工的一个预处理手段，也是从减压渣油制取催化裂化原料的重要途径之一。脱沥青油与直馏馏分油掺合，可用作催化裂化原料。

（3）回炼油经芳烃抽提后的抽余油　催化裂化回炼油中含有大量重质芳烃，将其中的芳烃抽提后，抽余油作为催化裂化原料，抽出的芳烃可综合利用。

（4）热加工馏分油　焦化馏分油、高温热解重油、减黏裂化重油及经流化脱碳预处理渣油得到的馏分油等有些可直接作催化裂化原料，有些与直馏馏分油混兑作为催化裂化原料。

（5）加氢处理油　以上提到的各种催化裂化原料，如含硫，氮等杂质过多，都可视情况先进行加氢处理，然后再催化裂化。催化裂化回炼油中含有许多双环以上的芳烃，可先经加氢处理，使部分芳环饱和，只剩下一个芳环，这样可极大地提高原料的裂化性能。

2. 原料的特性及其对催化裂化反应的影响

（1）馏程　原料的馏程对其裂化性能有重要影响。通常，原料沸点高，则其相对分子质量大，易被催化剂表面吸附，故裂化反应速率较快。但原料沸点过高，则会因扩散慢或在催化剂表面积炭或汽化差等原因而导致裂化反应速率下降。

（2）特性因数　特性因数可反映催化裂化原料的组成情况。特性因素 *K* 值高，说明原料中石蜡烃含量高，易于发生裂化反应，且生焦倾向小；而 K 值越低，则原料越难于裂化，生焦倾向大。大多数催化裂化原料的 K 值为 11.5~12.5。

（3）族组成　族组成是决定催化裂化原料性质的一项最基础的数据。各类烃中，环烷烃和异构烷烃最易转化为碳四，单环和多环芳烃就难得多。多环芳烃的焦炭产率明显地随环数的增加而增加，而非多环芳烃的生焦倾向大致只有双环芳烃的 3%。并且在同一裂化强度下，环烷烃和单环芳烃的汽油产率最高，双环芳烃的汽油产率很低，而三环以上芳烃可忽略不计。因此，富含单环芳烃的原料可得到高产率的汽油和低产率的焦炭，而富含多环芳烃的原料相反。

（4）氢含量　氢含量可作为鉴别原料油裂化性能的一个重要参数。通常催化裂化原料的氢含量为 11.0%~14.0%，最好大于 11.8%。在其他条件相同时，原料的氢含量对转化率有显著的影响。

（5）残炭　残炭有康氏残炭和兰氏残炭，是衡量催化裂化原料的非催化焦生成倾向的一种特性指标。

残炭是加工过程中生焦的前身物。由于渣油中不仅含有大量的芳烃，而且含有大量的胶质和沥青质，故渣油的残炭值较高，在 5%~27%之间，而馏分油一般不超过 0.2%。

（6）非烃组分

① 硫　硫含量是催化裂化原料的一个重要特性指标，也是催化裂化产品的一个重要质量规格指标。催化裂化原料中的硫不仅影响产品的使用性能，而且也对产品选择性产生不利影响。原料中硫含量增加，使产生的硫化氢量增加，导致干气总产量增加，汽油产率下降。此外，原料中的硫还会污染裂化催化剂上的重金属，使催化剂中毒。

② 氮　原料中氮化物一方面使裂化催化剂活性降低，另一方面又使产品分布变差。研究表明，在固定转化率下，原料油中氮含量增加会使汽油及澄清油产率下降，轻循环油、焦炭及氢气产率上升。同时，大部分氮化物残留在催化裂化的液体产物中，严重影响产品的安定性。

③ 重金属　重金属主要指铁、镍、钒、铜等金属，这些重金属在催化裂化反应中几乎全部沉积在催化剂上，由于镍、钒等具有脱氢作用，促使产品中氢气和焦炭产率增加，而液体产品下降，且产品质量变差。通常以镍当量（10^{-6}）或钒（铁）当量（10^{-6}）表示原料或催化剂上重金属的含量：

$$\text{镍当量} = n_{\mathrm{Ni}} + \frac{1}{4}(n_{\mathrm{V}} + n_{\mathrm{Fe}})$$

$$\text{钒(铁)当量} = 4n_{\mathrm{Ni}} + (n_{\mathrm{V}} + n_{\mathrm{Fe}})$$

还可用以下公式表示：

$$\text{Nelson 镍当量} = n_{\mathrm{Ni}} + \frac{n_{\mathrm{V}}}{48} + \frac{n_{\mathrm{Cu}}}{1.23} + \frac{n_{\mathrm{Fe}}}{7.1}$$

泽西镍当量指数（J. N. E. I）

$= 1000\ (n_{\mathrm{Ni}} + 0.2n_{\mathrm{V}} + 0.1n_{\mathrm{Fe}})$

壳牌污染指数（S. C. I）

$= 1000\ (14n_{\mathrm{Ni}} + 14n_{\mathrm{Cu}} + 4n_{\mathrm{V}} + n_{\mathrm{Fe}})$

不同类型原油产品分布比较见表 8-1-4。

表 8-1-4 不同类型原料油产品分布比较①

项目 \ 原料油类型	石蜡基	中间基	环烷基
原料性质			
相对密度（d_4^{20}）	0.8508	0.8887	0.9302
特性因数（K）	12.65	11.95	11.50
硫/%	0.13	0.4	0.9
氮/%	0.04	0.10	0.35
馏程/℃			
10%	343	293	335
50%	432	421	429
90%	527	527	490
操作条件			
进料预热温度/℃	413	357	288
提升管出口温度/℃	538	538	549
再生器温度/℃	649	649	633
剂油比	5.7	6.4	7.5
产品及性质			
H_2S/%	0.1	0.2	0.4
C_1+C_2/%	2.5	2.8	3.0
C_3/%	7.5	5.1	4.2
C_4/%	15.2	12.2	10.5
汽油/%	62.2	58.2	43.8
相对密度（d_4^{20}）	0.7340	0.7418	0.7499
辛烷值	83	84	85
轻柴油/%	5.3	10.6	20.7
相对密度（d_4^{20}）	0.9302	0.9492	0.9624
重油	2.4	5.4	6.3
焦炭	4.8	5.4	6.3
转化率	92.3	84.1	68.3

① 美国 Kellogg 公司数据。

七、催化裂化反应的产品分布特点

催化裂化的产品有气体（包括干气和液化气）、汽油、轻柴油（轻循环油 LCO），有的装置还生产油浆（澄清油 DO）以及焦炭。其中间产品是回炼油（重循环油 HCO）。

1. 气体

催化裂化装置副产大量液化气和干气，其产率分别占新鲜原料的 3%~6%和 8%~15%，可供石油化工综合利用。

干气中富含乙烷、乙烯、甲烷及氢，还有一定量的丙烷、丙烯和少量较重的烃类。液化气中主要为 C_3（30%~40%）、C_4（55%~65%）。C_3 中丙烯约占 60%~80%，C_4 中丁烯约占50%~65%，异丁烷约占 30%~40%。所以在裂化气体中，以 C_3、C_4 为主，二者总计约占气体的 80%，其中约 2/3 为烯烃。就 C_4 而言，其中含有相当量的异构烃（见表 8-1-5）。

表 8-1-5　催化裂化气体的组成及产率　%

原　料	大庆常压渣油			任丘馏分油+80%常压渣油			鲁宁管输油减压馏分油		
组　成	干气	液化气	合计	干气	液化气	合计	干气	液化气	合计
H_2	0.20		0.20	0.47		0.47	0.09		0.09
C_1	0.74		0.74	0.69		0.69	0.59		0.59
C_2^0	0.73		0.73	0.41		0.41	0.52		0.52
$C_2^=$	0.76		0.76	0.65		0.65	0.57	0.03	0.60
C_3^0	0.09	0.95	1.04	0.02	1.40	1.42	0.51	0.19	0.70
$C_3^=$	0.26	2.61	2.87	0.03	4.01	4.04	1.93	1.34	3.27
i-C_4^0	0.23	2.11	2.34	0.03	1.86	1.89	0.74	1.23	1.97
n-C_4^0	0.04	0.65	0.69	0	0.66	0.66	0.11	0.30	0.41
1-$C_4^=$，i-$C_4^=$	0.15	1.60	1.75	0.01	1.93	1.94	0.53	1.05	1.58
反-2-$C_4^=$	0.05	1.14	1.19		0.82	0.82	0.23	0.57	0.80
顺-2-$C_4^=$	0.03	0.84	0.87		0.45	0.45	0.13	0.39	0.52
n-C_5^0	0.00	0.00	0				0	0.03	0.03
i-C_5^0	0.07	0.1	0.17				0.07	0.37	0.44
$C_5^=$	0.01		0.01					0.20	0.20
H_2S	0.01		0.01				0.47		0.47
$C_3^=/\Sigma C_3$			0.74			0.74			0.82
$C_4^=/\Sigma C_4$			0.56			0.56			0.55
i-$C_4^0/\Sigma C_4$			0.34			0.33			0.37

2. 汽油

催化裂化汽油中含异构烷烃和芳烃较多，辛烷值较高（*RON* 接近 90），且基本上不含二烯烃，安定性较好（见表 8-1-6）。

表 8-1-6　催化裂化汽油组成及辛烷值

序　号	族组成/%			异构指数①	辛烷值 *RON*
	饱和烃	烯　烃	芳　烃		
1	23.7	60.8	15.5	1.44	88.0
2	21.5	65.8	12.7	1.23	87.5
3	26.3	67.4	6.3	1.36	87.0
4	39.7	44.6	15.7	1.29	84.5
5	24.8	60.3	14.9	1.07	81.9

① 异构指数是指甲基与亚甲基的数目比值，此比值越大表明异构程度越大。

3. 轻柴油

轻柴油也称为催化裂化轻循环油，一般与直馏柴油混合使用。

轻柴油因含芳烃较多，故十六烷值较低。当催化裂化原料中掺入渣油后，轻柴油中、硫、氮含量增加，使柴油的质量和安定性均变差。我国催化裂轻柴油烃族组成及主要性质见表 8-1-7。

表 8-1-7 我国催化裂化轻柴油烃族组成及主要性质

项目	大庆催化轻柴油	胜利催化轻柴油	大港催化轻柴油	辽河催化轻柴油
烃族组成/%				
烷烯	45.04	44.85	58.0	35.1
总芳	54.97	55.15	42.0	64.9
单芳	26.20	14.04	12.6	—
双芳	22.73	28.16	21.0	—
多芳	6.04	12.95	8.4	—
十六烷值	42	36	31	25
苯胺点/℃	55.7	53.4	41.6	—
凝点/℃	-2	-3	-12	-13
馏程/℃				
90%馏出温度/℃	331	331	320	327

4. 回炼油

催化裂化回炼油一般是指产品中343~500℃的馏分油（又称重循环油），它既可重返反应器作回炼油，又可作为一种重柴油产品的混合组分使用。由于回炼油中含有大量的芳烃（约30%~40%），故可采用萃取方法抽提出其中的芳烃组分加以利用。

5. 澄清油

催化裂化反应得到的渣油经沉降后，从沉降器上部排出的清净产品称作澄清油，底部含有催化剂粉末的称为油浆。油浆和部分澄清油可回炼，此外澄清油还可作为重燃料油混兑组分使用。澄清油中芳烃含量一般超过50%，也是制造炭黑、针状焦和电极的原料。

6. 焦炭

焦炭沉积在催化剂上，不能作产品。

馏分油催化裂化焦炭产率约5%~7%，以渣油为原料可达10%以上，因原料不同而有差异。

第二节 催化重整

催化重整工艺是炼油及石化工业重要的组成部分，是以石脑油为原料，通过临氢催化反应生产重整油作高辛烷值汽油组分或芳烃原料，同时副产氢气的工艺。

1965年我国自行研究、设计、建设的第一套大型铂重整装置在大庆建成投产，成为20世纪60年代我国炼油工业“五朵金花”之一。到90年代，催化重整工艺有了更大的发展，截止到2005年底，国内共有连续重整装置20套，加工能力12.69Mt/a；固定床重整装置48套，加工能力为10.00Mt/a。

在重整催化剂方面，由原来的单铂催化剂发展为双（多）金属催化剂，并对担体也做了许多改进，当前的发展方向是追求高选择性和稳定性，以使装置在强化操作的反应条件下，仍能保持较高的液收和较长的运转周期。目前双（多）金属催化剂在世界上已得到普遍应用，单铂催化剂几乎已不生产。为了降低成本，催化剂中铂含量由原来的0.5%~0.6%已降至0.3%左右，甚至达0.15%（如CB-8高铼超低铂重整催化剂）。

为了适应公路交通运输业的发展以及环保的要求，要提高汽油的辛烷值；同时，石油化工的发展需要更多的芳烃，产品精制需要更多的氢气。作为提高汽油辛烷值和增产芳烃及氢气的主要加工手段——催化重整工艺，其重要性日益突出。近十几年来，随着加工含轻馏分较多的进口原油数量的增加和加氢裂化装置的建设，催化重整原料石脑油数量不足的局面正在改变，使我国的催化重整进入一个新的发展时期。

一、催化重整中的化学反应

（一）催化重整中烃类的化学反应

催化重整原料中含有烷烃、环烷烃和芳烃，它们在催化剂作用下，主要进行脱氢、异构化、脱氢环化和加氢裂化以及缩合反应。

1. 烷烃

原料中所含的直链烷烃，其辛烷值（*RON*）一般小于50，在重整催化剂作用下，可发生以下反应：

（1）异构化反应　主要在酸性中心上进行。该反应得到的异构化产物本身辛烷值就很高，如正庚烷的*RON*为0，异构化为2，2-二甲基戊烷，其*RON*为92，提高了92个单位。

$$n-C_7H_{16}\xrightarrow{H^+}CH_3CH_2CH_2—\underset{\displaystyle CH_3}{\overset{\displaystyle CH_3}{\underset{|}{\overset{|}{C}}}}—CH_3$$

（2）脱氢环化反应　该反应可以在金属活性中心上直接进行，也可在金属和酸两个中心功能下进行。这是重整反应中反应历程最长，也是提高辛烷值（芳烃转化率）最重要的反应，条件也最苛刻。

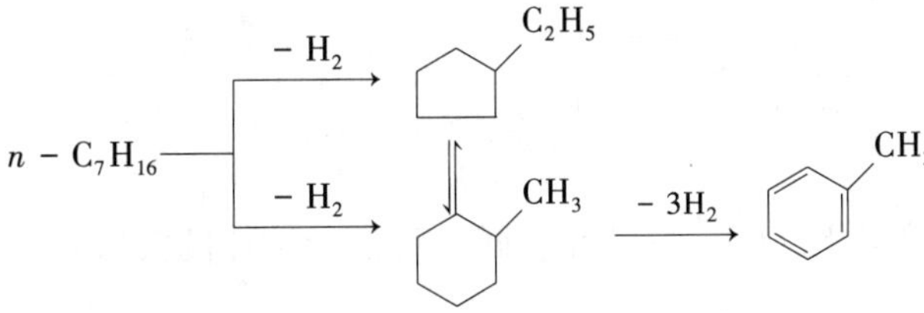

（3）加氢裂化反应　烷烃加氢裂化生成低分子烷烃：

$$CH_3CH_2CH_2CH_2CH_2CH_3+H_2\longrightarrow\begin{cases}CH_3CH_2CH_2CH_2CH_3+CH_4\\CH_3CH_2CH_2CH_3+CH_3CH_3\\2CH_3CH_2CH_3\end{cases}$$

这种反应是先在酸性中心上发生裂化，然后所生成的烯烃在金属中心上进行加氢饱和反应。

2. 环烷烃

重整原料中所含有的环烷烃主要为五员环烷烃和六员环烷烃。原料中含环烷烃越多，特别是六员环烷烃越多，重整产物中芳烃含量也就越多，其辛烷值也越高。所以，环烷基及中间基原油的轻馏分是理想的重整原料。

（1）六员环烷烃脱氢反应　该反应是重整反应中最重要的反应之一，也是一个典型的在金属活性中心上进行的反应。该反应是重整反应中反应速率最快、选择性最好的反应。在反应中生成芳烃和大量氢气。

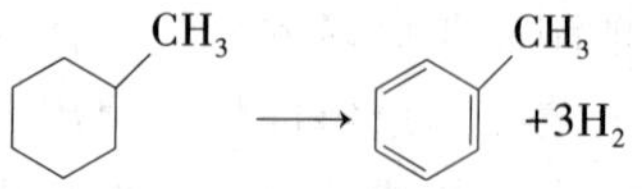

（2）五员环烷烃脱氢异构反应　这是在金属活性中心和酸性中心交替数次才能完成的反应，其反应历程较长，要求条件苛刻，是提高芳烃转化率重要的反应。

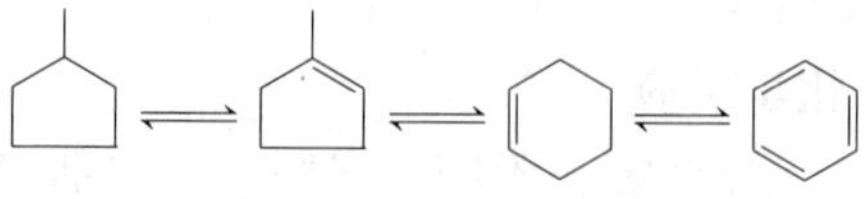

（3）加氢断环和加氢裂化反应　由于在重整反应中产生大量的氢气，这些氢气均使五员或六员环烷烃发生断环或裂化反应：

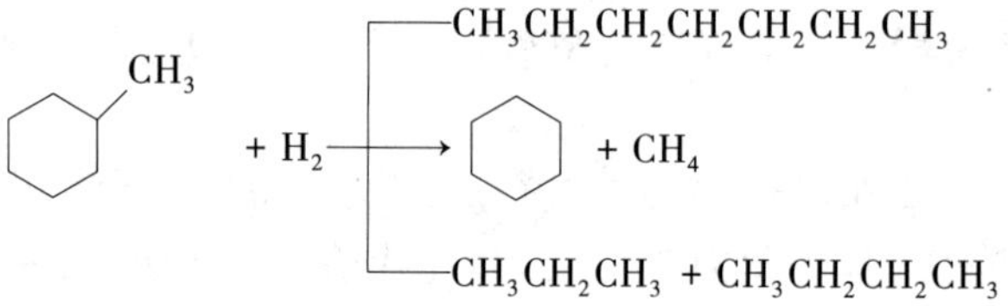

3. 芳香烃

芳香烃一部分存在于原料之中，另一部分是在反应中生成的。取代芳烃可进行以下反应：

（1）脱烷基反应

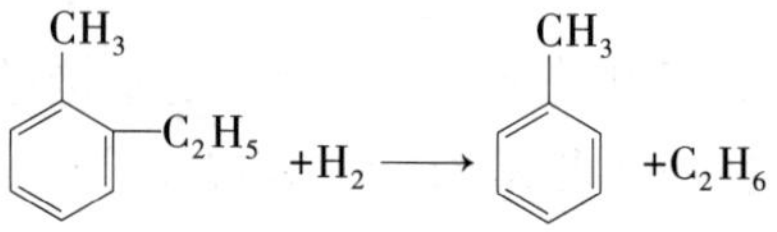

（2）歧化反应

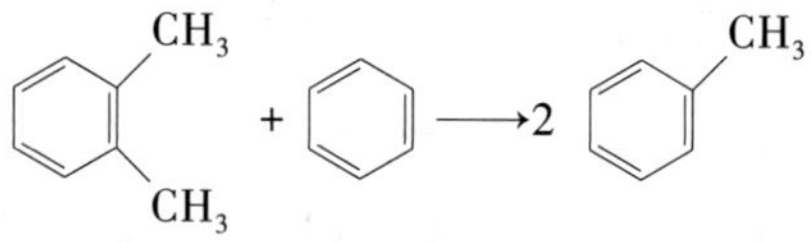

二甲苯还可发生异构化反应，得到邻、间、对位异构体的混合物和乙苯。

4. 杂原子化合物

含有氧、硫、氮杂原子的化合物经加氢反应，可生成 H_2O、H_2S、NH_3 以及相应的烃类，如：

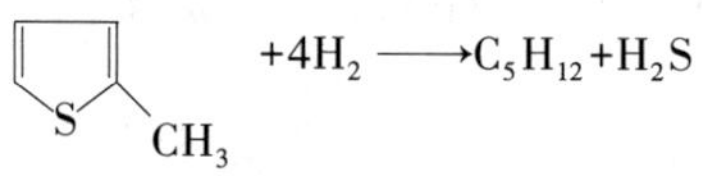

但原料中的杂原子化合物可引起催化剂中毒，故应对原料进行预加氢，以减少杂原子化合物的含量。

由此可见，六员环烷烃脱氢及烷烃脱氢环化反应均可直接生成芳烃，从而使产物的辛烷值明显提高。五员环烷烃异构脱氢为芳烃和烷烃的异构化反应也是有利的，尤其是烷烃异构化反应的产物异构烷烃，其本身辛烷值较高，且易脱氢环化为芳烃。

加氢裂化反应产物中某些低分子烷烃（如丁烷）也具有较高的辛烷值，但它使重整产氢量减少，纯度降低，液体产品收率下降，同时，由于该反应的反应速率快，对烷烃脱氢环化产生不利影响，可造成芳烃产率下降。

催化重整反应中，烃类深度脱氢生成烯烃、二烯烃及稠环芳烃，它们在催化剂表面进一步脱氢缩合，成为积炭，从而使催化剂失活。因此，在生产中，应选用适宜的操作条件，以抑制积炭反应的发生。

（二）催化重整反应的热力学和动力学

催化重整反应较多地受热力学上的控制。表 8-2-1 给出典型催化重整反应的热力学数据，反应中，脱氢环化反应是吸热过程，而加氢裂化反应是放热过程。

表 8-2-1 典型重整反应热力学数据

反应	500℃		700℃	
	ΔH/（kJ/mol）	kp	ΔH/（kJ/mol）	kp
环己烷⇌苯+$3H_2$	220.7	6×10^5	220	1.81×10^4
甲基环己烷⇌甲苯+$3H_2$			216	2.39×10^4
邻二甲基环己烷⇌邻二甲苯+$3H_2$			213	1.77×10^5
甲基环戊烷⇌环己烷	-15.9	0.086	-15.4	0.11
乙基环戊烷⇌甲基环己烷	-26.8	12.5	-24.5	2.0
正己烷⇌苯+$4H_2$	265.8	0.78×10^5		
正己烷⇌2-甲基戊烷	-5.9	1.1	-6.1	1.4
正己烷⇌1-己烯+H_2	129.6	0.037		
正庚烷⇌2-甲基己烷	-7.2	2.2	-7.1	1.3
正辛烷⇌2-甲基庚烷	-7.0	1.4	-7.0	0.8

环烷烃脱氢是一个强吸热反应，是造成催化剂床层温降最主要的反应。在低压下，处于平衡时，六员环烷烃基本上可转化为芳烃。在一定的氢烃比条件下，操作温度和压力对环己烷转化为苯的平衡转化率的影响见图 8-2-1。

在各类重整反应中，低压有利于环烷烃的脱氢和烷烃的脱氢环化反应，由此可提高芳烃的产率和产氢量。但低压下，降低了加氢裂化反应的速率，也使积炭反应大大加剧。

从动力学角度上看，在各类反应中，环烷烃和烷烃的脱氢反应进行得相当迅速，以致于基本上处于平衡状态，同样，正构烷烃和异构烷烃之间也是接近于平衡状态的。相反，脱氢环化和加氢裂化反应是反应速率较低的。

催化重整反应是受热力学和动力学规律支配的，在重整过程中，诸多反应在不同反应速度下倾向于达到热力学平衡。重整反应相对反应速率见表 8-2-2。

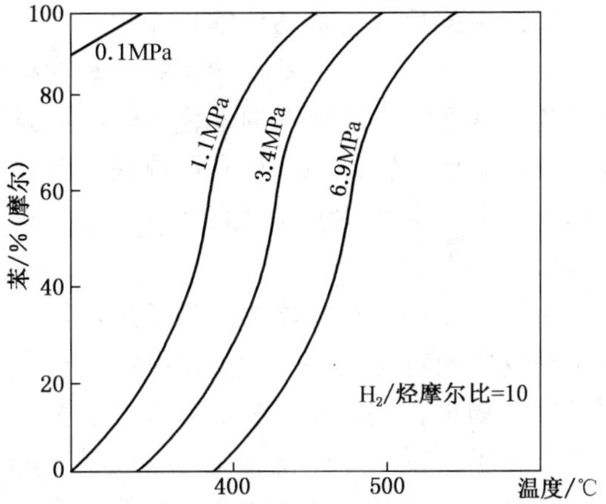

图 8-2-1 环己烷、苯和氢的平衡分布

表 8-2-2 重整反应相对反应速率

反应类别	相对反应速率		反应速率的相对比较
	C_6	C_7	
六员环烷脱氢	100	120	最快
五员环烷异构脱氢	10	13	快
烷烃及环烷异构	10	12	快
烷烃加氢裂化	3	4	慢
环烷开环	5	3	慢
烷烃脱氢环化	1	4	最慢

(三) 催化重整动力学模型

催化重整反应动力学模型最早是由 Smith 提出，并建立了包括烷烃、环烷烃和芳香烃的三集总动力学模型，将之用于工业装置的优化。20 世纪年 60 年代至 70 年代，动力学模型取得巨大发展，其中以 Henningsen 和 Kmak 模型最为突出。最近十几年的研究使集总组分分得更细，如 Pace 公司的动力学模型包括三十多个组分；Forment G. F. 提出的二十八个集总组分的动力学模型；Ramag M. P. 提出一个包括十三个集总组分的动力学模型；国内学者也建立了十六集总动力学模型，并对重整反应体系的反应规律进行研究。下面将对十六集总催化重整动力学模型作简单介绍。

十六集总动力学模型共有十六个集总组分，二十九个反应，考虑了工业装置的实际需要和实验室计算条件与分析条件，可应用于连续重整装置。十六集总动力学模型网络见图 8-2-2。

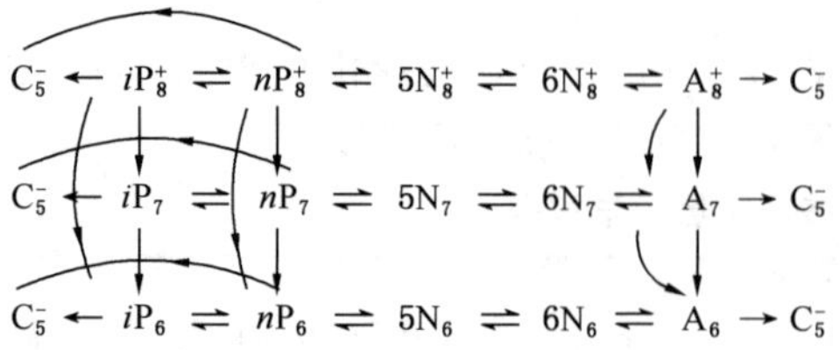

图 8-2-2　十六集总重整动力学模型网络

（C_8 以上组分归到 C_8 组分中）

nP_6—正己烷；
iP_6—异己烷；
A_6—苯；
C_5^-—小于碳五组分的烃类；
nP_8^+—八碳以上正构烷烃；
iP_8^+—八碳以上异构烷烃；
$6N_7$—甲基环己烷；
$6N_8^+$—八碳以上环己烷，
$5N_5$—甲基环戊烷；
$5N_7$—七碳环戊烷；
$5N_8^+$—八碳以上环戊烷；
nP_7—正庚烷；
iP_7—异庚烷；
A_7—甲苯；
$6N_6$—环己烷；
A_8^+—八碳以上芳烃

二、重整反应的双功能催化作用

催化重整反应中最基本的是脱氢和异构化反应，烷烃脱氢环化可认为是二者的结合。如前所述，这两类反应所需的催化活性中心是不相同的，所以重整催化剂是双功能催化剂—金属组分，主要是铂，还添加有铼或锡、铱以及钛、铝、铈等，提供了脱氢活性中心；卤素及载体（一般是氧化铝）提供酸性中心。

1. 反应历程

重整催化剂的双功能作用是通过烯烃（关键性中间物）发生作用的。由 Mille 等人提出的重整反应历程见图 8-2-3。该图纵坐标代表加氢-脱氢中心，横坐标代表酸中心。该图表明，反应物正己烷首先在金属中心上脱氢生成直链己烯，并迁移到酸中心，获得质子后变为仲正碳离子，发生异构化反应，形成异己烯并脱附，异己烯迁移到金属中心上吸附，并加氢成为异己烷。同时，仲正碳离子也能反应生成甲基环戊烷，进一步可得到环己烯，最后得到苯。苯也可由其他途径得到。

正庚烷异构化的实验证明了重整催化剂中金属中心和酸中心的独立作用。图 8-2-4 表示反应物在两个机械混合的催化剂粒子上的传递过程。正庚烷首先在金属中心（Pt）上脱氢为正庚烯，正庚烯经气相扩散或表面扩散到含酸中心的 $SiO_2-Al_2O_3$ 粒子上异构化为异庚烯，然后异庚烯又转回到含金属的粒子上加氢成异庚烷。大部分传递过程由气相扩散进行。中间物烯烃因受到平衡所限，其浓度很低。该结果表明，金属中心和酸性中心两个功能不必紧密接触，仅需共处在一个系统中，以使在一个中心上形成的中间物能转移到另一个中心上，并使反应连续进行。

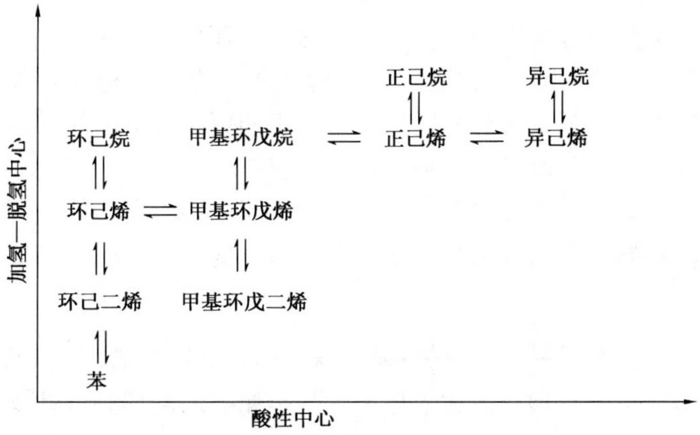

图 8-2-3　C_6 烃重整反应图

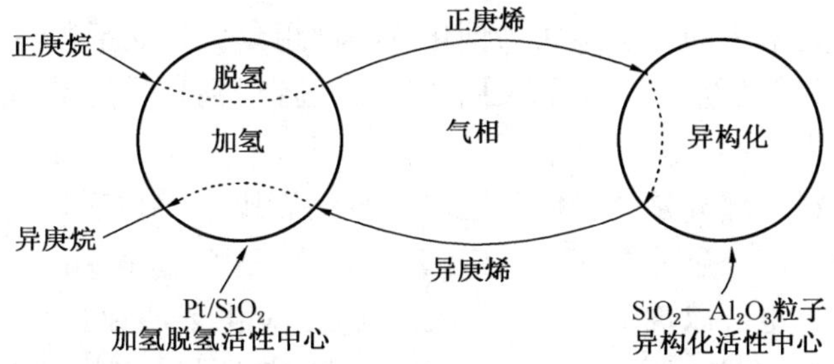

图 8-2-4　反应物在颗粒机械混合催化剂上的传递模型

2. 异构化反应

异构化反应速率的控制步骤是金属表面上脱氢生成烯烃，那么，当金属铂含量很低时，异构化反应速率与铂的含量成正比。正戊烷异构化反应实验结果表明，当铂含量低于 0.1%时，异构化速率随铂含量增加而增加；当铂含量大于 0.1%时，由于有足够的金属表面使烯烃达到平衡浓度，而酸性中心的异构化反应成为速率控制步骤。在重整催化剂中，铂含量为 0.15%~5%，这说明在反应中，烯烃可接近平衡浓度。在催化剂的两种功能作用下，正戊烷异构化反应的总反应历程为：

$$n\text{-}C_5H_{12} \xrightleftharpoons{\text{金属中心}} n\text{-}C_5H_{10} \xrightleftharpoons{\text{酸中心}} i\text{-}C_5H_{10} \xrightleftharpoons{\text{金属中心}} i\text{-}C_5H_{12}$$

异构化反应也可发生在金属表面，尽管重要，但贡献不大。

3. 脱氢环化反应

五员环烷烃的脱氢环化反应是在双功能催化剂上进行的。首先在金属上发生异构化或脱氢成环烯烃，然后在酸中心异构化为六员环，最后在两个组分共同作用下，才能形成芳烃，如甲基环戊烷：

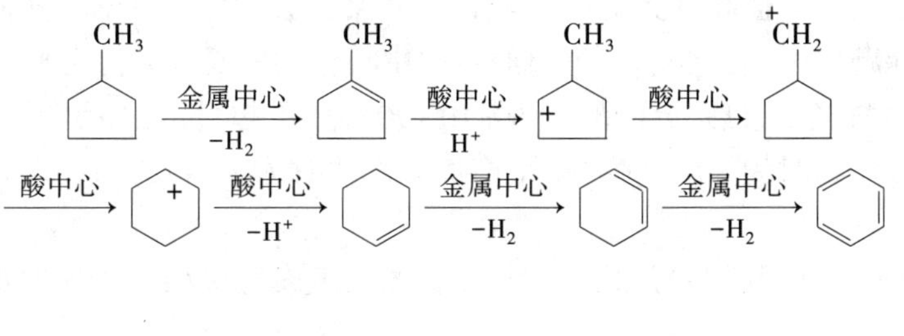

4. 催化剂生焦失活

催化重整反应中，烃类也会发生酸催化聚合和烯烃环化的反应，可得到大相对分子质量的多核化合物，再经进一步脱氢、芳构化，聚合为焦炭，从而使催化剂失活。在低氢气分压下，这些反应是很快的，但随氢气分压的增加，其影响可显著地下降；若氢分压过高，会限制烯烃中间物的生成，由此限制了脱氢环化反应的速率。

催化剂生焦失活，首先是从烯烃分子和芳烃在金属中心上慢慢成焦开始，它们也能够通过气相扩散和表面滑移转移到酸性部位，形成难以除去的焦。以五员环烷为例，生成积炭的途径为：

$$\text{五员环烷烃} \xrightleftharpoons{\text{金属中心}} \text{五员环烯} \xrightleftharpoons{\text{金属中心}} \text{五员环二烯} \xrightleftharpoons{\text{酸中心}} \text{积炭}$$

另外，吸附于金属上的氢被解离成氢原子，从金属表面滑移到酸性担体上，并将在那里形成的焦炭加氢。

三、催化重整原料特性

由于催化重整工艺采用的是贵金属为催化剂活性组分，易受某些金属和非金属影响，使催化剂失活。为了确保催化重整装置能长周期运转，且得到高质高量的产品，要选择适当的重整原料并进行预处理。

我国重整装置原料大部分是初馏塔顶馏出的直馏石脑油，也有以常压塔顶油为原料的。在进入重整装置之前，需经过分馏切取一定馏分，主要是除去其中的轻组分，原料的终馏点一般由上游装置确定。也可以加氢裂化石脑油（包括焦化柴油和瓦斯油经加氢裂化生成的石脑油）、加氢处理的焦化汽油等作为重整原料。对重整原料的选择有以下要求：

1. 馏分组成

重整原料的馏分组成要求是根据生产目的来确定的。

（1）以生产芳烃为目的　以生产芳烃为目的的重整装置要求最大限度地生产芳烃，即尽可能多地生产苯、甲苯和二甲苯（BTX）。

在重整反应中，芳构化主要是分子中碳原子数不变的反应，所以原料馏程的选择也是根据芳烃分子的碳原子数来确定。在生产苯、甲苯和二甲苯时，原料馏程应分别选择60～85℃、85～110℃及110～145℃。对于沸点<60℃的碳六以下烃类，如作为重整原料进入反应系统，非但不能生成芳烃，反而会降低装置的有效处理能力。通常以生产芳烃为目的的催化重整称为窄馏分重整。

（2）以生产高辛烷值汽油组分为目的　以生产高辛烷值汽油组分为目的的重整装置要求重整生成的辛烷值增高得多。由于芳烃的辛烷值较高，所以最大限度生产芳烃以及异构烷烃有利。

典型的重整生成油中苯占成品调和汽油苯含量的50%～70%，且由于苯的调和辛烷值并不高，增产苯对辛烷值的提高并无益处。随着环境保护法规日益苛刻，降低重整生成油中苯含量也成为重要课题。因此，要求从重整原料油中将苯的前身物切除。同时，为了使重整油的终馏点（通常原料经重整后其终馏点升高10～20℃）不超过汽油标准要求的205℃，原料油馏程在生产一般汽油时为80～200℃，生产优质汽油时为80～180℃，即宽馏分重整。

2. 族组成

重整生成油的辛烷值及其中芳烃含量与原料的族组成直接相关。根据重整反应机理，环烷烃在重整反应条件最易发生六员环烷脱氢和五员环烷异构脱氢反应；故含环烷烃较多的原料是良好的重整原料。重整原料中环烷烃全部转化为芳烃（一般指 $C_6 \sim C_8$ 芳烃）时所能生产的芳烃量称为“芳烃潜含量”，即原料中芳烃含量及全部 C_6 以上环烷烃脱氢后转化为芳烃量之和：

- 芳烃潜含量（%）= 苯潜含量（%）+甲苯潜含量（%）+C_8 芳烃潜含量（%）
- 苯潜含量（%）= C_6 环烷（%）$\times\frac{78}{84}$+苯（%）
- 甲苯潜含量（%）= C_7 环烷（%）$\times\frac{92}{98}$+甲苯（%）
- C_8 芳烃潜含量（%）= C_8 环烷（%）$\times\frac{106}{112}$+C_8 芳烃（%）

重整生成油中实际芳烃含量与原料芳烃潜含量之比为芳烃转化率或重整转化率，即：

- 芳烃转化率（%）= 芳烃产率（%）/芳烃潜含量

如果重整过程中，芳烃产率高于芳烃潜含量，即芳烃转化率大于 100%，则说明在反应中，除了有环烷烃转化为芳烃的反应外，还有烷烃脱氢环化反应的发生。

在催化剂重整生产高辛烷值汽油过程中，烷烃的异构化平衡反应和环烷烃脱氢平衡反应可使辛烷值有很大的提高，但使辛烷值增加最多的主要是烷烃加氢裂化和烷烃的脱氢环化反应。图 8-2-5 是某典型原料的各种反应与辛烷值的关系，原料中烷烃占 49%（体积），环烷烃占 44%（体积），芳香烃占 7%（体积），其辛烷值为 31。

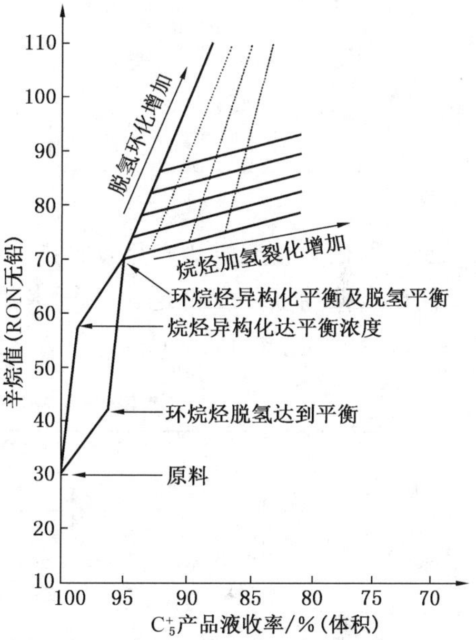

图 8-2-5　各种重整反应对产品烷值的影响

图外常用 $N+2A$ 来评定原料的族组成。是由 PNA 分析或由 UOPK、ASTM50%点或 API°计算得到：

$N+2A$［%（体积）］=环烷烃［%（体积）］+2＊芳香烃［%（体积）］

3. 杂质含量

重整原料中的少量杂质如砷、铅、铜、硫、氮等均会使催化剂中毒，需经预处理加以脱除。

砷是重整催化剂的致命毒物，由于砷对铂有较强的亲和力，原料中微量有机砷化物与催化剂接触后，强烈地吸附在催化剂活性金属上，导致催化剂中毒。故重整装置需设置脱砷单元。

现代双金属重整催化剂对原料硫含量要求愈加严格，甚至要求无硫（<0.1μg/g）操作，这样可使重整装置运转周期或重整催化剂寿命得到延长。在生产中，利用加氢预精制并采用高选择性吸附剂进行深度脱硫来解决。

水-氯平衡也是影响重整催化剂活性的因素之一，所以在重整原料中要控制水和氯的含量，既要防止含量过高引起装置的腐蚀，又要避免含量过低，使催化剂活性下降。

表 8-2-3 重整气体组成分析① %（体积）

项目	固定床				连续重整	
	Ⅰ		Ⅱ		Ⅲ	
组成	重整氢	液化气	重整氢	液化气	重整氢	液化气
H_2	93.5		78.2	15.4	86.5	
CH_4	2.6		6.2	5.1	5.81	1.5
C_2H_6	1.9	11.0	6.1	26.5	4.99	26.6
C_3H_8	1.1	72.3	4.4	40.1	2.30	51.9
i-C_4H_{10}	} 0.6	16.5	1.4	4.7	0.4	18.6
n-C_4H_{10}		0.2	1.4	3.5		1.4
n-C_5H_{12}	} 0.3		} 1.5	} 2.3		
i-C_5H_{12}						
C_4H_8		0.01				
C_5H_{10}						
C_6H_{14}	0.2					
N_2+O_2			0.8	2.4		

① 汽油方案。

四、催化重整反应的产品及特点

催化重整的主要产物是含氢气体和液体馏分，即重整油。气体中，可分出氢气、干气（C_2～C_3）和液化气（C_3～C_4），见表 8-2-3。

表 8-2-4 催化重整主要技术指标及产品组成

工艺	半再生式固定床		UOP 连续重整		IFP 连续重整
项目	1	2	3	4	5
原料芳潜/%	32.66	49.59	40.80	44.80	32.37
重整液收（>C_5）/%	91.78	85.06	86.72	73.70	84.50
循环氢纯度/%（体积）	82.75	82.47	83.20		85.40
纯氢产率/%	2.08	1.90			2.88
重整油辛烷值（*RON*）	92		93.4		95.6
产品	汽油	芳烃	汽油	芳香	汽油
组成/%					
烷烃 C_3	0.82				
C_4	3.17				0.70
C_5	4.94	4.90		0.26	11.20
C_6	11.30	16.56		6.62	11.70
C_7	14.47	14.51		4.50	6.30
C_8	6.63	4.94		0.33	1.20
C_9	1.38	0.24			0.20
C_{10}	0.05				
合计	42.76	41.15	32.72	11.71	31.30
环烷烃 C_5		0.16		0.12	0.60
C_6	0.58	1.65		0.27	0.30

续表

工　艺	半再生式固定床		UOP 连续重整		IFP 连续重整
C_7	0.33	0.75		0.19	0.20
C_8	0.51	0.23		0.01	
C_9	0.14				
合计	1.56	2.79	3.30	0.59	1.10
芳香烃 C_6	4.37	9.81		11.34	5.80
C_7	16.07	26.42		21.28	18.60
C_8	19.73	17.41		25.72	22.60
C_9	13.26	2.43		19.78	16.20
C_{10}^+	2.24			9.58	4.40
合计	55.67	56.07	63.05	87.70	67.60

催化重整主要目的产品有两种，一是结合聚酯等化纤生产需要，以生产轻质芳烃（BTX）为目的，如表8-2-4中2、4；二是以生产高辛烷值汽油调和组分为目的，产品要求苯含量低，蒸气压低，符合汽油无铅化的要求，如表中1、3、5。

第三节　催化加氢

催化加氢是当代最重要的油品加工技术之一，也是最重要的清洁生产工艺之一。催化加氢技术可以加工从气体到渣油的任何原料。在全世界炼油工业中，加氢装置的加工能力约为原油蒸馏能力的50%以上，远高于其他任何一种油品加工装置的能力。催化加氢技术是生产清洁燃料、环境友好油品的最重要手段，是精制油品，提高其使用性能或加工性能的主要方法，是油化结合生产化工原料的重要技术，是将渣油和重质原油转化为高价值产品的有效途径。随着高硫、高酸原油生产比例越来越大，高低质量原油差价越来越大，国内外炼油工业面临加工含硫含酸原油、重质和劣质原油以及生产清洁燃料的形式十分严峻，采取的重要措施之一就是继续加大发展和广泛应用加氢技术。

在2005年初，世界各个主要国家的炼油能力比较见表8-3-1。从表中结果可以看出，日本和德国的加氢能力（加氢裂化和加氢处理）超过85%，美国的加氢能力也接近80%，其他主要国家如意大利、加拿大、法国和英国的加氢能力也达到或者超过60%，远远高于催化重整装置和催化裂化装置的生产能力。加上催化重整装置，这些国家临氢装置占总加工能力的80%，其中日本和德国接近100%，而我国的加氢能力仅为28.77%，即使考虑催化重整装置，也才为35.6%，远远低于世界发达国家。

表8-3-1　主要国家2005年部分炼油装置能力比较

国　家	催化裂化		催化重整		加氢裂化		加氢处理①	
	kt/a	%	kt/a	%	kt/a	%	kt/a	%
美国	287655	34.30	151677	18.08	71978	8.58	595454	70.99
俄罗斯	16540	6.09	35686	13.14	2855	1.05	102037	37.56
日本	43752	18.59	28961	12.31	8660	3.68	202970	86.24
韩国	9350	7.26	10144	7.87	6000	4.66	50201	38.97
意大利	15405	13.27	12143	10.62	13635	11.75	56809	48.95
德国	17924	15.43	16250	13.99	9637	8.30	89611	77.14

续表

国家	催化裂化		催化重整		加氢裂化		加氢处理①	
	kt/a	%	kt/a	%	kt/a	%	kt/a	%
加拿大	24655	24.44	16417	16.28	13035	13.19	46774	46.37
法国	19260	19.74	12552	12.86	810	0.83	59253	60.73
英国	20920	22.92	14693	16.01	1800	1.97	59944	65.68
沙特	5180	5.92	8316	9.53	6591	7.55	25996	29.79
墨西哥	18750	22.27	12225	14.52	900	1.07	46252	54.93
伊朗	1500	2.03	7207	9.78	6990	9.48	9992	13.56
中国	102320	33.61	20636	6.78	15020	4.93	72542	23.83

①加氢处理包括加氢精制。

在现代炼油工业中，加氢技术包括加氢处理（加氢精制）和加氢裂化两大类。加氢处理是指在加氢反应过程中有≤10%的原料油分子变小的那些加氢技术，包括加氢精制（Hydrorefining）和加氢处理（Hydrotreating）。

一、加氢精制

加氢精制的原料范围广泛。就馏分轻重而言，可从烷烃、汽、煤、柴轻质馏分，直至减压蜡油和渣油，也可以是蜡类产品。这些馏分中包括一次加工的直馏产品和二次加工的产品，甚至可将原油直接作为加氢原料。

现代加氢精制最早用于催化重整的预加氢精制，其目的是脱除原料中的硫、氮、氧和金属等杂质，以防止重整催化剂中毒。

随着重整副产氢来源的扩大，加氢精制技术在炼油工业中得到广泛的应用，而油品品种越来越多样化，质量越来越高且要求复杂，使能够满足这些要求且最为灵活的工艺过程——加氢精制得到迅猛发展。

加氢精制催化剂中最早使用的是无担体催化剂，如二硫化钼等，后来开始用有担体的催化剂，常用担体为氧化铝，活性组分为钨、镍、钼、钴等。除了比较纯净的原料（如苯、烯烃）加氢是采用镍—硅藻土、骨架镍等催化剂外，目前石油馏分加氢精制过程中应用的催化剂一般均有两种或两种以上活性组分。

由于加氢精制应用广泛，根据其主要目的或精制深度而有不同的工艺名称，如加氢精制（Hydrofining）、加氢补充精制（Hydrofinishing）、加氢处理（Hydrotreating）、加氢脱硫（Hydrodesulfurization，即 HDS）、加氢脱氮（Hydrodenitrogenation，即 HDN）、加氢脱金属（Hydrodemetallization，简称 HDM）。在我国，通常加氢精制是指除加氢裂化以外所有加氢过程的统称。

（一）加氢精制过程中的化学反应

石油馏分加氢精制过程的主要反应有：非烃类的加氢分解反应；烯烃和芳烃（主要是稠环芳烃）的加氢饱和反应；少量开环、断链和缩合反应。

1. 非烃类的加氢反应

石油馏分中的非烃主要是含硫、含氮、含氧化合物，在催化剂和氢气存在下，发生加氢分解反应，从而将硫、氮、氧等杂原子从石油产物中除去。

（1）加氢脱氮　含氮量高是我国原油的特点之一。研究证明，氮化物的加氢很困难，反应条件苛刻。

石油及其产品中的含氮化合物主要是杂环化合物，如吡咯类和吡啶类，也含有少量的胺类和腈类，它们经加氢脱氮后得到烃类和氨。

① 脂族胺和腈类

脂族胺易加氢脱氮：　$R-NH_2+H_2 \longrightarrow RH+NH_3$

腈类易加氢生成脂族胺，再进一步加氢，C—N 键断裂，得到氨和烃类：

$$RCN+2H_2 \longrightarrow RCH_2NH_2$$

$$RCH_2NH_2+H_2 \longrightarrow RCH_3+NH_3$$

② 苯胺类　在所有反应条件下，苯胺加氢脱氮主要烃产物均是环己烷，而环烷脱氢生成芳烃的反应，在>400℃下才会发生。苯胺加氢脱氮的网络为：

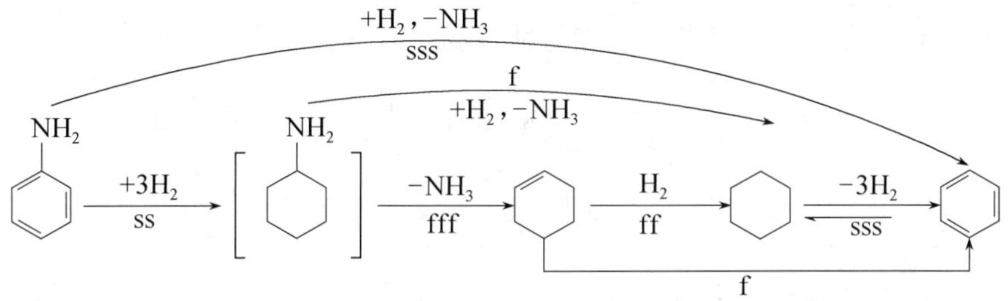

③ 六员杂环氮化物　石油及其馏分中的六员杂环氮化物主要是吡啶类、喹啉类以及吖啶类等，其加氢脱氮产物也为胺和烃类。吡啶和异喹啉加氢反应网络为：

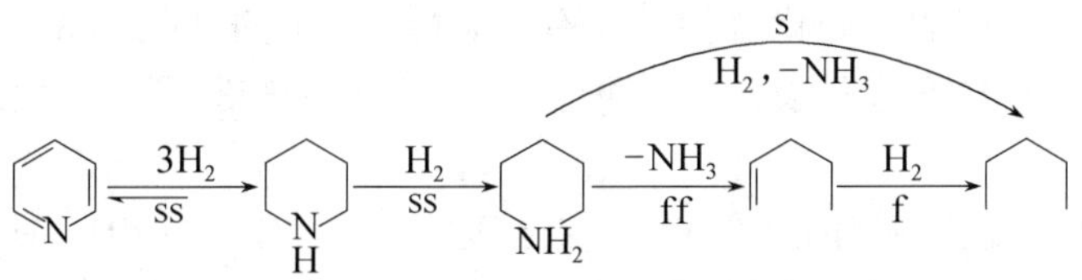

这里异喹啉与两种二氢异喹啉之间的平衡一般在 250℃以下即可达到，约在 300℃生成 1，2，3，4-四氢异喹啉，它是异喹啉加氢的重要中间物。

④ 五员杂环氮化物　主要包括吡咯类、吲哚类和咔唑类。以吡咯为例，其加氢脱氮主要有以下几步：五员环加氢、四氢吡咯中 C—N 键断裂以及正丁胺的脱氮，其反应网络为：

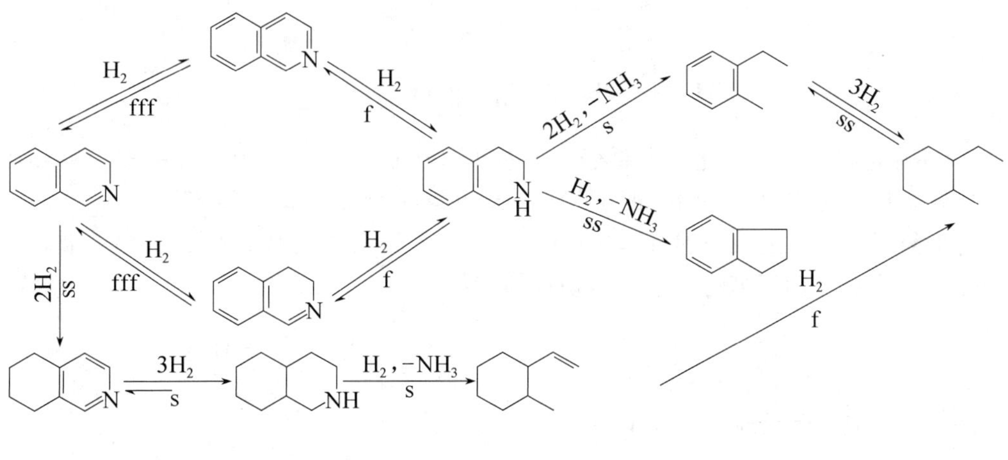

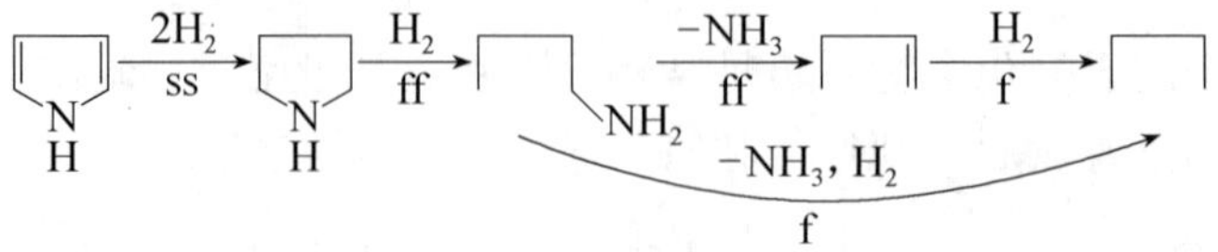

由此可见加氢脱氮反应基本上可分为不饱和键的加氢和 C—N 键断裂两步。各种氮化物的加氢活性是有区别的。

单环化合物的加氢活性顺序为：

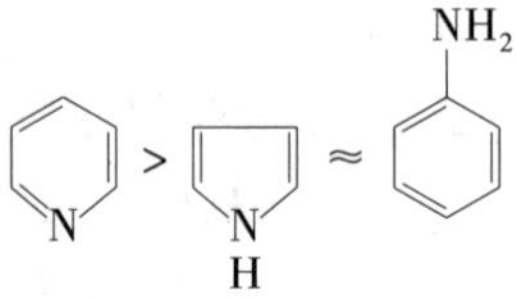

由于聚核芳环的存在，含氮杂环的加氢活性高于碳环：

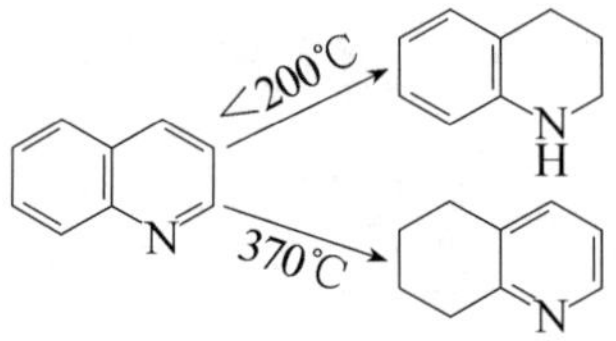

（2）加氢脱硫　硫是各种石油中普遍存在的一种重要元素。近几年来，我国进口的原油主要为中东原油和俄罗斯原油，它们基本上都是高硫原油。因此，加氢脱硫是改善油品的质量、减少环境污染很有效的途径之一。

石油馏分中有代表性的含硫化合物主要有：硫醇、二硫化物、硫醚、噻吩类等。由于各类含硫化合物的 C—S 键较易断裂，故在加氢过程中 C—S 键断开而生成相应的烃类和硫化氢。

① 硫醇和硫醚　硫醇加氢时发生 C—S 键断裂：$RSH+H_2 \longrightarrow RH+H_2S$

硫醚加氢时，先生成硫醇，然后再进一步脱硫：

$$RSR'+H_2 \longrightarrow R'SH+RH$$

$$R'SH+H_2 \longrightarrow R'H+H_2S$$

② 二硫化合物　加氢时，首先发生 S—S 键断裂生成硫醇，再进一步 C—S 键断裂脱去 H_2S。当氢气不足时，硫醇也可转化为硫醚：

$$RSSR \xrightarrow{H_2} 2RSH \xrightarrow{H_2} 2RH + 2H_2S$$

$$2RSH \xrightarrow{H_2(\text{不足})} RSR + H_2S$$

③ 杂环硫化物　杂环硫化物主要存在于中间馏分中，400℃以上馏分中多为单环环烷衍生物。主要杂环硫化物为：噻吩、四氢噻吩、苯并噻吩以及二苯并噻吩等。

噻吩加氢时，首先是杂环加氢饱和，然后 C—S 键断裂（开环）生成硫醇，最后生成丁烷和硫化氢。噻吩（四氢噻吩）加氢脱硫反应网络：

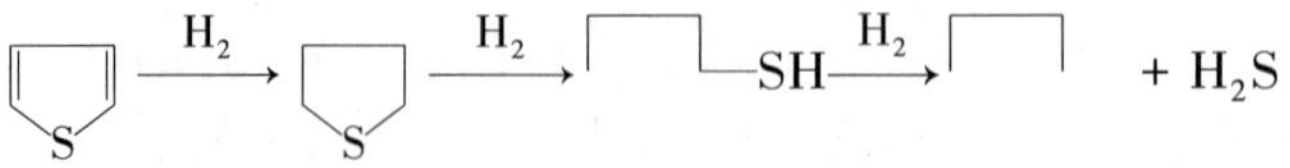

苯并噻吩加氢脱硫反应网络如下：

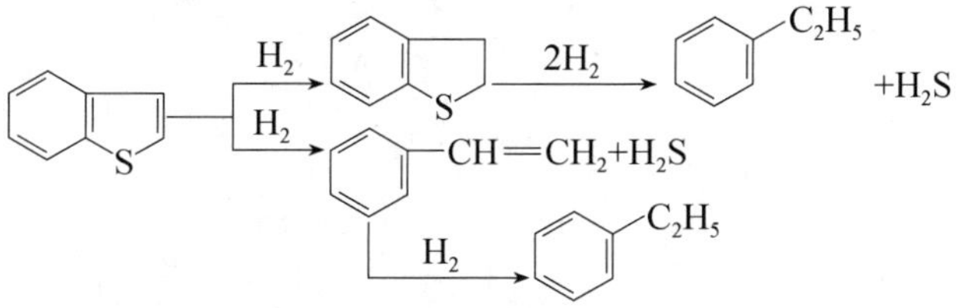

（3）加氢脱氧　石油馏分中含氧化合物的含量不多，主要是环烷酸、羧酸以及酚类等，加氢时生成水和烃类。

环烷酸和羧酸在加氢条件下进行脱羧基或羧基转化为甲基的反应：

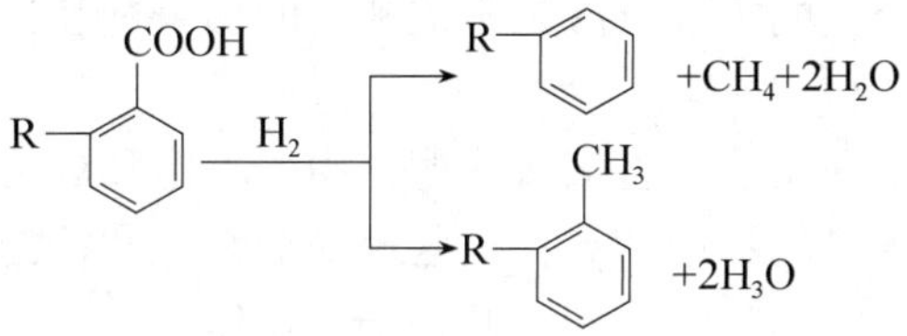

酚类脱氧比较困难。苯酚加氢其中间物是环已烯，这是苯酚加氢生成十分活泼的环已醇迅速脱水而得，其反应历程可能为：

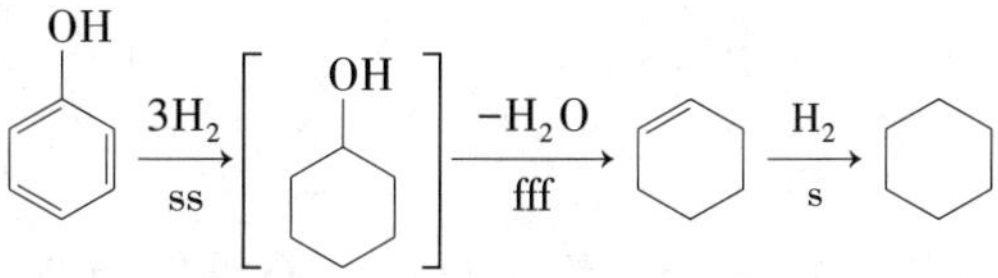

苯并呋喃的加氢就是先呋喃环饱和，然后脱氧：

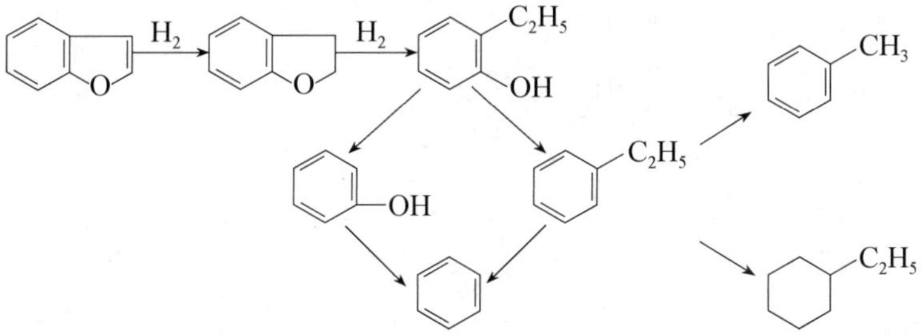

（4）加氢脱金属　原油日益变重的趋势，使得对残渣油改质的要求增加。但残油中的微量金属化合物，主要是镍和钒的有机化合物，使催化剂中毒和炉管腐蚀等，故加氢脱金属也日益引起重视。

① 在 H_2/H_2S 存在条件下，较弱的金属-氮共价键可进行如下脱金属反应：

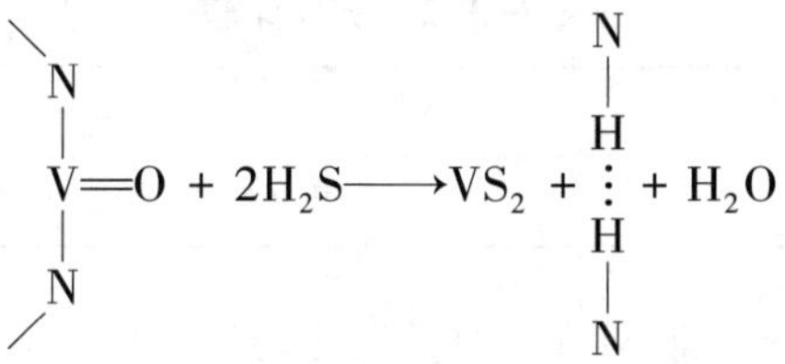

② 金属卟啉脱金属，第一步是外围双键加氢使卟啉活化，第二步分子分裂并脱除金属，形成金属沉积物：

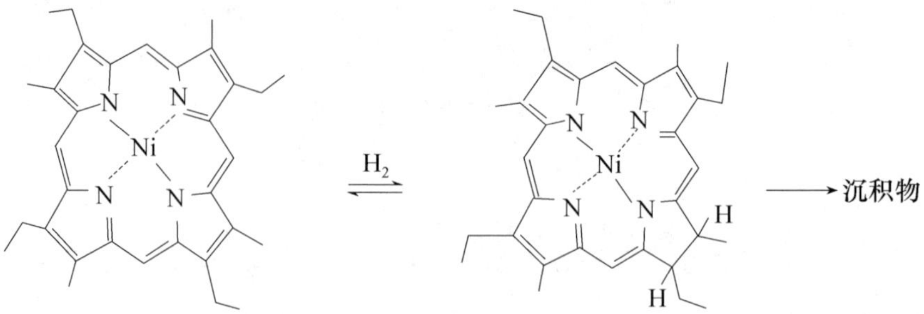

2. 烃类加氢反应

在加氢精制条件下，烃类的主要反应是不饱和烃的加氢饱和，这些反应有利于提高油品质量，改善其性能。

（1）不饱和烃的加氢饱和反应　直馏石油馏分中，不饱和烃的含量很少，但二次加工油品如催化裂化等，则含有大量的不饱和烃，这些烃易加氢饱和。如：

$$RCH=CH_2+H_2 \longrightarrow RCH_2CH_3$$

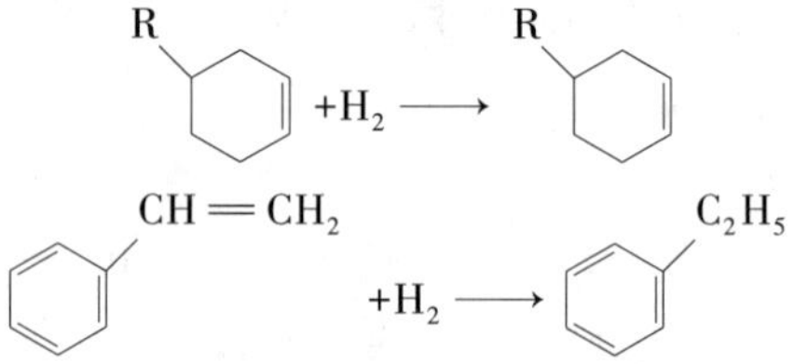

（2）芳烃（主要是稠环芳烃）的加氢饱和反应　石油馏分加氢精制中的芳烃加氢主要是指稠环芳烃（萘系、蒽系和菲系化合物）的加氢而言，这是因为单环芳烃是很难加氢饱和的。以萘、菲为例，其加氢反应如下：

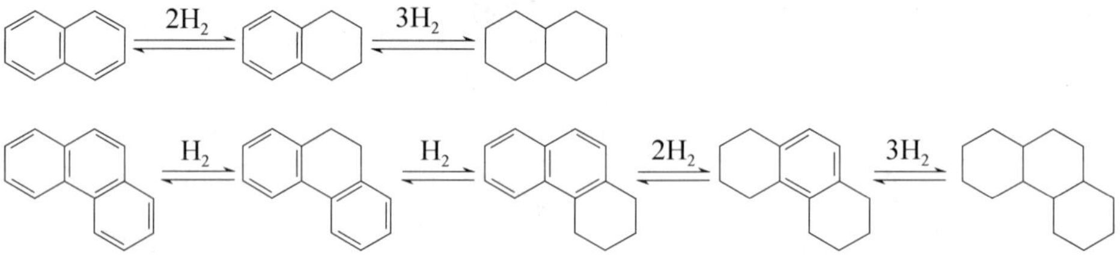

（二）加氢精制反应的热力学和动力学

各类烃加氢反应难易程度与分子间键强度有关，如表 8-3-2 所示，C—O 键、C—S 键及 C—N键的断裂远比 C—C 键容易；一般地非烃化合物脱除易难程度为：脱硫>脱氧>脱氮。

表 8-3-2　键能比较

键	C—H	C＝C	C—C	C＝N	C—N	C—S	S—H	N—H	C—O
键能/（kJ/mol）	413	614	348	615	305	272	367	391	360

从热力学角度看，加氢脱硫、脱氧和脱氮的反应均是放热反应（表 8-3-3 和表 8-3-4），杂原子饱和脂族（胺类，硫醇类等）的碳-杂原子键较易断裂，反应热也较小；而含杂原子的杂环因都具有芳香性，其结构相当稳定，加氢脱除反应较难，如吡啶、吡咯、噻吩、呋喃等。

表 8-3-3　含硫化合物加氢脱硫反应平衡常数及热效应

反　　应	$\lg K_p$（700℃）	$\Delta_r H_m^{\ominus}$/（kJ/mol）
$C_2H_5SH+H_2 \rightleftharpoons C_2H_6+H_2S$	5.01	-70
$(C_2H_5)_2S+2H_2 \rightleftharpoons 2C_2H_6+H_2S$	9.11	-67
$CH_3-S-S-CH_3+3H_2 \rightleftharpoons 2CH_4+2H_2S$	19.03	
 $+2H_2 \rightleftharpoons n\text{-}C_4H_{10}+H_2S$	5.26	-122
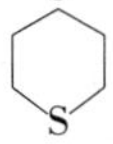 $+2H_2 \rightleftharpoons n\text{-}C_5H_{12}+H_2S$	5.92	-113
 $-4H_2 \rightleftharpoons n\text{-}C_4H_{10}+H_2S$	3.85	-281
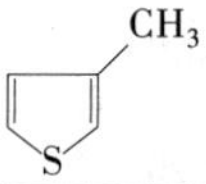 $+4H_2 \rightleftharpoons i\text{-}C_5H_{12}+H_2S$	3.17	-276

表 8-3-4　含氮、氧化合物加氢脱除反应的平衡常数和反应热

反　　应	$\lg K_p$（400℃）	$\Delta_r H_m^{\ominus}$/（kJ/mol）
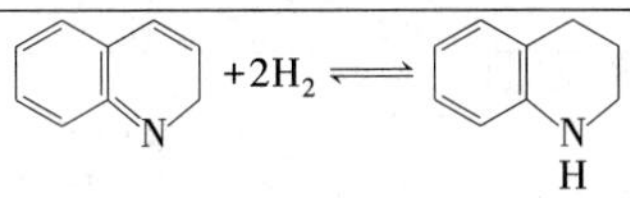	-3.2	-134
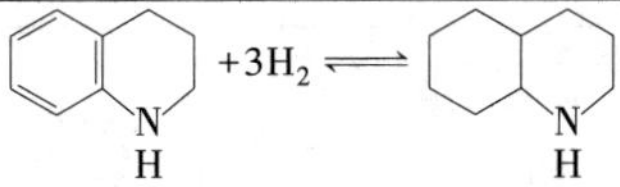	-5.4	-193
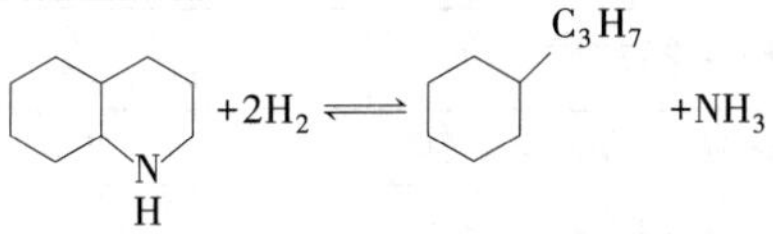	7.9	-117
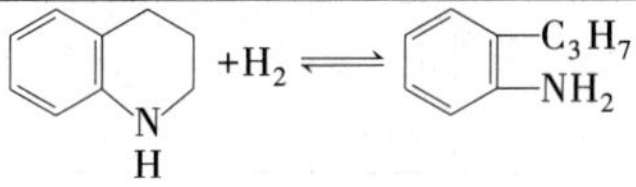	3.0	-96
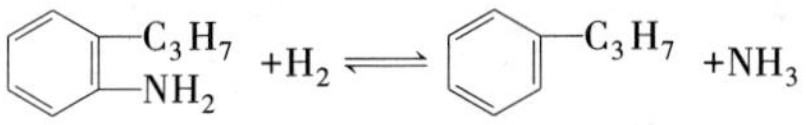	5.6	-29
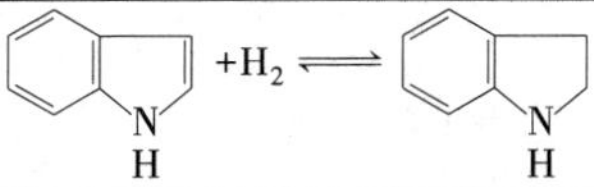	-3.3	-46
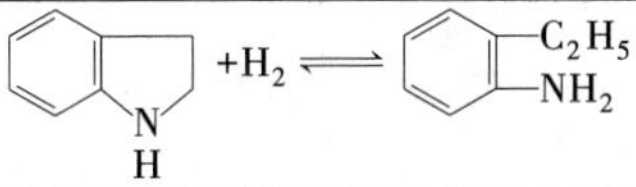	3.3	-105
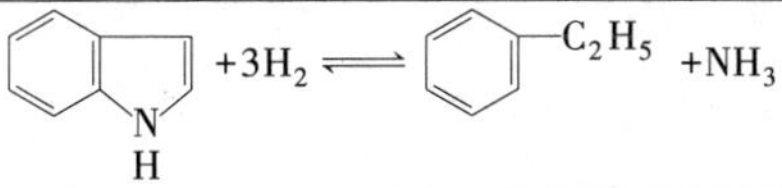	5.0	-205
 $+4H_2 \rightleftharpoons n\text{-}C_4H_{10}+H_2O$	9.2	-352
 $+2H_2 \rightleftharpoons n\text{-}C_4H_{10}+H_2O$	10.2	-84
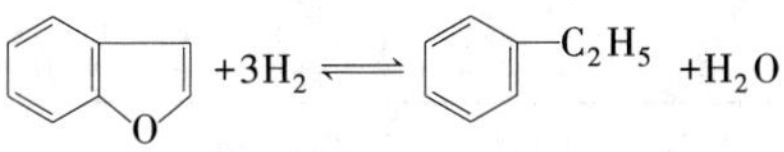	9.3	-105

烃类催化加氢反应中，不饱和烃的加氢饱和也是放热反应，而芳香烃尤其是稠环芳香烃，其全加氢反应的平衡常数很小，在600~700K温度范围内，稠环芳烃第一个环饱和反应的平衡常数最大，双环饱和次之，全饱和反应最小（表8-3-5）。若芳环上有烷基侧链，则芳环上的加氢反应会变得更加困难（表8-3-6）。

表8-3-5　芳香烃加氢饱和反应平衡常数

反　应	$\lg K_p$	
	600K	700K
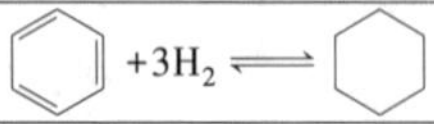	-1.64	-4.36
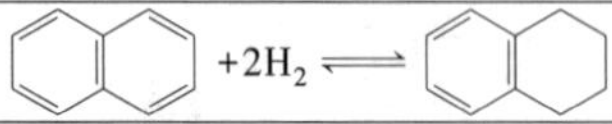	-1.50	-3.10
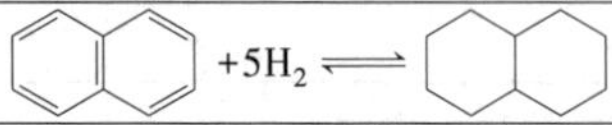	-3.80	-8.20
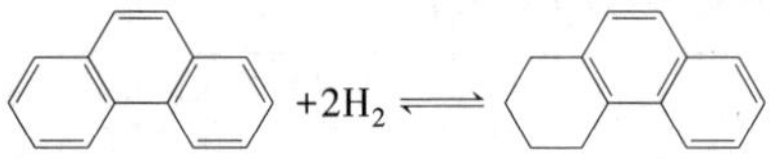	-2.30	-3.85
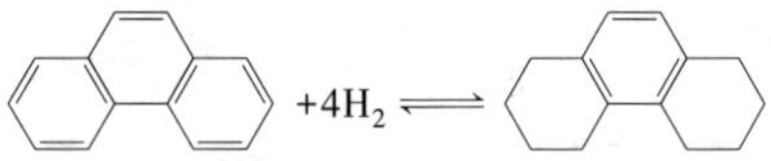	-4.60	-7.75
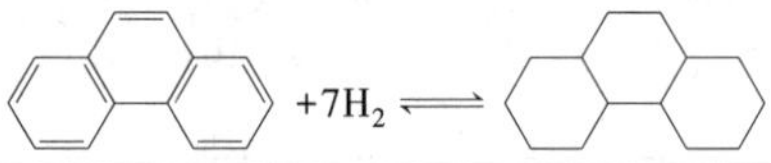	-9.89	-13.40

表8-3-6　烷基苯加氢饱和反应平衡常数

芳　烃	$\lg K_p$（400℃）	芳　烃	$\lg K_p$（400℃）
苯	-3.70	正丙苯	-4.26
甲苯	-4.19	1，2，4-三甲苯	-5.11
乙苯	-4.23		

柴油馏分加氢时，芳烃饱和反应的可能反应历程为：

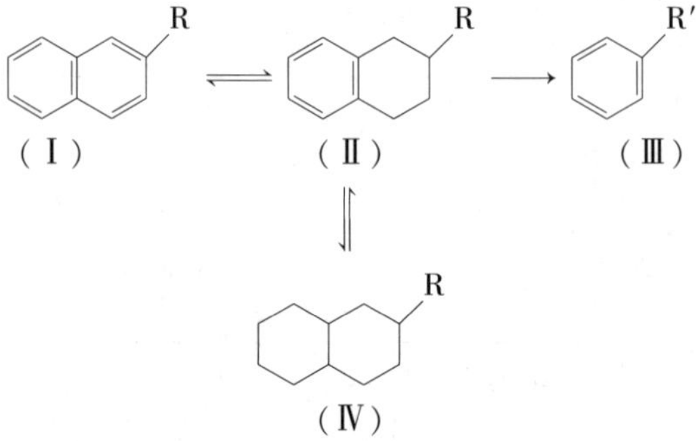

芳烃饱和反应对柴油馏分性质的影响见表8-3-7。

表8-3-7　芳烃饱和反应对柴油馏分性质的影响

反应历程	氢耗/mol	密度变化/（g/cm^3）	沸点变化/℃	十六烷值变化
Ⅰ-Ⅱ	2	-0.044	-16.7	+10
Ⅰ-Ⅱ-Ⅲ	3	-0.112	-27.8	+45
Ⅰ-Ⅱ-Ⅳ	5	-0.094	-16.7	+30

动力学研究表明，含硫、氮化合物的加氢脱除反应大体上都属于表观一级反应。但含不

同杂原子时，反应活性是不同的，一般按以下顺序递减：

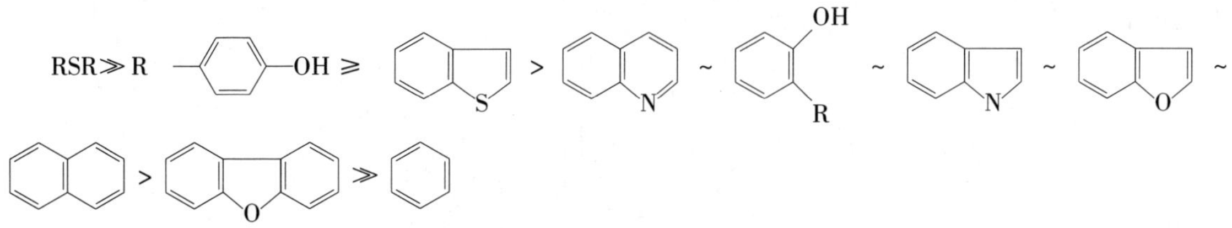

油品中通常同时存在含氧、硫、氮化合物，在加氢反应中，它们是相互影响的。研究表明，碱性氮化合物如喹啉等，会显著抑制含硫化合物如噻吩的加氢脱硫反应。低温下，硫化氢的存在也会抑制脱氮反应；但高温下，则对脱氮反应有促进作用。

各类烃进行加氢反应（烃类的加氢饱和反应）的反应速率依次为：

脱金属>二烯烃饱和>脱硫>脱氧>单烯烃饱和>脱氮>芳烃饱和

各类化合物加氢反应相对反应速率常数列于表 8-3-8。

表 8-3-8　各类化合物加氢反应相对反应速率常数①

化合物	相对反应速率常数	化合物	相对反应速率常数
2-甲基萘	1.0	二苯并噻吩	3.6
2，3-二甲基萘	1.4	苯并噻吩	3.4
苯并呋喃	1.0	苯硫酚	≥10
二苯并呋喃	0.4	硫醚	>50
2-苯基苯酚	1.4	吲哚	0.9
2-苯基-1-环己醇	≥10	邻乙基苯胺	1.1
对甲酚	5.2	喹啉	1.3

① 344℃，4.86MPa，Co-Mo/Al_2O_3。

1. 加氢脱硫反应动力学模型

在加氢精制条件下，石油窄馏分加氢脱硫速率与单体化合物的相对加氢速率基本上是一致的，均属于一级反应，其反应速率方程为：

$$\ln \frac{p_s}{p_s^*} = k_{p_H p_0} \cdot t$$

式中　p_s、p_s^*——含硫化合物在加氢产物和原料中的分压；

$k_{p_H p_0}$——该温度、氢分压和原料蒸气压下的反应速率常数；

t——接触时间。

石油宽馏分加氢精制时，由于所含硫化物反应能力差别很大，反应能力强的含硫化合物不断被脱除，一级反应速率不断减慢，依据石油馏分的轻重，加氢脱硫一般可按二级反应速率方程来描述：

$$\frac{w_{S_0} - w_S}{w_S} = k \frac{1}{V}$$

式中　w_{S_0}，w_S——原料，产品中硫含量，%；

k——反应速率常数；

V——空速，h^{-1}。

但在脱硫深度较大、转化率较高时，石油宽馏分加氢脱硫用二级反应方程式描述仍存在相当大的误差。研究表明，在这种情况下，可用快慢一级反应动力学模型来表示。

在进行柴油超深度脱硫时，将柴油中所含硫化物按反应速率大小设计为四集总，构成四集总反应模型：

$$
\text{总硫}-\left\{\begin{array}{l} S_1 \xrightarrow{k_1} \\ S_2 \xrightarrow{k_2} \\ S_3 \xrightarrow{k_3} \\ S_4 \xrightarrow{k_4} \end{array}\right\}\text{烃类}+H_2S
$$

这里，S_1 为第一集总，是快捷反应物种；S_2 为第二集总，属中速反应物种；S_3 为第三集总，属慢速反应物种；S_4 为第四集总，属最慢反应物种，各物种均按一级反应动力学处理。

硫总转化率随反应时间、反应温度和氢分压变化的反应动力学模型为：

$$y=a\,[1-\exp(-k_i,\ t)]+b\,[1-\exp(-k_2t)]+c\,[1-\exp(k_3t)]+d\,[1-\exp(k_4t)]$$

式中　y——硫总转化率；

a、b、c、d——各集总硫化物在总硫中所占分率；

$k_i=f\ (p,\ T)$，p 为反应氢分压，T 为反应温度，t 为反应时间。

2. 加氢脱芳反应动力学模型

对脱芳反应动力学模型的研究是以反应前后碳原子数守恒为基础，即芳碳可以生成环烷碳，反应前后总碳原子数不变。

$$C_A \underset{k_2}{\overset{k_1}{\rightleftharpoons}} C_N \xrightarrow{k_3} C_p$$

式中，C_A 为芳碳；C_N 为环烷碳；C_p 为烷基碳。它们之间的反应均按一级反应动力学处理，且芳碳与环烷碳之间存在可逆反应，故动力学方程为：

$$
C_A=\frac{1}{2\sqrt{R_2}}\left\{\begin{array}{l}[C_{A_0}(R_1+\sqrt{R_2})-2C_{N_0}k_2]\exp\left(-\dfrac{R_3+\sqrt{R_2}}{2LHSV}\right) \\ -[C_{A_0}(R_1-\sqrt{R_2})-2C_{N_0}k_2]\exp\left(-\dfrac{R_3-\sqrt{R_2}}{2LHSV}\right)\end{array}\right\}
$$

式中　$R_1=k_1-k_2-k_3$

$R_2=k_1^2+2k_1k_2-2k_3k_1+k_2^2+2k_2k_3+k_3^2$

$R_3=k_1+k_2+k_3$

$k_i=f\ (p,\ T)$

3. 加氢脱氮反应动力学模型

在石油及其馏分中，含氮化合物分为杂环氮化物和非杂环氮化物，前者占氮化物中的绝大多数，后者主要是一些胺类化合物，含量少，且易脱除，对馏分油的加氢脱氮贡献极少，可忽略。对于单体化合物而言，Jensen 的研究表明，非碱性氮化物如吲哚，其加氢脱氮速率比碱性氮化物如喹啉快，而对于混合物来说，恰恰相反。这是由于当同时存在碱性和非碱性氮化物时，碱性氮化物在催化剂活性中心上吸附力强，可优先发生加氢脱氮反应。

对许多单体化合物的加氢脱氮反应进行研究，结果表明此反应符合拟一级反应速率方程。但也有人认为，杂环氮化物的强吸附对加氢脱氮反应有自阻作用，从而使之偏离一级反应。经过对石油及其馏分加氢脱氮反应的研究认为，由于原料中的碱性氮化物及所有加氢脱氮反应中间产物均有较强的碱性，可与催化剂活性中心发生强吸附作用，且难于脱附，故在一定程度上对催化剂的催化反应活性产生阻碍作用或暂时中毒效应。采用3722B催化剂对胜利VGO加氢脱氮，提出加氢脱氮反应一级反应动力学方程：

$$\frac{\mathrm{d}C_{\mathrm{N}}}{\mathrm{d}t}=\frac{-kC_{\mathrm{N}}}{1+k^{*}C_{\mathrm{N}}}$$

式中，k为反应速率常数；k^{*}为吸附中毒常数。

氢分压对反应的影响已包含在反应速率常数k中。碱性氮化物和非碱性氮化物加氢脱氮反应对压力的敏感性不同。而当氮化物分子越大，稠环性越高时，氢分压对反应的影响也越显著，这是因为加氢脱氮反应是一个复杂的多步反应过程，各反应步骤的压力效应不同之故。在一定范围内，氢分压对加氢脱氮反应的影响可由下式表示：

$$k=k'\cdot p_{\mathrm{H_2}}^{n}$$

（三）加氢精制过程的工业应用

加氢精制过程具有收率高，对环境污染少，产品质量好等优点，成为现代炼油工业中不可缺少的工艺过程。历史上曾经起过作用的化学精制和物理吸附精制，除个别情况外，都已被淘汰，而由加氢精制所取代。

1. 催化重整原料预加氢精制

重整原料的预加氢是与重整催化剂同时发展起来的。重整催化剂是双功能的，原料中的硫、氮、砷等杂质，可引起催化剂中毒。因此，重整原料需要深度加氢精制，以除去原料中含有的少量硫、氮、氧、砷、铅、铜 、汞等杂质。表8-3-9是我国重整原料油杂质的实际含量以及杂质的限量，由此可见，重整原料预加氢精制是十分重要的。

表8-3-9　直馏催化重整原料杂质含量以及限制

项　　目	杂质含量			杂质限制	
重整原料	大庆	胜利	大港	双金属催化剂	高铂铼比催化剂
密度(20℃)/(g/cm³)	0.716	0.7401	0.7585		
溴价/(gBr/100g)	1.78	0.51	0.40	<1	<0.5
硫/(μg/g)	240	138	18	<1	<0.5
氮/(μg/g)	<1	<0.5	0.7	<1	0.5
铜/(ng/g)	3	3	2.5	<10	<10
铅/(ng/g)	2	15	4	<10	<10
砷/(ng/g)	195	90	14	<1	<1

2. 石脑油加氢精制

石脑油加氢精制主要是就高硫原油及二次热加工的石脑油来说，该工艺主要目的是脱除石脑油中硫、氮等杂质，并使烯烃饱和，从而扩大裂解制取乙烯的石脑油及重整原料的来源。

3. 石蜡加氢精制

石蜡主要是由烷烃构成，还有少量的环烷烃和芳烃以及微量的非烃化合物。石蜡中的纯固体物质对紫外光很稳定，只有长期在日光下放置或者承受高温时才会变色，而石蜡中的油类和非烃化合物却不十分稳定，尽管在石蜡中含量很低，也会使石蜡的颜色变黄变深。

石蜡中的含硫、含氮和含氧化合物的键能一般小于300kJ/mol，易被紫外光所解离，再进一步氧化就生成着色基团，导致石蜡变色变质，严重影响石蜡的使用性能。石蜡中含有的可能致癌的稠环芳香烃更必须精制除去。为避免加氢石蜡含油量增加，针入度变大，应尽量减少 C—C 键断裂的发生，生成小分子的裂解产物。

石蜡加氢需要进行的主要化学反应为：

① 将含有的含硫、含氮和含氧的非烃化合物加氢，除去其中的硫、氮和氧；

② 芳香烃特别是稠环芳香烃加氢饱和；

③ 烯烃加氢饱和。

4. 汽油、煤油和柴油的加氢精制

高硫原油及二次加工油品中硫、氮、芳烃、烯烃以及二烯烃等，均对汽油、煤油和柴油的质量产生不利影响，尤其是近年来环保意识的加强，使车用燃料向低硫乃至超低硫的方向发展。为此，在继续发展二次加工油品的加氢精制工艺同时，近年来也开展了直馏油品的加氢精制过程。其目的主要是脱除硫、氮等杂质，并使烯烃饱和，从而提高油品质量和改善安定性能(见表 8-3-10)。

5. 润滑油加氢精制

润滑油的加氢精制是指润滑油基础油的加氢精制。在该工艺过程中，不仅脱除其中硫、氧、氮等杂质，改善产品的颜色、颜色安定性、抗氧化能力以及对添加剂的感受性(表 8-3-11)，而且在较苛刻的条件下，加氢精制过程还能使稠环芳烃转化为单环、少环长侧链烃，提高润滑油的黏度指数。

表 8-3-10　加氢柴油质量

装　置	I		Ⅱ	
性质	焦化柴油	加氢焦化柴油	催化柴油	加氢催化柴油
密度 d_4^{20}	0.8290	0.8118	0.8728	0.8613
馏程范围/℃	200~332	206~327	174~340	185~341
硫含量/(μg/g)	5743	21	5800	500
氮含量/(μg/g)	1600	80	640	289
溴价/(gBr/100g 油)	45.8	1.23	37.4	3.0
闪点/℃	86	92	68	78
酸度/(mgKOH/100mL 油)	8.29	无		
实际胶质/(mg/100mL)	144	5.8	93.2	3.3
十六烷值		52		39
凝点/℃	-12	-11	-13	-11

表 8-3-11　润滑油基础油加氢后对降凝剂的感受性

品　种	基础油凝点/℃	加入 T801 降凝剂后凝点/℃	
		0.2%	0.35%
I	-12(加氢)	-28	-30
Ⅱ	-10(白土)	-18	-20

二、加氢裂化

现代炼油技术中，加氢裂化是指通过加氢反应使原料中 10%以上的分子变小的加氢工艺，包括馏分油的加氢裂化(含加氢裂化生产润滑油料)、渣油加氢裂化和馏分油加氢脱蜡(择形裂化和择形异构化)。

加氢裂化可以加工的原料范围宽，包括直馏汽油、柴油、减压蜡油、常压渣油、减压渣油以及其他二次加工过程得到的原料，如催化柴油、催化澄清油、焦化柴油、焦化蜡油和脱沥青油等。加氢裂化生产的产品品种多，而且质量好，通常可以直接生产液化气、汽油、煤油、喷气燃料、柴油等清洁燃料和轻石脑油、重石脑油等优质化工原料。由于加氢裂化技术具有生产方案灵活和液体产品收率高的优点，因此，近年来为了实现生产过程清洁化、生产清洁燃料、加工含硫含酸原油、增加轻质油收率、提高炼化一体效益等，加氢裂化技术发展更加迅速，已成为炼化企业油、化和纤结合的核心技术之一。

加氢裂化催化剂是由加氢组分和酸性组分组成，典型的酸性组分包括无定形 $SiO_2-Al_2O_3$，含氟或磷的 Al_2O_3 及沸石分子筛系列等：典型的加氢组分有贵金属铂、钯、非贵金属镍，钼、钴、钨等，后者通常是主金属与助剂金属搭配并制成硫化型。随着重馏分油加氢裂化技术的开发，催化剂向高活性、低反应温度、长周期运转、低氢耗和提高处理能力等方向发展。

（一）加氢裂化主要反应

石油馏分的加氢裂化反应是在氢压下进行的一系列平行–顺序催化加氢反应。各种非烃类化合物的加氢裂化反应与前面所述（加氢精制部分）没有区别，故下面仅对烃类的加氢裂化反应予以介绍。

1. 烷烃和烯烃的反应

烷烃和烯烃的加氢裂化反应是以正碳离子机理进行的。在反应中，较大的正碳离子 β 断裂，生成较小的正碳离子和烯烃，在加氢条件下，烯烃迅速饱和，得到烷烃。

$$C_nH_{2n+2}+H_2 \longrightarrow C_mH_{2m+2}+C_{n-m}H_{2(n-m)+2}$$

$$C_nH_{2n}+2H_2 \longrightarrow C_mH_{2m+2}+C_{n-m}H_{2(n-m)+2}$$

加氢裂化反应的催化剂是双功能催化剂，在这里，同时发生裂化和异构化反应。

烷烃和烯烃加氢裂化反应时趋于形成异构叔碳正离子，叔碳正离子 β 位断键，可得到较轻的异构烷烃产品，或将质子转移到其他烷烃（或催化剂）而使原料烷烃分子异构化，所以加氢裂化产品中异构产品较多。

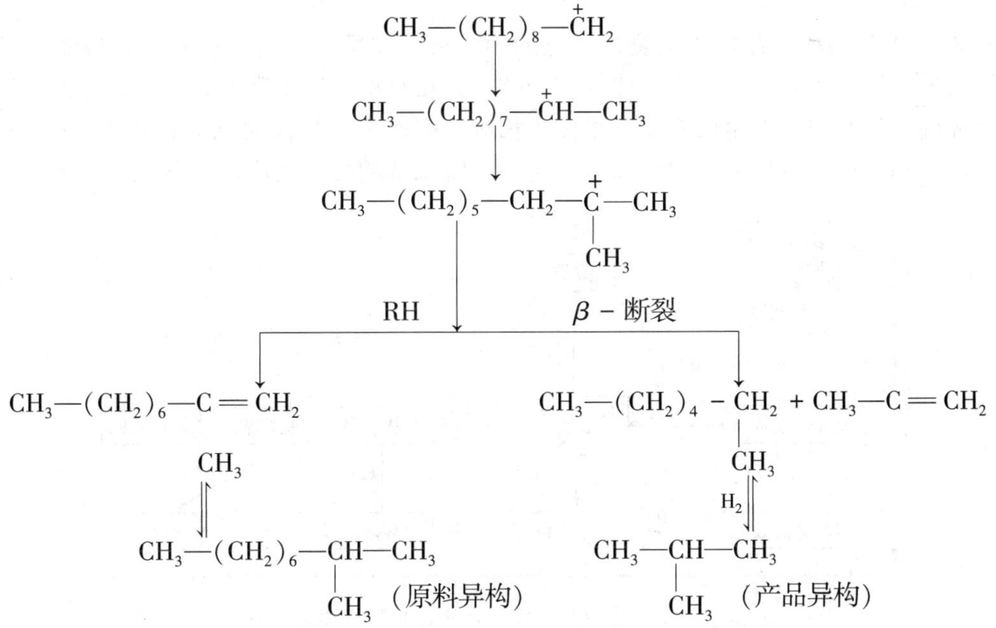

此外，烷烃和烯烃还会有少部分环化成环烷烃：

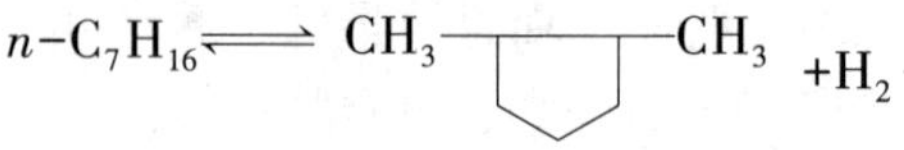

2. 环烷烃和芳烃的反应

带有长侧链的环烷烃和芳香烃在加氢裂化条件下均发生断链反应，同时芳香烃还有芳香环的加氢饱和反应。对于环烷环来说，反应中，首先是六员环异构化为五员环，再进行加氢，断环为相应的烷烃。双六员环也是如此：

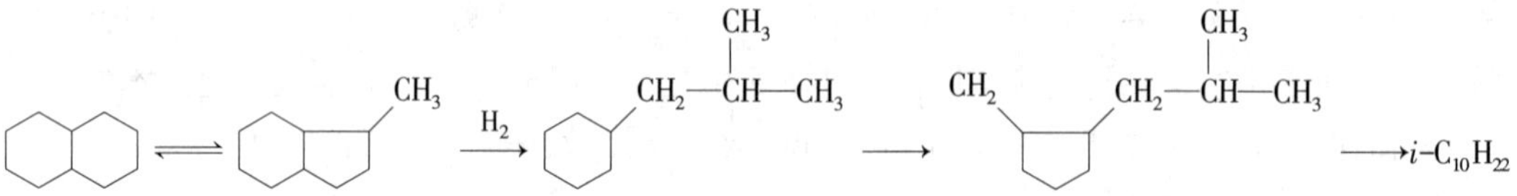

多环芳烃的加氢裂化反应一般要经过一个环加氢的中间阶段，然后该加氢衍生物进行裂化反应，如菲的加氢裂化反应历程如下：

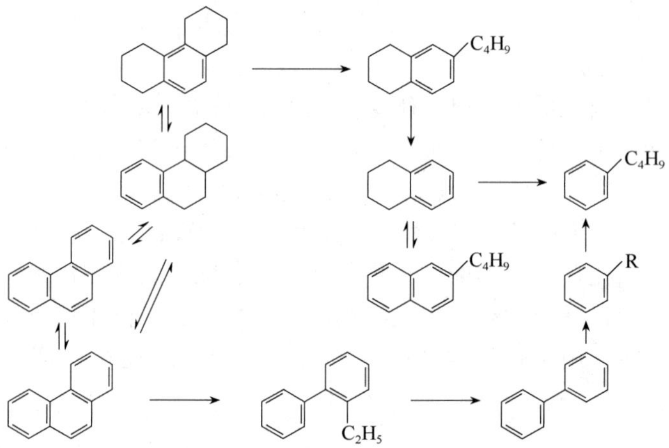

图 8-3-1 是稠环化合物加氢裂化反应的相对反应速率图。由图可知，多环芳香烃和环烷烃能迅速加氢生成双环芳香烃类和环烷烃类，其相对反应速率常数在 1 左右；但单环芳香烃类和环烷烃类的加氢裂化反应速率很慢，相对反应速率常数仅为 0.1 和 0.2；带有侧链的单环芳香烃和环烷烃极易发生侧链断裂反应，其脱烷基的相对反应速率常数为 1.6。

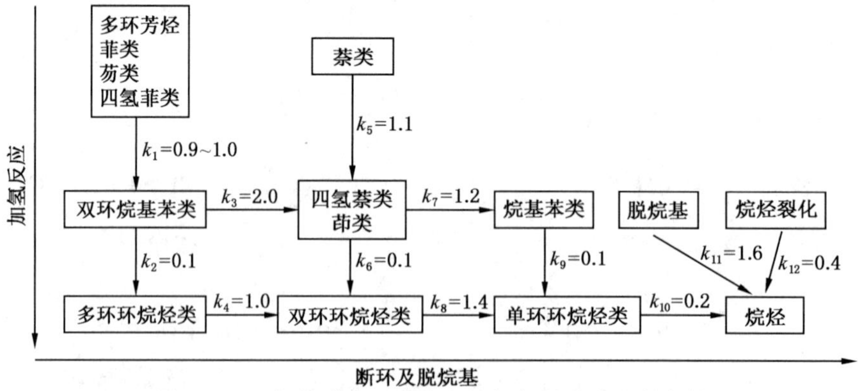

图 8-3-1　加氢裂化反应中各族烃相对反应速率常数

3. 渣油加氢裂化反应

大部分研究者认为，渣油加氢裂化反应的第一步是大的渣油分子在热作用下快速裂解为烃自由基。Sanford 及 Adkins 等人认为，渣油加氢最初 40%～50%的转化是在热作用下进行的快速芳环断侧链反应；第二步是烃自由基与活性氢原子反应，抑制生焦，增加轻质油收率。

在渣油的加氢裂化反应中，催化剂的主要作用是与氢气作用产生活性氢原子，此活性氢原子再与烃自由基进行反应。而氢气的存在，一方面可产生高质量的产品，更重要的是中和自由基，防止生焦反应的发生。如下式(13)～式(15)为希望的反应，该反应越快、越多，也就抑制了式(16)～式(18)，减少了缩合反应。

自由基引发：

$$Cst\cdot + H_2S \longrightarrow MeS_2 \tag{1}$$

$$MeS_2 \longrightarrow MeS + S \tag{2}$$

$$S + H_2 \longrightarrow H^{\cdot} + HS^{\cdot} \tag{3}$$

$$HS^{\cdot} + H_2 \longrightarrow H^{\cdot} + H_2S \tag{4}$$

$$(Ar)_m\text{-}R_1 \xrightarrow{\triangle} (Ar)_m^{\cdot} + R_1^{\cdot} \tag{5}$$

自由基链增长：

$$(Ar)_m^{\cdot} + H_2 \longrightarrow H\cdot + (Ar)_m \tag{6}$$

$$R_1^{\cdot} + H_2 \longrightarrow H^{\cdot} + R_1 \tag{7}$$

$$(Ar)_m^{\cdot} + (Ar)_n\text{-}R_2 \longrightarrow (Ar)_m + (Ar)_n^{\cdot}\text{-}R_2 \tag{8}$$

$$R_1^{\cdot} + (Ar)_n\text{-}R_2 \longrightarrow R_1 + (Ar)_n^{\cdot}\text{-}R_2 \tag{9}$$

$$H^{\cdot} + (Ar)_n\text{-}R_2 \longrightarrow H_2 + (Ar)_n^{\cdot}\text{-}R_2 \tag{10}$$

$$(Ar)_n^{\cdot}\text{-}R_2 \longrightarrow (Ar)_n^{\cdot} + R_2 \tag{11}$$

自由基链中止：

$$H^{\cdot} + H^{\cdot} \longrightarrow H_2 \tag{12}$$

$$H^{\cdot} + (Ar)_m^{\cdot} \longrightarrow (Ar)_m \tag{13}$$

$$H^{\cdot} + (Ar)_n^{\cdot} \longrightarrow (Ar)_n \tag{14}$$

$$H^{\cdot} + R_1^{\cdot} \longrightarrow R_1H \tag{15}$$

$$2(Ar)_m^{\cdot} \longrightarrow (Ar)_m\text{-}(Ar)_m \tag{16}$$

$$2(Ar)_n^{\cdot} \longrightarrow (Ar)_n\text{-}(Ar)_n \tag{17}$$

$$(Ar)_m^{\cdot} + (Ar)_n \longrightarrow (Ar)_m\text{-}(Ar)_n \tag{18}$$

这里，式(12)～式(15)为生成液体或气体产物的反应；式(16)～式(18)为缩合生焦反应。

4. 加氢裂化反应特点

从反应动力学的角度分析，加氢裂化反应有以下特点：

① 烃类裂解和烯烃加氢反应：由于该反应的化学平衡常数较大，不受热力学平衡常数的限制。

② 芳香烃加氢反应：随着反应温度的升高和芳香烃环数的增加，芳香烃加氢平衡常数下降，对于稠环芳香烃而言，各个环加氢反应的平衡常数依次为：

第一环>第二环>第三环

③ 由于在加氢裂化过程中形成正碳离子异构化的平衡转化率随碳数增加而增加，因此，

在这些正碳离子分解并达到稳定的过程中，所生成的烷烃异构化程度超过了热力学平衡，产物中异构化烷烃与正构烷烃的比值也超过了热力学平衡。

从反应热力学角度分析，加氢裂化反应中的加氢反应是强放热反应，而裂解反应是吸热反应。裂解反应的吸热效应常常被加氢反应的放热效应所抵消，最终加氢裂化反应为放热效应。

在加氢裂化反应过程中，各类单体化合物的反应特点为：

① 稠环芳香烃加氢裂化是通过逐环加氢裂化，生成较小分子的芳香烃以及芳香烃-环烷烃。

② 双环以上的环烷烃在加氢裂化条件下，发生异构、裂环反应，生成较小分子的环烷烃，随着转化深度的增加，最终生成带环的环烷烃。

③ 单环芳香烃和环烷烃比较稳定，不易裂开，主要是侧链断裂或生成异构体。

④ 烷烃异构化与裂化同时进行，反应产物中异构烃含量一般超过热力学平衡值。

⑤ 烷烃裂化在正碳离子的 β 位断裂，所以加氢裂化很少生成 C_3 以下小分子烃。

⑥ 非烃化合物基本上发生加氢分解反应，烯烃基本上发生烯烃饱和反应。

（二）石油馏分加氢裂化反应动力学模型

根据加氢裂化反应机理和反应特征，近年来国内外相继开发了加氢裂化二集总模型、三集总模型、五集总模型及 Stangeland 集总模型等，这些动力学模型均对加氢裂化工艺的发展起到一定的促进作用。

加氢裂化反应是一个包含众多组分同时反应的复杂反应系统。在下面介绍的石油馏分加氢裂化集总反应动力学模型中，假设将石油馏分(原料及产物)按 27.8℃(50℉)沸程间隔进行划分，每层再分为芳烃、环烷烃和烷烃三个集总。在该模型中，环烷烃和芳烃进行两类反应，一为脱侧链反应；二为环烷烃开环和芳烃饱和反应。后一类反应只在同一层进行，其中芳烃饱和反应为可逆反应，且芳烃不能直接生成烷烃。对于烷烃(包括侧链)的裂化反应，每一层烷烃集总量的变化是其本身的裂解、同一层中环烷烃集总开环以及所有大分子层烷烃碳原子数的组分裂解所得。同时假设这些反应为一级反应，且忽略缩合反应，该加氢裂化反应集总动力学模型可表示为：

$$\begin{array}{ccc} \sum_{j=1}^{i-1} P_{rij}k_{rj}F_{Aj} & \sum_{j=1}^{i-1} P_{rij}k_{rj}F_{Nj} & \sum_{j=1}^{i-1} P_{Pij}k_{Pj}F_{Pj} \\ \Downarrow & \Downarrow & \Downarrow \\ A_i \underset{k_{NAi}}{\overset{k_{ANi}}{\rightleftharpoons}} & N_i \xrightarrow{K_{NPi}} & P_i \\ \downarrow & \downarrow & \downarrow \end{array}$$

$i=1,\ 2,\ \cdots,\ n$

该模型中每个集总以碳原子数量表示。

式中 P_{rij}——j 层环烷烃向 i 层转化的分配系数；

P_{pij}——j 层烷烃向 i 层转化的分配系数；

k_{ANi}——i 层芳烃加氢饱和反应速率常数；

k_{NAi}——i 层芳烃脱氢反应速率常数；

k_{ij}——j 层环烷烃脱侧链反应速率常数；

F_{Aj}——j 层集总的芳烃碳原子数量；

F_{Nj}——j 层集总的环烷烃碳原子数量；

F_{pj}——j 层集总的烷烃碳原子数量；

F_{pj}——j 层烷烃裂解反应速率常数；

k_{Npi}——i 层环烷烃开环反应速率常数。

（三）加氢裂化工艺的应用

按加氢裂化过程所用的原料沸程不同，分为轻油加氢裂化、馏分油加氢裂化和渣油加氢裂化三种。轻油加氢裂化主要是以石脑油为原料生产液化气，工艺简单。馏分油加氢裂化是以直馏的或裂化的重馏分油为原料，与渣油相比，渣油密度较大，残炭较多，碳氢比较高，且含有重金属和沥青，故渣油的加氢裂化要较馏分油困难。

1. 馏分油的加氢裂化

该工艺是用固定床，在双功能催化剂上进行，反应压力较高。其产物中硫、氮及烯烃含量极低；异构烷烃含量高，裂解气中以 C_4 为主，并且使稠环芳烃转化为单环或双环芳烃进入裂解产物中。所以该工艺对原料适应性广，产品是优质重整原料、航空煤油和低凝柴油，且产品分布可控(表 8-3-12)。

表 8-3-12　馏分油加氢裂化

	项　　目	美国德拉瓦	大庆炼厂	茂名炼厂
原料油	原料油种类	焦化重馏分油	蜡油	混合蜡油
	密度/(g/cm^3)	0.9840	0.8276	0.8918
	初馏点/℃	437	215	336
	终馏点/℃	—	450	532
	硫/%	3.8	0.08	0.114
	氮/%	0.25	碱 196×10^{6}	碱 1400×10^{-6}
	残炭/%	3.2	0.003	—
操作条件	预精制段空速/h^{-1}	0.5	1.7	0.927
	裂化段空速/h^{-1}	1.9	1.6	1.124
	预精制段氢/油比	1180	1400	841.1
	裂化段氢/油比	—	1400	960.9
	入口压力/MPa	19.3	14.4	17.6
	反应温度/℃			
	预精制(入/出)	356/436	412/424	360.8/399.5
	裂化段(入/出)	433/423	424/443	395/430
	氢耗/(m^3/t)	387	247	308.5
产品性质及收率	C_5^+ 液收/%			96.29
	石脑油/%	34.1	18.58	31.12
	硫/(μg/g)	150	60	0
	辛烷值	81.0	53	75.5
	航煤/%	33.0	9.18	39.28
	冰点/℃			-55.9
	芳烃/%			4.16
	柴油/%		4.83	22.57
	硫/(μg/g)	10	0	0.001
	凝点/℃		3	-4
	柴油指数			68.7

2. 重油的加氢裂化。

重油主要是指常压渣油、减压渣油以及减压渣油的脱沥青油，重油加氢裂化反应本质上是在氢气存在下的热裂解过程，与馏分油的加氢裂化有明显的不同。重油加氢裂化按床层可分为：

(1) 固定床加氢过程　该过程是在馏分油加氢的基础上发展起来的，主要目的是生产低硫燃料或为下游加工装置提供优质进料，精制深度高，工艺技术成熟，适于处理重金属和残炭含量不太高的高硫渣油。

表8-3-13所列为孤岛减压渣油固定床加氢结果，其转化率为45%左右，总脱硫率约95%，脱氮率约80%，脱金属率约85%，残炭脱除率约80%，产物质量较好。

表8-3-13　固定床和沸腾床加氢结果

项　目		固定床加氢	沸腾床加氢
反应条件	温度/℃	410	400~440
	压力/MPa	15.5	14.0
	空速/h^{-1}	0.2	2.5
	氢油比/(m^3/m^3)	800	600
原料性质	原料	孤岛减渣	孤岛常渣
	馏程/℃	>500	>350
	硫/(μg/g)	24400	25600
	氮/(μg/g)	8200	5900
	镍/(μg/g)	35.5	20.5
	钒/(μg/g)	5.3	
	残炭/%	14.8	11.75
产物分布及性质	C_1~C_4/%	2.2	0.7
	石脑油/%	3.2	1.8
	(<180℃)		
	密度(20℃)/(g/cm^3)	0.7348	0.7880
	硫/(μg/g)	342	1100
	柴油/%	13.8	8.2
	(180~350℃)		
	密度(20℃)/(g/cm^3)	0.8508	0.8990
	硫/(μg/g)	32	1000
	蜡油/%	23.7	42.8
		(350~500℃)	(350~520℃)
	密度(20℃)/(g/cm^3)	0.8960	0.9190
	硫/(μg/g)	38	1500
	渣油/%	55.3	47.2
		(>500℃)	(>520℃)
	密度(20℃)/(g/cm^3)	0.9150	—
	硫/(μg/g)	200	9500

(2) 沸腾床(膨胀床)加氢过程　该过程克服了固定床转化深度不高，操作周期短的缺点，能加工质量较差的进料。该工艺借助于自下而上的流体膨胀催化剂床层，使其处于“沸

腾”状态完成重油加氢反应。

（3）移动床加氢过程　这是一种同时兼有加氢转化、加氢脱金属和加氢脱硫等多种功能加氢裂化工艺，催化剂利用率更高，而固定床催化剂上部沉积金属多，下部少，未充分利用；沸腾床有返混现象。

沸腾床和移动床工艺原料适应性广，既可转化重油，又能精制产品。中等转化率时可与焦化、重油催化裂化等工艺联合。但缺点是反应器结构复杂。

（4）悬浮床（浆液床）加氢过程　该过程是在少量添加物存在下的临氢热裂化过程，主要目标是深度转化劣质重油（如高金属和沥青质含量的原料），制取较轻的二次加工原料。该工艺设备流程较简单，有利于合理利用石油资源。

各加氢过程参数的一般范围见表 8-3-14。

表 8-3-14　各加氢过程参数的一般范围

工　艺	固定床	移动床	沸腾床	悬浮床
压力/MPa	12~19	15~20	15~21	7~20
温度/℃	370~420	370~450	400~470	420~480
空速(体)/h^{-1}	0.2~0.5	—	0.2~1.0	0.7~1.5
原料				
馏分	A、R(V、R)	V、R(A、R)	V. R.	V. R.
CCR/%	10~20	20~25	20~25	20~25
Ni+V/(μg/g)	<200	>200~300	>200~300	>200~400
杂质脱除率				
脱硫/%	85~95	90	60~90	50~70
脱氮/%	30~60	—	30~50	20~40
脱金属/%	70~90	85~98	80~98	90~98
脱 CCR/%	55~70	~80	60~80	70~90
转化率/%	20~40	60~80	60~90	80~95
耗氢量/(Nm^3/m^3)	100~200	150~300	200~300	250~300
催化剂损失/(kg/t)	0.3~0.5	—	0.5~0.9	10~30
工业化时间	1967 年	1989 年	1963 年	1985 年

3. 临氢降凝

临氢降凝又称临氢催化脱蜡或临氢择形裂化，是在氢气存在下进行的催化裂化反应。该工艺的特点是选用一定孔径的催化剂即沸石，只允许直径小于该孔径的分子进入其中而发生裂解反应。烃类分子直径以直链烷烃最小，因此直链烷烃可进入催化剂孔中进行断裂反应，得到凝点较低的产品。

临氢降疑的典型反应有：

加氢开环反应

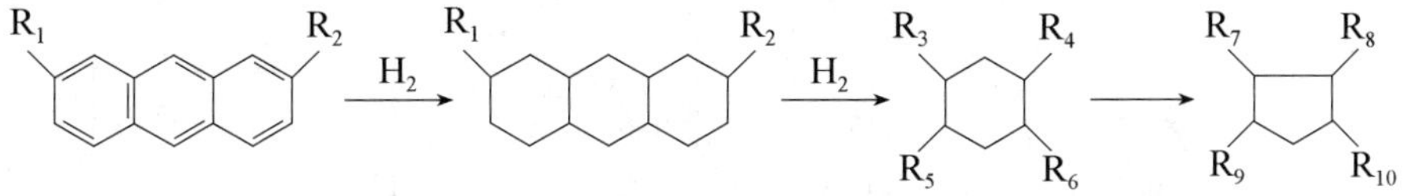

VI	−60	20	110~140
S.P./℃	>50	≤23	0

异构化反应

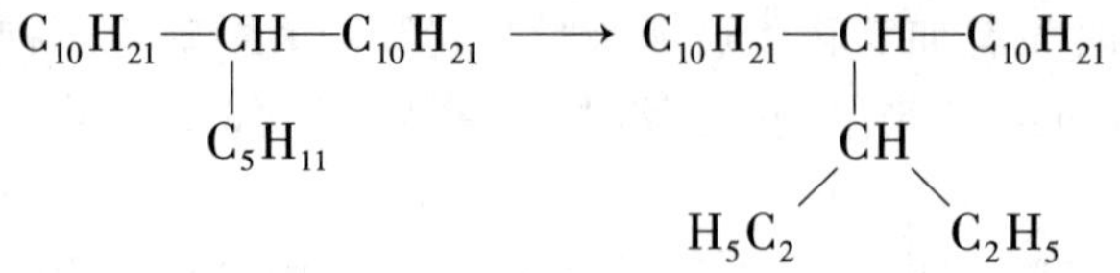

Ⅵ　125　119

S. P. /℃　19　-40

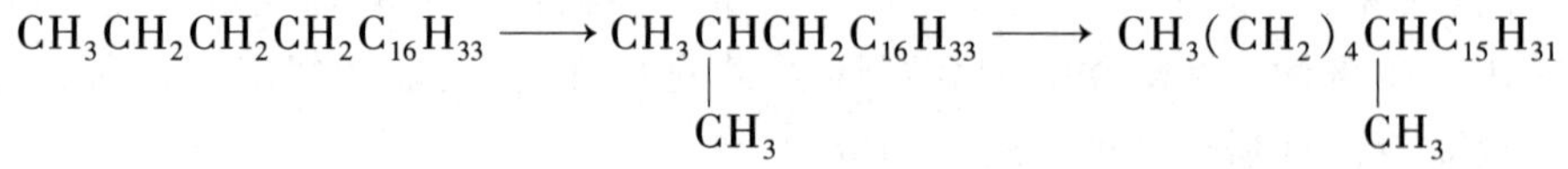

S. P. /℃　37　18　-7

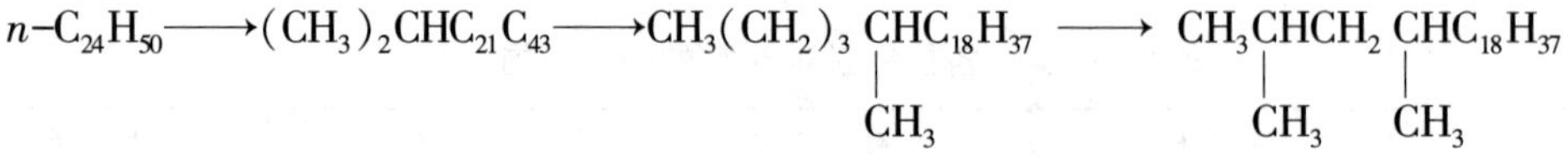

S. P. /℃　38　18　10

（1）中间馏分临氢降凝　加工中间馏分(柴油或喷气燃料)干点最高可达450℃，该工艺的主要目的是降低凝点或冰点，使之满足低温性能的要求，凝点可降低40~60℃，其结果见表8-3-15。

（2）润滑油临氢降凝　润滑油馏分的原料沸程高于中间馏分许多，且对润滑油安定性要求较高，故润滑油临氢降凝常与加氢精制或溶剂精制相结合。

润滑油临氢降凝过程中，不仅发生直链烷烃的选择性裂化反应，还有异构化反应，以及加氢脱硫、脱氮和芳烃加氢饱和等反应，因此由临氢降凝工艺得到的产品其黏度指数高于溶剂脱蜡法(表8-3-16)。

表8-3-15　中间馏分临氢降凝结果

项　　目	直馏粗柴油	馏分油	项　　目	直馏粗柴油	馏分油
原料性质			产物分布及性质		
沸程/℃	204~440	160~287	收率/%	83~88	83~84
凝点/℃	9~13		凝点/℃	<18	
冰点/℃		4.4	冰点/℃		-48

表8-3-16　润滑油临氢降凝与溶剂脱蜡比较

项　　目	临氢降凝	溶剂脱蜡	项　　目	临氢降凝	溶剂脱蜡
凝点/℃	-9	-3	双环芳烃	1.6	7.2
黏度/(mm^2/s)			稠环芳烃	0.8	4.8
100℃	7.3	7.28	非烃		5.5
50℃	36.57	34.1	结构族组成/%		
黏度指数	95	47	C_A	7.6	13.5
族组成/%			C_P	64.6	68.8
烷烃+环烷	87.3	67.5	C_N	27.8	17.7
单环芳烃	10.3	15.0			

参 考 文 献

1 梁文杰，阙国和，刘晨光等. 石油化学(第2版). 青岛：石油大学出版社，2011

2 林世雄，徐春明，杨朝合. 石油炼制工程(第4版). 北京：石油工业出版社，2009

3 陈绍洲. 石油化学. 上海：华东化工学院出版社，1993

4 潘翠莪，杜桐琳. 石油分析. 武汉：华中理工大学出版社，1991

5 程之光. 重油加工技术. 北京：中国石化出版社，1994

6 陈俊武，许友好. 催化裂化工艺与工程(上、下册)(第3版). 北京：中国石化出版社，2015

7 何良知. 石油化工工艺计算程序. 北京：中石化出版社，1993

8 M. R. Riazi . Characterization and Properties of Petroleum Fractions. Philadelphia，PA. 2005

9 George J. Antos and Abdullah M. Aitai. Catalytic naphtha reforming. New York，Basel. 2004

10 中国石油化工股份有限公司科技开发部．石油和石油产品试验方法行业标准汇编2010(上，中，下). 北京：中国石化出版社，2011

11 中国石油和化工协会主管，中国化工信息中心、中化化工标准化研究所主办．中国石油和化工标准与质量．2011~2015

12 James H. Gary and Glenn E. Handwerk. Petroleum Refining Technology and Economics. New York：Basel. 2001

13 James G. Speight. The Chemistry and Technology of Petroleum. New York：Basel. 2006

14 韩崇仁主编. 加氢裂化工艺与工程. 北京：中国石化出版社，2012

15 李立权．加氢裂化装置工艺计算与技术分析. 北京：中国石化出版社，2009

16 方向晨 主编，关明华 廖士纲 副主编. 加氢裂化. 北京：中国石化出版社，2012

17 梁朝林，顾承瑜 编. 延迟焦化(第2版). 北京：中国石化出版社，2015

18 徐承恩 主编. 催化重整工艺与工程. 北京：中国石化出版社，2009

19 方向晨主编. 加氢精制. 北京：中国石化出版社，2010

20 《石油炼制与化工》编辑部编. 重油加工新技术. 北京：中国石化出版社. 2010

21 中国石油天然气股份公司抚顺石化分公司，中国寰球工程公司辽宁分公司. 抚顺石油三厂加氢六十年. 北京：中国石化出版社，2016

22 洪定一编. 炼油与石化工业技术进展(2015). 北京：中国石化出版社，2015

23 BP，世界能源统计(2013)．2013

24 崔民选．2013年中国能源蓝皮书．北京：社科文献出版社. 2013

25 徐岩，天然气的黄金时代还有多远．中国石油和化工，2013，(08)：23~26

26 李伟，杨义，刘晓娟．我国天然气消费利用现状和发展趋势．中外能源，2010，(5)：8~12

27 赵奎，国内天然气利用新趋势及其推动因素．能源与环境，2012(6)：16~18

28 陆家亮，赵素平．中国能源消费结构调整与天然气产业发展前景．天然气工业，2013，(11)，33：9~15

29 G. J. Van Rossum. Gas Quality：Specification and Measurement of Physical and Chemical Properties of Natural Gas - Congress Proceedings. Elsevier Science Ltd. 1986

30 GPA Standard 2145：2009，“Table of Physical Constants of Paraffin Hydrocarbons and Other Components of Natural Gas，” Gas Processors Association，6526 East 60th Street，Tulsa，Oklahoma 74145.

31 Moore. B. J. and D. L. Driskill. Analyses of Natural Gases，1998-2001. United States Department of the Interior Bureau of Land Management.

32 四川石油管理局编. 天然气工程手册(上). 北京：石油工业出版社，1982.

33 蒋有录，查明. 石油天然气地质与勘探. 北京：石油工业出版社，2006.

34 陈赓良，王开岳，等. 天然气综合利用. 北京：石油工业出版社，2004.
35 范嗣英. 天然气化学工业现状与发展趋势. 石油与天然气化工. 2002，(C00)：10~16
36 张惠明. 甲醇制低碳烯烃工艺技术新进展. 化学反应工程与工艺，2008，(2)，24：178~182
37 田霖. 天然气化工利用现状及发展 . 化工科技，2006，(3)：14
38 王春风. 天然气利用现状及发展前景 . 管理观察，2010，(17)：169